螺纹钢生产工艺与技术

王子亮　等著

北　京
冶　金　工　业　出　版　社
2008

内容简介

本书在收集整理国内螺纹钢生产工艺技术经验的基础上，介绍了螺纹钢的分类、原料的准备、螺纹钢棒材和线材生产、主要的生产工艺流程、设备、自动化系统等。其中包括坯料的要求、选择和准备，加热炉和加热工艺要求，螺纹钢线材、棒材生产工艺设计、操作要点、质量控制等，工厂供配电系统、关键设备的电气控制系统、全线的计算机控制自动化系统，以及生产技术经济指标和螺纹钢生产新技术等。

本书适合于从事螺纹钢生产的钢铁企业工程技术人员和管理人员阅读，也可供从事棒线材生产工艺研究的技术人员和高等院校相关专业师生参考。

图书在版编目(CIP)数据

螺纹钢生产工艺与技术/王子亮等著．—北京：冶金工业出版社，2008.7

ISBN 978-7-5024-4664-2

Ⅰ．螺…　Ⅱ．王…　Ⅲ．螺纹钢—生产工艺　Ⅳ．TF76

中国版本图书馆 CIP 数据核字（2008）第 111116 号

出版人　曹胜利

地　址　北京北河沿大街嵩祝院北巷 39 号，邮编 100009

电　话　(010)64027926　电子信箱　postmaster@cnmip.com.cn

责任编辑　李培禄　刘小峰　美术编辑　张媛媛　版式设计　葛新霞

责任校对　栾雅谦　责任印制　丁小晶

ISBN 978-7-5024-4664-2

北京兴华印刷厂印刷；冶金工业出版社发行；各地新华书店经销

2008 年 7 月第 1 版，2008 年 7 月第 1 次印刷

787mm×1092mm　1/16；17 印张；409 千字；258 页；1-4000 册

40.00 元

冶金工业出版社发行部　电话：(010)64044283　传真：(010)64027893

冶金书店　地址：北京东四西大街 46 号(100711)　电话：(010)65289081

（本书如有印装质量问题，本社发行部负责退换）

前　言

螺纹钢是热轧带肋钢筋的俗称。螺纹钢具有良好的强韧性、焊接性等综合性能，广泛应用于钢筋混凝土建筑结构。螺纹钢横肋的外形有螺旋形、人字形、月牙形3种，目前我国国家标准GB 1499.2—2007规定为月牙形。国际上通常按照强度级别来分，英国标准、美国标准等以460MPa级别为主，我国GB 1499.2—2007标准规定了335MPa、400MPa、500MPa级别钢筋的技术要求。2006年我国螺纹钢产量突破8000万t，其中HRB400钢筋的产量已有1000万t以上。螺纹钢的应用范围也在不断扩大。有些企业开始研制HRB500钢筋，还有一些企业长期批量按英国标准以及加拿大标准、日本标准、美国标准、新加坡标准等生产出口460MPa级钢筋。为提高钢筋的强度级别，微合金化钢筋、余热处理钢筋和细晶粒钢筋等新技术在国内外被逐步采用。400MPa以上强度级别钢筋的使用，可以节约大量钢材，具有重要的应用前景。党的十七大提出全面建设小康社会的奋斗目标，我国的工业化和城镇化发展必将进一步加快。毫无疑问，钢筋混凝土建筑结构在今后的建筑结构中仍将占有很大比重，螺纹钢在我国今后发展中将继续是重要的建筑用钢材。因此，提高螺纹钢工艺技术对我国的社会主义现代化建设具有重要的现实意义。

螺纹钢是安阳钢铁集团公司的主要产品之一，已有近50年的生产历史。安钢经历了从落后的横列式轧机到棒材连轧机和高速线材轧机生产工艺，从强度较低级别螺纹钢到具备生产微合金化、余热处理、细晶粒钢筋生产技术，目前已经能够生产335MPa、400MPa、500MPa级别，直径6~40mm规格螺纹钢，螺纹钢产能突破200万t，荣获“国家免检产品”称号。

本书共分10章，在总结安钢螺纹钢生产技术的基础上，对国内外螺纹钢生产工艺与技术进行了较为全面的介绍，主要内容包括螺纹钢棒材和线材的生产工艺流程，关键的冶炼工艺、连铸、轧制工艺要点，主要机械和电气控制设备特点、操作规程等，对螺纹钢的质量控制、新技术等也做了深入的介绍。希望本书能对螺纹钢生产的科技进步起到抛砖引玉的作用，同时也期待螺纹钢生产工艺水平的不断提高和技术创新，使我国螺纹钢从生产技术到品种质量都能跃上一个新台阶。

本书由王子亮任总撰稿人，王新江任责任撰稿人。第1章由王子亮、赵自义、邓保全撰稿，第2章由王新江、赵自义、李勇撰稿，第3章由赵自义、邓保全撰稿，第4章由靳玉海、张延涤撰稿，第5章由翁蕴杰、张延伟撰稿，第6章由王伟科、吕文和、李光民撰稿，第7章由王伟科、赵艳楠、周亚辉撰稿，第8章由张延涤撰稿，第9章由赵自义撰稿，第10章由张延涤撰稿。全书由王子亮、王新江、赵自义、张延涤审稿。

本书在编著过程中，得到了冶金工业出版社的支持和指导，得到了安阳钢铁集团公司领导和广大技术人员的关心和支持，在此表示衷心的感谢！

作为生产企业的管理者和技术人员，编著本书是我们的尝试，由于时间关系，以及可供参考借鉴的资料有限，同时由于螺纹钢生产技术发展很快，加上作者水平所限，书中不足之处恳请读者批评指正。

王子亮

2008年7月

目　录

1 概　　论

1.1 螺纹钢生产的意义和作用

螺纹钢是表面带肋的钢筋，是热轧带肋钢筋的俗称，通常带有2道纵肋和沿长度方向均匀分布的横肋。横肋的外形为螺旋形、人字形、月牙形3种，目前我国国家标准规定为月牙形。规格用公称直径的毫米数表示。带肋钢筋的公称直径相当于横截面相等的光圆钢筋的公称直径。钢筋的公称直径为6～50mm。带肋钢筋在混凝土中主要承受拉应力。带肋钢筋由于肋的作用，和混凝土有较大的黏结能力，因而能更好地承受外力的作用。带肋钢筋广泛用于各种建筑结构。

随着我国经济建设的快速发展，我国基础设施如房屋、桥梁、道路以及重要能源、交通等工程得到快速增长，我国正处于经济快速发展时期，宏观经济和固定资产投资将保持持续增长。建筑行业是中国和发展中国家发展最快的行业之一，建筑用钢也将会得到长足发展，其中螺纹钢将是最大的建筑用钢材，在国民经济发展中起到至关重要的作用。据不完全统计，2006年我国螺纹钢产量已经达到8300万t。随着钢铁工艺技术的进步，螺纹钢将会不断更新换代，推出性能更好的新产品，满足用户不同的技术要求。

1.2 螺纹钢的分类

目前钢筋生产发展趋势是普通钢筋已从低碳低合金钢筋向微合金化钢筋、余热处理钢筋发展，主流热轧钢筋的发展及关注品种主要有：微合金化钢筋、余热处理钢筋、超细晶热轧钢筋等。

1.2.1 微合金化钢筋

我国钢筋的发展经历了由低强度向较高强度发展的过程。中华人民共和国建国初期采用碳素钢Ⅰ级光面钢筋；20世纪70年代初期，出现了16MnⅡ级钢筋，25MnSiⅢ级钢筋，45MnSiV、40Si2MnV和45Si2MnTiⅢ级钢筋；70年代后期，20MnSiⅡ级钢筋取代了16MnⅡ级钢筋，至今仍是主导钢筋产品；90年代后期，HRB335、HRB400和HRB500钢筋纳入制定的GB 1499—1998热轧带肋钢筋标准中。目前我国广泛采用的仍然是HRB335钢筋，重点推广的是HRB400钢筋，约占钢筋总产量的12%，其产量比例呈上升趋势。HRB500钢筋只有生产标准，缺乏建筑规范，在建筑中几乎没有应用。

HRB400级钢筋具有强度高、延性好、节约用材、降低排筋密度、性能稳定、应变时效敏感性低、安全储备量大、焊接性能良好、抗震性能好、韧脆性转变温度低、高应变低周疲劳性能好等优点，因此更适用于高层、大跨度和抗震建筑结构，使用后具有巨大的经济效益和不可估量的社会效益，其应用必将越来越广泛。

目前我国推广应用HRB400等高强度钢筋已是发展趋势，国家标准《钢筋混凝土用热轧带肋钢筋》（GB 1499—1998）规定可采用钒、铌、钛等微合金化元素。国内大多数企业主要采用钒铁或钒氮合金微合金化工艺，钒铁和钒氮合金涨价后，许多企业转而采用铌微合金化，并取得了成功；在钛微合金化方面，在试制上存在一些生产技术问题需进一步解决。微合金化方法的多样化有利于资源的均衡、合理利用。

1.2.2　余热处理钢筋

余热处理钢筋是指利用轧制余热在轧钢作业线上直接进行轧后热处理。其基本原理是钢筋从轧机的成品机架轧出后，经冷却装置进行快速表面淬火，然后利用钢筋心部热量由里向外自回火，再空冷至室温。该技术能有效地发挥钢材的性能潜力，通过各种工艺参数的控制改善钢筋的性能，在较大幅度提高钢筋强度的同时，保持较好的塑、韧性，完全能保证钢筋的综合性能满足要求；同时，大幅度降低了合金元素用量，节约了生产成本。建筑业应用余热处理钢筋可实现强度等级的升级，节约钢材用量，增加建筑物的安全性。从理论上分析，335MPa 级钢升级为 460MPa 级钢可节材 27% 以上，400MPa 级钢升级为 460MPa 级钢可节材 13%。更重要的是实现强度等级升级的同时，不需要消耗大量的微合金化元素的资源，有利于科学发展。

余热处理钢筋在国外已广泛应用，典型例子是英标 460MPa 级、500MPa 级钢筋。英标 BS4449 因其科学性和适用性而受到国际建筑业的推崇，许多国家和地区普遍采用 BS4449 标准。英标钢筋与我国和其他国家钢筋标准中同类钢筋相比，不但强度要求较高，而且对冷弯和反弯性能要求更严，因此，其质量要求较高。BS4449 标准中没有规定具体的加入合金元素和成分范围，国外企业生产英标钢筋一般是用碳素钢采用余热处理工艺，我国出口的英标钢筋也大量采用了余热处理工艺。加拿大标准 G30.18 中的 400R、500R 钢筋，美国 ASTMA615/A615M 标准中的 60 级（420MPa）、75 级（520MPa）钢筋，德国标准 DIN488/1 中的 BST420S、BST500S 钢筋等都可采用余热处理工艺生产。国外余热处理钢筋的广泛应用表明，余热处理钢筋在建筑上包括在重要建筑上的应用是可靠的、可行的。

1.2.3　超细晶热轧钢筋

近年来的材料学研究可使普通 C-Mn 钢获得超细晶组织，已有试验获得了 2 ~ 3μm 的超细晶铁素体组织，屈服强度超过了 400MPa。日本住友工业公司用铌钢轧制出了晶粒尺寸为 5.5μm、屈服强度为 454MPa、直径为 32mm 的优质棒钢。超细晶热轧钢筋通过控制轧制的方法，以细化钢材的晶粒和组织为技术核心，在保证良好的塑、韧性前提下提高钢材的强度，可明显地节约生产成本，同时做到了高性能和低成本。该产品是一种值得重视、值得发展的钢材品种。

1.2.4　其他高强度钢筋、功能性钢筋

一些高层建筑、立交桥、大跨度的厂房、地下管桩等需要强度更高的热轧钢筋，如 590MPa 级热轧钢筋，其塑性和冷弯要求比照 GB 1499 中的Ⅳ级钢筋，而强度要求更高。具体性能要求是 ϕ10 ~ 25mm 规格，屈服强度不小于 590MPa、抗拉强度不小于 885MPa、伸长率不小于 10%，冷弯 90°、$D = 5A$ 合格。可采用 45SiMnV、45Si2Cr 等钢号试制。

高强度热轧小规格螺纹钢筋是值得关注的品种。在混凝土结构用钢筋中，约有1/5～1/4是直径小于12mm的细直径钢筋，主要用作板、墙类构件的受力钢筋及梁、柱构件中的箍筋，也大量用作架立筋、分布筋、构造筋。通过微合金化和控冷技术，可研制抗拉强度级别更高的800～1170MPa级6～12mm热轧带肋钢筋盘条，取代目前800～1170MPa级冷轧带肋钢筋盘条使用。优点是塑性好、黏着力好、减少了冷轧工序。但还需做配套的产品和设计标准制定和修改工作。早在20世纪70年代联邦德国就开发出了850MPa以上级高强度精轧螺纹钢筋并获专利权，后被美、日、英等国家引进，20世纪80年代大力发展，广泛用于特大型建筑、框架结构、桥涵等工程。885MPa级高强度精轧螺纹钢筋具体性能要求是，屈服强度不小于850MPa、抗拉强度不小于1080MPa、伸长率不小于10%；也有用户提出按美国ASTMA722-95DE要求，屈服强度不小于830MPa、抗拉强度不小于1035MPa、伸长率不小于7%，冷弯90°、$D=8A$合格。生产时需同时采用微合金化技术和余热处理技术。

矿山用无纵肋热轧左旋带肋钢筋是为了满足矿山建设需要而研制的一种钢筋，钢筋的横肋旋向采用左旋，钢筋外形、尺寸及允许偏差要求更严。目前常用的屈服强度级别为335MPa，其试制的性能指标参照HRB335钢筋，可研制并推广应用屈服强度级别为400MPa的或更高强度级别的钢筋。

随着科学技术的发展，环境保护给工程材料提出了更高的要求，所以钢筋的耐腐蚀性能已成为工业化国家的主要研究课题，提高钢筋的使用寿命的各种耐腐蚀钢筋、耐候钢筋正在不断得到应用。需通过加入耐腐蚀元素或采用涂层、阻锈剂等，研制、生产不同强度级别的耐候钢筋和在特殊场合使用的耐腐蚀钢筋。

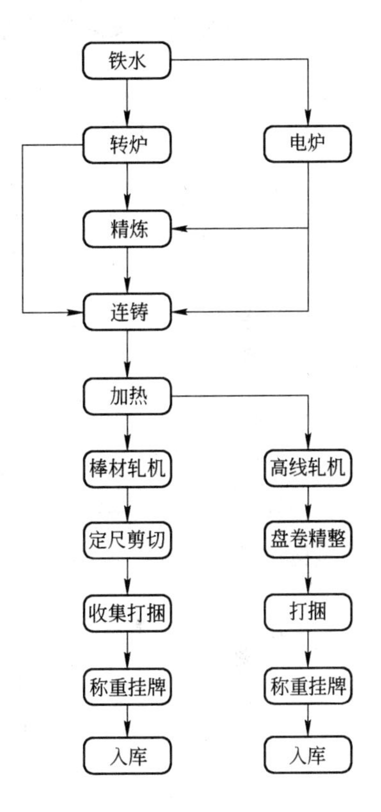

图1-1 螺纹钢生产工艺流程图

1.3 螺纹钢生产主要工艺流程

螺纹钢生产主要的工艺流程如下：高炉铁水→转炉（电炉）→精炼→方坯连铸→定尺切割→入库→轧钢加热炉→棒材轧机→控轧控冷→冷床→定尺剪切→收集打捆→称重→挂牌入库，如图1-1所示。

2 原 料 的 准 备

2.1 典型冶炼设备及工艺

2.1.1 100t 转炉炼钢设备及工艺

2.1.1.1 设备及工艺参数

炉体参数如表 2-1 所示。

表 2-1 炉体主要参数

参数名称	参数值	参数名称	参数值
转炉公称容量/t	100	新砌炉内容积(V)/m^3	91
转炉平均出钢量(T)/t	118	炉口直径($d_{口}$)/mm	2600
炉壳总高(H)/mm	8500	出钢口直径/mm	110 ~ 140
炉壳外径(D)/mm	5900	炉帽倾角/(°)	60
炉壳总高(H)/炉壳外径(D)	1.44	出钢口角度/(°)	10
炉容比 (V/T)	0.91	炉底(含永久层)/mm	910
炉壳内容积(V)/m^3	188	炉身段(含永久层)/mm	774

氧枪枪体的主要参数如下：

氧枪外径	ϕ245mm		
氧枪总长度	20500mm		
喷嘴形式	四孔拉瓦尔型水冷铸造喷头		
喷头参数	喉口	ϕ35.27mm	
	出口	ϕ49mm	
	马赫数	2.0	
介质参数	吹炼氧气压力	0.8 ~ 1.2MPa	
	氮气压力	0.8 ~ 1.0MPa	
	冷却水流量	180m^3/h	
	冷却水压力	1.0 ~ 1.2MPa	
	冷却水入口温度	≤35℃	
	冷却水出口温度	≤55℃	

底吹系统工艺参数如下：

介质种类	N_2/Ar
介质压力	1.0 ~ 1.5MPa
供气强度（标态）	0.01 ~ 0.1m^3/(t · min)
透气砖块数	6 块（由 6 只支气管独立供气）

2.1.1.2 装料制度

按分阶段定量装入，如表2-2所示。装入制度根据不同钢种及生产条件灵活调整。

表2-2 转炉装入量

炉龄/次	1~5	6~100	101~500	>500
装入量合计/t	100±1	110±1	120±1	130±1
出钢量/t	90±2	100±2	110±2	120±2

当铁水温度低、停炉时间不少于4h或炉役末期炉底不好时，可不加废钢或酌减。大补炉后第一炉，不加废钢。

装入顺序：正常情况下为“石灰→废钢→铁水”；若炉底上涨为“废钢→铁水→石灰”；测“零”位时为“铁水→废钢→石灰”。

2.1.1.3 供氧制度

氧气要求如下：

（1）氧气纯度不低于99.6%。

（2）氧压：正常工作氧压0.8~1.2MPa，小于0.6MPa时不得吹炼。

（3）氧气流量（标态）：21000~25000m^3/h，根据实际情况可适当调整。

枪位要求：采用“低—高—低”枪位操作模式，在1.4~1.8m之间进行枪位控制，根据化渣情况及温度情况合理调整枪位。严禁长时间吊吹和深吹，以防炉渣返干期发生金属喷溅。冶炼对枪位控制有特殊要求的钢种时，可按该钢种的操作要点进行控制。

开吹枪位确定——控制原则：早化渣，多去磷。

（1）铁水硅、磷高时，渣量大，易喷溅，枪位应略低100mm；铁水硅、磷低时，为促进石灰熔化，保证适量的（FeO），枪位应略高100mm。

（2）铁水温度低，开吹枪位应采用低于正常枪位100mm，吹炼1.5min后恢复正常枪。

（3）开新前5炉由于炉膛容积小，复吹搅拌好，铁水液面高，易喷溅，开吹枪位应采用低于正常枪位约100mm。

（4）氧压0.6~0.7 MPa时冶炼枪位比正常氧压低50mm。

（5）石灰用量大或生烧严重时，为促进石灰熔化，枪位适当提高100~200mm。

中期枪位控制——控制原则：化好渣，快速脱碳，均匀升温，不返干、不喷溅，不粘枪。

（1）在C-O反应激烈时，应适当提高枪位100~200mm，保证C-O反应均衡进行，防止炉渣出现恶性喷溅及严重“返干”。

（2）炉内温度低时，炉渣成砣，渣料可少加，适当配加调渣剂化渣，促进渣料熔化。

后期枪位控制——控制原则：调整好炉渣的氧化性与流动性，继续去除硫、磷，准确控制终点。

（1）确保850s第一次倒炉时，熔池温度控制在1590~1610℃。

（2）过程渣没化好时，应提枪化渣，在拉碳前2~3min将枪位适当提高，让终渣保持必要的氧化能力。倒炉时，可尽量倒出高硫、磷的熔渣。

（3）冶炼高、中碳钢时，应适当提高枪位。

（4）拉碳时应适当压低枪位，以利于加强熔池搅拌，均匀成分和温度，降低渣中 FeO 含量，减少铁损，保护炉衬，拉碳枪位停留时间应不少于 30s。

2.1.1.4　造渣制度

正常情况下采用单渣操作，高碳钢采用高拉补吹法操作。

常规钢种终渣碱度控制范围 $R=2.2\sim3.5$，其他按操作要点执行。

铁水[Si]≥1.2%，或[P]≥0.12%，双渣时间选择在开吹后 300～400s 之间。为了烧好炉衬，新炉 1～10 炉或补炉后第一炉不得采用双渣法操作。

冶炼中高碳钢采用高拉补吹操作，保证终点 C-T 协调出钢。

造渣料加入方法：采用分批加入的操作工艺，一般第一批渣料在开吹的同时加入，加入量为总量的 1/2～2/3，第二批渣料在前期渣化好后分批加入，视化渣情况，在 4～6min 内加完。保证终渣 MgO 达到 8%～10%。渣料的配比及加入量必须与铁水条件、渣料质量、化渣情况、装入制度、熔池温度等密切配合。第二批料的加入应贯彻勤加少加的原则。

$$\text{石灰加入量}=\frac{2.14\times[\mathrm{Si}]\%\times\text{碱度}}{(\mathrm{CaO}\%)_{\text{有效}}}\times\text{铁水量(kg)}$$

或：

$$\text{石灰加入量}=\frac{2.2\times[\mathrm{Si}+\mathrm{P}]\%\times\text{碱度}}{(\mathrm{CaO})\%_{\text{有效}}}\times\text{铁水量(kg)}\ (\text{当铁水}[\mathrm{P}]>0.30\%\text{ 时})$$

（1）根据温度、化渣情况分批加入球团矿，每批加入量不超过 300kg。

（2）根据炉内化渣情况多批少量加入调渣剂，每批加入量不超过 200kg，每炉用量控制在 400kg 以下。

（3）终点调温可用石灰和轻烧白云石，调温加料量大于 500kg 时，必须下枪点吹。

2.1.1.5　温度制度

终点温度的确定：

终点温度 = 液相线温度 + 标准温度 + 校正温度

A　标准温度确定方法

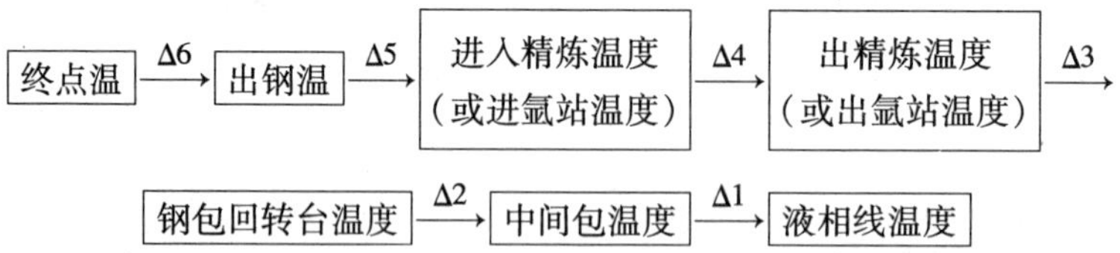

终点温 —Δ6→ 出钢温 —Δ5→ 进入精炼温度（或进氩站温度） —Δ4→ 出精炼温度（或出氩站温度） —Δ3→

钢包回转台温度 —Δ2→ 中间包温度 —Δ1→ 液相线温度

其中：Δ1 为中间包内的过热度；Δ2 为钢包和中间包之间的温降；Δ3 为炉外精炼至钢包回转台间运输温降；Δ4 为炉外精炼处理过程温度变化；Δ5 为转炉至炉外精炼之间的运输温降；Δ6 为出钢温降（包括铁合金和渣料的影响）。

标准温度参考值：Δ1 = 15～20℃；Δ2 = 40℃。钢包运输温降按 1.5～2℃/min 考虑。

出钢温降包括：

（1）出钢过程钢包吸热、出钢散热、镇静温降等因素取 25℃。

（2）出钢过程加入合金、渣料造成的温降如表 2-3 所示。

表 2-3 出钢过程中加入合金、渣料造成的温降

加入料	FeSi	FeMnSi	高碳 FeMn	低碳 FeMn	FeP	Cu	FeTi
温降/℃·(kg·t)$^{-1}$	+0.7	-1.7	-2.7	-2.2	-1.5	-2.0	-2.0
加入料	FeMn	低碳 FeCr	高碳 FeCr	C	废钢	Al	Ni
温降/℃·(kg·t)$^{-1}$	-1.40	-2.2	-2.4	+2.3	-1.7	+15	-1.7

（3）停吹后等待的温降以 2.5℃/min 考虑。

B 校正温度确定方法

校正温度指由于以下因素带来的温降：

（1）钢包状况校正；

（2）出钢口状况校正；

（3）倒炉次数校正；

（4）连浇第一炉校正；

（5）连铸机拉速变化校正。

校正温度参考值如下：

（1）新上线或有包底的钢包出钢温度提高 10~20℃；

（2）新换出钢口前 10 炉出钢温度提高 10℃；

（3）每倒炉一次温度下降 5℃；

（4）连浇第一炉温度提高 15℃；

（5）连铸机拉速变化根据工序协调调整转炉终点温度。

C 过程温度控制

过程温度控制包括：

（1）采用定废钢、调矿石（氧化铁皮）的冷却温度。

（2）根据熔池温度合理确定渣料加入时间及数量，控制好枪位，控制好过程温度。

（3）各种因素变化对终点温度影响的参考值（出钢量按 100t）见表 2-4。

表 2-4 原材料对转炉终点温度的影响

降温剂	废 钢	矿 石	石 灰	轻烧白云石	氧化铁皮	生铁块
变化值/kg	1000	1000	1000	1000	1000	1000
终点变化值/℃	20	55	12	12	55	6

注：1. 铁水温度 ±10℃，终点温度 ±12℃。

2. 铁水 [Si] 含量 ±0.1%，终点温度 ±18℃。

3. 开新炉前 5 炉采用全铁水，用铁皮或球团矿调温控制。

2.1.1.6 终点控制

终点控制包括：

（1）终点控制采用拉碳增碳法。

（2）根据炉口火焰的长度、亮度、刚性、透明度、火花及其变化，结合供氧时间和耗氧量判断并决定拉碳时间。

（3）补吹时，需根据终点碳含量及冶炼钢种所需降碳量来确定补吹时间，并根据终点温度和所炼钢种要求的出钢温度来确定是否加入调温剂（硅铁或矿石）以及加入量。

（4）补吹后应再次倒炉，测温、取样，决定是否出钢。

（5）终点前3min必须把所需造渣料加完。

2.1.1.7　出钢

出钢：

（1）出钢前用圆锥形挡渣帽堵住出钢口，防止倾动初期转炉流出渣子。

（2）出钢前必须将罩裙的粘渣、出钢口的粘渣打掉。

（3）出钢前必须明确钢包状况。

（4）出钢前，打开钢包底吹氩进行搅拌，流量（标态）控制在200~300L/min，加完挡渣塞后关闭底吹氩。

（5）炉体摇至-92°时加入挡渣塞或挡渣球进行挡渣。

（6）严禁出钢过程下渣，出钢时钢水不散流，出钢时间控制在3~7min，出钢时间小于3min或散流严重时，必须修补或更换出钢口。

2.1.2　100t电炉炼钢设备及工艺

2.1.2.1　100t超高功率竖式电炉主要设备参数

公称容量		100t
最大出钢量		130t
留　钢		15~25t
变压器功率		72MV·A
二次电压等级		550~990V
电极直径		610mm
电极行程		5200mm
氧油烧嘴		3×3.0MW
炭氧枪氧流量（标态）		3000~5500m^3/h
集束氧枪氧流量（标态）		4×(200~2500)m^3/h
炉子尺寸	壁间内径	6077mm
	熔池直径	5200mm
	下部炉壳直径	9000mm
	炉壁高度	1825mm
竖　炉	高	7025mm
	宽	2418mm
	长	5253mm
水冷面积	侧壁	33.5m^2
	炉盖	22.7m^2
	竖炉	107.5m^2
	手指	26.5m^2
炉子容积		85m^3
熔池容积		19m^3
竖炉容积		79m^3
废钢料篮容积		70m^3

2.1.2.2 炼钢原材料参数及要求

废钢：

（1）废钢符合《非合金废钢》标准。

（2）单重和尺寸不合格的废钢要进行加工处理，加工后最大尺寸800mm×500mm×400mm，最大单重为200kg。

（3）最大加工尺寸：板坯为300mm×300mm×200mm，方坯为200m长；最大单重均为200kg。浇余量最大加工重量为200kg。

废钢配料：

（1）配料要按照不同冶炼钢种，由电炉下发的计划配料单进行。

（2）向料篮装料时，不同种类废钢应分层装入：第一篮废钢从底部到上部依次为：轻薄料、中型及重型废钢和生铁（铁水充足时不加生铁）、统料及小型废钢；第二篮从底部到上部依次为轻薄料、中小型废钢。

（3）装生铁时应分层交叉装，避免集中或装偏。

炼钢生铁：炼钢生铁应符合GB/T 717标准的规定。

铁水：铁水应符合QB/AGJ 03.001标准要求。

铁合金及辅助材料：各种铁合金要求如表2-5所示。

表2-5 铁合金要求标准

合金名称	符合标准	牌　号	备　注
高碳锰铁	GB/T 3795	FeMn78C8.0，FeMn68C7.0，FeMn74C7.5	干燥、无杂质
中碳锰铁	GB/T 3795	FeMn82C1.0，FeMn82C1.5	干燥、无杂质
硅锰合金	GB/T 4008	FeMn68Si18，FeMn68Si16	干燥、无杂质
硅　铁	GB 2272	FeSi75Al1.5-A，FeSi75Al1.5-B，FeSi75C	干燥、无杂质
硅铝合金	Q/AGJ 02.061	FeAl48Si18，FeAl37Si20，FeAl35Si22	干燥、无杂质
硅钙线	YB/T 053	Ca31Si60，Ca30Si60	ϕ13mm
铝　块	YS/T 75	Al98.0，Al95.0，Al92.0	光洁、无夹杂
硅钙钡铝	Q/AGJ 02.071	FeAl8Ba12Ca6Si40	干燥、无杂质
硅钡铝	Q/AGJ 02.070	FeAl2Ba15Si40	干燥、无杂质
钒　铁	GB 4139	FeV75－A，FeV75-B FeV50-A，FeV50-B	干燥、无杂质
钛　铁	GB 3282	FeTi30-A，FeTi30-B FeTi40-A，FeTi40-B	干燥、无杂质
铌　铁	GB/T 7737	FeNb70，FeNb60A，FeNb60B	干燥、无杂质

块状合金粒度：钒铁、钛铁、铌铁为10~50mm，其余为10~80mm。

轻烧白云石：

（1）轻烧白云石应符合Q/AGJ 02.056

（2）标准要求，粒度10~60mm。

石灰：

（1）石灰应符合QB/AGJ 02.017标准要求。

（2）石灰的粒度为10～60mm，水分不高于0.5%。

轻烧铝矾土：

（1）要求：$w(Al_2O_3)\geqslant 65\%$，$w(H_2O)<0.5\%$，$w(FeO)\leqslant 1.5\%$。

（2）采用防潮塑料袋包装，确保干燥。

萤石：

（1）萤石应符合YB/T 5167标准的要求，四级品及其以上品级。

（2）粒度为10～30mm。

（3）萤石应清洁干燥，无泥土、废石及其他杂物。

焦粒：

（1）焦粒应符合GB/T 1996标准要求。

（2）粒度为15～34mm。

喷吹碳粉：要求：$w(C)\geqslant 90\%$，$w(S)\leqslant 0.8\%$，$w(N)\leqslant 2.8\%$，粒度不大于3mm。

增碳剂：

（1）增碳剂理化指标应符合YB/T 192标准的要求。

（2）粒度3～8mm。

焦炭：

（1）焦炭技术指标应符合GB/T 1996的要求。

（2）粒度25～40mm。

高功率电极及其接头：

（1）超高功率石墨电极及其接头应符合YB/T 4090中公称直径为600mm的电极和接头的有关要求。

（2）电极与接头必须配套供应。

（3）电极应保存在干燥处，避免雨淋和受潮。

2.1.2.3 电炉工艺制度

配料装入制度：

（1）结合不同钢种的质量要求，根据钢包的容量、氧压、炉龄等不同的工艺条件，确定合理的钢铁料装入量及铁水、废钢、生铁比例。

（2）全新炉衬第一炉不兑铁水。

（3）为使检修前最后一炉把钢水出净，检修前两炉，可根据炉况适当减少装入量。

供氧制度：

（1）氧气要求：氧气纯度不低于99.6%，氧压：正常工作氧压0.8～2.0MPa。

（2）集束氧枪氧气流量（标态）为200～2500m³/h。根据冶炼过程的实际情况，集束氧枪氧气流量和使用个数可适当调整。

（3）根据不同的熔炼阶段，炉壁集束氧枪采用合适的吹氧模式进行操作。

造泡沫渣制度：

（1）依靠喷吹碳粉造泡沫渣，埋弧升温，炉门氧枪辅助化渣、搅拌熔池。

（2）分批加入石灰及白云石，喷碳，开始全程泡沫渣操作。

（3）渣料的配比及加入量必须与铁水条件、渣料质量、化渣情况、装入制度、熔池温度等密切配合，冶炼后期的渣料加入量应贯彻少加、勤加的原则。

送电制度：根据开新炉、兑铁水、全废钢等冶炼模式，在冶炼过程的不同阶段，采用合适的电压等级进行送电升温。

温度制度：

(1) 出钢温度必须满足工艺路线对各钢种的要求，出钢温度控制在1600～1660℃范围，钢水到LF后微调。

(2) 新出钢口1～10炉，新包、有包底、检修前炉次等异常情况，出钢温度可适当提高10～20℃。

出钢及脱氧合金化：

(1) 出钢条件：确认炉内无挂料并且熔化完，成分温度均匀且符合所炼钢种出钢要求；出钢[C]、[P]、温度要求根据各钢种要求确定。对于螺纹钢，出钢温度为1620～1650℃，出钢[C]为0.08%～0.15%，出钢[P]≤0.025%。

(2) 当出钢钢水成分不在规定范围内时：碳低可加炭粉增碳；碳高则在精炼炉使用中、低碳合金微调成分，或进行倒包处理；磷高且到精炼炉后超出内控，必须倒包。确保铸坯成分在内控范围内。

(3) 出钢时间小于2min或散流严重时，必须更换出钢口。

(4) 出钢约1/3时，向钢包加入钢包造渣料及合金料。

(5) 脱氧合金化：

1) 出钢钢水合金化，由合金工根据合金料供应情况调整合金种类，计算加入：

$$\text{合金加入量(kg)} = \frac{\text{内控成分下限(\%)} - \text{终点残余(\%)}}{\text{合金元素含量(\%)} \times \text{元素吸收率(\%)}} \times \text{出钢量(kg)}$$

注：上述公式为钢水经过精炼炉时，出钢合金化的计算公式。

2) 合金收得率见表2-6（参考值）

表2-6 不同钢种的合金收得率

终点[C]/%	合金收得率/%		
	Si	Mn	C
≤0.06	75～80	80～85	80～85
>0.07	80～85	92～95	85～90

3) 合金加入时间应在出钢1/3至2/3期间加完。

4) 易氧化贵重合金在精炼炉加入。

5) 未特殊要求，出钢时脱氧剂SiAlBaCa加入量为120～300kg，脱氧合金也可以等量使用。

6) 出钢后吊至精炼炉必须保证LF在不加料的情况下，确保C、Si、Mn接近下限或进下限。

2.1.3 100t钢包精炼炉设备及工艺

2.1.3.1 100t钢包精炼炉主要设备参数（表2-7）

表 2-7　100t 钢包精炼炉主要设备参数

项　目	参　数	项　目	参　数
公称容量/t	100	电极	
最小容量/t	75	直径/mm	450
最大容量/t	130	提升行程/mm	3000
钢包		变压器	
高度/mm	4300	额定功率/MV · A	18
上部外沿直径/mm	3426	二次侧电压/V	180 ~ 299
最小自由空间/mm	900	电压调档方式	有　载
炉盖提升高度（液压）/mm	300		

2.1.3.2　工艺标准与制度

A　原材料要求

铁合金及辅助材料:

(1) 各种铁合金要求如表 2-5 所示。

(2) 块状合金粒度: 钒铁、钛铁、铌铁为 10 ~ 50mm，其余为 10 ~ 80mm。

(3) 当新工艺试验、采用新工艺或冶炼新钢种时，可使用所需的新的合金品种。

石灰:

(1) 石灰应符合 QB/AGJ 02.017 标准要求。

(2) 石灰的粒度为 10 ~ 60mm，水分不大于 0.5%。

轻烧铝矾土:

(1) 要求: $w(Al_2O_3) \geqslant 65\%$, $w(H_2O) < 0.5\%$, $w(FeO) \leqslant 1.5\%$。

(2) 采用防潮塑料袋包装，确保干燥。

萤石:

(1) 萤石应符合 YB/T 5167 标准的要求，四级品及其以上品级。

(2) 粒度为 10 ~ 30mm。

(3) 萤石应清洁干燥，无泥土、废石及其他杂物。

增碳剂:

(1) 增碳剂理化指标应符合 YB/T 192 标准的要求。

(2) 粒度 3 ~ 8mm。

电极及其接头:

(1) 石墨电极及其接头应符合 YB/T 4090 中公称直径为 450mm 的电极和接头的有关要求。

(2) 电极与接头必须配套供应。

(3) 电极应保存在干燥处，避免雨淋和受潮。

B　精炼炉过程控制

造渣制度:

(1) 埋弧泡沫渣主要是通过加入 CaC_2 和底吹氩来实现，总渣量控制在钢水总量 0.5% ~2.5%。

(2) 渣料应分批加入，避免渣子结块，影响成渣速度。渣料熔化后方可加入电石，且一次不能加入过多，以防电石增碳和发泡后从包口溢出。

(3) 钢水的还原程度可以根据渣样的颜色和表面状态来判断。渣的稀稠可根据沾渣棒渣厚判断。

(4) 吊包前5min，禁止加入任何合金及渣料。

送电制度：

(1) 供电操作应按照供电曲线控制。

(2) 测温后调整供电曲线，直至达到上钢温度。

温度制度：

(1) 上钢温度必须满足工艺路线对各钢种的要求。

(2) 新包、有包底等异常情况，上钢温度可适当提高5～20℃。

(3) 精炼时间或钢水包等待时间超过2h，上钢温度比正常冶炼温度可适当降低5～10℃。

合金微调：

(1) 合金加入后，均匀至少3min，方可取分析样。

(2) 钢水合金微调，由主操工根据合金料供应情况调整合金种类，计算加入：

$$\text{合金加入量(kg)} = \frac{\text{内控成分(\%)} - \text{钢水成分(\%)}}{\text{合金元素含量(\%)} \times \text{元素吸收率(\%)}} \times \text{出钢量(kg)}$$

(3) 合金收得率见表2-8（参考值）。

表2-8 合金收得率

合金元素	C	Si	Mn	Al
收得率/%	80～90	≥95	>98	40～70

(4) 等待期间距吊包超过20min必须取样，并根据分析结果适当调整成分。

(5) 根据钢种目标碳含量决定加入的锰合金种类，注意增磷、增碳、回硅、回锰。

(6) 加入硅铁时，要考虑到加其他合金的增硅量。

(7) 冶炼时间大于30min，白渣保持时间大于15min。

(8) 成分符合内控标准或国标标准。

2.2 方坯连铸工艺与质量控制

2.2.1 方坯连铸设备及工艺

螺纹钢生产所用的坯料，通常为120mm×120mm和150mm×150mm连铸坯，具体选用断面需综合考虑轧机加热炉的能力、粗轧机的能力、冷床长度及产品的规格，选用最佳的铸坯断面，实现最经济的轧机硬件设备配置，并取得最理想的轧机经济技术指标，即取得最佳的轧后成材率和定尺率。

生产120mm×120mm和150mm×150mm连铸坯的小方坯连铸机，120mm×120mm连铸机半径应大于5.25m，150mm×150mm连铸机半径应大于6m。专业生产螺纹钢连铸坯的连铸机从经济的角度讲，没有必要追求过大半径设计，适当的半径可以节省基建和设备投资。

方坯连铸机主机设备通常是从接受钢包开始至铸坯按定尺切断后收集在冷床上这个过程之间的整个装备，包括钢包运载设备、中间包及中间运载设备、结晶器及结晶器振动装置、二次冷却装置、拉坯矫直装置、钢坯切断装置、钢坯输送辊道、冷床、集坯装置、引锭杆存放设备等。图 2-1 是连铸过程控制工序流程图，下面对主体设备进行简要的介绍。

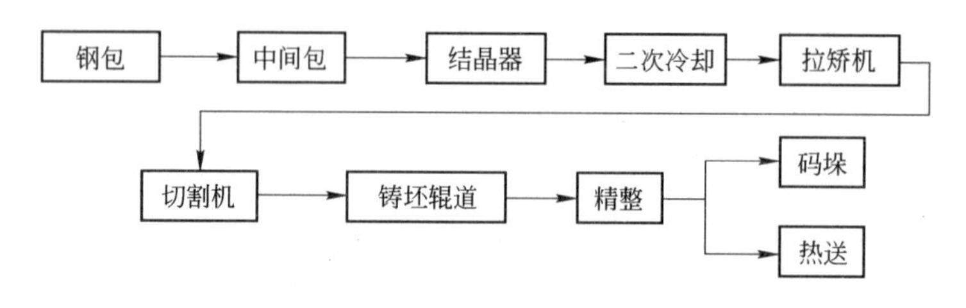

图 2-1 典型方坯连铸工艺流程图

2.2.1.1 方坯连铸机工艺设备参数（表 2-9）

表 2-9 两种典型方坯连铸机参数表

方坯尺寸/mm × mm	120 × 120	150 × 150
弧半径/m	5.25；6.0	8
流　数	4	4 ~ 6
振动机构	振幅 4 ~ 6mm；振频 90 ~ 220Hz	振幅 4mm；振频 90 ~ 220Hz
结晶器水量	水量 100 ~ 130m^3/h；水压 0.7MPa	水量不小于 100m^3/h；水压不小于 0.6MPa
二冷水	比水量 2.0L/kg；水压 0.8MPa	比水量 1.0L/kg；水压 1.0MPa
拉矫机	单点矫直	单点矫直、连续矫直
拉速/m · s^{-1}	0.5 ~ 4.5	0.9 ~ 3.6
年产量/万 t	20	80 ~ 110

2.2.1.2 钢包运载设备

钢包运载设备有多种形式，主要有：

（1）天车吊运钢包浇铸。一般用于设备较简单、投资较省的连铸机，且连铸机往往不连浇。如果要进行连浇操作，中间包的容量必须加大，即保证前一包钢水浇完后，钢包从浇铸位吊下至下一包钢水吊至浇铸位时，中间包内还必须保持有一定量的钢水。

（2）钢包移动浇铸车。钢包移动浇铸车设置在浇钢平台上，能载着钢包在浇钢平台上移动。采用这种运载方式，通常是连铸机、钢包天车设置在同一厂房跨间内，钢包移动浇铸车的移动方向一般有两种，一种是移动方向与铸机中心线呈 90°角的横向移动，见图 2-2。另一种是钢包车移动的方向与连铸机的中心线平行的。前者有两个钢包座位，可以通过车的移动实现钢包的快速交换，以确保连铸机的连浇操作；后者钢包移动车结构较简单，但是在调换钢包时必须要用天车将浇毕的钢包吊走，然后才能将下一炉钢包吊上，调换钢包时间较长。

（3）钢包回转台。钢包回转台是较理想的钢包运载工具，它可用来将装有钢水的钢包从出钢跨移至浇铸跨，并且把钢包定位在准备浇铸的中间包上面。当一端钢包在浇铸时，另一空臂可安放下一炉钢包，以便在上一包钢水浇铸完毕时，可迅速地将下一包钢水引入到“浇铸位置”，实行连浇时的快速更换钢包。钢包回转台见图2-3。

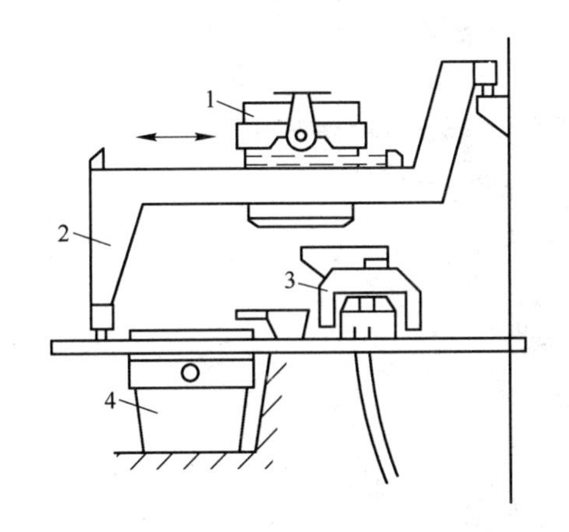

图2-2 钢包移动浇铸车

1—钢包；2—钢包移动浇铸车；3—中间包及中间包车；4—事故钢包

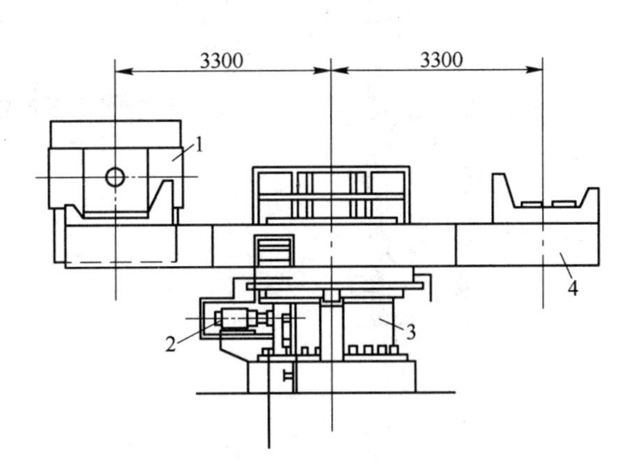

图2-3 钢包回转台

1—钢包；2—传动装置；3—支座；4—承载臂

2.2.1.3 中间包及中间包车

中间包是连接钢包和结晶器之间的盛放钢水的容器，它具有减压、分流、去除夹杂物和储存钢水等功效。其运载设备为中间包车或中间包回转台，生产中大多采用中间包车作为运载设备。

A 中间包结构

中间包一般由包体和包盖两部分组成。包体和包盖内衬有耐火材料。

中间包钢流的控制一般分为两种形式：一种为定径水口，另一种是用塞杆控制钢流的形式（也有采用滑动水口的控制形式）。小方坯两种浇铸方式均可，一般120mm×120mm敞开浇铸采用定径水口控流，150mm×150mm保护浇铸多采用塞棒或滑板控流。随着中间包内衬材质的改进，中间包的内衬寿命不断提高，作为中间包配套耐火材料的控流系统也在随之改进，浇铸方式也在适应性调整。安钢二炼钢厂据此开发出了小方坯无塞棒控流的中间包保护浇铸方式和中间包长寿命技术，创下了单包浇铸时间72h，中间包寿命238炉的领先水平，在全国高效连铸机上具有较强的借鉴作用。

中间包的容积一般为钢包容积的20%～40%，中间包钢水的液面深度一般为500～800mm，为了使钢水中的夹杂物能充分上浮，中间包的容积和深度以取上限为好。中间包的外形依据连铸机的不同流数，设计成矩形、T形和其他形状，见图2-4。为保证钢水中夹杂物有充分的上浮时间，钢水在中间包内的最佳停留时间为8～10min。为了避免钢包钢流的冲击对中间包水口浇铸的影响，钢包钢流冲击点到最近水口中心的距离以不小于400mm为宜。

B 中间包车

中间包车是中间包运载工具中的一种形式。为了实行多炉连浇，提高连铸机的作业率，一般在连铸机浇钢平台上设有两个中间包“停放位置”及一个“浇铸位置”。中间包车按设计结构可分为悬挂式、悬臂式、门式等多种形式。门式车又可以按中间包车轨道是

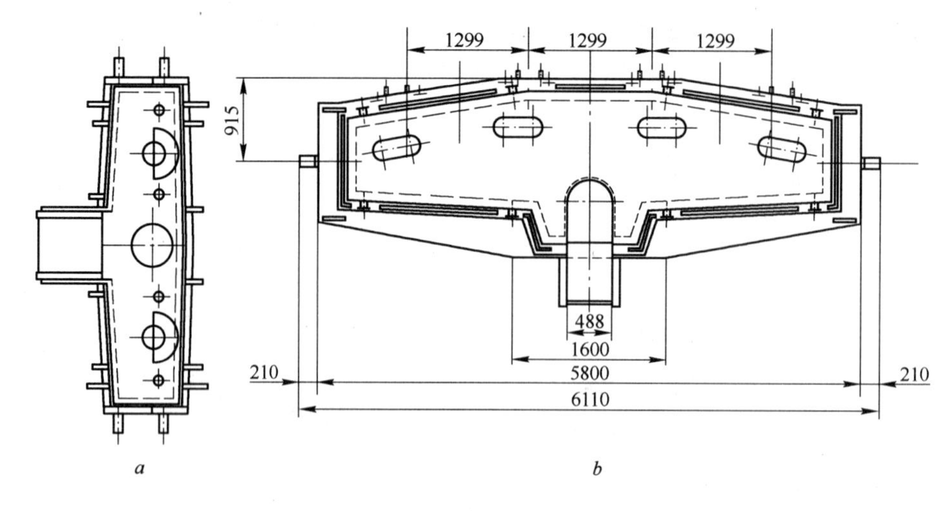

图 2-4　四流小方坯连铸机中间包
a—矩形中间包；b—T 形中间包

分布在结晶器双侧还是单侧而分为跨越式或悬臂门式。悬挂式车的行走车轮都在高架梁上，见图 2-5。悬臂式车，地上只有一根轨道，另一根轨道也在高架梁上，见图 2-6。中间包车的功能就是将已准备好的中间包迅速而准确地从“停放位置”运送到“浇铸位置”，在中间包“停放位置”上一般还装有中间包烘烤装置，对中间包进行烘烤或预热。车的行走速度一般设计为快、慢两档，分别为 15 ~ 20m/min 和 1 ~ 2m/min。对于定径水口浇铸方式的中间包车，每流各带一个可摆动的引流槽，用于开浇时将水口中刚流出的钢流引去。待钢流正常后，移开引流槽，进行正常浇铸。有时中间包车上配置防钢水飞溅的保护装置、称重系统。

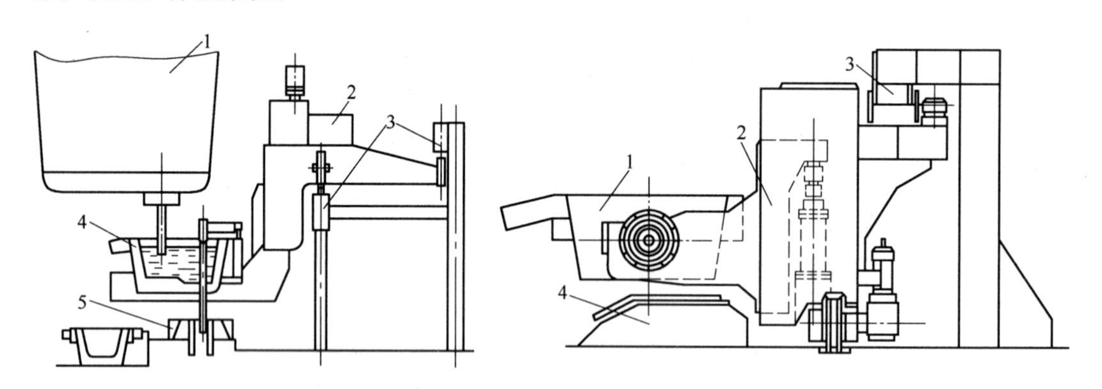

图 2-5　悬挂式中间包车
1—钢包；2—悬挂式中间包车；3—轨道梁及支架；4—中间包；5—结晶器

图 2-6　悬臂式中间包车
1—中间包；2—悬臂式中间包车；3—轨道梁及支架；4—结晶器

2.2.1.4　结晶器及结晶器振动装置

A　结晶器

结晶器（图 2-7）是连铸浇铸系统中的关键部件，钢水在结晶器内被迅速地冷却形成一个与结晶器内腔形状一致、有一定厚度的初生坯壳。由于结晶器内壁是直接与铸坯表面接触的，因此结晶器的结构特点、冷却性能、内壁质量等都会直接影响到铸坯的质量，同时也会影响到结晶器本身的使用寿命。小方坯一般选用管式结晶器，即结晶器壁是整体拉拔成的铜管。结晶器铜管内壁一般采用电涂法涂有一层致密的涂铬层，厚度为0.05～0.15mm，以提高其内壁的耐磨性能。为了适应坯壳在凝固过程中的收缩，减少坯壳表面与结晶器间形成气隙，结晶器铜管都加工成上口大、下口小（俗称倒锥度），倒锥度根据不同的要求，一般选用结晶器倒锥度为0.4%～0.8%/m。

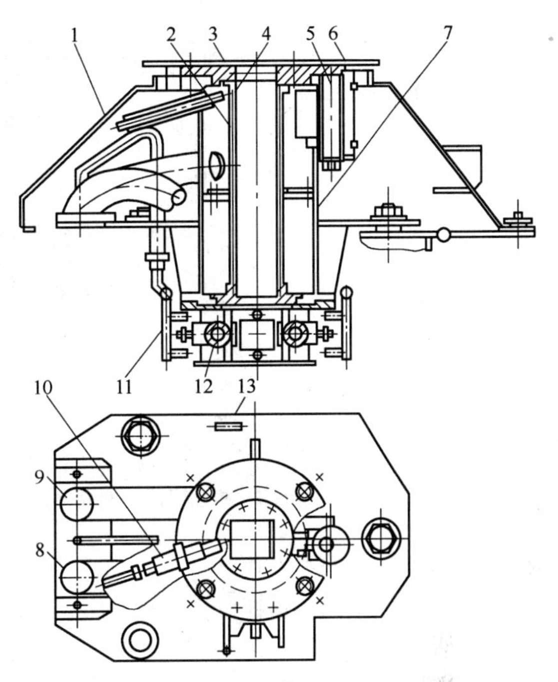

图 2-7 管式结晶器

1—结晶器外罩；2—内水套；3—润滑油盖；4—结晶器铜管；5—放射源容器；6—盖板；7—外水套；8—给水管；9—排水管；10—放射源信号接收装置；11—水环；12—足辊；13—定位销

目前国产结晶器铜管的材质现基本采用磷脱氧铜TP2，该铜有较高的再结晶温度和良好的导电导热性能，且机械强度和硬度也高于T2铜，而且价格与T2铜相近，是制作小方坯结晶器铜管的较理想材料。铜管结晶器长度多在700～900mm之间。采用多锥度结晶器，结晶器的冷却水流速达到12m/s以上，是推行高速连铸机的重要措施之一。

B 结晶器振动装置

结晶器振动装置的结构包括两个基本部分：实现结晶器运动轨迹（直线或弧线）的部分和实现结晶器振动的部分。

实现结晶器运动轨迹的结构方式主要有导轨式、长臂式、复合差动式和短臂四连杆式，新建的方坯连铸机上主要是短臂四连杆式。几种短臂四连杆式的振动机构：

（1）具有四个滚动铰接点的刚性四连杆振动机构。图2-8和图2-9是两种结构基本相似的四连杆振动机构。该机构有两个刚性振动臂及四个有滚动轴承组成的铰接点。这种振

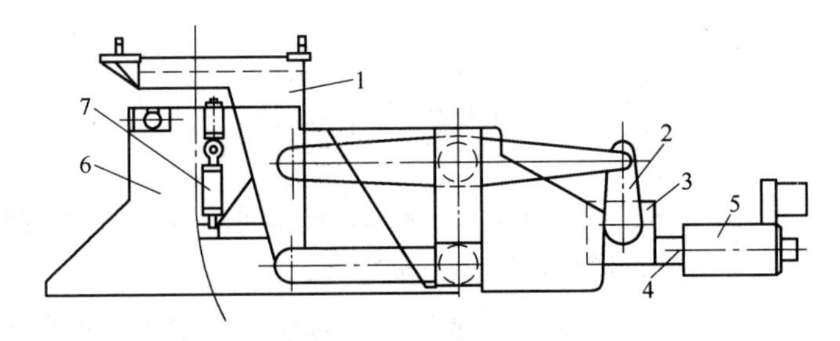

图 2-8 四连杆振动机构（一）

1—振动台；2—振动臂；3—变速器；4—安全联轴器；5—电动机；6—箱架；7—平衡弹簧

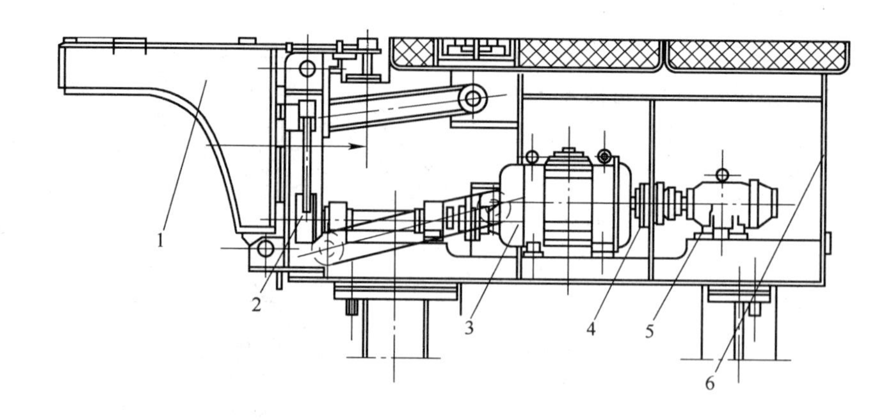

图 2-9　四连杆振动机构（二）

1—振动台；2—振动臂；3—变速器；4—安全联轴器；5—电动机；6—箱架

动机构易引起振动的不平稳。

（2）钢板结构的四连杆机构。这种振动结构没有铰接点，因此不存在润滑不良和磨损，横向稳定性好更适应高频率、小振幅的工艺要求取得了很好的效果，其原理见图2-10。这种振动机构的振动频率达到300～600min^{-1}时振动还能平稳运动，维修工作量也很小。

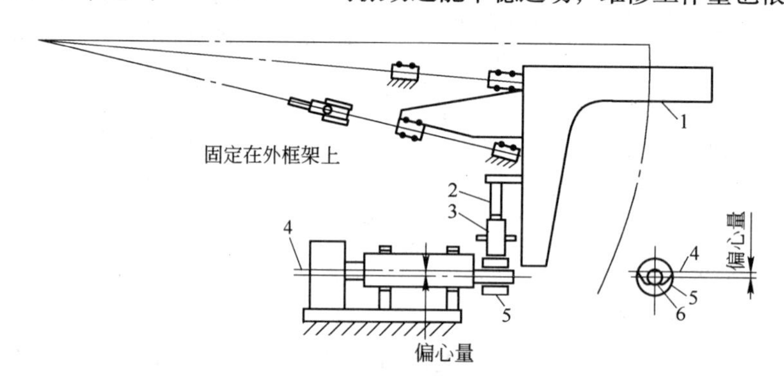

图 2-10　钢板式四连杆振动机构原理

1—振动台；2—振动杆；3—枢轴调节杆；4—旋转中心；5—轮子；6—偏心轮

2.2.1.5　二次冷却装置

一般将结晶器对铸坯的成形冷却称为一次冷却，当铸坯离开结晶器后继续凝固的冷却通称为二次冷却。为二次冷却设置的设备或装置，一般称二次冷却装置。连铸机的二次冷却装置有两个基本作用：

（1）对铸坯进行强制冷却，按照不同钢种、不同断面的冷却要求，通过控制喷嘴的水量，以调节合适的冷却强度，使铸坯逐步完全凝固；

（2）对铸坯（包括引锭）进行支撑及导向，使铸坯（或引锭）能按设定的轨迹运动（拉坯或送引锭）。

钢水经过结晶器，凝固成具有一定厚度的方形坯壳，中间包着未凝固钢水。能够承受住内部钢水静压力的坯壳从结晶器下口拉出进入二冷区进行二次冷却，二次冷却的目的就是要使从结晶器出来后坯壳具有足够的强度和均匀性。在二冷区沿拉坯方向、纵向以一定的压力和角度往铸坯表面喷水，使铸坯继续冷却。一方面防止漏钢；一方面防止不当冷却造成铸坯表面和内部缺陷；一方面加速铸坯快速凝固进入拉矫区和切割区。通常二次冷却分为气水混合冷却或水冷，生产螺纹钢的小方坯因断面小，为了便于二冷段的维护和布置，通常采用经济实用的水冷，根据钢种可采用“缓冷”和“强冷”两种不同的模式。注重高效生产的螺纹钢小方坯连铸机一般采用强冷来提高连铸机的效率。

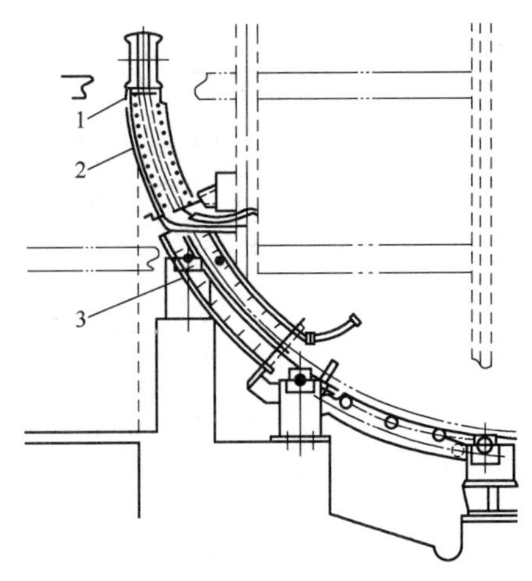

图 2-11　二次冷却装置示意图

1—足辊段；2—可移动喷淋段；3—固定喷淋段

小方坯连铸机的二次冷却装置见图 2-11。由于小方坯断面较小，在铸坯拉出足辊时其坯壳已有足够厚度，边长小于 150mm 的方坯，坯壳由四个角部组成了刚度很好的箱形结构，有足够的强度承受钢水静压力的作用而不会产生鼓肚现象。因此，小方坯连铸机二次冷却装置一般分为三段，即：足辊段（简称Ⅰ段）、可移动段（简称Ⅱ段）和固定段（简称Ⅲ段）。也有分成四段或五段的。这种二次冷却装置的结构通常与刚性引锭杆配合使用，结构简单而紧凑，且处理漏钢事故比较方便。

二次冷却的一个重要参数为冷却强度，它通常是用比水量（浇铸每 1kg 钢耗用的冷却水量（L））来表示。根据不同的钢种、不同的拉速、不同的断面来调整，浇铸螺纹钢时，通常采用强冷却。

在小方坯连铸机上，由于铸坯断面小，一般采用雾化水喷嘴直接雾化的方式喷水。小方坯连铸机上用得较普遍的是扁平形喷嘴（主要用在足辊段）和圆锥形（实心）喷嘴（大量地用在喷淋段），圆锥形（空心）喷嘴一般是用在冷却效果不太高的二次冷却装置或弱冷却时使用。由于水喷嘴的性能对二次冷却的效果以及铸坯的质量有密切关系，选择喷嘴的形式是十分重要的。

采用水冷方式，影响二次冷却系统设计的因素，除了浇铸速度、钢种、铸坯尺寸和铸坯表面粗糙度之外，还必须考虑冷却水流量、平均水滴大小和速度、冲击角度和润湿效果等。安装喷嘴要考虑喷嘴的大小和锥形喷雾状况、它们彼此间距以及离开铸坯表面的距离、水压等。水冷喷嘴与热坯表面距离一般 100 ~ 200mm 为宜。

二次冷却装置是铸坯逐渐完成凝固的主要区域，即在铸坯内部完成从液相向固相的复杂转变过程。选用合适的二次冷却装置及合理地控制铸坯的冷却强度及水量分配，是保证连铸机高效生产及取得良好质量铸坯的重要环节。

2.2.1.6　拉坯矫直机

拉坯矫直机的分类，按结构形式可分成牌坊式、钳式和组合式；按辊子的数目可以分成四辊拉坯矫直机、五辊拉坯矫直机或多辊拉坯矫直机。目前使用得较多的是钳式五辊拉坯矫直机（见图 2-12）。根据矫直技术的发展，则可分为单点矫直、多点矫直和渐进矫直（又称“连续矫直”）三类。近年来，渐进矫直技术得到较快发展（见图2-13和图 2-14）。

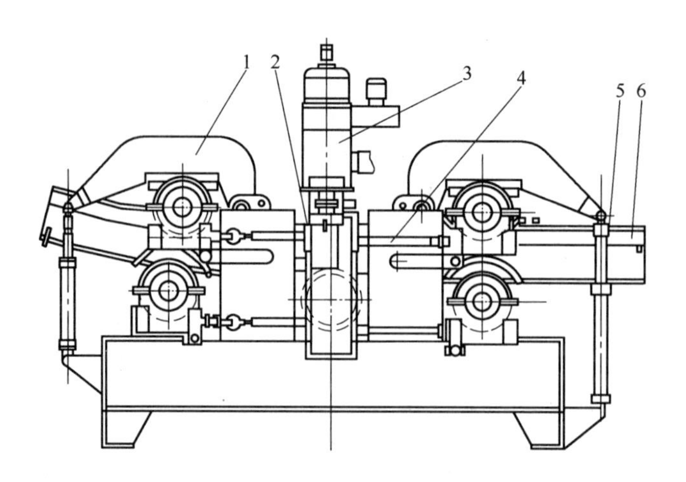

图 2-12　钳式五辊拉坯矫直机示意图

1—拉坯矫直机机架；2—传动分配箱；3—电机；4—万向接轴；5—液压缸；6—冷却水套

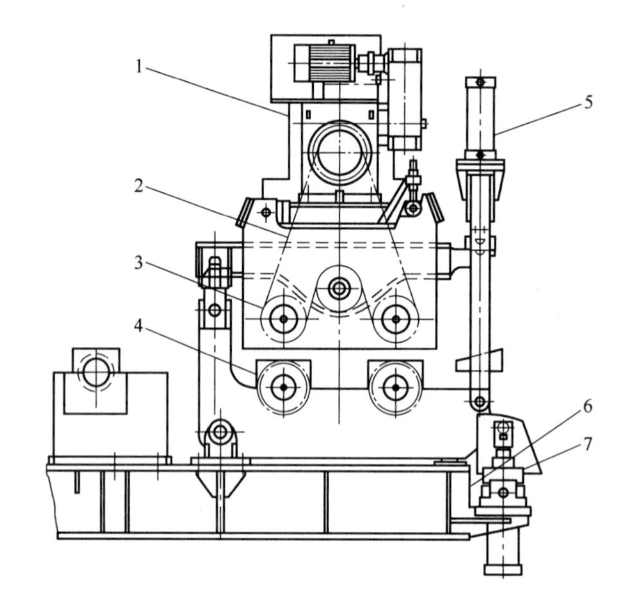

图 2-13　渐进矫直式四辊拉坯矫直机

1—驱动装置；2—传动链；3—上辊；4—下辊；5—压下缸；6—底座；7—脱锭缸

关于拉坯矫直机矫直方式，如前所述，有单点矫直、多点矫直以及近期发展较快的渐进矫直技术（见图2-14）。其中，小方坯的渐进矫直技术是一种比较简单的结构。

2.2.1.7　引锭及引锭存放装置

引锭杆的作用是开浇前堵住结晶器的下口，并使钢水在引锭杆头部凝固，通过拉辊把铸坯拉出。经过二次冷却装置，在通过拉坯矫直机之后，引锭杆脱开引锭头。进入正常拉坯状态，引锭杆便进入存放装置待下次浇铸使用。

引锭装置包括引锭杆头、引锭杆和引锭杆存放装置。引锭杆按结构形式可分为挠性引锭杆、刚性引锭杆。小方坯连铸机现多采用刚性引锭杆，它实际是一根带有钩头的实心弧形钢棒，有短杆和长杆两种。

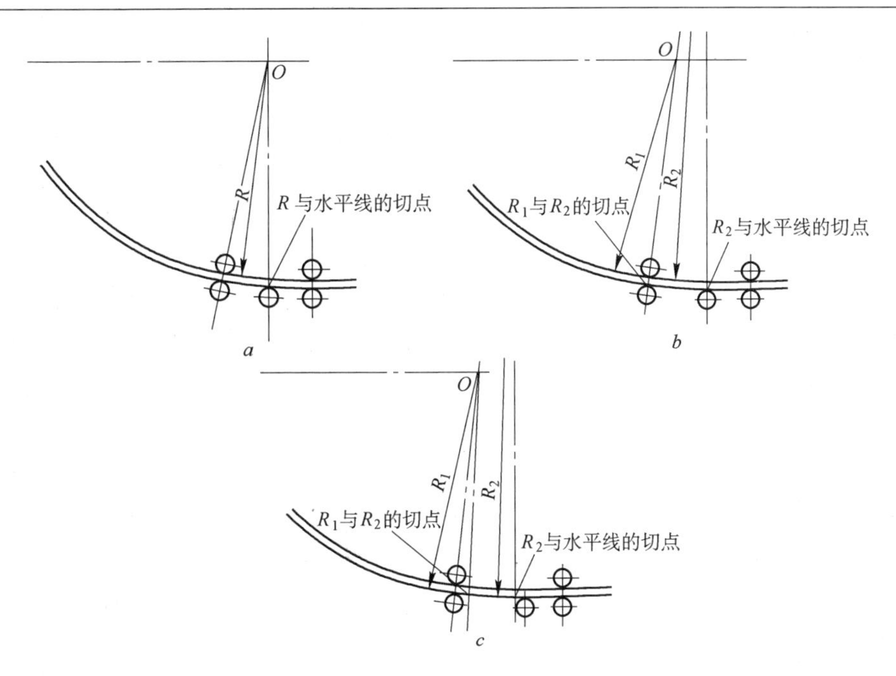

图 2-14　拉坯矫直机的几种矫直形式

a——一点矫直；*b*—二点矫直；*c*—渐进矫直

2.2.2　铸坯质量控制

2.2.2.1　连铸坯的凝固组织

连铸坯的凝固组织通常是由三个区域组成的，即：

（1）边部是细小等轴激冷晶区，宽度在 5mm 左右，它是在 100℃/s 左右的速度下迅速冷却形成的；

（2）相邻的是柱状晶区，它基本上是垂直于铸坯表面且向心部生长的；

（3）中心等轴晶区，并伴有不同程度的中心偏析和疏松。

钢的凝固通常表现为一种树枝晶结构，树枝晶的晶体结构就好像一种“杉树”形态。它的分支是以一次枝臂、二次枝臂和三次枝臂的形式存在的。多次枝树枝晶的产生是在过热消除之后形成的，而等轴晶组织结构是晶体沉积的结果。柱状晶和等轴晶区的大小与浇铸条件有关，尤其浇铸温度的影响最大。当然，连铸机的结构设计、钢水成分和断面尺寸也对凝固组织形成有影响。而偏析可能是由以下几种原因造成的：

（1）由于固相线和液相线之间的温度差而在凝固前沿的聚集；

（2）在冷却到室温过程中的扩散；

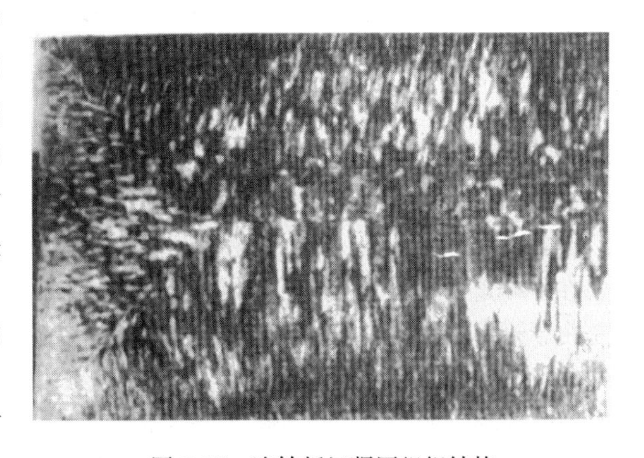

图 2-15　连铸板坯凝固组织结构

（3）热处理。

2.2.2.2　连铸方坯的质量缺陷及其控制

连铸方坯的缺陷一般可分为表面缺陷、内部缺陷和形状缺陷。表面缺陷包括：表面裂纹（含横向、纵向、角部和面部裂纹）、气泡、夹渣、双浇、翻皮、振痕异常、渗漏、冷溅、擦伤等。内部缺陷包括：内裂、非金属夹杂物、中心偏析和中心疏松等。形状缺陷包括：菱形变形（又称“脱方”）、纵向凹陷和横向凹陷等。

对于用小方坯生产螺纹钢用坯料，一些连铸坯常见的质量缺陷（如鼓肚、中心偏析、疏松等）对该类产品轧后质量没有太大影响，这里不做讨论，只对几种典型的并影响螺纹钢生产的缺陷给予阐述。

A　形状缺陷

a　菱形变形（“脱方”）

在方（矩形）坯的截面中，如果一条对角线大于另一条对角线，就称为菱形变形，又称“脱方”。这是小方坯常见的质量缺陷，见图2-16。菱形变形不仅仅是产生简单的形状缺陷，影响下道轧制工序中轧机的“咬入”，而且会伴生一系列表面及内部缺陷，如沿钝角侧对角线方向的内裂、在钝角部位的角部纵向裂纹和面部纵向裂纹，甚至还会发生漏钢等影响浇铸的事故。

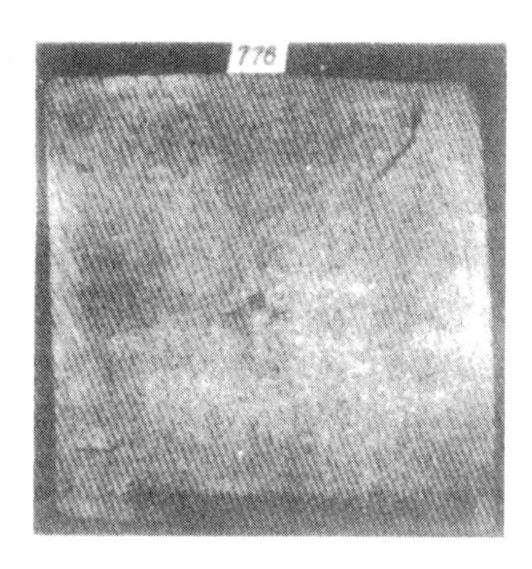

图 2-16　菱形变形（脱方）

造成的结晶器内凝壳不均匀是产生菱形变形的主要原因。在实际生产中常见的原因有：结晶器的磨损、变形和内表面不平整，结晶器铜管的菱形变形或组装结晶器铜板在安装中已发生偏斜，由于水垢造成冷却不均匀，因定径水口安装偏斜或浸入式水口不对中造成的注流偏斜及局部冲刷凝壳。而二次冷却不均匀加剧了菱形变形。造成二次冷却不均匀的因素有：个别喷嘴的堵塞、喷嘴安装不对中、四侧的水量不均匀、喷嘴喷射角度过大、造成角部过冷（如图2-16）以及足辊间距过大无法对出结晶器下口的铸坯进行适当的校正等。

在实际生产中，一旦发现菱形变形，首先应判定其产生的主要原因，也就是从诸多影响因素中，找出本例缺陷产生的根本原因。

如果设备维护正常，并且菱形变形也仅仅出现于个别炉号，则可以认为其原因在操作方面（如更换的浸入式水口未对中等）和钢水质量方面（如钢水的过热度太大等）。如果菱形变形是连续发生的，那么必然是设备因素，而且主要是结晶器下口的磨损，有时是操作和设备两方面综合作用的结果。

b　纵向凹陷

在方坯角部附近，平行于角部，有连续的或断续的凹陷，称为纵向凹陷。纵向凹陷通常是由于菱形变形所引起的，纵向凹陷通常伴有纵向裂纹，严重的会导致漏钢。

铸坯在结晶器中冷却不均匀，是造成纵向凹陷的主要原因。在实际生产中常见的导致因素有：菱形变形伴生的缺陷、结晶器与二次冷却装置对弧不准、二次冷却局部过冷（特别是二次冷却装置的上部）、拉矫辊上有金属异物黏附等。

c 横向凹陷

方坯局部的表面凹陷，垂直于轴线，沿铸坯表面间隔分布，称为横向凹陷。在横向凹陷部位有时伴有横向裂纹出现，严重的会导致渗漏及漏钢。

凝壳与结晶器接触不良和摩擦阻力是产生横向凹陷的原因。常见的是因为结晶器内润滑不当，及结晶器内液面波动过快、过大所造成的。

局部的横向凹陷是由于操作不当所引起的，连续的横向凹陷则与保护渣性状有关。

B 表面缺陷

a 表面纵向裂纹

在铸坯表面，沿铸坯轴向扩展的裂纹，称为表面纵向裂纹。发生在铸坯角部及靠近角部的称为表面纵向角裂。表面纵向角部裂纹有时与纵向凹陷及菱形变形同时发生。表面纵向裂纹起源于结晶器内，凝壳不均匀，抗张应力集中在某一薄弱部位，则造成了纵裂。

生产过程中常见的因素有：结晶器的磨损、变形，导致凝壳不均匀，裂纹产生于薄弱部位；保护渣的黏度与拉速不匹配，渣子沿弯月面过多流入使渣圈局部增厚，降低了热传导，阻碍了凝壳的发展。结晶器内液面波动过快、过大，也直接影响凝壳形成的均匀性并易形成纵裂纹，过高的浇铸温度也对凝壳的均匀生长有较大的影响，二次冷却对纵裂的影响主要表现在局部过冷产生纵向凹陷而导致的纵向裂纹。

在连铸生产中，发现连续的纵向裂纹是由于结晶器工况不佳所致；出现断续的纵向裂纹，则往往与操作因素及工艺条件的突变有关。同时，应注意观察纵向裂纹是否作为菱形变形和纵向凹陷的伴生缺陷而产生的。

b 表面横向裂纹

在铸坯表面，沿振动波纹的波谷处发生的横向开裂称为表面横向裂纹。对发生在铸坯的角部（多见于锐角部位）的横向开裂，称为表面横向角裂。表面横裂有时发生在横向凹陷中，表面横裂与角裂往往同时发生。

振动异常是表面横向裂纹产生的最常见的原因，可能的原因还有低温矫直和二次冷却过度。一旦出现断续的横向裂纹，而铸机和工艺参数均未做过调整，则首先应检查钢水的成分，主要是硫等杂质元素的含量。杂质元素单独作用对表面横向裂纹的影响不大，但一旦与其他应力共同起作用时，则会产生比较明显的裂纹。连续的表面横向裂纹则是由于振动异常所造成的，特别是在发生漏钢事故后未能做较彻底的清理及检修而匆匆进行浇铸的情况下容易发生。

c 气泡

沿柱状晶生长方向伸展，在铸坯表面附近的大气泡称为气泡，而对比较小的气泡且密集的称之为气孔。根据气泡的位置，将露出表面的称为表面气泡，对不露出表面的称为皮下气泡（见图2-17）。气泡的残留，在表皮深度不超过1mm，对轧材表面无影响，大于1mm往往成为比夹渣更有害的缺陷，特别是在与表面相通的，在轧后螺纹钢表面形成

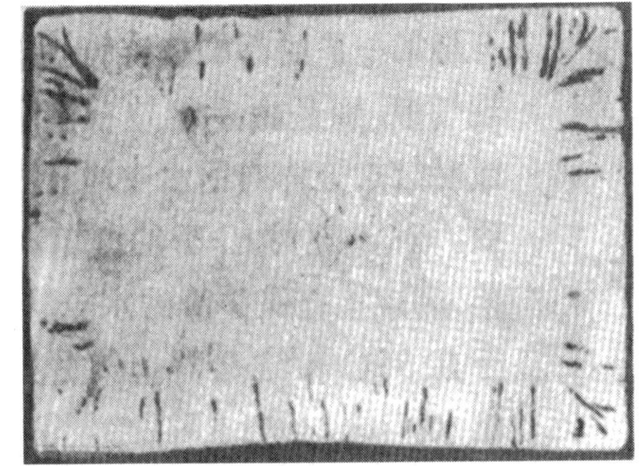

图2-17 气泡

表面裂纹，与轧后折叠不易区分。

在实际生产中，导致气泡的常见原因有：脱氧不足、钢水过热度大、二次氧化、保护渣水分超标、结晶器上口渗水、结晶器润滑油过量、中间包衬（绝热板）潮湿。

d 夹渣

直径为 2～3mm 到 10mm 以上的脱氧产物和侵蚀的耐火材料卷入弯月面，在连铸坯表面形成的斑点称为夹渣。直径小于 2mm 的夹渣经样品酸洗后也可以看出。锰-硅酸盐系夹渣大而且分布浅；Al_2O_3系夹渣小而且分散。由于夹渣下面的凝壳凝固缓慢，故常有细裂纹与气泡伴生。

在实际生产中，导致夹渣的常见原因有：耐火材料质量差造成的侵蚀产物；浇铸过程中捞渣操作不及时；结晶器内液面不稳定，波动过大、过快造成未熔粉末的卷入；钢水 Mn/Si 比低造成钢水流动性差。拉速过慢或浇铸温度偏低也容易形成夹渣缺陷。

e 双浇

因各种原因使钢液浇铸中断在弯月面处产生凝壳，且不易与再浇铸的钢液相融，在铸坯四周产生的连续痕迹，称为“重接”或“双浇”。这种坯子必须挑出，否则会造成轧钢事故或漏检后，出现螺纹钢断裂。

f 擦伤（又称划痕）

外来的金属异物黏附在导辊、拉矫辊等其他固定辊上引起的铸坯表面机械损伤，称为擦伤。应及时采取措施减缓擦伤深度及宽度，擦伤深度如大于等于 3mm，应马上停机清理。

C 内部缺陷

a 内部裂纹

各种应力作用在脆弱的凝固界面上产生的裂纹称为内部裂纹（图 2-18）。除了较大的裂纹，原则上，内部裂纹离表面深度应大于 20mm，一般均可在随后的轧制过程中被焊合。按内部裂纹的出现部位及成因将其分为挤压裂纹、中间裂纹、角部裂纹和中心星状裂纹。二次冷却的比水量和浇铸温度是对内部裂纹影响较大（图 2-19），螺纹钢生产内部裂纹应控制在 3 级以下。

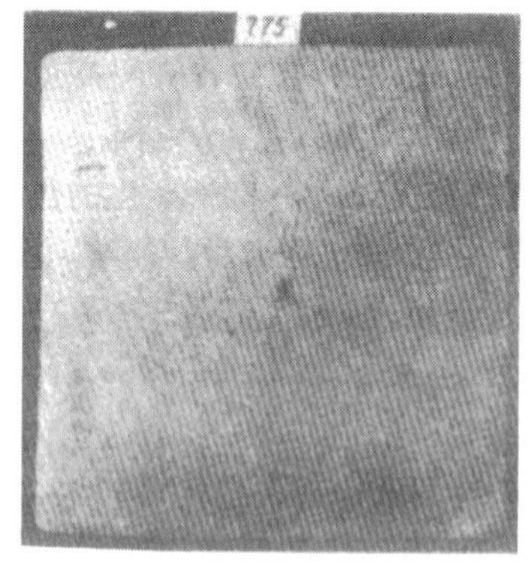

图 2-18 内部裂纹

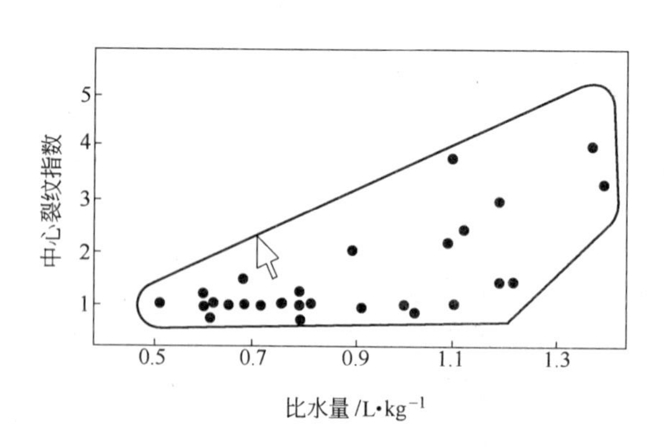

图 2-19 比水量对中心裂纹的影响

b 非金属夹杂物

连铸过程中，非金属夹杂物主要包括：脱氧产物、保护渣卷入、耐火材料熔损、氧化产物、渣粉卷入等。对小方坯连铸机而言，减少夹杂物的工作必须在钢水进入结晶器前完成，同时，还应谨慎地选用浸入式水口保护渣浇铸工艺。抑制夹杂物的生成、促进夹杂物的分离、防止钢水受到污染、改变夹杂物形态是对策。通常的方法有：无渣出钢、钢包清洗、保护浇铸、控制钢中的残铝量（例如[C]>0.20%，[Al]=0.004%；[C]≤0.20%，[Al]=0.007%）。对螺纹钢而言，铸坯中内弧离表面1/4是夹杂物集聚带。

通常，夹杂物小于200μm不会直接影响钢材性能与成材率。但是，用浸入式水口时，要严防水口整块脱落或掉块。

c 中心缩孔

方坯凝固末端液相穴相当尖，极易产生“搭桥”，生成“小钢锭”结构，从而产生周期性的、断续的缩孔与偏析。控制中心缩孔小于3级，在轧制时中心缩孔基本可以焊合。

2.2.2.3 切割工序

切割操作工的主要检查内容有：

(1) 切割设备运行是否正常，如剪切，应检查剪刃是否完好；如火焰切割装置，则需检查设备工作状况，还要校验火焰割枪及割炬头是否完好，应进行点火试验。

(2) 所有辊道正反运行正常。

(3) 翻钢机、横移机、挡板、滑动挡板、推钢机及冷床等设备工作正常。

(4) 引锭存放系统工作正常（刚性引锭存放系统应由操作台负责检查）。

(5) 备用手工割枪的准备，撬棒、小夹钳的准备。

计算机仪表操作工的主要检查内容有：

(1) 检查仪表屏上所有仪表的运行是否正常，记录纸要安装调换。

(2) 计算机系统工作正常，按生产计划调出工艺卡片并输入到控制系统。

(3) 按生产作业计划要求调好铸坯定尺长度。

2.2.3 浇铸事故的分析处理

连铸机的生产节奏快、连续性强，在整个生产环节中或因操作处理不当或使用的各种原辅材料，特别是耐火材料的质量问题，都会出现事故，造成连铸浇铸失败，打乱正常的生产节奏和生产秩序，有时甚至会对铸机产生破坏作用。因此，及时、有效而合理地处理好事故，使损失尽可能地减少是很必要的。

2.2.3.1 钢包滑动水口故障

钢包滑动水口故障主要有以下几种情况。

(1) 滑动水口不能自开，即当滑动水口打开时仅有引流砂流出而钢流没有跟随下来，要用氧管打火通开。

(2) 滑动水口打开后不能关闭。有几种情况会造成这一故障：液压系统故障、滑板之间粘连、机械设备卡死、滑板侵蚀严重、关闭后仍留有通道等。对上述故障有几种处理方法，先要观察钢流过大是否会造成中间包钢水溢出。对一些有溢流口的中间包，在钢水溢流时维护好溢流通道，让其流入事故容器中；如果中间包没有溢流口，则先拆下钢包的液压缸，待中间包浇满时迅速将钢包移动到事故包位，让钢流流入事故包内即可。

(3) 滑动水口滑板窜漏事故。由于耐火材料质量或滑动水口安装操作不当，在浇铸过程中钢水从水口以外部分窜漏出来。操作人员一旦发现这种情况，应迅速将钢包转移到事故钢包位，如用钢包回转台则回转台转出后，迅速用吊车将钢包吊离钢包回转台，避免因窜漏事故扩大后损坏回转台设备。

（4）其他机械设备故障，如液压系统故障、油缸泄漏等造成滑动水口不能动作，应该从加强设备开浇前检查及确认制度等管理上给予解决，从预防上彻底避免这类故障的产生。

2.2.3.2 中间包水口堵塞

中间包水口堵塞有两种原因：一种原因是由于钢水温度低，钢水沿中间包底凝固而造成的水口堵塞。当发现钢水温度偏低时，一方面应加强中间包保温措施，多加些保温剂，适当提高拉速，以尽量多浇铸一些钢，水口堵塞钢流变小后可用烧氧管弯成“L”形，从水口下面烧氧后继续浇铸。但当连续烧氧 2 ~ 3 次后仍然堵塞，这时，只能停浇。另一种原因是钢中 Al_2O_3沉积主要来自脱氧产物，当钢中铝含量偏高时，铝与耐火材料中的 SiO_2 及空气中的氧或钢中的氧发生反应生成 Al_2O_3。处理这种堵塞方法同上。

为了防止堵塞，可对钢水进行钙处理，使钙的氧化物 CaO 与 Al_2O_3生成 $CaO \cdot Al_2O_3$ 或 $CaO \cdot 2Al_2O_3$，或者生成 $12CaO \cdot 7Al_2O_3$的液态非金属夹杂，可以防止水口结瘤堵塞。

对钢中铝含量不做要求的钢，可采用控制钢中酸溶铝含量不大于 0.006%，这也可防止中间包水口堵塞。

2.2.3.3 中间包水口钢流失控

中间包水口钢流失控有两种情况：一种情况是开浇时失控，这种失控主要出现在塞棒控制的中间包上。当中间包塞棒开启后，在试关时发现塞棒不能将钢流关闭，这往往是因钢水温度偏低，在水口与塞头相接触处钢水冷却凝壳将塞头顶住，使塞头不能关下而致。这种情况下打开塞棒，让钢流冲化凝壳，塞头就可以关闭了。但有时也会出现问题，因为在开浇时，结晶器内的容积不是很大，特别是断面规格较小时，常容易形成溢钢。因此，对一些外装式浸入式水口建议用槽形绝热板做一只重量很轻的简易引流槽，见图2-20。采用先开浇后装浸入式水口的方式，如遇上述情况，只要将引流槽推入水口下方（引流槽可在中间包车就位后，用人工放上去），只要有几秒到十几秒时间的钢流流动，凝壳就会熔化，塞棒就能关闭，浇铸就可继续。偶尔也有因塞棒没有安装好而造成的关闭不住，这时只得将钢流堵掉。

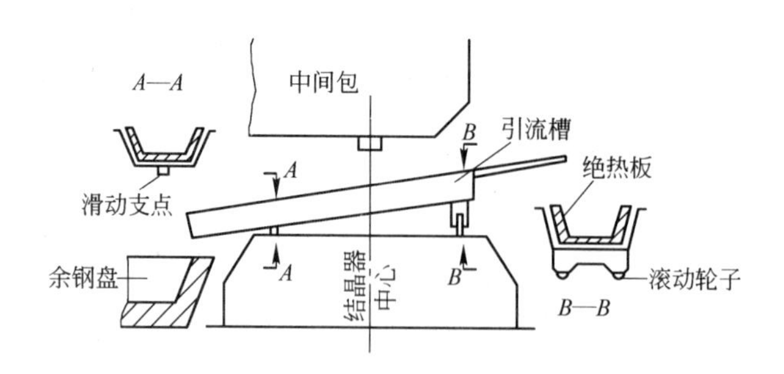

图 2-20　轻型简易引流槽示意图

另一种情况是中间包使用寿命已到，水口及塞头熔损后造成关闭不了，包括定径水口扩大，这时只能靠适当降低中间包静压力（即降低中间包液面，维持将该炉钢浇完换包或停浇），但中间包液面不应低于临界液面。

中间包钢流失控处理不当就会造成溢钢，一旦造成溢钢应迅速启动应急滑动水口，或迅速用水口堵塞堵住钢流，使该流停浇。

处理溢钢时特别要防止钢壳毛刺划伤结晶器。一般在停浇后可用割枪先将上口的冷钢清除掉，使铸坯与结晶器上口不粘连；然后往结晶器与铸坯间加入一些润滑油，利用拉矫机送引锭的功能，用爬行速度将钢坯稍稍送上 5cm 后，用手工割枪将钢坯上部倒角并清除所有残渣；在检查四周确无凸出的冷钢残渣后，可抬起矫直辊将钢坯拉下。也可在结晶器下口用手工割枪将铸坯割断，将结晶器连同里面的钢坯一起吊至结晶器维修架上处理。

2.2.3.4 漏钢事故

漏钢事故就是已凝固的坯壳在结晶器外或下口附近，由于某种原因产生破裂致使中心尚未凝固的钢流从破裂处“外溢”而造成的事故。漏钢是小方坯连铸中常见事故。有些是操作责任造成，也有的是工艺本身的原因所致，也有的是钢水准备不良或者设备因素等造成的，漏钢涉及的因素很多。一般将漏钢分为开浇漏钢及正常浇铸过程的漏钢两类。

A 开浇漏钢

新投产的连铸机常会遇到开浇漏钢，其主要原因如下：

（1）引锭头没有塞好，包括石棉绳没有塞好，或石棉绳塞好后引锭有下滑现象，开浇前检查不周，造成一开浇钢水就从引锭与结晶器缝隙中漏出。

（2）中间包钢流失控造成拉坯过早起步，钢水还没有与引锭头凝固牢，使引锭头拉脱也会造成漏钢。

其中，原因（1）是操作责任性事故，应该可以避免。引锭在开浇前下滑属于设备状况问题，通过设备检修也应该可以避免。对于原因（2），适当控制钢水温度及流动性、加强中间包烘烤管理、开浇前中间包应烘烤到足够温度（绝热板中间包除外，但可以加一些引流剂如 Si-Ca 粉等）。

B 正常浇铸过程的漏钢

正常浇铸过程漏钢情况较为复杂，其中很重要的是操作人员的基本技术，如液面控制不稳定等，甚至有将液面拉出结晶器的事故发生。这里讨论的是正常浇铸状况下，引起漏钢的原因：

（1）结晶器下口磨损严重，是很容易引起漏钢的。结晶器磨损后还容易引起铸坯菱形变形（脱方）、纵向凹陷及角部纵裂纹等缺陷，最终引起漏钢。因此，对使用到一定期限的结晶器更要加强检查，最好用结晶器测量仪预先检查。特别是对已发生过漏钢的结晶器或铸坯已有菱变的征候时，应尽快调换结晶器。建立结晶器使用卡是有效的管理方法。

（2）钢水质量也是造成漏钢的主要原因。一是过热度大；二是钢水脱氧不良，气体含量高均会造成结晶器内凝壳不均匀度增加，气体在凝固时逸出造成皮下气孔，甚至穿通表面，增加了漏钢几率。

（3）结晶器振动运动轨迹偏离严重，使结晶器出口处坯壳受到较大应力而产生裂纹，也容易发生漏钢事故。

（4）足辊段喷嘴堵塞，特别是上排靠结晶器出口处的喷嘴堵塞，会造成已凝固的坯壳得不到断续冷却，尤其在拉速较高时更易产生漏钢。

（5）结晶器挂钢造成的漏钢。特别是在浇铸过程中，内弧壁发生挂钢，操作者不易察觉，但挂钢造成的漏钢在结晶器内一般是有先兆的，即发现结晶器内出现一个“钢壳”与结晶器一起振动。发现这种现象（有些工厂称为“钢壳”），应立即停车，几秒钟后再启动拉坯，钢壳随铸坯拉下，就可继续浇铸。

（6）拉矫机速度不稳，实际拉速比速度表指示的拉速快，造成实际拉速过高，产生漏钢。

上述原因中除（2）与（5）项外都与设备因素有关。因此，对连铸机生产来说，“设备是保证”就显得格外重要，应建立设备管理制度来保证设备的良好状态。

发现漏钢时应迅速关闭水口，避免继续供应钢水而扩大事故的影响。如铸坯拉得动时应继续拉坯；如发现铸坯拉不动，则应停止拉坯。待浇钢结束后，进二次冷却室，用手工氧气割枪在结晶器下将铸坯切断，吊走结晶器，处理铜管内的冷钢。然后检查铸坯拉不动受阻的原因，处理完这一问题后，可抬起矫直辊用拉坯矫直机将铸坯拉下，并切成长度为1.5～2m的弧形弯坯，放于废钢桶内。

2.2.3.5　其他事故的防止

在其他方面，还要严格控制中间包砌筑质量及制定中间包最大使用寿命，操作者不得违反该规定，以防止中间包漏包事故发生。

对包龄较高的钢包也应做好仔细检查，浇钢时也应经常检查包壁有否红斑出现，对使用到后期的中间包发现红点，立即采取措施（停浇并开走中间包）。应防止在连铸机上产生漏钢事故，减少对人身和设备安全的威胁。

3 螺纹钢线材生产

3.1 线材轧机技术发展

线材（或盘条）一般是指经线材轧机热轧后卷成盘状交货的产品，横截面通常为圆形、椭圆形、方形、螺纹形等，规格一般为 $\phi 5.5 \sim 25$mm，目前大盘卷生产线规格已拓宽到 $\phi 60$mm。它具有断面小、重量轻的特点，广泛应用于国民经济各个部门，既可作为建筑材料直接使用，也可作为原料深加工成制品使用，是现代经济生活中不可缺少的品种。

线材轧机诞生于16世纪，用于锻坯轧制，真正意义上的线材轧机从18世纪中期开始出现，从单列到多列，从围盘轧制到半连轧、连轧，围绕生产效率、盘重、尺寸精度、产品性能等问题经历了漫长的两个世纪的探索，直到20世纪60年代高速线材轧机的出现，轧机技术得到了迅猛发展，在随后的二十几年时间里高速线材轧机在全世界得到了广泛应用。线材车间的轧机形式有三种：横列式、复二重式（半连续式）、连续式，见表3-1。这些轧机有各自的特点，轧制方法由横列式向连续式逐步发展，并且向着高速化、自动化、高精度化方向发展，轧机技术随着科技进步和冶炼技术的提高不断地革新与进步。线材车间的轧机形式不同，各项生产技术经济指标会有很大差别。

表3-1 线材轧机的发展概况

年　代	布　置	轧制速度/$m \cdot s^{-1}$	盘重/kg
18世纪	二列横列式	≤8	≤80
19世纪	多列横列式	≤10	≤100
20世纪50年代	连续式	≤30	≤500
20世纪60年代	连续高速无扭式	≤45	≤2500
20世纪70年代	连续高速无扭式	≤75	≤2500
20世纪80年代	连续高速无扭式	≤90	≤2500
20世纪90年代后	连续高速无扭式	≤115	≤2500

3.1.1 横列式线材轧机

横列式是最古老的形式，有单列式或多列式布置形式，目前已基本淘汰。轧机布置见图3-1。轧机架数一般不超过15架，轧制速度小于9m/s，盘重低于100kg，年产10万t以下，其特点是：

（1）以穿梭和活套方式轧制。

（2）同一个主机列轧机由同一台电机驱动，速度相同，轧件越轧越长，各道的纯轧时间是依次增加的。

（3）速度低、盘重较小、产量低。因为速度低，所以轧件越长，轧件散热量越大，

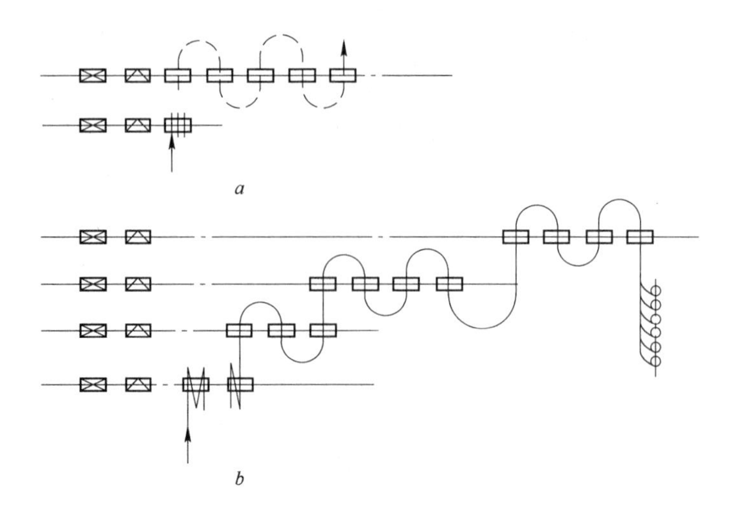

图 3-1　横列式线材轧机
a—二列式；b—多列式

造成轧件头、中、尾段温降差异越大，必须限制盘重以满足设备能力与产品质量的要求。

（4）人工或围盘喂钢劳动强度大，产品质量低。但投资少，灵活性大，适合于多品种小批量生产。

3.1.2　复二重式线材轧机

复二重式线材轧机也叫复二辊式线材轧机，是半连续式轧机的一种，一般多在中轧和精轧采用，粗轧采用横列式或连续式，如图 3-2 所示。采用多线（2～5 线）轧制，轧制速度小于 16m/s，盘重约 80～150kg，年产可达 25 万 t，其特点是：

（1）同一主机列机座分若干对，通过机械变速箱变速，每对轧机实现连轧，相邻机座采用套轧。

（2）每对连轧机间距近，去除了反围盘，通过导卫扭转喂钢，减少事故。

（3）克服横列式线材轧机活套越轧越长的缺点，减少温降。但与连续式线材轧机相比产量、质量、劳动条件差距仍然很大。

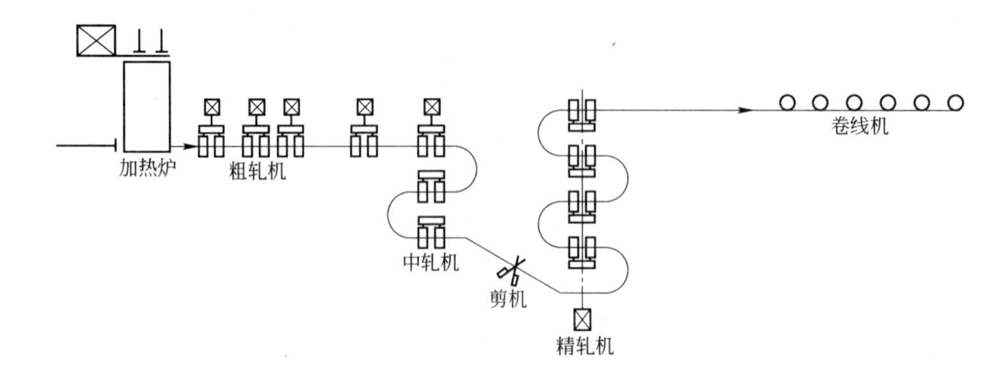

图 3-2　半连续式线材轧机

3.1.3 连续式线材轧机

连续式线材轧机一般以串列式布置，粗轧和中轧机组采用平辊，而精轧机组采用平立辊单线、平辊多线或多列控制活套单线轧制，轧制速度小于35m/s，盘重可达800kg，年生产能力可达到30万t以上。图3-3为四线平立辊连续式线材轧机的布置情况。其特点是：

（1）加热炉至粗轧机距离近，当钢坯头部经过轧制进入卷线机时，而尾部还在加热炉中加热，这样大大减小了轧件头尾温度差，为放大单重创造了条件。

（2）从粗轧到精轧全部组成连轧，主传动从集体传动发展成单独传动，可调速，并采用自动控制活套，提高了成品公差的精度。

（3）粗轧、中轧机组为水平二辊式轧机，导卫扭转喂钢，限制了提速及轧件精度。

（4）精轧机组采用平—立交替单线轧制，对提高成品精度和保证操作安全提供了条件。但速度、产量受到限制。

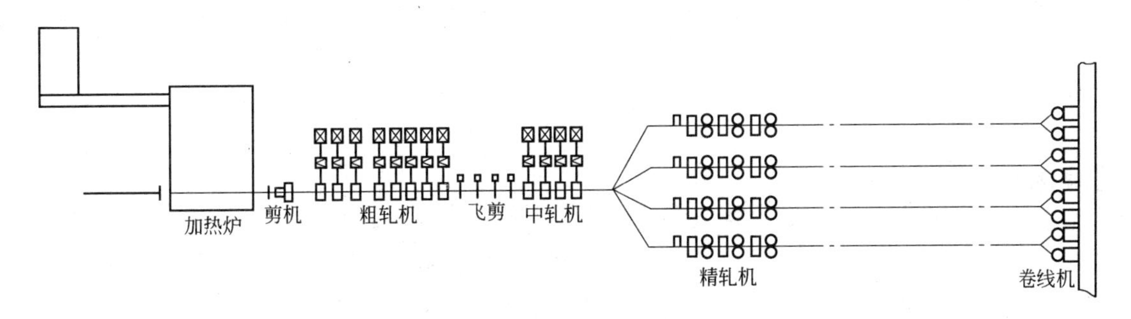

图3-3 连续式线材轧机

3.1.4 现代线材轧机及其特点

20世纪60年代是线材生产技术发展的兴盛与创新时期，1966年美国摩根（Morgan）高速线材轧机出现，之后发展成为现代线材轧机的主要形式，它解决了生产效率问题，以及大卷重线材的控冷问题。现代线材轧机机型有45°无扭线材轧机和三辊式Y形轧机，多使用在精轧机组。45°无扭线材轧机为二辊式，辊轴中心线与水平呈45°，而相邻轧辊轴线呈90°交替配置，轧制中轧件没有扭转，轧机集体传动；轧机形式有双支撑施罗曼型、悬臂台尔曼型、阿希洛型、德马克型、摩根型、克虏伯型，以摩根型为主。Y形轧机由三个盘式轧辊组成孔型，每个辊呈120°，各架交替呈“Y”字形配置，这种轧机适合于生产高精度的合金钢和有色金属线材。随着技术的发展和自动化水平的提高，线材轧机把高速和连续作为技术的发展方向，同时在进一步提高线材产品质量方面已开发出新的生产技术，如超重机箱高强度轧机的热机轧制技术、高精度轧机的尺寸精密轧制和柔性轧制技术等。热机轧制工艺技术可实现免退火或简约退火。实现高精度尺寸可调轧制，一是在现有轧机上安装了控制系统（软件）来控制张力、调整尺寸，二是采用定径机等硬件设备的方法。采用小辊径、短辊身、紧凑式结构大大提高了轧机的刚性，采用轻压下能进行±0.1mm的高精度轧制，同时通过调整轧辊的压下，能在大约0.5mm的范围内进行尺寸可调轧制。采用高速线材轧机生产出的产品具有盘重大、精度高、性能优等特点。现代线材轧机在布置上与老式线材轧机不同的是采用了高架式，即把轧线设备布置在高于地面的平台上，平台一般高于地面5m左右，平台下布置集中稀油润滑站、液压站、管线电缆、冲渣沟等。

现代线材轧机的特点是：

（1）全连续、无扭。一般单线26～30架轧机连续布置，粗轧机组采用平立交替，中轧或预精轧机组为平立交替或45°无扭轧机，直流电机单独传动，精轧或减定径机组采用45°无扭轧机和三辊式Y形轧机，交流变频集体传动，实现了全连续、无扭轧制。生产实践证明，横列式、顺列式、布棋式、半连续式轧机都不如连续式轧机更能适应线材的轧制要求。

（2）高速轧制。轧制速度在40m/s以上的线材轧机称为现代线材轧机。在20世纪80年代前后，最高轧制速度为60～75m/s，90年代前后提高到100m/s，目前已达到100～120m/s，大大提高了线材的生产率，年产量达到70万t以上。

（3）控制冷却。控制冷却包括变形温度和相变前温度控制。为满足开发性能优良的新产品需要，在高速变形区前后设置控冷水箱，采用温度自动闭环控制技术控制轧件温度，确保变形温度和相变前温度。相变阶段通过延迟冷却、缓慢冷却或标准冷却来控制冷速，得到最佳组织与性能，简化热处理工艺。有代表性的控制冷却工艺有斯太尔摩冷却工艺和施罗曼冷却工艺。

（4）自动化控制。采用计算机控制软件实现基础级生产过程控制，包括加热燃料燃烧控制、步进梁动作控制、轧制间隙控制、轧件速度的调速、飞剪的启动与停止、活套的起套与收套、水箱的开启与关闭等；有些轧机还采用了ERP、MES等管理系统，实现编制生产计划、签订销售合同、管理原料与成品、完成物料跟踪与事故报警等。

3.1.5　高速线材轧机新技术发展

20世纪60年代中期摩根45°无扭精轧机与散卷控制冷却装置的开发和应用，使线材轧机的轧制速度突破了40m/s，目前最高设计速度达140m/s，保证值为112m/s，产品尺寸精度可达±0.1mm。其中新技术装备主要有：

（1）精密轧制轧机。达涅利“大压下定径机（HRSM）预精轧机+双模块高速精轧机（TMB）”和摩根“第六代V形精轧机+减径定径机（RSM）”，轧制速度能提高到100m/s以上，可大大节省换机架、换品种规格时间，提高轧机利用系数，而且产品精度高，表面质量好，简化了孔型系统，减少了轧辊、辊环、导卫等易损件的库存量。此外还有柯克斯（Kocks）Y形轧机、西马克HPR高精度定径机等。

（2）精轧机结构改进。20世纪80年代中期以前，精轧机基本形式是侧交45°、侧交15°/75°、平一立布置，设计速度均在90m/s以下。目前结构已改为顶交45°，以摩根V形和达涅利△形为代表，为提速创造了条件。

（3）在线测径及涡流探伤。为提高产品质量，减少废品、次品，现代线材轧机普遍采用热态在线测径及探伤装置。例如英国IPL公司的ORBIS系统可见光回转非接触式测径仪，测量精度达到±0.012mm。探伤装置多采用贯通型涡流探伤仪，可判断出深度超过0.1mm的缺陷并在计算机上打出缺陷位置。

（4）高压水除鳞机。在1号轧机前通过20MPa左右的高压水除鳞，提高了坯料的表面质量，减少了氧化铁皮在机架内的滞留。

（5）高速切头尾飞剪。安装在吐丝机前在线剪切盘卷的头尾，减轻了劳动强度，节约了人力。最大速度达120m/s的达涅利高速切头尾飞剪已投入应用。

（6）倾斜式吐丝机。吐丝机倾斜角度有增大趋势，有振动检测装置，有吐丝头部定位功能，吐丝管的材质和弯曲曲线优化设计，寿命提高1万t以上。

（7）集卷筒采用线圈分配器。可使线卷布置紧密，降低集卷高度20%～30%，方便运输。

（8）控制轧制和控制冷却装置。采用精轧机水冷导卫、轧件水箱闭环温控装置、斯太尔摩风冷佳灵装置等，对产品性能控制起到了很好的作用。

3.2 高速线材轧机生产工艺

高速线材生产工艺过程，主要包括坯料准备、加热、轧制、精整等4个工序，工艺特点可概括为连续、高速、无扭和控冷，其中最主要的特点是高速轧制，与普通线材轧机的产品相比具有盘重大、精度高、性能优的特点。

3.2.1 产品及用途

高速线材产品随工业的发展，应用领域越来越广，要求也越来越高，甚至要求专门化生产，钢种和规格也越来越多。线材的断面以圆断面为主要形式，还有少量的扁、六角、椭圆、螺纹等断面。近年来高速线材轧机采用超细晶控轧控冷技术或微合金化技术生产螺纹钢盘条的量有所增加，它们以细化晶粒和组织为技术核心，在保证良好的塑、韧性前提下提高钢材的强度，可明显地节约生产成本，做到了高性能和低成本，发展前景较好。

高速线材产品的钢种广泛，有普通碳素结构钢、优质碳素结构钢、焊接用钢、冷镦钢、工具钢、合金结构钢、弹簧钢、轴承钢、不锈钢、低合金钢。不同钢种的产品有不同的技术条件要求，标准执行相应的行业标准YB、国家标准GB或国际流行标准，如日标JIS、英标BS、美标AISI等，特殊要求可按双方技术协议交货。高线常见的品种有：普通碳素结构钢盘条以低碳钢Q195、Q215、Q235钢号为代表，规格多为ϕ5.5～12mm，主要是直接用于建筑行业；优质碳素结构钢盘条常用规格为ϕ5.5～13mm，以中高碳硬线为主，牌号如GB/T 4354中的40～80号、YB/T 146中的72A～82MnA，盘条经过拉拔，用做针布钢丝、金属股架材料（胎圈钢丝、胶管钢丝等）、弹簧钢丝、钢丝绳、预应力钢丝、钢绞线等，广泛应用于通讯、铁路、公路、矿山、工程建筑（桥梁、隧道、堤坝、电站、容器、码头、机场等）、汽车、航空航天、冶金、机械等领域；焊接用钢盘条常用规格为ϕ5.5～8mm，钢种有碳素钢、合金钢和不锈钢，牌号如GB/T 3429中的H08A、H08Mn2SiA，GB/T 8110中的ER50-6，美国AWS ER70S-6、日本JIS YGW-12，用于做焊条或焊丝，应用于造船、车辆、石油化工、航空航天、冶金、建筑机械、电子器件、机床等部门；冷镦钢盘条常用规格为ϕ5.5～25mm，ϕ16mm以下规格主要用于制作螺栓、螺钉、螺柱、螺母和铆钉等紧固件，ϕ16mm以上规格做冷挤压零件，用于汽车工业、家电、纺织器材、照相机、冷冻机等领域，钢种有碳素钢和合金钢，牌号如GB/T 6478中ML08Al、ML15、ML35、ML35CrMo、ML20MnTiB，日标JIS SWRCH35K、SCM435；弹簧

钢盘条常用规格为 ϕ5.5 ~ 18mm，钢种有碳素钢、合金钢和不锈钢，牌号如 65、65Mn、60Si2Mn、50CrV、55CrSi、SAE9254、1Cr18Ni9，制作非机械簧、机械簧、气门簧，应用于各种工业领域和日常生活中，用来缓冲、减振、储能以及控制运动；轴承钢盘条常用规格为ϕ5.5 ~ 25mm，钢种有合金钢、不锈钢，牌号如 GCr15、SKF3，制作滚动体零件，广泛用于机械、化工、航空、电子及仪表工业等领域。

3.2.2 工艺流程

高速线材轧机的工艺流程如下：

坯料准备→装料→测长、称重→加热→粗轧→剪切→中轧→剪切→预精轧→水冷→剪切→精轧→水冷→（减定径→水冷）→吐丝→散卷控冷→集卷→修剪、取样、检查→打捆→称重、挂牌→卸卷→入库。

3.2.2.1 坯料准备

高速线材轧机使用的坯料有初轧坯和连铸坯。大盘重是高线产品的主要特征之一，是减少事故，提高作业率、成材率、产量的重要手段与途径，也是现代高速线材轧机发展的一个方向，因此正确选择钢坯断面与长度是工艺设计的重要方面。目前高速线材轧机普遍采用的坯料断面尺寸是(120mm × 120mm) ~ (160mm × 160mm)，长度为 6 ~ 24m。

高线坯料准备包括原料验收、检查与清理、存放等。从炼钢厂或车间送来的初轧坯或连铸坯，接收时按照钢号、熔炼号、数量、重量、化学成分等对实物进行验收，合格坯料建金属流动卡，按指定位置存放，一般在料架呈“一”字形堆放，堆放高度冷坯一般小于 4m、热坯一般小于 2.5m，不同钢种不能放在一起，不同炉批如果放在一起炉批间应有明显区分标识，防止混炉或混号事故发生。对于高质量的产品，还要求有坯料检测、检查与清理修磨等控制手段，确保高质量坯料供给。钢坯表面质量检查方法有目测检查、电磁感应探伤法，内在质量检查有超声波探伤法。钢坯的清理方法较多，主要有火焰清理、砂轮清理。

3.2.2.2 装料

检验合格存放在料架上的坯料按生产计划上料，组批按标准执行，没有标准的可根据生产实际情况分批，严禁同一批号生产两种或两种以上规格，以免出现实物质量追溯性问题。上料前必须按质保书核对钢种、熔炼号、数量、重量、化学成分等，确认无误后才可上料。钢坯通过电磁吊吊至台架之后，冷坯必须逐支检查外形和表面质量，挑出脱方、弯曲度超标和有表面缺陷的钢坯并做好记录。热装对节能降耗是一个重要途径，热装时必须有无缺陷坯保证能力才行，同时要考虑钢坯与线材生产能力匹配问题，考虑检修、故障、换槽换辊时间缓冲问题以及热装温度波动的控制问题等。

3.2.2.3 测长、称重

测长是步进梁式加热炉炉内坯料定位必要参数，计算机控制系统按照坯料长度布料，防止跑偏挂炉墙、步进机构重心偏沉及坯料在炉内静梁、动梁上悬臂长度不合适而卡钢等事故发生。称重是统计轧机生产经济技术指标的需要，根据坯料重量计算成材率、合格率、小时产量等。

3.2.2.4 加热

目前高速线材轧机生产线普遍采用步进梁式加热炉，使用高炉、焦炉混合煤气做燃料，实现电气传动、热工仪表等基础自动化控制，有的还有加热数学模型二级最佳化控制，可满足不同钢种、规格的加热质量要求。高速线材轧机的开轧温度一般控制在900～1050℃，不同钢种稍有不同，但差别不大，采用较低的加热温度，氧化烧损少，综合能耗减少。当轧制速度大于10m/s时轧件升温，而且随着轧制速度的提高轧件的升温速度加快。粗轧、中轧轧制速度低，但轧件温降较小，预精轧、精轧轧制速度较高，通常需要水冷来控制轧件温度，因而受加热温度影响较小，可以实现低温轧制。

3.2.2.5 轧制

A 粗轧的生产工艺

粗轧的主要功能是完成初步压缩与延伸，向中轧输送合适的断面尺寸与形状及轧件温度。粗轧机的机型有三辊PSW轧机、三辊Y形轧机、45°轧机、平—立交替式二辊轧机、紧凑式二辊轧机、水平式二辊轧机等，目前多采用平—立交替式二辊无扭轧机或紧凑式二辊无扭轧机，辊径为ϕ450～650mm。

粗轧一般安排6～9个道次，普遍采用“箱形—椭圆—圆”孔型系统，平均道次延伸系数为1.3～1.45（平均道次面缩率为23%～31%），一般采用微张力或低张力轧制，轧件尺寸偏差控制在±1mm。

1号轧机前设有夹送辊、卡断剪。夹送辊的作用是换槽换辊后协助喂钢，使钢坯顺利咬入1号轧机，咬入后打开。卡断剪用于生产过程中出现事故时分切钢坯，阻止钢坯进入轧机，以免事故进一步扩大。

粗轧机组后设有启停式飞剪，完成切头切尾任务和事故碎断，这个工序是必要的，因为轧件头尾变形条件不同，尤其端部随道次增加温降越来越大，造成轧件宽展大，形状不规则，继续轧制可能造成不能进入轧机导卫、轧槽或顶撞导卫而出现事故。一般切头切尾长度在50～200mm。

B 中轧及预精轧的生产工艺

中轧及预精轧的作用是继续缩减来料断面，为精轧提供成品所需的断面形状与尺寸，尺寸精度、表面质量要求较高。中轧机型及目前采用的设备形式基本与粗轧机组相同，辊径为ϕ350～480mm。预精轧机型有45°轧机、平—立交替式二辊轧机、水平式二辊轧机等，目前多采用平—立交替式二辊无扭轧机或45°轧机，辊径为ϕ250～300mm。

目前中轧及预精轧普遍采用“椭圆—圆”孔型系统。中轧一般采用8～10个道次，预精轧一般为4个道次，平均延伸系数分别为1.25～1.38、1.2～1.31，轧件尺寸偏差分别控制在±0.5mm、±0.3mm。中轧前几架轧件断面相对较大，一般采用微张力轧制；中轧后几架及预精轧轧件断面相对较小，一般机架间设有立式或水平活套并采用无张力轧制；预精轧机组前后一般设有水平活套，这样保证了轧件断面形状、尺寸精度和通长的稳定性。

中轧和预精轧后设有飞剪，用于切除轧件头尾尺寸超差和不规则断面，以及事故时进行碎断。预精轧机组前还有卡断剪，在发生事故时根据报警信号及时卡断轧件，对轧机起到安全保护的作用。

C 精轧的生产工艺

精轧机组采用集体传动，通过“椭圆—圆”孔型系统，将预精轧供给的3～4个断面轧成10～20余个规格的成品。精轧机型有顶交或侧交45°轧机、平—立交替式二辊轧机等，目前多采用摩根型顶交45°轧机，辊径为ϕ150~230mm。

精轧以“椭圆—圆”孔型系统轧制多规格产品，设计上一般以最小规格选定机架数及8~10个道次，其余规格空过机架得到，平均延伸系数为1.25左右。精轧机架间采用微张力设计，金属秒流量差不大于1%，每个圆孔型道次均可作为成品道次，以满足成品轧件尺寸偏差控制在±0.1mm和孔型共用的要求。通过精轧内水冷和其机组前后水箱控制轧件温度，避免高速下轧件温升恶化组织性能，这是控轧的重要手段。

对于采用精密轧制技术的轧机，一般在精轧后设置2~4架定径轧机，保证尺寸精度，此外孔型的共用性进一步增强。以摩根轧机为例，原轧机为10机架顶交45°轧机，采用精密轧制技术后，精轧改为8架，增加4架组成的减定径RSM（Teksun）轧机，所有规格通过RSM轧机，粗中轧、预精轧、精轧孔型共用，RSM轧机根据规格选用孔型，大大节省了换机架、换品种规格的时间，提高了轧机利用系数，而且所有产品尺寸精度均达到±0.1mm，产品精度高，表面质量好，减少了轧辊、辊环、导卫等易损件的库存量。

3.2.2.6　水冷

水冷包括轧件冷却和轧辊冷却。冷却水的pH值一般为7.0~9.0。必须避免高浓度盐，以降低轧辊腐蚀，减少对喷嘴插件、阀座带来的磨损。要求水中氯化物浓度小于100mg/L、硫酸盐浓度小于300mg/L、固体悬浮物浓度不大于25~30mg/L。废水应经水处理系统处理后再用于轧机，并要求最高温度不能超过35℃。

这里主要说明的是轧件水冷。轧件冷却通过水箱或机架间水冷实现。水箱是控温轧制的重要装置，由冷却喷嘴、水清扫喷嘴、气清扫喷嘴、流量调节阀等组成，还有参与控制的压力、温度、流量等检测装置。在预精轧至吐丝机间一般设置3~4段水箱，进行轧制温度控制和相变前温度控制。要经常检查水嘴的磨损情况，当磨损量超过2mm或有堵塞现象后，必须及时更换。为保证冷却效果，一般冷却水嘴压力不低于0.5MPa，清扫压力不低于1MPa。正确设定线材穿水不冷段，头部进入水箱不进行冷却，尾部要及时断水，以免堆钢。线材出水时，表面温度一般不得低于400℃，否则将产生马氏体组织；轧件心部与表面温差不能大于500℃，否则将会出现热裂纹。机架间水冷主要在精轧机组内采用，在精轧机架圆形断面轧件的出口和椭圆孔的入口增设水冷导卫，对轧件进行控温，提高轧件刚度，减少精轧后水冷段堆钢。

3.2.2.7　吐丝

精轧后的线材通过吐丝机成圈。目前广泛使用的吐丝机为卧式吐丝机，底座上安有振动检测器，一旦振动超过允许值，即发出报警。吐丝机空转速度一般高出精轧机速度3%左右。吐丝机具有头部定位功能、尾部升速功能。吐丝头部位置控制在45°圆周上较好，以免辊道上卡钢。尾部升速用于帮助大规格产品成形。

3.2.2.8　散卷冷却

散卷冷却是指线卷散布于运输机上以一定的冷却速度完成相变和冷却。用于散卷冷却的方法很多，如斯太尔摩法、施罗曼法、达涅利法、阿希洛法等。目前采用较多的斯太尔摩法，是应用最普遍、发展最成熟、使用最为稳妥可靠的一种控制工艺。它有三种控冷形式：标准型、延迟型、缓慢型。运输机采用辊道式运输机。斯太尔摩冷却工艺的主要参数见表3-2。延迟型冷却因有更大的灵活性、经济性而得到广泛采用。

表 3-2 斯太尔摩冷却工艺

项　　目	标准型	延迟型	缓慢型
运输机速度/$m \cdot s^{-1}$	0.25～1.3	0.25～1.3	0.05～1.3
冷却速度/$℃ \cdot s^{-1}$	4～15	1～15	0.25～15
适用的钢种	中高碳钢、弹簧钢等	中高碳钢、弹簧钢、低碳钢、冷镦钢、低合金钢等	低碳钢、高合金钢等

标准型斯太尔摩冷却工艺：运输机上方无保温罩，下面通过风机风室鼓风对线环进行强制冷却。冷却速度通过改变运输机的速度（即改变线圈的重叠密度）和通风量来控制，根据钢种和规格设定运输机的速度和风机风量使盘条得到类似铅浴淬火的索氏体组织，直接用于拉丝。

缓慢型斯太尔摩冷却工艺：运输机上方加保温罩，前几段有烧嘴加热，可满足低碳钢、高合金钢等低冷速要求，实现在恒温下完成相变。因结构复杂，投资大，一般用延迟型冷却来达到一定缓冷的目的。

延迟型斯太尔摩冷却工艺：打开保温罩，可进行标准型冷却；关闭保温罩，降低运输机速度，可进行缓冷。

3.2.2.9 盘卷运输

盘卷运输是指通过运输机把集成的盘卷运往卸卷站，途中完成修剪、取样、捆扎、称重、挂牌等工序。盘卷运输机常采用悬挂式，盘卷在运输机 C 形钩上以 0.25～0.4m/s 的速度运输。

3.2.2.10 头尾修剪

在修剪处一般线材头部用液压剪剪切、尾部用机械剪剪切。修剪时必须切除头尾有缺陷和尺寸超差部分以及影响性能的头尾未穿水段。盘卷的内外圈，特别是内圈应规整，线圈不得零乱或拖挂，以确保打捆作业的顺利进行。

3.2.2.11 打捆

在 C 形钩上的线卷通过卧式打捆机压紧打捆，一般捆扎 4 道。打包材料可采用打包丝或打包带。打包丝一般为本厂自己生产的 ϕ5.5～7mm 低碳线材，价格便宜，不同卷头、尾焊接实现连续供线，打捆机作业率高。打包带一般为 0.9mm×32mm 或 0.8mm×19mm 带钢，价格贵，但捆扎平整，不易散包。

3.2.2.12 称重与打标牌

高速线材盘卷重量采用在线电子秤称量，具有精度高、称量周期短等优点，并且称重系统与标牌打印连在一起，标牌上显示炉批号、生产日期、班别、卷号、钢种、规格、企业名称等信息，这些信息来源于物料跟踪系统或人工按炉送钢传递。一般在盘卷内圈上悬挂两个打印好的标牌。

3.3 螺纹钢盘条产品及特点

高速线材轧机诞生于 20 世纪 60 年代，随着轧后控轧控冷技术的日臻完善和冶炼等相关技术的进步，高线产品在品种规格、尺寸精度、表面及内在质量上均有长足进步，能更好地满足国民经济发展需要。螺纹钢盘条是高线的主要产品之一，属于热轧钢筋，一般为6～16mm细直径钢筋，主要用途是直接作为钢筋混凝土的配筋使用。由于我国的基础设施仍然是以钢筋混凝土为主要材料，所以多年来钢筋和线材一直在建筑用钢中消费量最大，其使用对象包括房屋（含住宅、公共实施、办公及商业楼房、厂房等）、铁路、公路、矿山、桥梁、隧道、堤坝、电站、容器、装备、码头、机场和其他工程建筑。

我国热轧钢筋采用原苏联的月牙形带肋钢筋，钢筋等级由Ⅱ级向Ⅲ级、Ⅳ级发展。为向国际先进标准看齐，GB 1499 标准规定了400MPa、500MPa级别钢筋的要求，新修订的混凝土结构设计规范将HRB400（Ⅲ）钢筋作为主导受力钢筋，有力地推动了钢筋的升级换代。2006 年我国 HRB400 钢筋的产量已达 1000 万 t 以上，应用范围进一步扩大。一些企业也开始研制 HRB500 钢筋，还有一些企业长期按英标批量生产用于出口的 460MPa 级钢筋，以及符合加标、日标、美标、新加坡标准等的钢筋。

高速线材轧机生产的螺纹钢盘条具有盘重大、精度高、性能好等高线产品特点，大多数企业采用控轧控冷技术实施微合金化或超细晶生产，节约成本。目前钢筋生产发展趋势是普通钢筋已从低碳低合金钢向微合金化钢、余热处理钢筋发展。

3.4 坯料

3.4.1 坯料的技术条件

坯料的技术条件包括4个方面的要求，目前主要执行标准 YB/T 2011—2004，生产厂也可以根据控制要求提出更严格的要求，主要内容如下：

（1）化学成分：满足有关标准，成分允许偏差符合 GB/T 222。

（2）外形尺寸：断面尺寸偏差、长度偏差、对角线长度偏差、弯曲度、总弯曲度、圆角半径等有明确的规定，且不能有明显的扭转。

（3）表面质量：

连铸坯表面不得有肉眼可见的重接、翻皮、结疤、夹杂；

普通钢不得有深度大于 2mm 的裂纹，优质钢、特殊钢不得有深度大于 1mm 的裂纹；

普通钢划痕、压痕、擦伤、气孔、皱纹、冷溅、凸块、凹坑深度或高度不得大于3mm，优质钢、特殊钢不得大于 2mm；

连铸坯横截面不得有缩孔、皮下气泡、裂纹；

超出允许的缺陷应清除，清除宽深比不得小于6，长深比不得小于10，单面修磨量不大于边长的8%，相对面修磨深度之和不得大于厚度的12%。

（4）内在质量：优质钢、特殊钢做低倍检验，按 YB/T 153 评定，级别由供需双方协商。

3.4.2 坯料的检查和管理

坯料的检查方法有：

（1）目视法：肉眼对炉批号、外形尺寸、表面质量等逐支人工检查，这是最常用、最经济的方法，但受人员素质、坯料场环境、坯料的冷热状态、检查方式等限制。

（2）电磁感应探伤法：用于检查钢坯表面及表层缺陷。

（3）超声波探伤法：用于检查钢坯内部缺陷。

检查出超出允许缺陷钢坯要剔出，采取修磨、切割等方法精整，无法精整的要判废。

坯料的管理要严格执行按炉送钢制度。坯料按炉送钢主要包括以下内容：

（1）钢坯的入库前管理，包括冶炼、连铸信息（熔炼号、成分、支数等）和钢坯的检查、检验。

（2）钢坯的入库管理，按要求把合格品堆放在指定位置并进行清晰标识，建立相关台账。

（3）钢坯的出库管理，按轧制要求和有关标准进行组批，按存放架或堆放上下顺序逐炉发放，并进行登记，轧钢工序领料时要建立金属流动卡。

3.4.3 化学成分要求

在高速线材轧机上生产的螺纹钢盘条大多数企业采用控轧控冷技术生产，以节约成本。GB 1499—1998 规定了Ⅱ、Ⅲ、Ⅳ级钢筋成分及碳当量上限要求，同时推荐了Ⅲ、Ⅳ级钢筋微合金化成分。在成分控制上要尽可能减少磷、硫等有害元素的含量。为保证钢筋的可焊性，要对碳当量进行控制，在保证强度的前提下降低碳当量有利于焊接。

3.5 加热

3.5.1 加热炉及加热制度

3.5.1.1 加热炉

高速线材加热炉根据钢坯在炉内的运行方式分为连续推钢式、步进式。步进式又分为步进底式、步进梁式和步进梁底组合式。早期的线材加热炉，由于钢坯断面小、坯料短、高档品种少，多采用连续推钢式。20 世纪 90 年代以后，随着高速线材生产技术的进步，多采用大断面、较长的连铸坯，高附加值产品要求较高的加热质量，加热炉大多采用步进梁、步进梁底组合式等，可多点多段供热，采用高效燃烧器和先进控制燃烧技术、节能技术等，燃料采用高炉煤气、焦炉煤气。

高线步进式加热炉钢坯一般采用侧装侧出方式，并采用预热段、加热段、均热段三段供热方式。为控制好加热质量，一般在加热段、均热段设有下加热，可适应不同钢种和规格产品的加热要求。

3.5.1.2 加热操作技术要求

根据不同钢种及不同产品规格的加热工艺要求，控制加热炉各段炉温及出炉钢温。

根据煤气质量调整风量，合理调整各烧嘴火焰大小，确保钢坯温度符合加热要求。

坯料出炉温度均匀，断面温差不大于 30～50℃。为缩小轧制过程中钢坯长度方向的温差，钢坯加热时，头部和尾部 2m 范围内的温度应高于中间部分 30～50℃。

钢坯应保证最基本的加热时间，使钢坯温度达到设计要求，并且可根据轧制节奏，随时调整热工参数，使钢坯在尽量短的时间内得到充分的加热。

严格控制炉内气氛和风量，保证燃料充分燃烧。

加热时保证加热温度，同时炉内呈微正压状态，炉压小于15Pa。

根据轧制节奏及停机时间长短调整炉温，以控制好开轧钢温及避免钢坯的过热、过烧。

3.5.1.3　*加热制度*

加热制度包括加热时间、加热温度、加热速度和温度制度。加热时间是指钢坯从常温加热到出炉温度所需的时间；加热温度是指钢坯的出炉温度；加热速度是指单位时间内钢坯表面温度的上升速度；温度制度是指炉温随时间变化情况。

HRB400螺纹钢盘条一般采用在20MnSi成分的基础上微合金化与控轧控冷生产，属于低合金盘条，一般采用1050～1200℃的加热温度，低温轧制一般加热温度控制在1100℃以下，加热速度按4～9min/cm（经验数据）控制，不过加热时间与加热速度还受轧制规格及炉子热负荷大小的影响。高速线材轧机加热炉多采用步进梁式，在温度制度上采用三段式即预热段、加热段、均热段加热制度，具体要求随炉型、工艺不同而有所差异。

3.5.2　典型高线加热炉设备和工艺

3.5.2.1　*加热炉主要参数*

加热炉形式：上下加热的步进梁式加热炉。

加热炉座数：1座步进梁式加热炉。

炉子尺寸：

炉子有效长度　　20700mm；
炉子全长　　22010mm；
炉膛内宽　　12700mm；
炉子外宽　　13590mm；
固定梁上表面标高　　+5720mm；
炉子区车间平台标高　　+5000mm。

加热炉烧嘴：见表3-3。

表3-3　加热炉烧嘴

序号	段别	烧嘴形式	个数/个	最大供热量 /GJ·h^{-1}	供热百分比 /%	煤气流量 /m^3·h^{-1}
1	左上均热段	HP3-10.5	9	23.36	12.66	345
2	右上均热段	HP3-10.5	9	23.36	12.66	345
3	左下均热段	HDN-5/1.8	5	26.71	14.48	710
4	右下均热段	HDN-5/1.8	5	26.71	14.48	710
5	上加热段	HP3-10.5	18	46.72	25.33	345
6	下加热段	FHC-III C-40-G（S）	4	37.62	20.39	1250

加热能力：

　　加热炉额定能力　　120t/h（冷坯）；
　　加热炉最大能力　　140t/h（冷坯）；
　　坯料装炉温度　　室温（冷坯），>500℃（热坯）。

燃料及其参数：

　　燃料　　高炉、焦炉混合煤气；
　　额定煤气量（标态）　　21267m^3/h；
　　最大流量　　24520m^3/h；
　　炉前接点压力　　≥10kPa；
　　热值（标态）　　约1800×4.18kJ/m^3；
　　单位热耗　　1212kJ/kg（冷坯）；
　　煤气预热温度　　≤250℃；
　　空气预热温度　　≤450℃。

步进机构及水梁配置：

　　步进机构形式　　全液压传动，斜台面滚轮式；
　　步进机构行程　　升降±100mm，平移255mm；
　　步进周期　　42s；
　　水梁冷却方式　　水冷；
　　活动梁4根，固定梁6根。

3.5.2.2　上料台架设备参数

1号上料台架：

　　承载规格　　150mm×150mm×12000/9000/5800mm；
　　承料根数　　45根；
　　步进周期　　$T=8$s；
　　步进距离　　$E=2\times66$mm；
　　电动机　　$n=750$r/min，$P=65$kW；
　　减速机　　$i=100$，输出速度　7.5r/min。

2号上料台架：

　　承载规格　　150mm×150mm×12000/9000/5800mm；
　　承料根数　　54根；
　　步进周期　　$T=8$s；
　　步进距离　　$E=2\times50$mm；
　　电动机　　$n=985$r/min，$P=37$kW；
　　减速机　　$i=125$，输出速度　7.88r/min。

3.5.2.3　坯料

坯料规格：

　　定尺坯料　　150mm×150mm×12000mm；
　　非定尺坯料　　150mm×150mm×（10800～12000、9800～10700、9000～9650、5750～5850）mm。

坯料的外形尺寸偏差：

断面尺寸偏差　±5mm；
长度偏差　+70mm；
对角线长度偏差　≤7mm；
标准重量　2060kg；
弯曲度　≤10mm/m；
总弯曲度　<80mm；
圆角半径　8mm；
扭转角　<8°。

坯料表面质量要求：连铸坯表面不得有肉眼可见的裂纹、重接、翻皮、结疤、夹杂，深度或高度大于1.5mm的划痕、压痕、擦伤、气孔、皱纹、耳子、凸块、凹坑和深度大于1mm的发纹，连铸坯横截面不得有缩孔、皮下气泡。

坯料布料方式：单排布料。

3.5.2.4　加热控制

（1）根据不同钢种及不同产品规格的加热工艺要求，控制加热炉各段炉温及出炉钢温。

（2）烧嘴点燃后，要逐个调整，根据煤气质量调整热风量。

（3）坯料出炉温度均匀，断面温差不大于30℃，为缩小轧制过程中钢坯长度方向的温差，钢坯加热时，头部和尾部2m范围内的温度应高于中间部分30℃。

3.5.2.5　热工操作要求

（1）严格控制炉内气氛和风量，既保证燃料充分燃烧，又不致使炉内出现明显的氧化性气氛，以控制钢的表面脱碳。

（2）加热时保证加热温度，同时炉内呈微正压状态，炉压小于15Pa。

（3）根据轧制节奏及停机时间长短调整炉温（轧制节奏快则加热炉炉温按工艺规定上限控制，反之按下限控制），以控制好开轧钢温及避免钢坯的过热、过烧。

（4）合理调整各烧嘴火焰大小，确保钢坯温度符合加热要求。

3.6　孔型和导卫

3.6.1　孔型系统设计

3.6.1.1　孔型设计内容和要求

钢坯在轧机上通过轧辊的孔槽经过若干道次轧制，获得所需要的断面形状、尺寸和性能的产品，这些系列轧辊孔槽的设计称为孔型设计。

孔型设计的内容包括：

（1）断面孔型设计。根据钢坯和成品的断面形状、尺寸及产品性能的要求，选择孔型系统，确定道次，分配各道次的变形量并设计各孔型的形状和尺寸。

（2）轧辊孔型设计。根据断面孔型设计，确定孔型在每个机架上的配置方式、数目，以保证轧机能正常轧制，操作方便，具有最高的生产率和最佳的产品质量。

（3）导卫装置设计。为了保证轧件能顺利稳定地进出孔型，必须正确地设计导卫装置的形状、尺寸和在轧机上的固定方式。

一个优化的孔型设计应达到如下要求：

（1）可得到符合要求的形状和尺寸精度，表面质量良好和产品的内部组织以及力学性能均匀。

（2）轧制工艺稳定，生产操作简单，轧机调整方便，并使轧机具有尽可能高的生产率。

（3）轧制能耗和轧辊辊环消耗最低。

（4）劳动条件好，安全，便于实现高度机械化、自动化操作。

为达到上述要求，获得最佳的效果，孔型设计者除应掌握金属在孔型中的变形规律和孔型设计的方法步骤外，还必须熟悉轧机设备工艺特点和操作习惯，针对具体轧机工艺特点和操作条件进行相应的孔型设计，并在实践中不断改进和完善。

3.6.1.2 线材机组孔型系统选择

孔型系统的选择是孔型设计的重要环节。选择恰当与否，对轧机的生产率、产品质量、各项消耗指标以及生产工艺操作具有决定性的影响。必须按照以下具体条件选择合适的孔型系统：

（1）钢坯条件，应考虑是连铸坯还是轧制坯，断面形状、尺寸及其波动范围、表面质量和钢种等。

（2）设备条件，应考虑轧机布置方式、机架结构形式、机组组成、数量及参数、传动方式、电机能力及调速范围、辅助设备的配置和能力等。

（3）产品条件，应考虑产品品种、规格范围、尺寸精度及金属性能要求等。

（4）生产工艺操作条件，应考虑轧制方式是单线轧制还是多线轧制、孔型共用要求、人员的操作习惯和技术水平等。

高速线材轧机的原料多是边长为100mm以上的轧制方坯或连铸方坯，钢种较多。粗、中轧机组的设备大多是二辊轧机顺列式布置，轧机强度大。单独直流或交流变频电机传动，传动能力大，调速范围广。产品尺寸精度要求高。粗、中轧机组工艺采用单线或多线轧制，除中轧机组最末一两架外，其他各架的孔型对所有产品都采用共用的孔型系统。

线材轧机粗、中轧机组所用延伸孔型系统与棒材轧机相同，预精轧和精轧机采用悬臂45°布置集体传动。随着线材轧制技术的发展和装备水平的提升，所用孔型系统也在不断变化，国内线材轧机在20世纪80年代以前粗、中轧为水平布置，主要选用箱—六角—方或箱—椭圆—方孔型系统，90年代后期建成的高线轧机多为平—立交替布置，采用平箱—立箱—椭圆—圆孔型系统。

线材轧机常用的延伸孔型系统有箱—六角—方孔型系统、箱—立箱—椭圆—圆孔型系统，目前先进的高速线材轧机孔型系统都采用后者。箱—六角—方孔型系统延伸效率高，六角孔型轧件宽高比大，适合需要翻钢轧制的水平连轧机；箱—立箱—椭圆—圆孔型系统具有适中的延伸效率，变形均匀，可保证良好的轧件尺寸精度，目前使用较为普遍。

典型的线材轧机孔型系统如图3-4所示。线材粗、中轧孔型系统与棒材轧机的基本相同，这里主要介绍预精轧后高速区孔型系统。棒材轧机由于电机单独传动，可直接通过调整辊缝获得要求的轧件尺寸，轧制螺纹钢时只需要修改成品和成品前两个孔型即可生产，而高线轧机由于预精轧、精轧机组是由一台电机集体传动，如要轧制螺纹钢，需要增大预

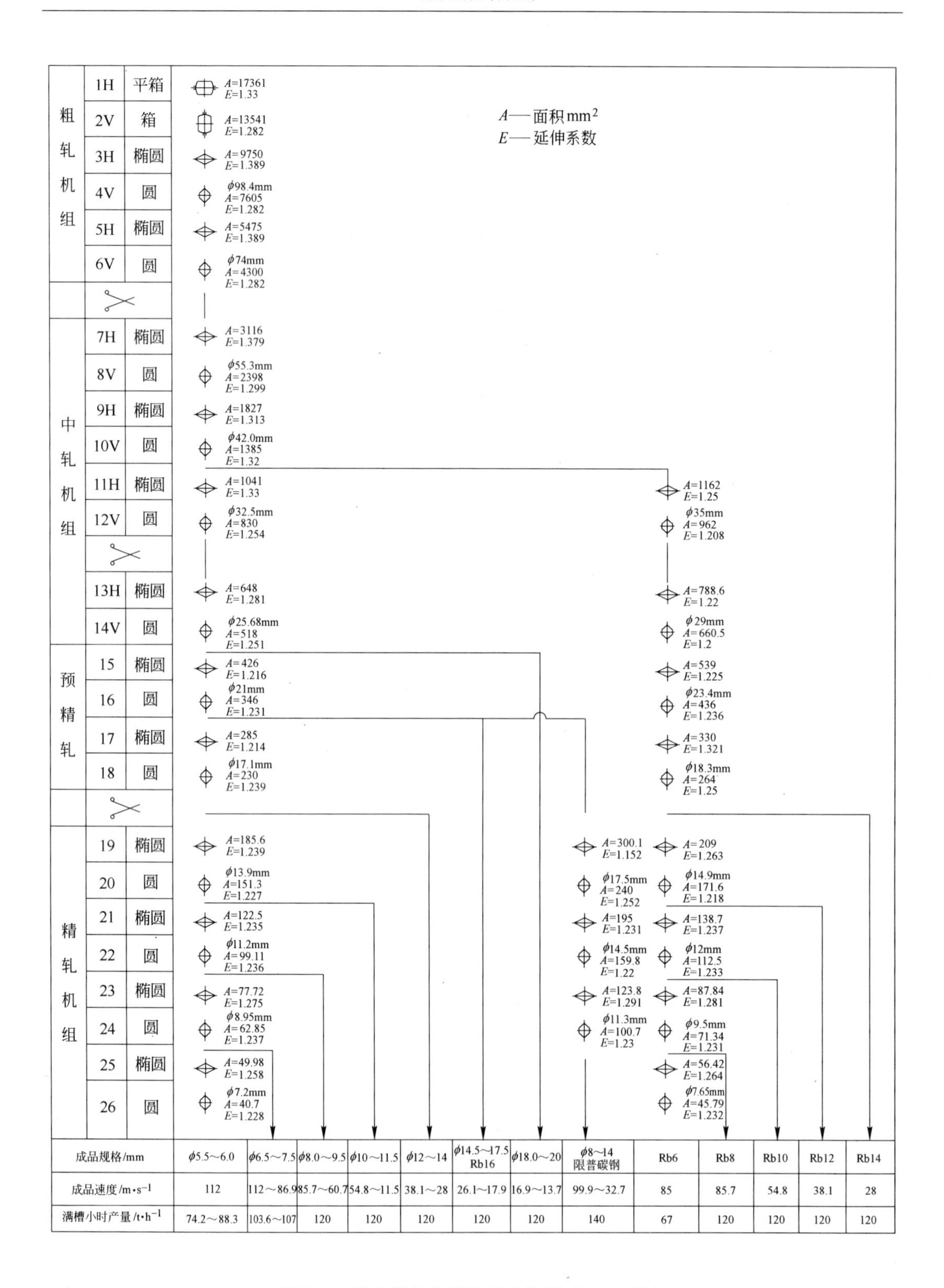

成品规格/mm	ϕ5.5～6.0	ϕ6.5～7.5	ϕ8.0～9.5	ϕ10～11.5	ϕ12～14	ϕ14.5～17.5 Rb16	ϕ18.0～20	ϕ8～14 限普碳钢	Rb6	Rb8	Rb10	Rb12	Rb14
成品速度/m·s^{-1}	112	112～86.9	85.7～60.7	54.8～11.5	38.1～28	26.1～17.9	16.9～13.7	99.9～32.7	85	85.7	54.8	38.1	28
满槽小时产量/t·h^{-1}	74.2～88.3	103.6～107	120	120	120	120	120	140	67	120	120	120	120

图 3-4　典型线材轧机孔型系统图（1～26 架）

精轧、精轧机组入口断面尺寸，也就是需要与圆钢不同的另外一套孔型系统。

3.6.1.3 高线孔型系统的设计

A 高线孔型系统的设计方法

（1）从成品孔开始按逆轧制顺序设计，根据使用坯料和成品尺寸，确定总轧制道次，设计成品道次的连轧常数，设计成品孔型。

（2）按逆轧制顺序分配各架之间的拉钢系数。首先确定精轧机组各架之间的拉钢系数，其值为0.1%～0.3%，然后计算出各架的连轧常数，设计各架的轧件和孔型尺寸。按连轧常数相等设计精轧机组第一架和预精轧机组末架的孔型和轧件尺寸；再以预精轧机组末架的连轧常数为基准，逆轧制顺序设计预精轧各架的轧件和孔型尺寸；然后按连轧常数相等的原则设计预精轧机第一架和中轧机组末架的轧件尺寸和孔型；最后再以中轧末架的连轧常数为基准分配粗、中轧机组各架之间的拉钢系数，确定各架连轧常数，设计各架轧件和孔型尺寸。

（3）设计各中间圆（或方）孔型尺寸。

（4）设计椭圆轧件和孔型尺寸。

在设计圆（或方）孔型尺寸时，粗、中轧机组多为直流电机单独传动，可按合理的延伸系数分配设计圆（或方）孔型尺寸，计算轧件断面面积和轧辊工作直径，根据已确定的连轧常数求得轧辊转速。在集体传动的连轧机上，孔型设计有两种，第一种是为新建的轧机设计孔型，各机架的传动比还没有确定，因此可按合理的延伸系数分配设计孔型，根据计算的结果来确定各机架的传动比；第二种是为传动比已固定的连轧机组设计孔型，需要通过设计孔型调整轧件断面以保证要求的连轧常数，这种方法在工艺改造或修改孔型时使用。

B 孔型系统延伸系数的分配原则

a 粗、中轧孔型延伸系数的分配

在粗轧阶段，应注意前两道次钢坯表面氧化铁皮厚、摩擦系数小和咬入困难，延伸系数可小些，但对于其他道次要充分利用金属在高温阶段塑性好、变形抗力小的特点和这一阶段对轧件尺寸精度要求不高的条件，通常采用较大的延伸系数；在中轧阶段，既要继续利用金属在此阶段温度较高、变形抗力小和塑性较好的特点，又要保持轧件尺寸稳定，以便保证中、精轧工艺稳定，通常采用适中的延伸系数。

根据经验，粗轧机组的平均延伸系数一般为1.3～1.45，中轧机组的平均延伸系数一般为1.22～1.38。

欧美等国家常用面缩率来表示轧制中各道次的变形量，我国和俄罗斯则常用延伸系数来表示，换算关系如下：

$$\psi = 1 - \frac{1}{\mu} \tag{3-1}$$

式中 ψ——面缩率；

μ——延伸系数。

b 预精轧、精轧孔型系统

高速线材轧机的预精轧、精轧机组多采用椭圆—圆孔型系统。这一孔型系统的特点是：

（1）适合于无扭轧制特点要求。

（2）变形均匀，内应力小，可得到尺寸精确、表面光滑的轧件或成品。

（3）椭圆—圆孔型系统，可借助调整辊缝值得到不同断面尺寸的轧件，轧制不同规格产品，辊环、导卫公用性增强，减少工艺备件储备。

（4）这一孔型系统的每一个圆孔型都可以设计成既是延伸孔型又是有关产品的成品孔型，适合于用一组孔型系统轧辊，借助甩去机架轧制多种规格产品。

通常预精轧延伸系数为 1.22 ~ 1.32，精轧机延伸系数为 1.20 ~ 1.30。

c　减定径机孔型

在 20 世纪 90 年代末期和 21 世纪初新建的高线轧机，有不少配备有四机架减定径机组，布置在精轧机之后，可实现控轧控冷和高精度轧制。摩根型减定径轧机孔型系统为椭圆—圆—圆—圆，前两架减径机延伸系数为 1.20 ~ 1.30，定径机延伸系数为 1.05 ~ 1.15。其他机型孔型系统为椭圆—圆—椭圆—圆。在轧制螺纹钢时，甩掉后两架轧机，采用延伸系数较大的减径机直接出成品。

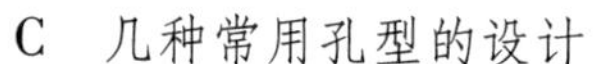
C　几种常用孔型的设计

a　箱形孔型

箱形孔常用于粗轧前两道次，考虑咬入条件，采用较小的压下量，第一道采用平箱孔型，第二道采用立箱孔型。孔型图和孔型计算公式见图 3-5 和表 3-4。

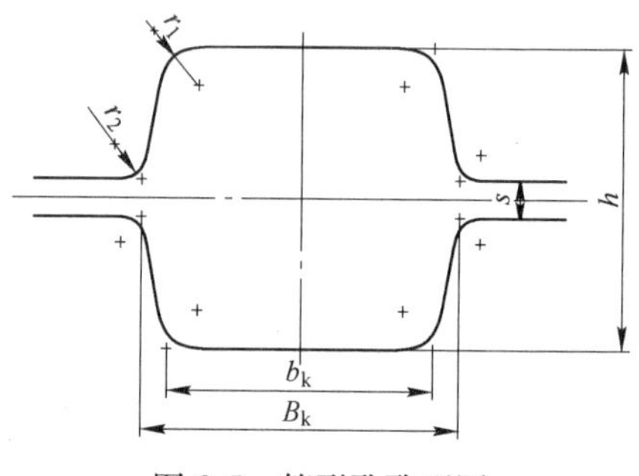

图 3-5　箱形孔孔型图

表 3-4　箱形孔参数计算表

项目名称	计 算 式	符号说明
槽底宽度	$b_k = b - (0 \sim 5)$ $b_k = b - (6 \sim 10)$	b 为来料宽度，用于平箱孔型 b 为来料宽度，用于立箱孔型
孔槽侧壁斜度	$y_1 = 15\% \sim 25\%$ $y_2 = 15\% \sim 25\%$	用于平箱孔型 用于立箱孔型
圆角半径	$r_1 = (0.12 \sim 0.2)b$ $r_2 = (0.08 \sim 0.12)b$	
辊　缝	$s = (0.02 \sim 0.05)D$	D 为轧辊辊环直径
孔型高	$h = h_1 - \Delta h$	h_1 为来料宽度，Δh 为压下量
孔型宽	$B_k = b_k(h_1 - s)y_1$ $B_k = b_k(h_1 - s)y_2$	用于平箱孔型 用于立箱孔型
宽展系数	$\beta = 0.25 \sim 0.35$	
轧件面积	$F = h_1(b + \Delta h\beta)$	

b　椭圆孔型

椭圆孔孔型图和孔型参数计算公式见图 3-6 和表 3-5。

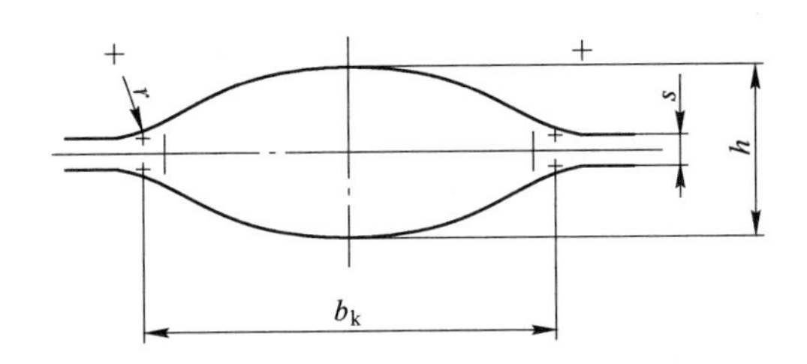

图 3-6 椭圆孔孔型图

表 3-5 椭圆孔参数计算表

项目名称	计 算 式	符号说明
孔型高	$h = (0.9 \sim 0.95)d - \frac{d_0 - d}{2d_0}\left[\sqrt{D_k(d_0 - d)} - \frac{d_0 - d}{2f}\right]$	d_0为来料圆直径，d为下道次圆直径，D_k为轧辊工作直径，f为轧制摩擦系数
孔型宽	$b_k = d_0 + \beta\Delta h$	β为宽展系数，Δh为压下量
椭圆半径	$R = \frac{(h-s)^2 + b_k^2}{4(h-s)}$	
辊 缝	$s = (0.01 \sim 0.02)D_0$	D_0为轧辊名义直径
圆角半径	$r = (0.05 \sim 0.12)b_k$	
轧件断面面积	$F = \frac{1}{3}\left(\frac{m}{h} + 2\right)bh$	$m = s + (1 \sim 4)$

c 圆孔型

圆孔孔型图和孔型参数计算公式见图 3-7 和表 3-6

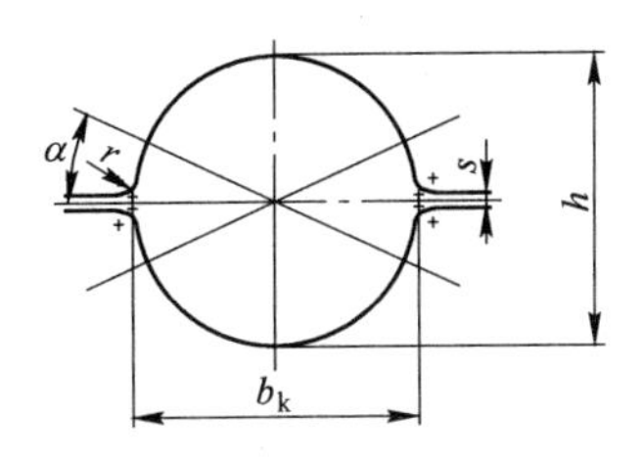

图 3-7 圆孔孔型图

表 3-6 圆孔参数计算表

项目名称	计 算 式	符号说明
孔型高	$h = d_k$	d_k为成品直径热尺寸
孔型基圆直径	$d_k = (1.011 \sim 1.015)d_0$	d_0为圆轧件直径冷尺寸
辊 缝	$s = (0.008 \sim 0.02)D_0$	D_0为轧辊名义直径
圆角半径	$r = 0 \sim 0.5$ $r = 1 \sim 5$	用于成品及精轧孔 用于延伸孔
孔型开口倾角角度	$\alpha = 15° \sim 30°$	用于开口切线连接法
孔型开口扩张圆弧半径	R'作图法确定	用于开口扩张圆弧连接法
孔型宽	b_k作图法确定	
轧件断面积	$F = \frac{\pi}{4}d_k^2$	

d　螺纹钢成品前孔型

为保证螺纹钢横肋充满度，螺纹钢成品前孔型（图3-8）常采用平椭圆或双半径椭圆孔。双半径椭圆孔型参数如表3-7所示。

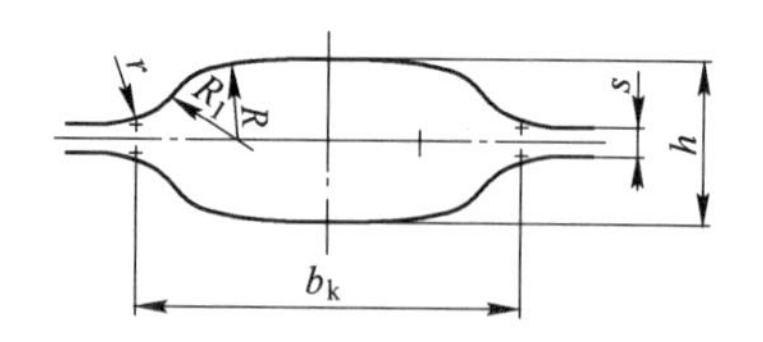

图3-8　螺纹钢成品前孔孔型图

表3-7　双半径椭圆孔型参数

项目名称	计　算　式	符号说明
孔型高	$h=(0.9\sim0.95)d-\frac{d_0-d}{2d_0}\left[\sqrt{D_k(d_0-d)}-\frac{d_0-d}{2f}\right]$	d_0为来料圆直径，d为下道次圆直径，D_k为轧辊工作直径，f为轧制摩擦系数
孔型宽	$b_k=d_0+\beta\Delta h$	β为宽展系数，Δh为压下量
椭圆半径	$R=(1.05\sim1.4)b_k, R_1=0.4h$	
辊　缝	$s=(0.01\sim0.02)D_0$	D_0为轧辊名义直径
圆角半径	$r=(0.05\sim0.12)b_k$	

e　成品孔设计

螺纹钢成品孔依据标准尺寸要求进行设计，分为基圆和横肋两部分。基圆孔型设计参数按照表3-3圆孔型参数设计，关于横肋槽参数应根据月牙形螺纹钢国家标准GB 1499或用户要求进行设计，图3-9中横肋高h_1在综合考虑钢筋在水泥中的黏结性能、孔型磨损量、轧槽寿命等因素后，按标准正偏差取较大值。横肋槽的圆弧半径（铣刀回转半径）R_1可按作图法求出，也可将孔型基圆假设为无扩张圆弧的圆形由几何法推导公式求出：

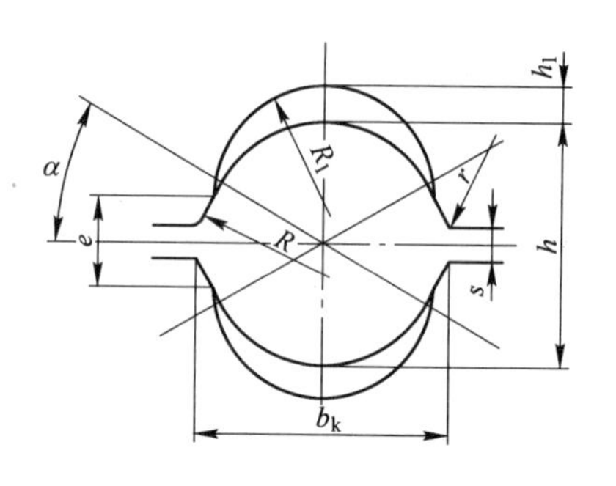

图3-9　螺纹钢成品孔孔型图

$$R_1=\frac{d^2+2h_1^2+2h_1d-2h_1e-de}{4h_1+2d-2e} \tag{3-2}$$

式中　d——基圆直径；

h_1——横肋槽深；

e——横肋末端间距。

其中月牙形螺纹钢两边横肋末端间距GB 1499标准规定不得大于钢筋公称周长的10%，其对应的圆心角是36°，横肋末端间距e按下式求出：

$$e=e_0-(0\sim0.4)=d_0\sin18°-(0\sim0.4)$$

式中 e_0——标准规定的横肋末端最大间距；

d_0——标准规定的钢筋的公称直径。

横肋槽数按照不同规格的横肋间距要求、不同辊径轧辊计算得出。一般横肋间距取标准许可范围的80%，以避免因加工偏差和前滑影响而超出标准要求。横肋槽数 N 的计算公式如下：

$$L = (L_0 - 0.4\Delta^-) \sim (L_0 + 0.4\Delta^+) \tag{3-3}$$

$$N = \frac{\pi D_{min}}{L} \sim \frac{\pi D_{max}}{L} \tag{3-4}$$

式中 N——辊环横肋槽数；

D_{max}——允许使用辊环的最大外圆直径，mm；

D_{min}——允许使用辊环的最小外圆直径，mm；

L——选择横肋间距，mm。

L_0——标准规定的横肋间距，mm；

Δ^-——标准规定的横肋间距负偏差绝对值，mm；

Δ^+——标准规定的横肋间距正偏差绝对值，mm。

也可以采用固定横肋槽数改变横肋间距的方法计算，这时对辊环直径的使用范围应明确限定。

3.6.2 轧制程序表

轧制程序表是对轧制过程各道次红钢尺寸、轧制速度等轧制工艺参数进行设计计算的供轧钢调整做预设的轧制工艺参数表。轧制程序表主要用来指导轧钢各道次轧件尺寸、轧辊辊缝、轧制线速度、电机转速等工艺参数的设定与轧机调整，对轧钢顺利试车和生产具有重要作用。

3.6.2.1 轧制程序表的内容

轧制程序表的主要内容包括以下部分：

（1）表头包括钢坯尺寸及断面面积、成品尺寸、终轧速度、机时产量等。

（2）表内项目主要有机架号、轧件断面尺寸和面积、辊缝、延伸系数、轧制速度、轧辊直径（辊环直径、工作直径）、轧辊转速、电机转速等。

（3）还可以增加飞剪等辅助设备的速度、张力系数设置。

3.6.2.2 影响准确计算轧制程序表的因素

在线材轧机，对于连轧机来讲，要精确计算轧制程序表是很难的，因为受轧辊工作直径、轧件断面面积、轧制温度、张力和前滑后滑等因素的影响，要准确给出与实际轧制状态相一致的轧制程序表并不是很容易的。对于不同的孔型和轧件来讲，轧辊工作直径的计算直接影响轧制程序表的速度计算的准确性。

（1）轧件断面面积的影响。轧件断面面积取决于轧件在孔型中的充满程度以及两侧的充满形状。要精确计算轧件的断面面积，首先要准确地计算出轧件宽度。轧件宽度通常是按经验给出的不同孔型的宽展系数计算而得。对于椭圆—圆孔型系统，圆轧件在椭圆孔型中的宽展系数为0.5~0.9；椭圆轧件在圆孔型中的宽展系数为0.25~0.35。根据不同的生产线，经过实测轧件后，可更准确地得到与实际接近的宽展系数。

（2）轧辊工作直径的影响。轧件和轧辊接触处的轧辊直径称为轧辊工作直径。平辊轧制时，轧辊工作直径沿轧件宽度方向相同，可直接计算出。在孔型中轧制时，轧辊接触轧件表面各点的轧辊工作直径是不同的，在计算中常用轧辊平均工作直径表示轧辊的工作直径。即将轧件看成是等效矩形计算出轧件的平均高度，近似求出轧辊平均工作直径。采用这种计算方法得出的辊径与实际工作辊径存在偏差。近似计算轧辊工作直径的公式为：

$$D_k = D_0 - h = D_0 - \frac{F}{B} \tag{3-5}$$

式中　D_k——轧辊工作直径，mm；

D_0——轧辊辊环直径，mm；

h——轧件平均高度，mm；

F——轧件断面面积，mm；

B——轧件宽度，mm。

在高线轧制过程中还存在前滑因素，在存在微张力轧制的状况下，很难准确计算前滑量。轧件从孔型中轧出的速度是由轧辊工作直径、轧辊转速、前滑所决定的，为准确计算轧件线速度，国外推出了考虑前滑因素的轧辊工作直径经验计算公式。

箱形孔型中轧辊工作直径计算公式为：

$$D_k = D - 1.7Z \tag{3-6}$$

椭圆孔型中轧辊工作直径的计算公式为：

$$D_k = (D - 1.33Z) \times 1.01 \tag{3-7}$$

圆孔型中轧辊工作直径的计算公式为：

$$D_k = D - 1.56Z \tag{3-8}$$

精轧机组椭圆—圆孔型中轧辊工作直径的计算公式为：

$$D_k = (D - 2Z) \times 1.05 \tag{3-9}$$

式中　D_k——轧辊工作直径；

D——轧辊辊环直径；

Z——轧槽最大深度。

表3-8为某厂轧制 ϕ8mm 螺纹盘条的轧制程序表。

3.6.3　导卫装置

3.6.3.1　导卫装置概述

导卫装置的功能是将轧件正确地导入和导出轧辊孔型，保证轧件在孔型中稳定的轧制并得到要求的几何形状和尺寸，防止缠辊，控制或强制轧件扭转或变形，按要求的方向运动，顺利完成轧制过程。

由于轧机机架形式、导卫装置使用要求、安装固定调整方法的不同，导板梁形状各式各样。一些粗、中轧机组，由于工艺的特点，将导板梁与入、出口导板箱组合在一起，设计制造成一个组合式整体导板梁，甚至与水冷管组合在一起，如达涅利型短应力线轧机。有些粗、中轧轧机将导卫装置与轧机本体分开，由独立的导卫底座固定安装，轧制线固定，可旋转底座方便换辊，如摩根型轧机设计。

表 3-8 ϕ8mm 螺纹钢线材轧制程序表

成材率：0.96 理论小时产量：121.56t/h 传动电机转速：碎断剪 768.76r/min 1 号夹送辊 726.3437r/min 2 号夹送辊 1411.57r/min 3 号夹送辊 1031.2r/min
有效作业率：0.85 平均小时产量：99.2t/h 1 号飞剪 309.6846r/min 2 号飞剪 404.252r/min 3 号飞剪 293.5r/min

机组	机架	孔型	轧件高度 /mm	轧件宽度 /mm	辊缝 /mm	断面面积 /mm²	伸长率 /%	总伸长率 /%	最大辊径 /mm	工作直径 /mm	连轧常数	线速度 /mm·s⁻¹	速 比	轧辊转速 /r·min⁻¹	电机转速 /r·min⁻¹
			150.00	150.00		22299.0									
粗轧机组	1	箱	111.50	163.00	19.5	17361.0	1.284	1.28	610	523.0	3537112	203.7	98.38	7.4	732.0
	2	箱	121.00	120.00	18	13541.0	1.282	1.65	610	515.2	3609298	266.5	76.4	9.9	755.0
	3	椭圆	78.50	158.00	12	9750.0	1.389	2.29	610	560.3	3682957	377.7	59.7	12.9	768.7
	4	圆	98.40	98.40	13	7605.0	1.282	2.93	495	430.7	3758119	494.2	36.97	21.9	810.1
	5	椭圆	56.50	119.93	10.5	5476.0	1.389	4.07	495	459.8	3834816	700.3	28.54	29.1	830.1
	6	圆	74.00	74.00	10.5	4271.0	1.282	5.22	495	447.8	3913077	916.2	21.6	39.1	844.1
中轧机组	7	椭圆	44.00	89.80	6	3117.0	1.370	7.15	420	391.3	3992936	1281.0	13.59	62.5	849.7
	8	圆	55.30	55.30	6	2398.0	1.300	9.30	420	382.6	4074424	1699.1	10.1	84.8	856.6
	9	椭圆	32.50	68.26	5.5	1756.0	1.366	12.70	420	399.8	4157576	2367.6	7.94	113.1	898.1
	10	圆	42.00	42.00	5	1369.0	1.283	16.29	420	392.4	4242424	3098.9	5.96	150.8	898.9
	11	椭圆	26.00	50.00	5	1041.0	1.315	21.42	420	404.2	4329004	4158.5	4.68	196.5	919.6
	12	圆	32.50	32.50	4.5	828.0	1.257	26.93	420	399.0	4329004	5228.3	3.7	250.2	925.9
	13	椭圆	21.70	42.33	4.7	712.0	1.163	31.32	420	407.9	4329004	6080.1	2.94	284.7	837.0
	14	圆	28.10	28.10	4.5	620.0	1.148	35.97	420	402.4	4329004	6982.3	2.34	331.4	775.4
预精轧机组	15	椭圆	20.00	33.60	3.6	510.0	1.216	43.72	247.37	235.8	4329004	8488.2	1.1201	687.5	770.1
	16	圆	23.26	23.26	2	425.0	1.200	52.47	247.37	231.1	4329004	10185.9	0.8576	841.8	721.9
	17	椭圆	17.10	27.50	3	361.0	1.177	61.77	247.37	237.2	4329004	11991.7	0.8216	965.4	793.1
	18	圆	19.54	19.54	2.1	300.0	1.203	74.33	247.37	234.1	4329004	14430.0	0.629	1177.2	740.4
精轧机组	19	椭圆	11.40	24.30	1.9	241.0	1.245	92.53	228.34	220.3	4329004	17962.7	0.6518	1557.1	1014.9
	20	圆	14.35	14.35	1.5	201.0	1.199	110.94	228.34	215.8	4329004	21537.3	0.5146	1905.8	980.7
	21	椭圆	9.80	17.54	1.7	155.0	1.297	143.86	228.34	221.2	4329004	27929.1	0.4289	2411.4	1034.2
	22	圆	11.58	11.58	1.55	130.0	1.192	171.53	228.34	218.7	4329004	33300.0	0.3386	2908.5	984.8
	23	椭圆	7.33	14.55	1.25	102.0	1.275	218.62	228.34	222.6	4329004	42441.2	0.2728	3641.7	993.5
	24	圆	9.00	9.00	1.25	82.5	1.236	270.29	228.34	220.4	4329004	52472.8	0.2154	4546.5	979.3
	25														
	26														
减定径机	27	椭圆	7.55	10.00	1	66.0	1.250	337.86	228.34	222.7	4329004	65591.0	0.1641	5624.0	922.9
	28	圆	8.12	8.12	1	51.5	1.283	433.33	228.34	223.0	4329004	84123.7	0.1362	7204.6	922.9

高速区轧机的导卫装置由固定在轧机面板上的导卫底座、导卫本体及相关冷却水和油气润滑装置组成，见图 3-10 和图 3-11。

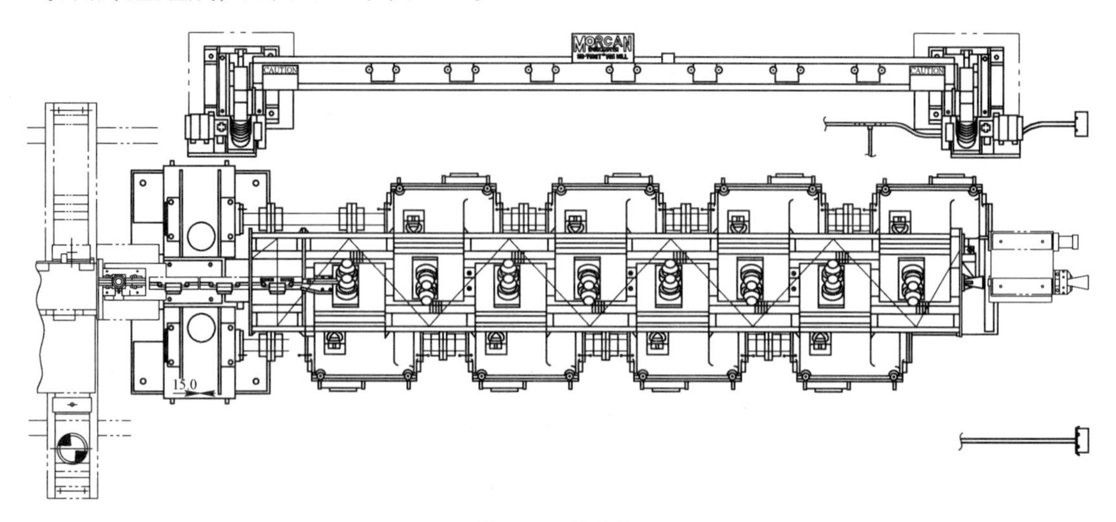

图 3-10　精轧机

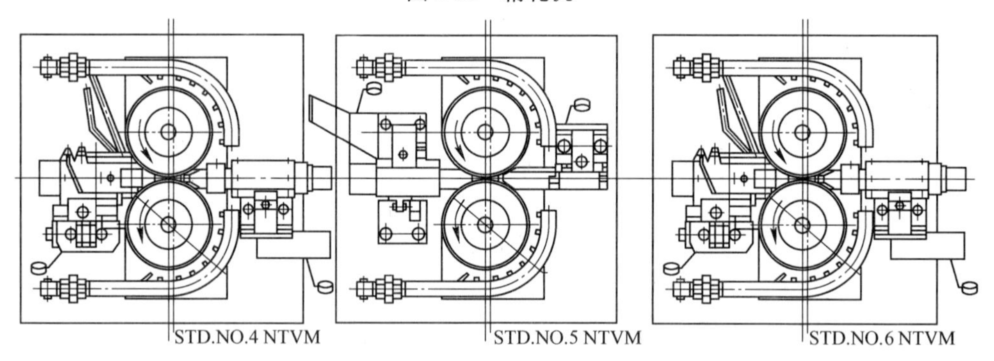

图 3-11　高速区轧机导卫布置

3.6.3.2　导卫的安装与固定

在每次更换轧辊或轧槽后，要保证轧制线标高和位置不变。在使用轧机横梁固定导卫装置时，导板梁的安装应保证其上工作平面清洁，前后、左右水平，要使入、出口导板孔型的垂直中心线对正轧槽，其标高应使导板的水平中心线与轧制线标高相吻合，导板梁与牌坊的固定要稳定牢靠。以上这些对于多线共用的组合梁尤为重要。否则，安装不当或导板梁松动而又未被发现，将会在生产中造成堆钢等事故。采用独立底座固定时，主要应关注导卫进出口位置和安装牢靠，使轧槽对正导卫中心线。

3.6.3.3　入口导卫装置

入口导卫装置的作用是诱导轧件正确地进入轧辊孔型，扶持轧件在孔型中稳定变形，以得到要求的几何形状和尺寸。入口装置的形式按入口导板工作段与所诱导轧件相对摩擦的形式，分为滑动与滚动两种。

A　滑动入口导卫

滑动入口导卫用于轧件进入孔型中变形比较稳定的轧制，如圆形、方形轧件进入椭圆孔型的轧制，粗轧前两道次箱形孔轧制。

滑动入口导卫按其结构又可分为两种，一种是整体导卫，主要用于粗轧断面较大机架；另一种是由两半夹板组成的组合式导卫，固定在导卫盒内，主要用于断面较小、轧制速度较高、磨损较快的机架。入口导卫前段设计有喇叭口，以引导轧件进入轧槽；后段设计为直线段，将轧件精确导入轧槽中心。

粗、中轧导卫材质选用铸铁、铸钢和镍铬合金铸钢等，具有制造简单、价格低廉的特点。对于预精轧后高速区入口导板多采用精密铸造耐热不锈钢材质，具有精度高、表面光洁、耐热耐磨等特点，成本较高。

B 滚动入口导卫

滚动入口导卫多用于诱导椭圆轧件进入圆或方孔型轧制不稳定的、轧制速度较高的中轧、预精轧、精轧机组，可保证得到几何形状良好、尺寸精度高和表面无擦伤的轧件。滚动入口导卫使用寿命长，可减少导卫调整和更换时间，提高轧机的作业率，减少导卫消耗，能满足现代高速线材轧机对导卫装置的使用要求。

滚动入口导卫的基本结构如图 3-12 所示。

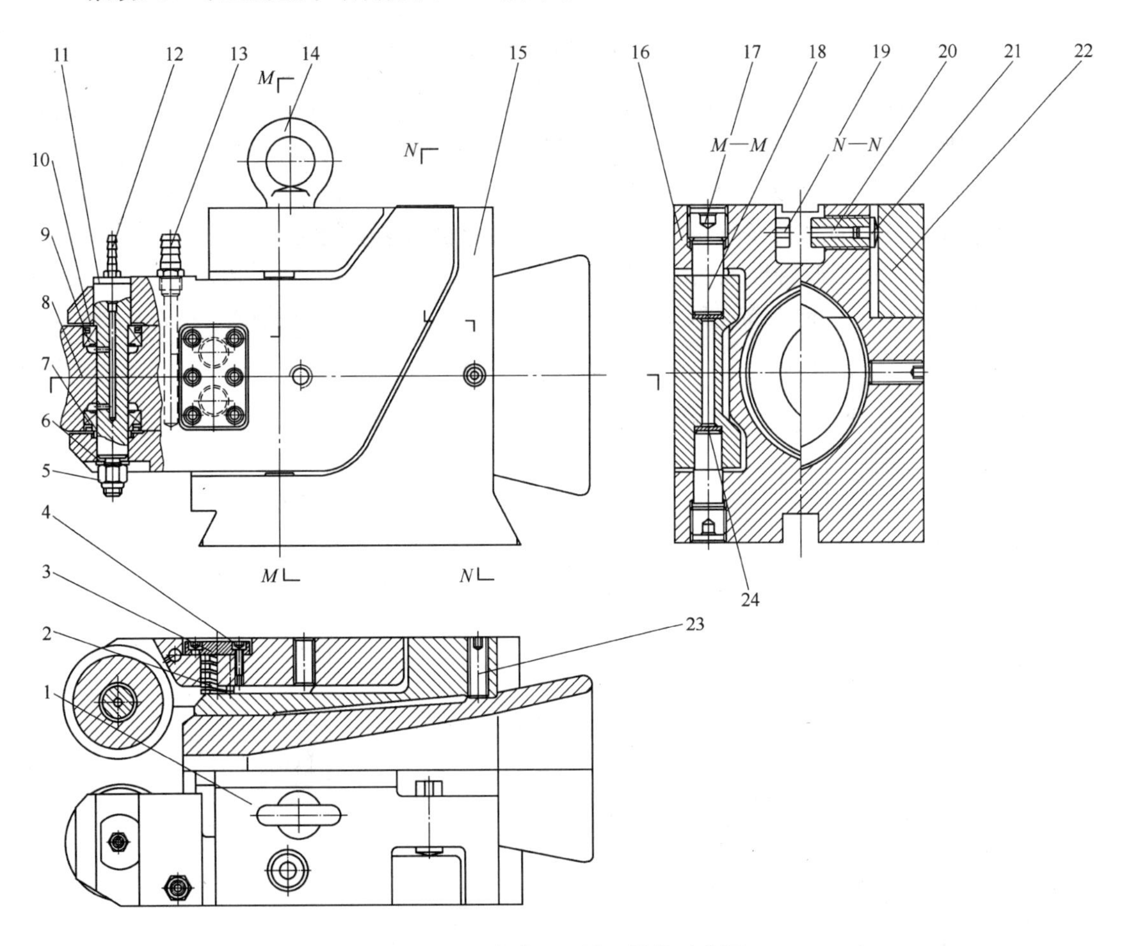

图 3-12 滚动入口导卫结构示意图

1—箱体；2—弹簧；3—弹簧压板；4、23—螺钉；5—螺母；6—垫圈；7—隔圈；8—导辊；9—轴承；10—轴承盖；11—导辊轴；12—油气管接头；13—水管接头；14—调换螺栓；15—导板；16—左支撑臂；17—枢轴顶丝；18—枢轴；19—左调整螺杆；20—右调整螺杆；21—垫头；22—右支撑臂；24—垫片滚动入口导卫的主要部件如图 3-13 所示。

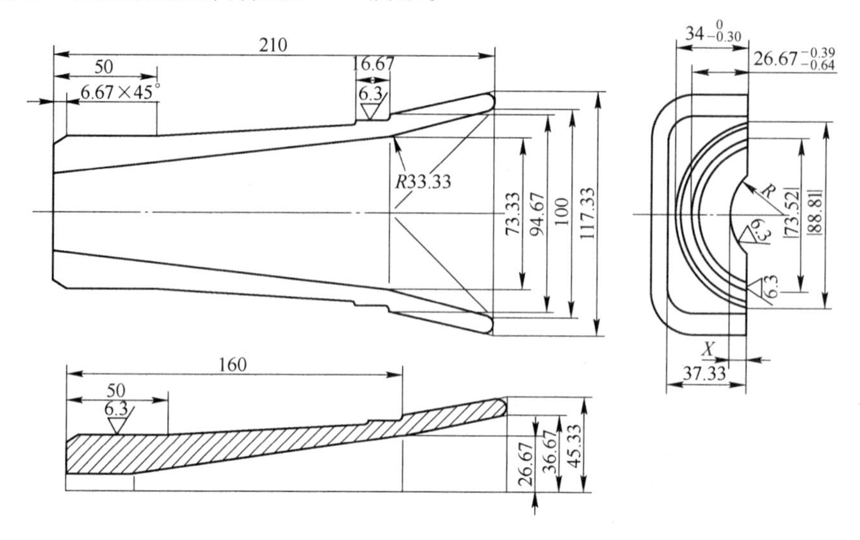

图 3-13　滚动入口导卫主要部件示意图

导板盒是滚动入口导卫的主框架，用于安装导卫的零部件。夹板由耐热耐磨不锈钢制成，用以承受轧件头部撞击，顺利平稳地诱导轧件进入导辊槽内。导辊支架是支撑导辊的主要部件，支架装配在导板盒上，用调整螺丝进行导辊开口度调整。导辊的轴承是在高温、高转速和高负荷的恶劣条件下工作的，为改善导辊与轴承的工作条件，用水进行冷却，同时采用油气润滑改善导辊轴承的润滑和冷却。

鼻锥尖（图 3-14）是为高速区滚动入口导卫而增设的，用来更精确地扶持轧件。小

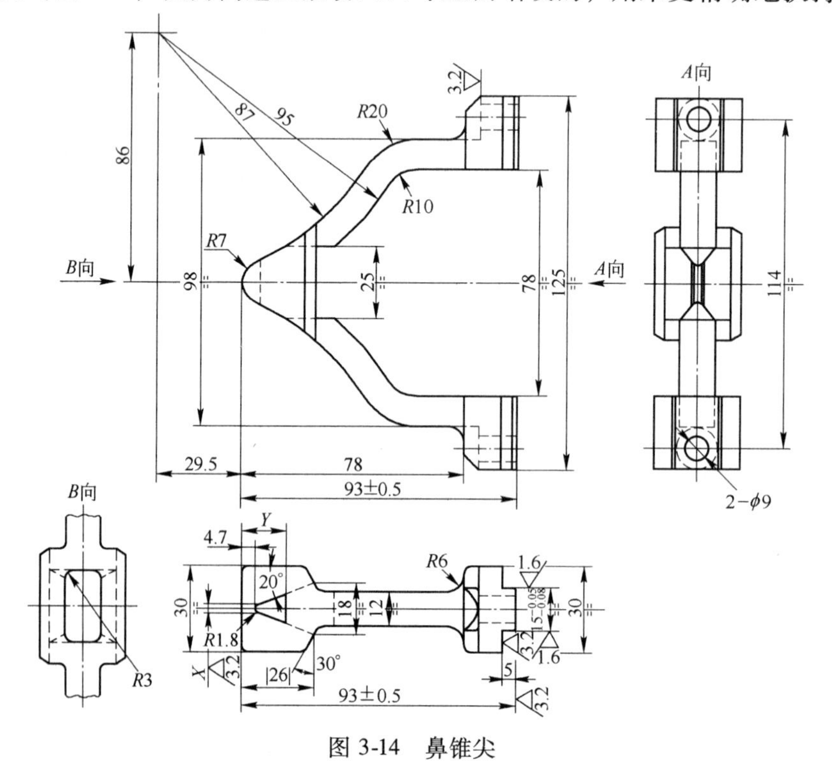

图 3-14　鼻锥尖

型滚动入口导卫的导辊距离轧辊中心线相对较远，而传送的轧件断面又小，为使轧件尾部离开导辊后不倾翻而增设一个鼻锥尖给予扶持，以提高轧件稳定性，减少轧制事故。

用于现代化高速线材轧机的滚动入、出口导卫装置，由专业厂家标准化、系列化制造供应，著名的导卫类型有美国的摩根、意大利的达涅利和德国的西马克等。根据粗中轧、精轧机所诱导轧件的断面尺寸大小滚动导卫分为不同规格型号。滚动导卫内孔槽形与轧件相同，由两半组成，直线段椭圆孔槽半径 R 与上游机架椭圆孔半径相同，图 3-13 中槽深 X 按下式选取：

$$X = \frac{1}{2}h + 1 \sim 4\text{mm} \tag{3-10}$$

式中 X——导板直线段槽深，mm；

h——入口椭圆轧件厚度，mm。

根据入口轧件厚度可选取适当的间隙余量 1 ~ 4mm。轧件小，取下限；反之，取上限。

滚动导卫导辊槽的孔形状，在粗、中轧机组多采用椭圆形、槽形与椭圆轧件形状相吻合，导辊磨损均匀，寿命长，缺点是共用性差。该椭圆的半径 R，与所诱导的椭圆轧件圆弧半径相同。为保证导辊能正确地扶正轧件进入下一架轧机和减轻导辊负荷，导辊槽底的最大间距 L 需要准确设定，见图 3-15。粗、中轧机架一般取值 $L = h + 0 \sim 1\text{mm}$；而对于预精轧后高速区导辊槽底间隙一般为零，需要在专用光学对中仪上进行调整。

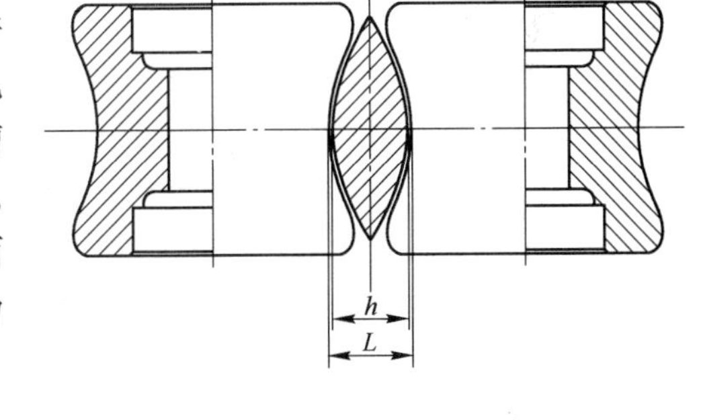

图 3-15 滚动导辊间隙

C 滚动导卫装置光学对中仪

光学对中仪分两种：一种是离线用于滚动导卫装置的台式光学对中装置；另一种是用于在线轧机入口滚动导卫对中的便携式对中仪。对中仪由发射光源和接受显示屏组成，中间为导卫装置。

台式光学对中仪用于生产准备间的滚动导卫导辊间隙和与孔型模板的对中调整，将滚动导卫置于台式底座上，通过调整使得导辊和轧槽孔型显示在接受屏幕上，借助显示屏幕可以将导辊和底座调整到精确的对中位置。

3.6.3.4 出口导卫装置

出口导卫的作用是顺利地将轧件由孔型中导出，防止缠辊，控制或强制轧件（扭转弯曲变形）按照一定的方向运动。出口装置的形式与入口装置类似，也分为滑动与滚动两种。

A 滑动出口装置

滑动出口装置由卫板或导管与导卫箱组成,用压板与楔铁将卫板或导管固定在导卫箱内。

卫板或导管多用于轧件出轧机后不需要扭转的道次。其前端外形尺寸应与轧辊轧槽相吻合，其内侧形状及尺寸应与所诱导的轧件相适应。其设计方法与棒材轧机的卫板、导管设计方法相同。卫板多用于粗轧机组和中轧机组的前几个道次。卫板的技术要求是：配合面尺寸精度高，表面必须平整光滑，导板内孔必须修平过渡圆滑。

卫板的材质多为锻钢经机械加工或精密铸造合金钢制成。

用于中轧机组的出口导管用无缝钢管制成。图 3-16 为用于精轧机组的出口导管，它是由耐热耐磨钢制成的。圆轧件出口导管的技术要求是：铸造表面光滑，无毛刺，不得有影响强度的裂纹、砂眼等缺陷存在。

卫板和导管由上下两半互相咬合组成，安装时其前端必须与上下辊的轧槽相吻合并保持紧密接触，前后应水平，固定应牢固，如有间隙或松动则易造成堆钢事故。

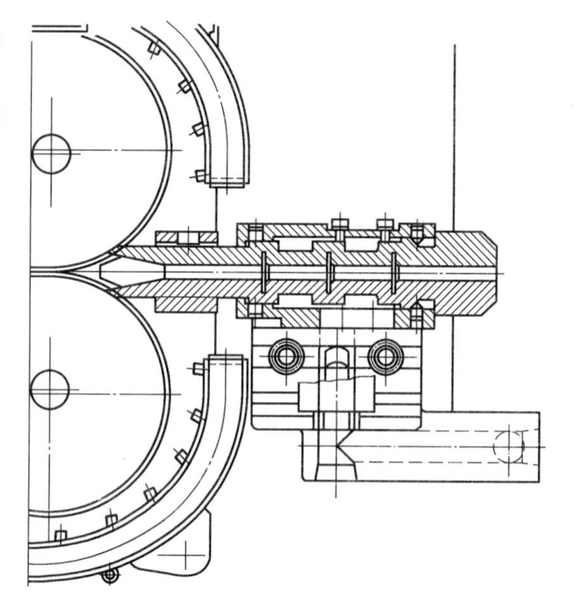

图 3-16　精轧机出口卫管示意图

B　滚动出口装置

对于粗、中轧机组的轧辊呈水平布置的轧机，轧件需扭转 90°。进入下一道次轧制时，轧机的出口需设扭转装置。为提高出口扭转装置的寿命，避免轧件表面刮伤，减少事故，降低由于扭转轧件所消耗的能量，应以滚动扭转装置代替滑动扭转装置。

3.6.3.5　导卫装置的冷却与润滑

为减少导卫装置工作中的故障、延长其使用寿命，除精心设计、精心调整与维护外，工作中进行合理的冷却与润滑也是十分重要的。

导卫装置的冷却多采用压力为 0.3MPa 以上的水进行喷淋式冷却，冷却的部位是轧件与导卫装置经常接触的位置，如入口导卫装置滑动导板夹板的内孔槽、滚动导板辊面，出口导卫装置滑动卫板的尖端、扭转器的卫嘴和辊子的辊面等。

由于导卫装置的形式和安装位置不同，其润滑方式也不同。滚动导卫装置必须采取油气润滑系统。

油气润滑系统有两套泵组，一套运转，一套备用。每一套泵组由一台立式电机把油经过一个压力开关送到电磁阀，电磁阀由 PLC 控制，通过 PLC 设定来控制供油或断油的时间间隔，实现间断打压连续喷雾供油。低油位浮式开关与仪表盘的报警灯连接。在输入端板上设有远程连接启动/停止按钮、电机运行指示灯、油位报警和油压报警等装置。

油气润滑系统技术性能参数是：

油　　　　　　　R 和 O 型液压油，ISO-VG46 ~ 100；
工作油压　　　　3.8 ~ 4MPa；
工作压缩空气压力　0.45 ~ 0.5MPa。

3.7　轧辊和辊环的选择与使用

3.7.1　轧辊和辊环的选择

轧辊是轧机的主要部件。轧辊的设计、材质、使用、维护在相当大的程度上决定了轧机的技术水平。轧辊既是轧机设计的重要内容，也是组织生产中的主要管理内容。

高速线材轧机一般由粗轧机、中轧机、预精轧机、精轧机、减定径机组成。由于各机组的工艺装备不同，所用的轧辊也不同。粗轧、中轧一般选用二辊水平轧机或平—立交替配置的二辊轧机，预精轧机组则多为悬臂式平—立轧机。高速线材轧机的精轧机组为悬臂式二辊轧机，相邻两架轧机的轧辊轴线呈90°交角。

粗轧机、中轧机等一般二辊水平或立式轧机的轧辊，其结构形式与小型轧机相同，为常见的普通型轧辊，预精轧机和精轧机的轧辊为碳化钨辊环。

3.7.1.1 粗、中轧机组轧辊选择

高速线材轧机的最高轧制速度一般要超过75m/s，引进国际先进水平轧机均达到100m/s以上，单线产能已经很高，因此近来所建的高速线材轧机多为两线或一线轧制，轧辊因轧制线数的减少，其辊身长度有缩短的趋势。粗轧机的辊身长度主要考虑轧机及导卫的安装。粗轧后几架轧机由于轧制力已较小，轧辊直径可取小一些，在保证轧机强度的前提下，轧辊直径小有利于减小轧制能耗和提高变形效率。

线材粗、中轧机轧辊材质选择与小型棒材轧机相近。粗轧机组通常由6架轧机组成，粗轧机组承担着开坯的任务，轧件断面大，负荷大，转速低，进入轧机钢坯温度高，因此要求轧辊具有较高的抗拉强度和良好的抗热裂性能。国内投产较早的线材粗轧机轧辊多数采用铸钢、无限冷硬铸铁、球墨无限冷硬铸铁等材质，随着我国轧钢技术装备水平的进步，目前连轧机组粗轧机轧辊大多采用珠光体球墨铸铁、石墨钢等材质，辊身硬度为HS50～60。

中轧机组承担着进一步延伸压下任务，轧制速度进一步提高，并为预精轧和精轧机提供精确的尺寸和优良的表面质量，要求轧辊具有一定的强度、较高的硬度、良好的耐磨性能和抗热裂性。中轧机组一般采用离心铸造的中镍铬钼无限冷硬轧辊，后几架轧机采用耐磨性更好的针状贝氏体轧辊。轧辊硬度一般为HS55～70。

国内典型的高线粗、中轧机轧辊参数见表3-9。

表3-9 典型高线粗、中轧机轧辊参数

厂家	坯料断面尺寸/mm×mm	轧辊尺寸/mm×mm	材 质	单槽过钢量/t
A	150×150	φ500×800	球墨铸铁	8000～12000
		φ400×650	球墨铸铁、冷硬铸铁	3000～4000
B	150×150	φ520×700	球墨铸铁	9000～12000
		φ450×650	球墨铸铁	2000～4000
C	150×150	φ550×800	球墨铸铁	6000～8000
		φ400×650	球墨铸铁、冷硬铸铁	3000～4000
D	150×150	φ550×800+φ450×700	球墨铸铁	6000～12000
		φ400×650	冷硬铸铁、针状贝氏体	2000～4000

3.7.1.2 预精轧机与高速区辊环

预精轧机组采用平—立交替二辊轧机或45°顶交悬臂式轧机，轧制速度较高，保证进

入精轧机的轧件尺寸精度，减少精轧轧制事故，提高成品线材尺寸精度，要求辊环具有优良的抗冲击性能、耐磨性能。因此，辊环材质大多采用碳化钨、高速钢等，因轧制断面和负荷比精轧机大，轧辊尺寸也比精轧机的轧辊尺寸要大些。根据轧制钢种和规格不同，一般选择碳化钨含量在70% ~80%的牌号。

精轧机组和减定径机均采用无扭悬臂式轧机，轧制速度高，要求轧件尺寸精度高，因此要求辊环具有高耐磨性能、良好韧性和抗热裂性能。根据轧制钢种和规格不同，一般选择碳化钨含量在80% ~85%的牌号。螺纹钢成品辊环一般选用碳化钨含量在75%的材质。

高速线材轧机高速区使用的轧辊材质为碳化钨辊环。碳化钨具有热传导性能良好，在高温下硬度下降少，耐热疲劳、耐磨性好，强度高等特点，这些是其他材质的轧辊所难以达到的。水质会对辊环的寿命造成很大影响，酸性水质会对硬质合金辊环产生腐蚀作用，加剧热裂纹的扩展，一种方法是在黏结剂中加入镍和铬合金，可大大改善硬质合金辊环的耐蚀性能，还可以在冷却水中加入药剂，保证水质为弱碱性。

3.7.2 轧辊和辊环的使用

轧制过程中，热轧件与轧槽表面接触，使轧辊表面温度升高，这部分金属要产生膨胀，而轧辊深层的金属由于温度升高不大，膨胀较小，就会对轧辊表面金属产生压应力；反之，当轧辊表层被冷却水急冷后，表层金属收缩，而深层的金属收缩不如表层金属大，就会对表层的金属产生一个拉应力，这种反复交变的热应力是造成轧辊产生热疲劳裂纹的根本原因。热疲劳处的金属易于剥落，将造成轧辊轧槽粗糙，同时热疲劳裂纹处又是一个应力集中区，是断辊的一个主要原因。因此，为防止热疲劳裂纹的产生和扩展，除选择好的轧辊材质外，还需要改善轧辊的冷却条件。

为减少疲劳产生的裂纹，必须用冷却水把轧辊从轧件处获得的热量带走，从而减小轧辊的温升，减少表层金属的热膨胀。当轧件与轧辊表面接触时，轧辊表层金属的温度可达500℃以上。冷却水喷到炽热的轧辊表面，会形成一层蒸汽膜，严重地影响冷却效果。研究表明，当冷却水的压力达0.4MPa以上时，蒸汽膜会被冲破，从而使冷却效果明显提高。在低速机架上轧辊冷却水压力不应选择太大，以防冷却水溅散而起不到冷却作用。在高速架次要保证足够的水量并保持水压。一般在高线轧机的高速区，冷却水的压力宜采用的范围为0.4 ~0.6MPa，在粗、中轧机组冷却水的压力不小于0.3MPa。

冷却水嘴的布置与冷却效果有很大的关系。为提高冷却效果，冷却水嘴应靠近轧辊出口表面处，此处的冷却水量应占总水量的30%。

轧辊和辊环在使用过程中应注意以下几个方面的问题：

（1）冷却水质和温度。冷却水应为弱碱性，pH值为7.5 ~9，温度不大于35℃。

（2）冷却水量、水压要求。冷却水量必须充足和稳定，对于高速区，每架轧机水压应在0.4 ~0.6MPa，水量应为500L/min，注意避免辊环表面过热，以及由于冷却水量不稳定造成的热冲击，保证供水在轧槽的分布均匀。

（3）进出口导卫要对中轧制线、轧槽，避免对辊环的不良冲击。

（4）避免轧件的黑头冲击。要保证轧件头尾部温度，将轧件黑头切净，轧件黑头冲击可能造成辊环掉块，缩短轧槽寿命。

（5）表面微裂纹。辊环在过钢量达到一定数量后产生表面微裂纹是正常的，关键在于通过控制轧制量将微裂纹控制在一定的程度内，确保下机后将微裂纹修磨干净。正常情况下，辊环的修磨量根据不同规格、架次和钢种来确定，一般修磨量在0.4～0.6mm，如果超吨位轧制，裂纹会加深，修磨量会骤然上升，辊环碎裂的风险大幅上升。因此，要严格控制轧制量。

（6）避免轧件表面产生大量的氧化铁皮，过多的氧化铁皮会导致轧槽表面磨损加剧，缩短轧槽寿命。

3.8 典型高线轧制工艺和操作

3.8.1 高线轧制工艺流程

典型高线轧制工艺流程如下：

钢坯→上料台架→称重、测长→加热炉加热→（高压水除鳞）→夹送辊夹送→1号卡断剪→粗轧机组轧制→1号飞剪→中轧机组轧制→2号飞剪→2号卡断剪→1号预精轧机组轧制→3号卡断剪→2号预精轧机组轧制→预水冷→夹送辊→3号飞剪→4号卡断剪→精轧机组轧制→精轧后水冷→5号卡断剪→减定径机组轧制→减定径机组后水冷→测径仪测径→夹送辊、吐丝机→斯太尔摩散卷冷却→集卷站→P&F运输线→检查、修剪、取样→打捆站→称重、挂标牌→卸卷→入库。

3.8.2 典型生产线工艺设备技术参数

3.8.2.1 高压水除鳞机

位置：靠近加热炉出口。

功能：除去加热坯表面的氧化铁皮，并对坯料起支撑和导向作用。

结构特点：除鳞机入口、出口各带一个传动的辊子，在入口有4个硬质合金清扫喷嘴（每面一个），每侧面各有两个硬质合金除鳞喷嘴（共8个），具有防水外溅装置，辊子单独传动，变频调速，可反转。第一辊至加热炉外壁距离大于800mm。

技术参数：

工作压力	12～25MPa；
流量	$30m^3/h$；
辊子规格	ϕ300mm×570mm；
辊子线速度	0.23～1.5m/s；
辊距	1500mm；
齿轮电机功率	2.4kW；
输出速度	96r/min；
润滑	集中干油润滑。

3.8.2.2 轧机

轧机主要工艺参数见表3-10。

表 3-10　轧机主要工艺参数

机　组	机　架	轧机规格	轧辊尺寸			主电机		
			ϕ_{max}/mm	ϕ_{min}/mm	L/mm	P_0/kW	n/r · min^{-1}	形式
粗轧机组（RM）	1H	ϕ550	610	520	800	500	700/1400	DC
	2V					500	700/1400	DC
	3H					650	700/1400	DC
	4V	ϕ450	495	430	700	500	700/1400	DC
	5H					650	700/1400	DC
	6V					650	700/1400	DC
中轧机组（IM）	7H	ϕ400	420	360	650	650	700/1400	DC
	8V					650	700/1400	DC
	9H					650	700/1400	DC
	10V					650	700/1400	DC
	11H					650	700/1400	DC
	12V					650	700/1400	DC
	13H					650	700/1400	DC
	14V					650	700/1400	DC
预精轧机组（PFM）	15 ~ 16	ϕ250	247.37	222.08	90	1100	650/1400	DC
	17 ~ 18					1100	650/1400	DC
无扭精轧机组（NTM）	19 ~ 26	ϕ230	228.34	205	71.7/57.3/44.5	5000	850/1570	AC
减定径机组（RSM）	27 ~ 28	ϕ230	228.34	205	71.7/57.3/44.5	3200	850/1700	AC
	29 ~ 30	ϕ150	156	142	70/57.3/44.5			

A　粗、中轧区设备特性

轧机形式：第 1、3、5、7、9、11、13 架为水平二辊闭口式机架，第 2、4、6、8、10、12、14 架为立式二辊上传动闭口式机架。

轧辊轴承：四列短圆柱和止推球轴承。

轧辊平衡：液压平衡，每架带 4 个换辊时用的垫块。

压下装置：牌坊内置式，由液压马达空载快速压下，手动离合器可实现单侧或双侧压下，并可手动调整，设有指针显示，液压系统带过载保护。轧辊轴向调整：下辊固定、上辊通过外置式连杆机构实现轴向调整和固定。机架横移与固定：水平轧机通过液压缸横移机架，使预定的轧槽中心与轧制线对中；通过电机减速机带动螺旋提升机，将立式轧机升降到所需位置，通过碟形弹簧夹紧将机架固定在底座上，机架横移时，液压打开。

换辊：水平轧机由横移缸将换辊车架及轧辊从机架中移出，实现换辊；立式轧机由液压缸将机架推出，由天车吊走轧辊；可整机架更换。

润滑：轧辊轴承座单机架集中干油润滑，其他为人工干油润滑，传动箱为稀油循环润滑。

万向接轴：可伸缩十字万向接轴，适应机架的横移。

接轴托架：水平轧机设有气缸控制的接轴托架，在换辊时支撑接轴，轧机工作时，打开托架，不接触万向接轴。立式轧机换辊时，由接轴托架托起万向接轴，正常工作时，托架打开，不接触万向接轴，各轧机均有零位停车功能。

B 预精轧机组（PFM）设备特性

轧机组成：由4架ϕ250mm预精轧机组成，其中包括一个固定在基础底板上的辊系，分为两组。

布置特点：V形布置，可使辊轴相对于水平轴来说向上倾斜45°，这样便于换辊操作。

辊箱装置：超重型轧机机架辊箱设有高负载能力的油膜轴承，用于径向支撑辊轴。

乱线保护：单丝线围绕于轧机周边，并在单丝线一旦被烧断的情况下，通过一个极限开关自动启动事故卡断程序。

相关技术参数与要求：

轧辊用冷却水的流量	1135L/min；
轧辊用冷却水的压力	0.3MPa；
辊箱能承受的最大轧制力	400kN；
电机功率	1100kW；
电机转速	650～1300r/min；
导卫	滚动导卫和滑动导卫。

C 无扭精轧机组（NTM）设备特性

轧机组成：一台8机架轧机，配有230mm超重型轧机辊箱。该轧机设备包括一台外部三级增速齿轮箱，设在轧机机组与一台马达之间；还设有一个乱线罩，确保无扭轧机操作人员的人身安全。

轧机布置：每组辊环的中心线都与轧制线呈45°倾斜布置。

堆钢保护：钓鱼线绕在辊环周围，当单丝线突然拉断时，极限开关动作自动启动卡断剪。

技术参数：

轧辊冷却水流量	4710L/min；
轧辊冷却水压力	0.55MPa；
最大轧制力	330kN；
电机功率	5000kW；
电机转速	850～1570r/min；
导卫	滚动导卫、滑动导卫、水冷导卫、空过管。

D 减定径机组（RSM）设备特性

轧机组成：一台2机架230mm减径机组和一台2机架150mm定径机组，各自固定在一基础底座上。4架轧机和一台主马达之间设有带离合器的外部传动箱，230mm和150mm机架各设有独立的乱线罩，以确保轧机操作人员安全。

轧机布置：V形布置，使辊轴向上伸出，与水平轴线成45°，便于换辊。

技术参数：

设计最高速度（新/旧辊）	120m/s；
保证轧制速度（新/旧辊）	112m/s；
轧辊冷却水流量	1590L/min；

轧辊冷却水压力　0.55MPa；
最大/最小辊环中心距　230mm 辊箱 234.0/205.0mm，150mm 辊箱 158.5/142.0mm；
最大轧制力　230mm 机架 330kN，150mm 机架 130kN；
空过槽口径　ϕ17.5/35mm；
电机功率　3200kW；
电机转速　850～1700r/min。

3.8.2.3　剪机

剪机设定参数见表 3-11。

表 3-11　剪机设定参数

飞剪号	切头超前量/%	切尾超前量/%	切头长度/mm	切尾长度/mm	碎断长度/mm
1 号	25	-20	100～200	100～200	1200±100
2 号	18	-12	100～300	100～200	400±50
3 号	15	-5	500～800		

注：根据坯料情况及切口形状，设定参数可作适当调整。碎断剪设定基准，超前量为 15%，超前量视具体情况可作适当调整。

A　1 号飞剪设备参数

位置：6 号轧机与 7 号轧机之间。

功能：正常轧制时对轧件切头和切尾；事故时碎断轧件。

形式：曲柄式。

工作制度：启停工作制。

技术参数：

最大剪切断面面积　5000mm^2；
最大剪切力　700kN；
最低剪切温度　850℃；
剪切速度　0.4～1.48m/s；
切头公差　±20mm；
碎断长度　1480mm。

B　2 号飞剪设备参数

位置：12 号轧机与 13 号轧机之间。

功能：正常轧制时对轧件切头和切尾；事故时碎断轧件。

形式：回转式。

工作制度：启停工作制。

技术参数：

最大剪切断面面积　1240mm^2；
最大剪切力　140kN；
最低剪切温度　850℃；
剪切速度　1.8～7.4m/s；
切头公差　±20mm；

碎断长度　　　　740mm。

C　3号飞剪设备参数

位置：NTM 前。

功能：正常轧制时对轧件切头。

形式：回转式。

工作制度：启停工作制。

技术参数：

最大剪切断面面积　　$480mm^2$；
最低剪切温度　　800℃；
剪切速度　　11.3m/s；
切头公差　　±20mm。

3.8.2.4　吐丝机

功能：将高速运行的直线形线材转变成受控的预定圈径的线环，并将这些线环布放到斯太尔摩运输线上。

技术参数：

倾斜角度　　20°；
产品范围　　φ5.5～20mm；
保证速度　　112m/s；
操作速度能力　　120m/s；
设备设计最大速度　　150m/s；
吐丝温度　　根据不同钢种和规格可以低至600℃；
平均线环直径　　1070mm；
吐丝管长/线环直径比　　1.85；
吐丝管规格　　φ48.3mm（外径）×φ34.0mm（内径）；
吐丝管材料　　ASTM A335 P5 级或同等材质；
振动检测参数（峰值到峰值）　　0.1mm 报警/0.15mm 关机。

3.8.2.5　控冷设备

A　控冷水系统设备性能

冷却水是用来散热的，例如对轧机轧辊和轧件冷却。冷却水通过冲渣沟返回到氧化铁皮沉淀池，最终到达水处理站进行处理并可重新使用。每台设备最大流量时要求的最高水温为35℃。冷却水设备参数见表3-12。

表3-12　冷却水设备参数

项　目	流量/$L \cdot min^{-1}$	压力/MPa	水　源
NTM 前的水箱-40mm 喷嘴			
冷却喷嘴	3907	0.3	LP
清扫喷嘴	1085	0.7	LP
喷嘴冷却	200	0.3	LP
NTM 后的水箱 1A-40mm 喷嘴			
冷却喷嘴	4471	0.2	LP

续表 3-12

项　　目	流量/L · min^{-1}	压力/MPa	水　源
清扫喷嘴	0	0.7	HP
喷嘴冷却	150	0.2	LP
NTM 后的水箱 IB-40mm 喷嘴			
冷却喷嘴	2537	0.2	LP
清扫喷嘴	1085	0.7	HP
喷嘴冷却	150	0.2	LP
减定径机组	1590	0.55	HP
RSM 后的水箱-30mm 喷嘴			
冷却喷嘴	2538	0.2	LP
清扫喷嘴	814	0.7	HP
喷嘴冷却	150	0.2	LP
探伤仪	4	0.3	LP
RSM 后的水箱-30mm 喷嘴			
冷却喷嘴	2538	0.2	LP
清扫喷嘴	814	0.7	HP
喷嘴冷却	150	0.2	LP
测径仪	80	0.3	LP
卧式吐丝机前的夹送辊	100	0.3	LP
吐丝机	100	0.3	LP

注：1. HP 为 0.85MPa 供水源，LP 为 0.65MPa 供水源。
2. 上述所列压力是使用点所要求的压力。
3. 表中所列数据不能用于合计轧机的最大耗水量，在计算耗水量时需用水箱的合理流量。

B　风冷系统（斯太尔摩运输机）设备性能

功能：将相互搭叠布放的线圈从吐丝机运送到集卷站，用于生产具有最佳金相组织和力学性能的不同钢种产品。

冷却形式：标准冷却和延迟冷却。

控制方法：由轧机主控制室操作人员手动设置运输机速度和风机控制。

技术参数：

主段数	10 段；
主段长	9.2m；
加盖段	1 ~ 9 段；
保温盖总数	18 个；
保温盖长（每块）	4.6m；
“佳灵”冷却段数量	6 段（1 ~ 6 段）；
每个“佳灵”冷却段风机数	2 台（共 12 台）；

附加冷却段数量　　2 段（7 段和 10 段）；
每个附加段风机台数　　1 台（共 2 台）；
每台冷却风机风量　　154000m^3/h；
冷却风机静压　　3kPa；
运输机速度　　标准冷却 35～100m/min，延迟冷却 6～20m/min；
冷却速度　　标准冷却 6～17℃/s，延迟冷却 0.3～1.4℃/s。

3.8.3　工艺操作制度

（1）除鳞原则：对于钢坯表面要求，根据除鳞效果及成品表面质量灵活调整压力，除鳞机水压调整范围：12～25MPa。

（2）保温罩使用原则：为减少坯料热量损失，保证开轧温度，没有特殊原因保温罩一定处于闭合状态。

（3）钢坯剔除原则：事故卡断后坯料长度小于 5.75m，以及非正常生产状态下如弯钢、黑钢等情况下需将钢坯剔除。

（4）料型尺寸控制要求：正确设置辊缝，合理控制料型，根据成品尺寸精度要求及时调整辊缝或张力。粗、中轧料型控制和高速区辊缝参数见表 3-13 和表 3-14。

表 3-13　粗、中轧料型控制表（mm）

机架	孔型	圆钢 $5.5 \leq d < 14$		圆钢 $14 \leq d < 16$		圆钢 $16 \leq d < 18$		圆钢 $18 \leq d \leq 20$		螺纹钢 $6 \leq d \leq 16$	
		轧件高度	轧件宽度	轧件高度	轧件宽度	轧件高度	轧件宽度	轧件高度	轧件宽度	轧件高度	轧件宽度
1	平箱	111.5	160	111.5	160	111.5	160	111.5	160	111.5	160
2	立箱	120	120	120	120	120	120	120	120	120	120
3	椭圆	79.5	152	79.5	152	79.5	152	79.5	152	79.5	152
4	圆	97	97	97	97	97	97	97	97	97	97
5	椭圆	57	116	57	116	57	116	57	116	57	116
6	圆	72.5	72.5	72.5	72.5	72.5	72.5	72.5	72.5	72.5	72.5
7	椭圆	42.5	83	42.5	83	42.5	83	42.5	83	43	81
8	圆	54	54	54	54	54	54	54	54	54.5	54.5
9	椭圆	32	62	32.5	61	32.5	61	32.5	61	33	62
10	圆	41.5	41.5	42	42	42	42	42	42	43	43
11	椭圆	25.5	48	26	47	25.5	48	26	47	28	41
12	圆	32	32	33	33	32.5	32.5	33	33	34	34
13	椭圆	20	42	22	39	21	40	21.5	39.5	24	42
14	圆	25.5	25.5	27	27	26	26	26.5	26.5	28	28

表 3-14　高速区辊缝参数表（mm）

线材种类	规格	15	16	17	18	PFM	19	20	21	22	23	24	NTM	27	28	29	30
		辊缝	辊缝	辊缝	辊缝	料型	辊缝	辊缝	辊缝	辊缝	辊缝	辊缝	料型	辊缝	辊缝	辊缝	辊缝
圆　钢	ϕ6.5	3.5	2	3	1.95	ϕ16.67	1.55	1.35	1.55	1.45	1.3	1.35	ϕ8.95	1.45	1.3	1.38	1.32
	ϕ8	3.5	2	3	1.95	ϕ16.67	1.45	1.35	1.5	1.35			ϕ10.85	1.4	1.3	1.4	1.3
	ϕ10	3.9	2.1	3.5	2.3	ϕ16.95	1.65	1.4					ϕ14.1	1.65	1.4	1.65	1.4
	ϕ12	3.9	2.1	3.5	2.3	ϕ16.95								1.65	1.4	1.65	1.45
	ϕ12.5	4	2.1	3.8	2.45	ϕ17.1								1.55	1.4	1.45	1.3
	ϕ14	4.5	2.6	4.3	2.5	ϕ17.4								1.9	1.5	1.6	1.45
	ϕ16	3.9	2.2			ϕ21								1.5	1.4	1.75	1.55
	ϕ20													1.25	1.25	1.4	1.3
螺纹钢	Rb8	3.45	2.4	2.3	2.45	ϕ17.95	1.8	1.55	0.95	1.2	0.8	1.15	ϕ9.8	1.1	1.55		
	Rb10	3.45	2.4	2.3	2.45	ϕ17.95	1.6	1.55	0.95	1.3			ϕ11.95	1.15	1.5		

（5）速度设定：正常轧制条件下，严格执行轧制程序表成品速度设定，特殊情况下经主管批准速度可下浮10%，轧制速度变化后，斯太尔摩各段速度应做相应调整；各道次轧制速度应随辊缝值变化而变化，主控台操作工应根据堆拉钢情况及时进行调整。

（6）轧制温度控制：严格控制不同钢种的开轧温度，不轧黑头钢（参见表3-15）。

（7）成品表面质量控制：热检工必须逐卷检查钢材表面质量，发现问题及时把信息反馈到各岗位操作工，各岗位操作工应采取相应措施消除表面缺陷的产生。对表面质量的要求执行相关产品控制标准。

（8）夹送辊设定要求：按轧制设定表正确设定夹送辊张力、压力、辊缝，根据产品规格选择合适的夹送速度和夹送模式。轧制螺纹钢时，根据规格和实际情况可采用头部夹送、头尾夹送和全程夹送模式。

夹送速度控制方法如下：

1）尾部降速：使用范围为ϕ5.5～16mm（不包括ϕ16mm），降速范围为0%～10%；

2）尾部升速：适用范围为ϕ16～20mm，升速范围为0%～90%；

3）超前速度调节：调节范围为0%～10%，常用范围为3.5%～5%。

（9）吐丝机设定标准：

1）头部定位：头部定位精确度为±60°（最大），头部定位角度可及时调整，确保盘卷头部顺利落入集卷筒；

2）速度摆动：摆动范围为+10%～-5%，一次最小调节量为0.1%，作用是使线圈直径变化，从而使集卷后线卷高度较小，主要用于ϕ12mm以上大规格线材；

3）尾部升速：使用范围为ϕ16～20mm，升速范围为0%～90%。

（10）斯太尔摩运输机速度：运输不同产品规格时运输机的辊道速度不同。终轧速度改变时，可根据情况适当调整各段的辊道速度。

（11）控冷工艺水冷要求：为保证轧制顺利，线材进入水箱头部不进行冷却，未穿水段长度可根据轧件断面设定，一般为轧件出水箱即可，断面直径不大于8mm，可适当加长。一般线材出水时，表面温度不得低于500℃，特殊钢种按相关技术操作要点进行控制。

（12）风冷系统：冷却速度，标准冷却为6～17℃/s，延迟冷却为0.3～1.4℃/s。冷却要求调节好“佳灵”装置挡板，确保气流合理分配到运输机的中心和边缘。

（13）导卫更换标准：当导卫出现异常时，如导辊轴承转动不灵活、导辊不均匀磨损严重、导辊爆裂、插入件起皮或有其他影响产品质量的缺陷无法处理时，应提前更换相关部件。当发现喷嘴、导槽掉肉时应立即更换。

（14）轧槽更换标准：轧槽不均匀磨损严重、轧槽出现严重裂纹、轧制到规定吨位、轧槽掉肉时应立即更换。

3.8.4　轧制工艺调整

3.8.4.1　轧制工艺参数

轧制工艺参数是轧制工艺制度（包括变形制度、速度制度、温度制度）所规定了的生产过程参数，如变形量、变形道次、轧制速度、开轧温度、终轧温度等。

对于高速线材轧机来说，轧制工艺参数的确定主要依据孔型设计、速度锥设计、控轧控冷设计等，一旦完成设计，编制好轧制程序表，轧制工艺参数就基本确定下来了。轧制工艺参数的确定能有力地指导操作与调整，保证生产顺行，得到外形尺寸精度高及内部组织性能优良的优质产品。螺纹钢的典型控轧控冷工艺参数如表3-15所示。

3.8.4.2　轧机调整

高速线材轧机的调整是线材生产过程中的一项重要工作，包括轧机轴向及水平调整、导卫对中调整、生产过程中轧件外形尺寸调整、张力调整等，调整水平的高低直接关系到生产效率的高低、产品质量的好坏。

A　粗、中轧机的水平调整

对于非对称调整轧机，换新辊时辊径发生变化，为保持轧制线不变，配辊时必须加垫板来调整。垫板厚度能通过计算获得，这项工作在轧辊准备间完成，在线无法调整。

B　中轧机的轴向调整

轴向调整的目的是消除错辊现象，孔型的错位可使轧件产生弯曲、扭转，严重时出现耳子，造成轧槽磨损不均，轧制不稳定，甚至可导致机架间堆钢事故和成品折叠质量事故，所以调整工必须在安装前或是调整时进行检查确认。

检查的方法有：用内卡钳测量孔型两对角线是否相等，也可用上下轧辊压靠肉眼观察是否错位，比较准确的方法是用样棒或用光学对中仪来进行测量。对于经验丰富的粗、中轧机调整工大多是用肉眼观察判断，因为有时轧辊压靠需要拆卸进出口导卫，操作起来比较麻烦。

C　辊缝的设定与调整

辊缝是轧制的重要工艺参数之一，它的设定与调整直接关系到轧件的运行状态及成品质量的好坏。辊缝的设定一般是在换槽、换辊使用新孔时进行，调整主要是在生产过程中轧槽磨损或料型变化后进行辊缝修正。标准辊缝是由孔型设计时设定的，实际辊缝要考虑轧制力、轧机弹跳、轧辊旋转的离心力、油膜轴承的油膜压力等因素的影响。因此，实际设定辊缝是工程技术人员给出的经验数据，经过实践验证并修正后应作为设定辊缝的标准。

表 3-15　HRB400 钢筋混凝土用热轧带肋钢筋（螺纹钢）盘条控轧控冷工艺参数

产品用途	供建筑用			用户要求	通条性能好	
供货标准	GB1499	标准要求性能	标准代号	σ_s/MPa	σ_b/MPa	δ_5/%	备　注
生产控制标准	Q/AGJ（N）01.007—2004		GB 1499	≥400	≥570	≥14	也可按用户要求签订技术协议供货

控轧控冷操作要点：

产品规格/mm	加热段温度/℃		均热段温度/℃		开轧温度/℃	高压水除鳞		精轧入口温度/℃	减定径入口温度/℃	吐丝温度/℃
	热　装	冷　装	热　装	冷　装		on/off	水　压			
6		≤1010		≤1090	940 ± 20	on	视实际情况进行调整	905 ± 15	870 ± 15	870 ± 10
8		≤1030		≤1090	940 ± 20	on		905 ± 15	870 ± 15	870 ± 10
10		≤1030		≤1090	940 ± 20	on		905 ± 15	870 ± 15	870 ± 10
12		≤1030		≤1090	940 ± 20	on		905 ± 15	870 ± 15	870 ± 10

斯太尔摩线冷却方式：延迟冷却，保温罩全开

产品规格/mm	终轧速度/m·s^{-1}	入口段速度/m·s^{-1}	1		2		3		4		5	
			速度/m·min^{-1}	风量	速度/m·min^{-1}	风量	速度/m·min^{-1}	风量	速度/m·min^{-1}	风量	速度/m·min^{-1}	风量
6	85	18	19.4	off	20.4	off	21.4	off	22.5	off	23.6	off
8	85.7	20	21.6	off	22.7	off	23.8	off	25	off	26.3	off
10	54.8	20	21.6	off	22.7	off	23.8	off	25	off	26.3	off
12	38.1	20	21.6	off	22.7	off	23.8	off	25	off	26.3	off

产品规格/mm	6		7		8	9	10		出口段速度/m·s^{-1}
	速度/m·min^{-1}	风量	速度/m·min^{-1}	风量	速度/m·min^{-1}	速度/m·min^{-1}	速度/m·min^{-1}	风量	
6	24.8	off	26.1	off	27.6	30.4	33.4	off	37
8	27.6	off	28.9	off	30.7	33.8	37.1	off	41
10	27.6	off	28.9	off	30.7	33.8	37.1	off	41
12	27.6	off	28.9	off	30.7	33.8	37.1	off	41

备　注：视生产实际情况可做适量调整

粗、中轧机组孔型断面较大，一般设定辊缝是用卡钳测量孔型高度来确定的，同时注意轧辊传动侧与工作侧辊缝必须调整一致，生产过程中可用压铝丝的办法判断辊缝的大小。调整辊缝一般由液压马达驱动压下机构来完成。

预精轧、精轧机组孔型断面较小，控制精度要求较高，一般采用悬臂式轧辊、对称式压下调整机构、油膜轧辊轴承。辊箱装配和辊缝调整机构见图 3-17。为保证数据的一致性，一般采用直径相同的铝丝测量工作侧的辊缝。流行的摩根型轧机采用偏心套式辊缝调整机构来实现辊缝调整。

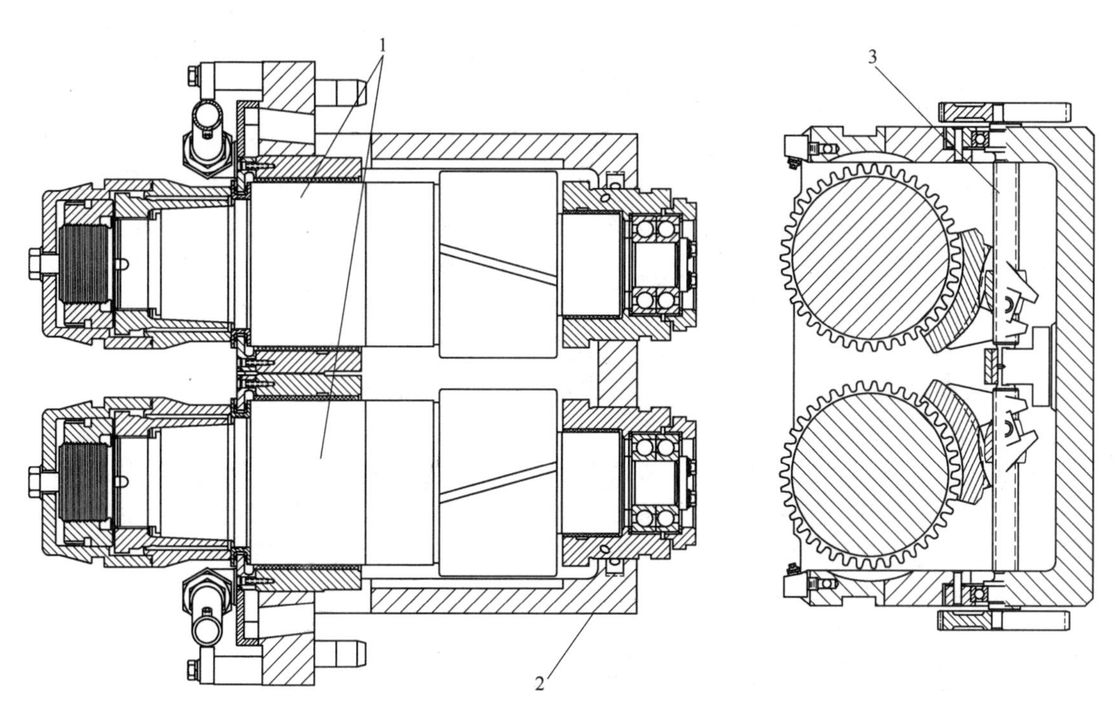

图 3-17 高速区轧机辊箱装配和辊缝调整机构

1—辊轴；2—辊箱；3—调整螺丝

3.8.4.3 中间料尺寸检查与控制偏差

高速线材轧机成品外形尺寸允许偏差控制标准为：热轧光圆盘条执行 GB/T 14981—2004、带肋钢筋盘条执行 GB 1499—1998。成品控制精度较高是高线产品的特点之一，精轧消差能力在 50% 左右，因而对中间料型尺寸控制要求较高，同时这也是轧制稳定性所要求的。一般粗轧料型控制偏差不大于 ±1mm，中轧料型控制偏差不大于 ±0.5mm，预精轧料型控制偏差不大于 ±0.3mm。

轧件检查包括外形、尺寸（高度、宽度）的检查。外形检查主要是检查断面的形状、轧槽充满度情况。对非正确轧件外形，及时检查导卫、轧辊运行情况，查明原因，及时调整，防止辊错、导辊倒钢、张力不适造成轧制事故。粗、中轧轧件断面较大，易于观察和直接测量，可以用外卡钳卡量或烧木印来判断；高速区速度快，轧件小，而且是集体传动，机组封闭，机组内机架间轧件无法测量，一般采用测径仪对机组来料断面进行监控，另外高速区飞剪样也能判断头部外形尺寸情况。料型高度检查用于判断轧槽磨损、辊缝变化情况；宽度检查主要用于判断宽展情况。料型尺寸变化与钢种、变形条件、张力等因素有关，要做到勤观察、勤测量、勤调整，调整时注意均衡收放料，保证机组来料尺寸精度。高速区还要注意机组内除入口、出口机架外机架间辊缝不要轻易调整，否则可能出现轧制事故或质量事故。检查方法同轧件外形检查，有人工测量、测径仪测量等。另外，还应注意同支钢头、中、尾尺寸变化情况。

3.8.4.4 导卫的对中与调整

导卫在轧线标高方向上必须找正，对中轧槽，否则可能造成轧件不能正确进入孔型而发生堆钢事故。导卫横梁或底座是导卫对中的关键，因为导卫固定在它们上面，因此首先导卫横梁标高必须正确，在孔型高度方向上必须准确定位，防止轧件跑偏、弯头；其次导卫在底座左右定位，底座不得变形。轧件的“扎头”或“抬头”就是导卫中心线与轧制线标高不一致造成的。轧件向下扎头是由于进口导卫过高，轧件向上抬头是由于进口导卫过低，轧件“扎头”或“抬头”严重时可能将出口导卫顶出或不能准确进入下一架轧机而堆钢。导卫与轧制线的对中方法，可采用光源对中或拉线绳对中，但必须选好基准点，这一般是在检修时间较长的情况下进行，因为整机组标高、左右调整一般比较费时，一般换槽换辊更关注的是导卫与孔型的对中。滑动、滚动导卫安装，首先必须保证固定底座不变形，其次磨损到一定程度时必须及时更换，精确对中，可以采用便携式光学对中仪对中，当然滚动导卫装置一般在导卫间用台式光学对中仪调整好后才上线使用。

3.8.4.5 张力的设定与调整

高速线材轧机同其他连轧机一样遵循金属秒流量相等原理进行连续轧制，轧制条件的变化会引起金属秒流量的变化，从而造成连轧关系的破坏，可能造成轧制事故发生。因此，张力的设定与调整是轧制过程中尤为重要的，一方面要保证尺寸精度控制，另一方面要防止堆钢事故发生。

张力大小的判断方法有：

(1) 观察法。观察轧件宽度变化情况，宽度变化越大，张力越大。

(2) 敲击法。用铁棒等工具敲击或挑动轧件，机架间轧件拉得越紧，张力越大。

(3) 电流或力矩法。机架在自由轧制下与连轧后的电流或力矩的比较来判断张力大小，比值越大，张力越大。

高速线材轧机生产采用微张力控制和活套调节控制，尽可能减小张力对轧件精度的影响，以此来保证高速轧制条件的实现。微张力控制一般张力控制在 $5N/mm^2$ 以下，可以在主控台人工设定张力值。粗、中轧尺寸精度对成品精度控制影响较大，因此在工艺设计上粗、中轧机组采用单独传动，灵活调整轧机速度，实现微张力或无张力控制。预精轧、精轧或减定径机组为保证高速轧制的稳定性机组间采用微张力控制。调张力主要是通过调节轧机转速实现的，对于单线轧机级联调速一般采用逆调，选定基准机架，上游机架通过主控台自动或手动控制实现速度设定与调整。不过值得注意的是，调整张力之前，必须保证料型高度满足要求，切不可调辊缝与调速同时进行。

3.9 控轧控冷

3.9.1 控轧控冷工艺原理

控制轧制是通过控制加热温度、轧制温度、变形制度等工艺参数，控制奥氏体状态和相变产物的组织状态，从而达到控制钢材组织性能的目的。控制冷却是利用热轧后的轧件余热，以一定手段控制热轧钢材轧后冷却速度来控制相变，从而获得人们所需的组织和性能的冷却方法。二者合起来简称控轧控冷，也叫热机械控制工艺（TMCP）。20 世纪 70 年代 TMCP 技术得到了深入系统的研究，现已广泛应用。它综合了多种强化机制工艺技术，如细晶强化、固溶强化、析出强化、相变强化等。

细晶强化是工程结构用钢最主要的强化方式之一，也是唯一能同时提高钢的强度和韧性的强化机制。屈服强度与铁素体晶粒尺寸之间的关系符合 Hall-Petch 公式：$\sigma_s = \sigma_0 + kd^{-1/2}$；冷脆转变温度 T_c 与晶粒尺寸之间的关系符合公式：$T_c = a - bd^{-1/2}$。这是因为经过控制轧制细化奥氏体晶粒或增多变形奥氏体晶粒内部的滑移带，即增加有效晶界面积，为相变时铁素体形核提供了更多、更分散的形核位置，从而得到细小分散的铁素体和珠光体或贝氏体组织。

所有钢几乎均有固溶强化机制，元素的溶解、析出与加热、轧制、控冷工艺相关。20 世纪 70 年代微合金技术与 TMCP 技术相结合，促进了低合金高强度钢的发展。微合金元素如铌、钒、钛的加入，能起到碳氮化物的弥散析出强化和阻止晶粒长大细晶强化作用，通过控制奥氏体状态，选取不同的变形制度和冷却工艺，得到强韧化组织，改善钢材工艺性能。

控制轧制工艺在提高钢材强度的同时提高钢材的低温韧性，其中可以充分发挥微合金元素如铌、钒、钛的作用，其类型与特点如下：

（1）奥氏体再结晶型：也叫Ⅰ型控轧，其主要是通过对加热粗化的奥氏体晶粒反复进行轧制与再结晶使之细化，从而在相变时得到细小的铁素体晶粒。相变前奥氏体晶粒越细，相变后的铁素体晶粒也越细。控制上往往采取在保证变形温度的前提下，采用较低的加热温度或加入阻止加热过程中奥氏体晶粒长大的微合金元素的办法控制原始奥氏体晶粒度。在变形时必须达到再结晶的临界变形量，临界变形量与钢的奥氏体成分和变形条件（变形温度、变形速度）有关，再结晶晶粒的大小取决于变形量的大小。

（2）奥氏体未再结晶型：也叫Ⅱ型控轧。在一定温度下，当奥氏体变形量小于再结晶临界变形量时，变形量再大也不发生再结晶，奥氏体再结晶临界变形量对应的温度至奥氏体相变点区域段变形，属于奥氏体未再结晶轧制，轧制过程中，奥氏体晶粒沿轧制方向伸长，晶界面积增加，使铁素体形核密度增加，同时更主要的是晶内变形带增加，分割了奥氏体晶粒，从而增加了晶界面积，最终转变时因形核点的增加而使晶粒细化。与再结晶相比，由于有效及单位有效晶界面积的形核率增加，转变后的铁素体晶粒更细小，并且随变形量的增加，转变后的铁素体数量增加，珠光体量减少。

（3）两相区轧制：指在奥氏体和铁素体两相区变形。在两相区轧制时，变形奥氏体如奥氏体未再结晶中变形一样，优先在变形带和晶界上形核，转变成细小等轴铁素体晶粒。相变的铁素体晶粒变形时拉长，晶内形成亚晶和位错。同时低温区变形促进了微合金化钢中碳氮化物的析出。显然两相区轧制，因加工硬化、析出强化和亚结构存在而获得很高的强度和低的脆性转变温度，不过织构的存在，影响强度方向性和冲击韧性。

热轧后控制冷却工艺包括三个不同的冷却阶段，一般把从终轧温度开始到奥氏体向铁素体开始转变温度 A_{r3} 的冷却称为一次冷却，把随后至奥氏体相变完成的整个过程的冷却称为二次冷却，把奥氏体相变完了至室温的冷却称为三次冷却（空冷）。三个冷却阶段的目的和要求是不同的。

一次冷却的目的是控制热变形后的奥氏体状态，阻止奥氏体晶粒长大，固定由于变形而引起的位错，加大过冷度，降低相变温度，为相变做组织上的准备。相变前的组织状态直接影响相变机制和相变产物的形态、大小和钢材性能。一次冷却的开始快冷温度越接近终轧温度，细化奥氏体效果越好。

二次冷却在相变过程中控制相变冷却开始温度、冷却速度和停止温度等参数，以保证得到所需金相组织与钢材性能。不同钢种根据组织性能的要求选择不同的冷却速度。低碳钢、低合金钢、微合金钢轧后快冷，可以得到细铁素体和细珠光体及弥散的碳化物；高碳钢、高碳合金钢轧后快冷，能减小珠光体片层间距；冷镦钢、轴承钢缓冷，等温转变可以得到变态珠光体、球状或半球状碳化物，节约用户热处理球化退火时间。

三次冷却或空冷，相变结束后采用空冷，固溶在铁素体中的过饱和碳化物随温度降低在不断弥散析出，使其沉淀强化。

3.9.2 高线控轧控冷工艺

自从20世纪60年代高速线材轧机诞生以来，线材生产技术得到了飞速发展，这得益于冶金技术、电传电控技术、机械制造技术的进步与发展，更重要的是得益于控轧控冷技术的应用与不断完善。

高线控制轧制技术的目的是减少脱碳，控制晶粒尺寸，控制显微组织与性能，控制氧化铁皮，简约或取消热处理。控制上一般采用两段或三段变形制度，由于高线孔型系统一定，因此变形量调整不大，主要靠温度控制来改善变形奥氏体的组织状态，提高钢材性能，在设计上采用低温开轧、精轧前后水箱水冷来实现。一般粗轧在奥氏体再结晶区变形细化晶粒，中轧或精轧在950℃以下轧制，在 γ 相未再结晶区变形；或中轧在950℃以 γ 相未再结晶区变形，精轧在 A_{r3} 与 A_{r1} 两相区轧制。

高线控制轧制技术的目的是得到所要求的产品组织与性能，使其性能均匀和减少二次氧化铁皮量，防止二次脱碳。不同产品因钢种、成分及最终用途的不同要求不同的冷却速度，以此来控制转变时间、相变组织状态。冷却方法主要有两种类型：一类是采用水冷＋运输机散卷风冷（或空冷），典型工艺有斯太尔摩冷却工艺、阿希洛冷却工艺、施罗曼冷却工艺、达涅利冷却工艺等；另一类是水冷＋其他介质或其他布卷方式冷却，如ED法、EDC法、流态床KP法、DP法等。

3.9.2.1 螺纹钢盘条的控轧控冷工艺设计与应用

在高速线材轧机上生产螺纹钢盘条，在化学成分上国内主要采用微合金化与控轧控冷相结合技术，牌号以HRB400为主，少量采用超细晶控轧控冷技术生产，低碳钢超细晶生产还处于试验阶段，在规格上主要是细直径钢筋，用做钢筋混凝土的配筋，其生产执行标准为GB 1499，标准规定的化学成分、力学性能见表3-16和表3-17。实际控制的化学成分见表3-18。

表 3-16 热轧带肋钢筋的化学成分

牌 号	化学成分（质量分数）/%					
	C	Si	Mn	P	S	C_{eq}
HRB335	≤0.25	≤0.80	≤1.60	≤0.045	≤0.045	≤0.52
HRB400	≤0.25	≤0.80	≤1.60	≤0.045	≤0.045	≤0.54
HRB500	≤0.25	≤0.80	≤1.60	≤0.045	≤0.045	≤0.55

表 3-17 热轧带肋钢筋的力学性能

牌 号	σ_s（或 $\sigma_{P0.2}$）/MPa	σ_b/MPa	δ_5/%
HRB335	≥335	≥460	≥16
HRB400	≥400	≥590	≥14
HRB500	≥500	≥630	≥12

表 3-18 HRB400 热轧带肋钢筋微合金化的参考化学成分

钢 号	化学成分（质量分数）/%							
	C	Si	Mn	V	Nb	Ti	P	S
20MnSiV	0.17～0.25	0.2～0.8	1.2～1.6	0.04～0.12			≤0.45	≤0.45
20MnSiNb	0.17～0.25	0.2～0.8	1.2～1.6		0.02～0.04		≤0.45	≤0.45
20MnTi	0.17～0.25	0.17～0.37	1.2～1.6			0.02～0.05	≤0.45	≤0.45

目前 HRB400 盘条的微合金化方案主要有 4 种：钒、钒-氮、铌、钛微合金化，其他微合金化或复合微合金化方案较少见。GB1499 附录 B 提供的参考化学成分见表 3-18。

钒、铌、钛是地球上最常见的元素，地壳丰度分别为 0.0136%、0.0024%、0.623%。钒资源集中分布于南非、俄罗斯、芬兰、美国、中国和澳大利亚，我国主要钒资源分布在四川攀枝花和河北承德，是世界第三大产钒国。铌资源主要在巴西，我国的铌资源主要在包头，但品位低，属于共生矿，提炼困难。钛矿主要集中在加拿大、挪威、南非、美国，我国主要分布在四川攀枝花。

在 HRB400 盘条生产中，钒、钒-氮、铌、钛微合金化成分在 20MnSi 基础上分别增加 0.04%～0.12% V、0.02%～0.04% Nb、0.02%～0.05% Ti，强化机制主要为析出强化和细晶强化。冶炼上，钒微合金化时采用钒铁（如 80% FeV）或钒氮合金（如 VN12），氮能增添钒的强化效果；铌微合金化时不必增氮，钢水中的氮能满足铌碳氮化物要求；钛微合金化对冶炼、连铸工艺要求较高，钛比较活泼，易氧化，水口结瘤，夹杂物增多，收得率低，在实际生产中采用钛微合金化较少。

3.9.2.2 微合金元素化合物的溶解与析出

A 钒、铌微合金化合物的溶解

在钢中碳氮化物的溶解积常采用如下公式计算：

$$\lg([V][N])_\gamma = 3.63 - 8700/T \tag{3-11}$$

$$\lg([V][C])_\gamma = 6.72 - 9500/T \tag{3-12}$$

$$\lg([Nb][C])_\gamma = 2.96 - 7150/T \tag{3-13}$$

$$\lg([Nb][N])_{\gamma} = 2.80 - 8500/T \tag{3-14}$$

式中，等号左边为钢种碳氮化合物的溶解积；T 为钢的温度。

以上公式对钢奥氏体化温度的选择具有指导作用，加热温度控制的关键是保证微合金化元素的相当数量溶解，考虑原始奥氏体晶粒度的大小。

钒钢、铌钢的奥氏体粗化温度随合金量的增加而提高，含量达到 0.16% 时趋于稳定不再提高，粗化温度分别为 1050℃、1180℃。根据溶解积公式计算，HRB400 盘条钒钢一般在 900℃时碳化物能全部溶解，铌钢一般在 1150℃时碳化物能全部溶解。

B 钢筋中钒、铌碳氮化合物的析出

钢筋中钒、铌碳氮化合物的析出与其本身浓度及其在钢中的溶解度有关，还与加热温度、变形条件、轧后冷却及其他成分影响等工艺条件有关。其析出形式有三种：一是奥氏体中析出，二是铁素体中析出，三是 γ—α 相变时相界上相间析出。在奥氏体中析出的钒、铌碳氮化合物对控制形变再结晶、再结晶晶粒长大有重要作用，通过控制析出过程可有效地控制奥氏体形变再结晶，防止再结晶晶粒长大，从而在 γ—α 相变时提高形核率，得到细小铁素体晶粒。在铁素体中位错或基体上析出及相间析出的钒、铌碳氮化合物，能防止铁素体晶粒长大，细化晶粒，使铁素体强化。

钒、铌碳氮化合物在铁素体中的平衡固溶积非常小，在 γ—α 相变时碳氮化合物析出，控制轧后冷却速度对其析出的大小、数量、形态尤为重要。一般采取以一定冷速冷到 600℃，得到细小的碳氮化合物颗粒，然后缓冷，促使碳氮化合物在低温下进一步析出。

3.9.2.3 钒、铌微合金元素在钢筋控轧控冷中的作用

HRB400 盘条的组织是铁素体 + 珠光体，钒、铌微合金元素在控轧控冷中的作用主要有：(1) 加热时抑制奥氏体晶粒长大；(2) 变形时抑制奥氏体再结晶；(3) 相变时使铁素体晶粒细化；(4) 相间或铁素体基体析出强化。

钒的溶解度较大，热变形时一般处于固溶状态，对再结晶过程抑制较小，它的主要作用是奥氏体向铁素体转变时相间或铁素体基体析出强化，细晶强化作用较小，但是氮的加入，在奥氏体中 VN 的溶解度与 NbC 相当，变形时诱导析出的 VN 能抑制奥氏体再结晶和阻止晶粒长大。

铌的最突出的作用是抑制高温变形的再结晶，扩大了再结晶温度范围，微量的铌能起到显著的细晶强化效果和中等的析出强化效果。在非再结晶区累计变形能诱导相变获得超细铁素体晶粒。

3.9.2.4 微合金化在钢筋控轧控冷中的应用（以铌微合金化 HRB400 为例）

A 生产设备

加热炉：步进梁式，燃料为高炉、焦炉混合煤气，最大加热能力为 140t/h，有效尺寸 ($l \times b$) 为 20.7m × 12.7m，加热温度能实现自动控制。

轧机：由 30 架全连续无扭轧机组成粗、中轧 (ϕ550mm × 3 + ϕ450mm × 3 + ϕ400mm × 8)、预精轧 (ϕ250mm × 2 + ϕ250mm × 2)、精轧 (ϕ230mm × 8)、减定径 (ϕ230mm × 2 + ϕ150mm × 2)，采用平箱—方箱—椭—圆—圆孔型系统，最高轧制速度为 120m/s，具备低温轧制能力。

水箱：三组 5 个水箱，湍流式水嘴（见图 3-18）冷却，水冷段总长 29m，均温段总长 32.3m，单组水箱最大冷却能力 150℃，可实现温度闭环控制。

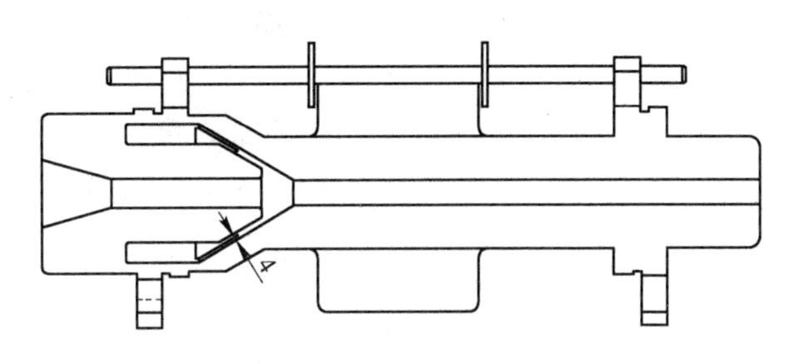

图 3-18 冷却喷嘴

斯太尔摩冷却线：全长 104m，主冷段 92m，14 台风机，每台最大风量 15400m^3/h，能进行标准型冷却或延迟型冷却。

B 生产工艺

控温轧制：120mm×120mm 的 20MnSiNb 连铸坯加热到 1000～1120℃出钢，高压水除鳞后在 950℃左右开轧；在粗、中轧 12 个道次、预精轧 4 个道次完成约 85% 压下率后，经过水冷段及均温段约 910℃进入精轧，在精轧机组内 ϕ6mm、ϕ8mm、ϕ10mm 三种规格分别轧 8、6、4 个道次，压下率在 30% 以上；然后再经过水冷段及均温段约 900℃进入终轧，终轧 2 道次，压下率在 15% 以上。

轧后控冷：盘条经过减定径机组和水冷段及均温段后于 920℃左右吐丝，ϕ6mm 因轧速高、轧件小等减定径后穿水易堆钢而减小水箱水量，吐丝温度稍高，在 1000℃左右。斯太尔摩冷却采用延迟型冷却，入口段、出口段辊道速度分别为 17.8m/min、28m/min，保温罩全开，风机全关。经过斯太尔摩冷却盘条在 600℃左右集卷，之后在 P/F 线上空冷。

C 钢筋化学成分、组织与性能

化学成分：采用转炉冶炼，主要元素碳、硅、锰含量按中限控制，铌含量按 0.02% 目标配加，成分波动不大，碳当量波动在 0.42%～0.49%，化学成分水平符合国标要求，见表 3-19。

表 3-19 20MnSiNb 的化学成分

规格/mm	炉数	化学成分（质量分数）/%						
		C	Si	Mn	P	S	Nb	Ceq
6	32	0.18～0.23 (0.21)	0.45～0.63 (0.55)	1.33～1.51 (1.42)	0.013～0.029 (0.02)	0.021～0.038 (0.03)	0.016～0.024 (0.02)	0.42～0.49 (0.46)
8	119	0.18～0.23 (0.21)	0.24～0.63 (0.54)	1.31～1.57 (1.41)	0.014～0.04 (0.023)	0.019～0.04 (0.03)	0.016～0.027 (0.021)	0.42～0.49 (0.45)
10	48	0.18～0.23 (0.20)	0.48～0.61 (0.55)	1.31～1.50 (1.41)	0.014～0.023 (0.026)	0.024～0.039 (0.032)	0.015～0.026 (0.020)	0.42～0.48 (0.45)
GB 1499		0.17～0.25	0.20～0.80	1.2～1.6	≤0.045	≤0.045	0.02～0.04	≤0.54

注：（ ）中为平均数。

性能与金相组织：盘条钢筋的性能和金相组织见表3-20。从表中可以看出，钢筋的两大指标屈服强度及延性均有富余，冷弯、反弯性能合格。平均屈服强度大于499MPa，平均伸长率、强屈比在29.4%、1.31以上，保证了高屈服强度及高延性，达到了一级抗震要求。批量性能统计显示，同种规格屈服强度有10～20MPa标准偏差，具有较好的性能稳定性，但不同规格总平均有30MPa标准偏差，说明存在一定的规格效应。盘条组织均为铁素体+珠光体，铁素体平均晶粒度大于9.5级。

表3-20　钢筋的性能及金相组织

规格/mm	炉数	σ_s/MPa	σ_b/MPa	δ/%	强屈比	冷弯180°	反弯45°/23°	金相组织
6	32	523～598 (566)	770～843 (807)	28～32.3 (30)	1.37～1.51 (1.43)	合格	合格	P+F，铁素体晶粒度大于10级，少量的珠光体呈球粒状
8	119	520～600 (556)	703～805 (751)	25.5～35.8 (30.2)	1.28～1.43 (1.35)	合格	合格	P+F，铁素体晶粒度10级，组织略呈枝晶状
10	48	453～525 (499)	605～700 (655)	25～32.3 (29.4)	1.19～1.46 (1.31)	合格	合格	P+F，铁素体晶粒度9.5～10级，组织略呈枝晶状

注：(　) 中为平均数。

D　讨论分析

(1) 化学成分：高等级钢筋要求高屈服强度、高延性及良好的焊接性能等。采用添加铌微合金化工艺及控轧控冷技术能通过细晶强化、沉淀强化提高屈服强度、改善韧性，同时低的碳当量有利于保证焊接性能。

(2) 加热温度：在加热奥氏体化过程中铌随加热温度的提高溶解度增大，Nb(C、N)的充分溶解固溶有利于轧制过程中抑制奥氏体再结晶、细化奥氏体晶粒，铌在奥氏体化过程中能阻止晶粒长大，不过要根据钢的成分、性能要求选择合适的加热温度，从而获得较小的原始奥氏体晶粒。有关研究资料表明，铌含量小于0.1%钢的奥氏体粗化温度为1050～1100℃。

(3) 控轧工艺参数：铌在控轧上有两个作用，一是阻止奥氏体晶粒长大，二是抑制奥氏体再结晶。本次试制主要涉及到变形温度控制，利用设备优势采取了950℃左右奥氏体未再结晶区轧制，奥氏体反复变形，晶粒被拉长并产生大量变形带，为相变形核提供了有利条件，再加上轧后冷却过程Nb(C、N)在晶界、亚晶界及晶内析出，不仅阻碍了相变后铁素体晶粒的长大，而且使晶内分布更加均匀，从而细化了相变后的铁素体晶粒。

(4) 控冷工艺参数：它主要涉及到轧后冷却速度的控制，吐丝温度是相变前控制的重要参数，为减少氧化铁皮及减轻轧后晶粒长大，吐丝温度应控制在950℃以下，为得到P+F组织相变冷却速度应控制在4℃/s以下。

(5) 轧制规格：在轧制方面，工艺一定的情况下不同规格主要是变形量的差异，规格越小，变形量越大，累积变形效果越显著，在未再结晶区轧制能产生更多的变形带，从而相变后得到更细小的铁素体晶粒；此外，变形量、累积变形量的加大使A—F相变的A_{r3}提高，从而使铁素体含量增多，珠光体含量减少。从表3-21中可看出不同规格的差别。

3.9.3 超细晶螺纹钢盘条

超细晶螺纹钢盘条是一个值得发展的品种，它是通过大变形量和控轧控冷生产的，而这又是高速线材轧机的一个显著工艺特点，因而现代高速线材轧机适于超细晶钢的开发与生产。另外，高速线材轧机对于小规格细直径钢筋生产比棒材线在产量、质量控制方面有明显的优势。

下面为超细晶螺纹钢盘条试验工艺和结果。

(1) 试验目的：一方面进一步稳定正常成分体系，加铌微合金化、采用控制轧制工艺，进而全面稳定钢的综合性能；另一方面针对低硅（内控0.15%～0.35%）加铌微合金化钢，通过控轧配合控冷工艺，以期提高稳定HRB400钢筋性能要求。

(2) 主要成分控制：化学成分控制见表3-21。

表3-21 化学成分控制（%）

项 目	C	Si	Mn	Nb
目 标	0.18～0.23	0.40～0.70	1.30～1.60	0.015～0.025
实 际	0.19～0.24/0.22	0.26～0.39/0.32	1.34～1.49/1.42	0.014～0.022/0.018

注：铌按0.02%配加，锰按中上限控制。

(3) 控轧控冷工艺参数：开轧温度950℃；精轧入口温度920℃；入减定径温度880℃；吐丝温度880℃。

(4) 力学性能检验结果分析：力学性能检验结果见表3-22。

表3-22 力学性能检验结果

规格/mm	样本数	σ_s/MPa	σ_b/MPa	δ_5/%	σ_b/σ_s
8	130	442	622	30	1.42
10	175	446	618	29.5	1.39

(5) 金相组织：针对同一炉批号、不同冷却工艺进行组织及晶粒度对比，结果如图3-19和图3-20所示。

本试验共计生产炉批为180炉，HRB400性能一次合格率为97.3%。

(6) 结果分析：通过上述工艺试验，螺纹钢负偏差为3%～6%，其强度指标较为理想，屈服强度σ_s平均为440MPa，抗拉强度σ_b平均为620MPa，δ_5平均为29%以上，金相组织均为正常铁素体+珠光体。在高线机组现有生产装备及工艺条件下，用少量的铌替代钒微合金化并配以控轧控冷工艺，是完全可以满足HRB400钢筋性能要求的。

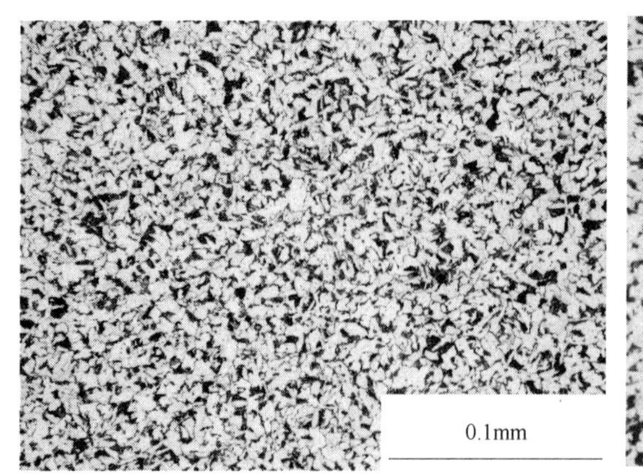

图 3-19　ϕ8mm HRB400 平均晶粒度 11.5 级，晶粒平均弦长 5.8μm

4983015A（化学成分 C：0.19%；Si：0.32%；Mn：1.49%；Nb：0.022%；Ceq：0.48%）工艺：开轧温度 950℃，精轧入口温度 950℃，减定径入口温度 850℃，吐丝温度 850℃；力学性能：屈服强度 445MPa，抗拉强度 610MPa，伸长率 31.5%

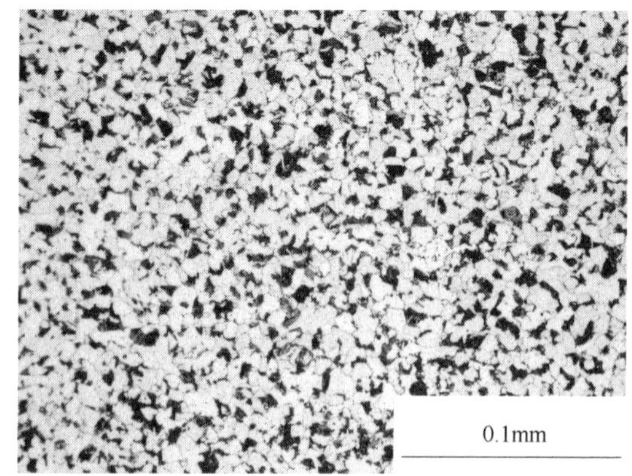

图 3-20　ϕ8mm HRB400 平均晶粒度 11 级，晶粒平均弦长 6.35μm，空冷

批号 4983015A 工艺：开轧温度 950℃，减定径温度 850℃，入精轧温度 900℃，吐丝温度 880℃；力学性能：屈服强度 435MPa，抗拉强度 600MPa，伸长率 29%

目前在高速线材轧机上采用调整化学成分、添加铌微合金，通过细化晶粒来生产 HRB400 钢筋，晶粒细化可达到 5 ~ 7μm，力学性能与工艺性能完全满足混凝土用热轧带肋钢筋标准（GB 1499）并达到一级抗震要求；利用碳素钢工业化生产 HRB400 钢筋还处于试制实验阶段。

3.10　盘条的精整与检查

螺纹钢盘条的精整与其他盘条一样，完成修剪、检查、取样、打包、称重、挂牌、卸卷、入库等工序，这在 3.2 节已有介绍，不再赘述。

成品检查主要是表面质量和外形尺寸检查，一般生产厂都设有热、冷检质量检查，目的是及时把握质量信息，防止批量质量事故的发生和不合格品入库。取样是为了实验室检验力学性能和内在组织等项目。带肋钢筋盘条成品外形尺寸及取样方法与数量执行标准 GB 1499《钢筋混凝土用热轧带肋钢筋》的有关规定。

产品的入库必须满足控制标准，不合格的产品严禁流入下游用户，尤其是螺纹钢盘条为国家许可证产品，关系到国计民生的安全，不合格品必须判废品。

3.10.1　典型精整区设备技术参数

3.10.1.1　集卷机设备性能

功能：收集散卷线圈，并把线圈集中在集卷筒内构成盘卷。

技术参数：

集卷筒内径　　1250mm；

线圈分配器速度　　可调至45r/min；
鼻锥升降　　50mm；
最高集卷温度　　大约600℃；
设备的设计能力　　生产 ϕ5.5～20mm 的线材；
工作周期　　2060kg 公称重量的钢坯为69s加间隔时间。

3.10.1.2　运卷小车设备性能

功能：承载并运输线卷。
小车最大横移距离：12.2mm。
小车最大速度：690m/s。
盘卷对中位置精度：±25mm。
盘卷规格：ϕ1250mm×ϕ850mm。
可处理的最小卷高和卷重：960mm 和650kg。

3.10.1.3　P/F 线设备性能

功能：承载并运输线卷。
输送机型号：WWJ6 积放式悬挂输送机。
输送线工艺长度：524m。
检修区牵引轨道：25m。
牵引链型号：X-678。
牵引链长度：288+397=685m。
牵引链许用张力：27kN。
链速：15m/min。
驱动电机：Y160M-4，11kW。
减速机速比：i=57.75。
最短送卷周期：40s。
输送频率：90卷/h。
松卷尺寸：1250/850mm×3100mm。
吊具重量：1062kg。
吊具数量：60件。
C形钩全长：4150mm。
C形钩承载面标高：1500mm。
液压停止器动作时间：0.4s。
夹紧器动作时间：1.6s。

3.10.1.4　打包机设备性能

功能：将散卷盘条压实打捆。
型号：瑞典 SUNDS 公司 PCH-4KNA/4600 型。
数量：两台。
周期时间：34s。
压紧力可选挡：75/120/165/250/300/400kN。
压紧前线卷最大高度：3600mm。

压紧后线卷允许最小高度：600mm。
线卷外径（最大/最小）：1400mm/1250mm。
线卷内径（最大/最小）：1100mm/800mm。
打包丝线材直径：ϕ6. 2 ~ 7. 3mm。
打包丝线材材质：低碳钢 Q215。
打包丝抗拉强度：最大 450MN/m^2，最小 370 MN/m^2。

3. 10. 1. 5　卸卷站设备特性

功能：从 P/F 线接收盘卷，并将盘卷运送到鞍座上，由天车吊走。
数量：2 台。
技术参数：

液压压力	10. 5MPa；
最大卷重	2200kg；
卸载滑轨的承载能力（最大）	2 ×2500kg 或 5000kg；
盘卷运输小车的速度	700mm/s；
侧移小车的速度	250mm/s。

特点：1 号卸卷站由一个运卷车和一个鞍座组成，2 号卸卷站由两个运卷车和两个鞍座组成。每个鞍座存放 4 个盘卷，换钢种、规格时除外。

3. 10. 2　精整工艺操作制度

盘卷收集技术操作要求如下：

（1）操作工应随时注意观察收集芯棒及运输辊道等设备的运转情况，发现问题及时联系有关人员解决。

（2）当启动双芯棒将收集好的盘卷输出集卷筒前，应先启动接钢拨爪装置，再启动收集芯棒下行，以避免一次收集多盘钢和盘卷乱线。

（3）对落卷时造成的乱线，应及时规整。

盘条的修剪要求如下：

（1）本岗位依据产品标准开展工作，目的是将线材头尾有缺陷的部分切除，其表面不得有耳子、折叠、结疤等。

（2）盘卷的内外圈，特别是内圈应规整，以确保打捆作业的顺利进行。

（3）盘卷端部的线圈不得零乱或拖挂。

盘条取样检查、判定要求如下：

（1）通过目测和全检盘条表面，看是否有耳子、折叠、划伤、麻点、结疤、轧痕等缺陷。使用千分尺测量盘条尺寸，是否尺寸超差、椭圆度过大。

（2）按照标准要求取样做各项性能组织检验。

（3）根据标准要求，判定产品是否合格。

打包工艺操作要求如下：

（1）掌握本岗位的工艺技术参数和操作方法。

（2）根据不同规格、钢种选取适当的压紧力，保证打捆质量。

（3）每捆盘卷捆扎四道，最少捆扎三道，用户有特殊要求时按用户要求打捆。

盘卷称重、挂牌、入库操作要求如下：

（1）标牌工必须严格执行按炉送钢制度的有关规定。接到炉号工送来的按炉送钢小票，认真做好记录，并严格核对钢种、炉号支数、重量等，发现问题及时处理。

（2）标牌工必须与上下工序随时联系，按炉号、钢种、重量等信息打印标牌。

（3）挂牌前必须核对炉号、钢种、重量，无误后方可挂牌。

（4）挂牌时必须将两个标牌分别挂在盘卷内圈的两侧，并拴挂牢固。

（5）标牌工在标牌上打的炉号、规格、钢种等必须与送料小票一致，并保证打印正确，字迹清晰。

3.11　螺纹钢线材生产故障及其分析

在线材螺纹钢生产中，经常会出现生产事故，尤其是生产小规格产品时，在精轧到吐丝机区域常发生频繁的堆卡钢事故，原因有操作、设备等多方面。故障率反映了一个生产线整体的装备水平、技术操作水平和管理水平，因此针对事故的不同情况，应及时分析原因并采取相应的措施。

3.11.1　线材头部弯头堆钢

线材头部弯头堆钢一般是由于出口卫管没有对中轧制线或者是轧件脱槽不良造成的，一般在检查吐丝出去的成品盘条上可发现头部弯头，如果轧制头部直接在成品出口堆钢，可能是上下辊环配置有误或横肋槽数不同所致。要避免此类事故，首先要精确安装进出口导卫，对中轧制线；其次要修正成品孔横肋槽形尺寸和检查螺纹槽加工质量，以方便轧件脱槽；第三要在上线前做好辊环配置工作，应保证成对辊环槽数和形状的一致性。

3.11.2　线材头部堆钢

线材头部堆钢是指线材头部没有弯头，但在头部吐丝少量线圈后堆钢在精轧或减定径机区域。其主要原因如下：

（1）轧件头部尺寸过大。这与轧制过程的张力和料型控制有关，上游机架料型过大和张力过大，均能造成轧件头部肥大或出现耳子，造成头部在运行过程中顶出口导卫或导槽等，形成阻力而堆钢。要定时检查上游机架各道次料型尺寸，及时调整辊缝，保证料型合格；关注轧件在机架间的运行情况和活套状况，将张力控制在最小状态。

（2）轧件头部劈头。轧件头部温度过低、飞剪没有切头或钢质不良造成结疤等异物黏结在导卫导槽中均能造成轧件头部产生劈头而堆钢。应及时关注轧件头部状况，定时检查轧线导卫，及时处理隐患。

（3）导卫损坏或导辊轴承失效。导卫损坏后造成不能正确扶正轧件，出现轧件倒钢、阻碍轧件运行等造成堆钢事故。

（4）控冷水箱使用不当。在轧制小规格螺纹钢线材时，冷却水在线材头部未穿过水箱时过早开启，或水压、水量波动过大等使线材抖动造成堆钢。应对控冷水系统加强检查，保证冷却水阀门精确开启和关闭，水压、水量要按工艺要求设定。在轧制小规格螺纹钢时，为避免线材抖动可以采用吐丝机前夹送辊全长夹送。

3.11.3　轧件中部或尾部堆钢

轧件中部或尾部堆钢主要是因为设备或其他明显外部原因造成的。其主要原因如下：

（1）原料严重缺陷造成堆钢，如钢坯重接、严重结疤等，极易造成在轧制过程中堆钢。对此类情况，要加强坯料检查、精整，保证精料轧制。

（2）轧制速度设定不当或某机架电机转速波动，使连轧稳定过程改变，机架间出现堆拉钢现象造成堆钢事故。要避免这种情况，首先要在试轧时精确设定各架轧机线速度，将机架间张力设定在最小；其次要对影响电机转速波动原因进行分析，排除故障。

（3）轧辊突然断裂或导卫失效，造成轧件突然失控而堆钢。解决此问题要以预防为主，加强工艺技术管理，保证上线轧辊和工艺备件的装配质量，严格工艺点检管理制度。

4 螺纹钢棒材生产

4.1 坯料准备

4.1.1 坯料的选择

随着整个钢铁生产工艺的变化和小型轧机水平的提高，小型轧机的坯料也在不断的变化之中。在连铸技术出现和成熟以前，小型轧机所用的坯料是钢锭经初轧—钢坯连轧机开坯而成的。当时选择坯料的原则是：以产品方案中最小规格的断面面积乘以总延伸系数即为所选择的坯料断面面积。

连铸技术出现后，最早受益的就是小型轧机，直接以连铸坯为原料一次加热轧制成材，取消了初轧开坯，可提高金属收得率8% ~12%，节约能耗35% ~45%，并可提高产品的表面质量和内在质量，深受钢铁制造厂和钢铁用户的欢迎。因此，小型轧机本身的发展一定要考虑连铸发展，并与连铸密切配合。这样，有了连铸后，小型轧机选择坯料的原则有了根本的变化，不再是只考虑小型轧机本身的合理性，而是要考虑连铸—小型轧机整体的合理性，甚至要将连铸的合理性放在更主要的地位。

从轧钢的观点看连铸坯的断面要尽可能小一些，这样可以减少轧制道次，轧机的架数可以减少，投资和运行费用均可降低。因此，开始出现连铸时，人们希望能为小型轧机提供小断面的连铸坯。经过一段时间的摸索证明，要生产小规格的断面，连铸机不可能正常操作，铸坯质量也没有保证。后来把连铸坯的断面尺寸加大后，对连铸的其他配套技术进行了一系列的改进，小方坯连铸机的生产才稳定下来，真正进入实用阶段。

4.1.2 连铸坯

直接以连铸坯为原料，已是小型棒材轧机可能在市场竞争中存在的必要条件。目前，普通碳素钢和低合金钢小型棒材轧机、大部分合金钢小型棒材轧机都以连铸坯为原料，并且以连铸坯为原料的合金钢钢种和品种还在进一步扩大。以小钢锭为原料或以初轧开坯为原料的小型棒材轧机，由于产品质量和二次加热轧制导致成本上的差距，在市场竞争中正在被逐渐自然淘汰。

合理选择连铸坯断面，对连铸机和小型棒材轧机的投资与操作都有很大的影响。普通小型棒材轧机使用的坯料断面应在(130mm×130mm) ~ (150mm×150mm)左右，坯料单重1.5 ~2.0t，甚至达2.5t。单重增加，切头切尾量相对减少，定尺率提高，有利于提高金属的收得率。连铸技术的进步是推动包括小型棒材轧机在内的整个冶金技术发展最主要的动力。高速连铸技术已可成功地以4.3m/min的拉速生产130mm×130mm的连铸坯，即连铸机单流的产量已可达33t/h。以连铸机本身而言，无论从质量还是产量角度，都不需要更大断面的铸坯，小型棒材轧机更应充分利用连铸的成果，以减少机架数量和轧制过程的变形功。

随着合金钢连铸技术水平的提高，像优质碳素钢、合金结构钢、弹簧钢、奥氏体不锈钢、轴承钢等现在都可以直接进行连铸。合金钢连铸坯向中断面过渡的趋势将加快，更多的合金钢钢种和品种正在采用(160mm×160mm)～(240mm×240mm)的连铸坯，300mm×300mm以上的大方坯的数量在逐渐减少，以减少连铸机和小型棒材轧机的投资，推动小型棒材轧机生产水平的提高。

4.1.3　坯料的热送热装

4.1.3.1　概述

传统的工艺是将初轧坯或来自连铸机的坯料冷却下来，经检查若发现有表面缺陷则必须对钢坯进行清理，然后再将钢坯装入轧钢车间加热炉。其结果是金属损失大，耗用人力和能源较多。

将连铸坯直接轧制成材是冶金工作者多年的愿望，早在20世纪60年代国外就进行了许多这方面的研究工作，试图把连铸坯直接轧制成材，但因连铸机与轧机的能力不匹配等问题而没有成功。在70年代世界能源危机以后发展起来的电炉小钢厂，采用短流程的钢铁生产工艺，将电炉炼钢、炉外精炼、连铸、轧机紧凑地布置在一起，连铸机与轧机用设备相连接，从连铸机送出的连铸坯不经冷却，直接送入轧钢车间的加热炉中补充加热，然后即送入轧机轧制。这种方法就称为连铸坯直接热装工艺。

1979年位于意大利奥斯塔（Austa）的柯尼亚厂在3流连铸机上生产200mm×235mm的合金钢（不锈钢、阀门钢等）连铸坯，在钢坯出坯台架处设有保温罩，钢坯经保温台架后直接进入步进式加热炉加热，然后经650mm二辊可逆式轧机轧制成(90mm×90mm)～(150mm×150mm)，这就是早期的热送热装工艺。经20世纪80年代的酝酿和技术准备，1989年在意大利Vent厂投产了一套连铸坯100%热送热装的“黑匣子”工厂，经两年的运行之后证明它具有节省投资、节约能源等一系列优点。1992年以后这项节约能源的新技术在世界范围内得到迅速推广。采用直接热装工艺的优点是：

（1）减少加热炉燃料消耗，提高加热炉产量。可降低燃料消耗40%～67%，若热装温度为900～600℃，则可节能0.8～0.4GJ/t，加热炉产量提高20%～30%。

（2）减少加热时间，减少金属消耗，一般可比冷装减少0.3%的金属损耗。

（3）减少库存钢坯量、厂房面积和起重设备，减少人员，降低建设投资和生产成本。

（4）缩短生产周期，从接受订单到向用户交货可以缩短到几个小时。

因此，这项技术在小型棒材轧机和线材轧机，在碳素钢厂和特殊钢厂均得到了广泛应用。而对特殊钢厂由于可省去大量钢坯清理工作和缓冷设施，优点更为明显。

除上述直接热装工艺外，有的厂由于轧钢车间距连铸车间较远，只能采用从连铸车间用保温车热送钢坯的方法。这种生产方式，由于不是直接连接，热送温度无保证，经常波动，一般还需设保温坑，热装效果显然不如直接热装。

轧机与连铸机的紧密衔接和热装，使轧钢车间的生产管理概念产生了革命性的变化。在以往的传统冷装工艺中，轧钢车间是按规格来组织生产的，即每一直径的产品都有不同钢种的坯料编成一组，装入加热炉而后进行轧制，这样可以充分利用轧槽。而在热装工艺中生产计划是根据生产的钢种进行安排的，一个钢种的每一个浇铸单元最低为一炉钢，而大多数情况下均多于一炉，这批钢坯就不是仅轧制一个规格而是要轧制多个规格，因此轧机必须多次换辊。尤其是特殊钢厂订货批量较小，更需频繁换辊。以现在的生产水平每一炉钢轧制2～3个规格是可以达到的，要生产3个以上的规格，由于换孔槽过于频繁，生产组织有相当的难度。

4.1.3.2 采用热装的条件

采用热装的条件是：

（1）炼钢车间应具备必要的设备和技术，以保证生产出无缺陷连铸坯和生产过程的稳定均衡。这些设备和技术包括炉外精炼、无渣出钢、吹氩搅拌、喂丝微调成分、浸入式水口、气封中间包、保护浇铸、结晶器液面控制、电磁搅拌、气雾冷却、多点矫直等，特殊钢生产还应具有真空脱气、软压下等技术。不合格坯均在炼钢车间剔出处理。

用铝镇静的钢，连铸坯中氮化铝在热装温度范围沿晶界析出，在轧制过程中就会产生表面裂纹。为解决此问题，一个有效的方法是在连铸机的出口处设置水冷淬火装置，将连铸坯表面迅速冷却到550℃左右，形成一定深度的表面淬硬层，从而避免氮化铝在表面析出。

（2）炼钢连铸车间与轧钢车间应按统一的生产计划组织生产，并尽可能统一安排计划检修。

（3）连铸机与轧机小时产量应匹配得当。若轧机小时产量小于连铸机最大小时产量（不考虑连铸机准备时间），则将有许多热坯不能进入轧机而必须脱离轧线变成冷坯；若轧机设计能力大于连铸机最大小时产量，则轧机能力将不能发挥而造成浪费，故原则上轧机小时产量应与连铸机最大小时产量平衡，轧机设计时应力求各规格产品的小时产量尽量接近。

（4）为充分发挥热装效果，希望即使在轧机短时停轧（换辊、换轧槽）时也不产生冷坯离线，故在装炉辊道与加热炉之间应设缓冲区，以暂时储存钢坯。为了在重新开轧后能吸收掉积存的热坯，轧机（包括加热炉）最大小时产量应高于连铸机最大小时产量20%～25%。

（5）加热炉应能灵活调节燃烧系统，以适应经常波动的轧机小时产量以及热坯与冷坯之间的经常转换。

（6）轧机应有合理的孔型设计，采用共用孔型系统以减少换辊次数。为尽量缩短因换辊、换槽等引起的短时停车时间，应采用快速换辊装置、轧辊导卫预调、导卫快速定位技术等。

（7）应设置完善的计算机系统，在炼钢连铸机与轧钢车间之间进行控制和协调。

4.1.3.3 热装工艺

A 连铸机与轧机能力的匹配

较容易实现热装的情况是一套连铸机与一套轧机相连。若是一套连铸机与两套轧机相配或两套能力较小的连铸机与一套轧机相配，虽然在设计上可有某些看似可行的方案，但实现起来就比较困难。最大的困难是钢号管理，其次是很难精确组织生产使连铸机与轧机能力达到均衡，因而热装的优越性将大打折扣。因设备之间距离远，热坯的运输也会有问题。

在一对一的情况下（一座电炉、一座炉外精炼设备、一套连铸机对应一套小型或线材轧机)，小型棒材轧机与线材轧机的情况又有所不同。小型棒材轧机轧小规格产品时轧机小时产量较低，可通过切分及适当提高终轧速度来解决，另外这种轧机换辊时间通过采用整机架快速更换装置可缩短到7～8min，不会影响热装的继续进行。而线材轧机在轧制小规格产品（例如ϕ5.5mm）时，即使采用最高的轧制速度其小时产量仍远低于较大规格的小时产量。再者，线材的无扭精轧机换辊环仍采用人工逐个更换，时间较长，若超过30min，缓冲装置已充满，部分热坯必须离线冷却下来（这些坯料必须单独编炉号）。因此，线材轧机不可能实现100%的热装。

显然，轧线上轧机数量越少实现热装越容易，因为事故和换辊次数都大大减少。较早实现100%热装的是一套用240mm×240mm、280mm×280mm连铸坯生产90～200mm方圆棒钢的轧机，该轧线仅有8个机架。

B　缓冲装置的设置

缓冲装置的作用是当连铸机与轧机小时产量不同时起调节作用，并在轧机因事故或换辊而停车时暂时储存热钢坯，以使热装不致中断。一般缓冲装置的能力设计成可储存30min产出的连铸坯（最好是一炉钢坯），因为在30min内一般事故和换辊均可处理完。

缓冲装置的形式有多种，一种是设炉外缓冲区——保温室，采用绝热材料构筑，但不设烧嘴。其中又分两种，一种是仅有一条热坯输送辊道，热坯先进后出，这样进加热炉的坯料温度就有差别；另一种是分设输入和输出两条辊道，热坯可先进先出，进加热炉的热坯温度可保持基本一致。

还有一种缓冲装置是采用炉内缓冲区，即将加热炉入口区3～4m作为缓冲区，同时需设一套装料机，若是热坯进炉后即用此装料机将钢坯越过3～4m距离送至加热区，若是冷坯则在此区停留并缓慢加热。近年来，也有仅设台架不加保温室的做法，这是因为经过一段时期的实践，发现一定尺寸以上的连铸坯在缓冲区内温降不大。

C　热装工艺

几种热装工艺介绍如下：

（1）正常热装。正常轧制状态下，热连铸坯自连铸机冷床处用取料机逐根取出放到单根坯运输辊道上，再由此辊道送到加热炉附近，在此进行测长并剔除不合格坯，合格坯提升后落入装料辊道，称重后装入加热炉加热，并随后送入轧机轧制。

（2）间接热装。若轧机短时停轧（换辊、换轧槽、一般事故），热连铸坯则从另一组多排料的输送辊道送入缓冲保温室暂存，并由保温室中的移送机将坯料移向保温室出口附近。当轧机重新运转后，暂存的热连铸坯从其输出辊道逐根送出，经测长、提升、称重后入炉。同时从连铸机冷床来的热连铸坯也沿同一辊道送入加热炉。此时加热炉和轧机将以较高的小时能力生产，直至缓冲保温室内积存的坯料完全出空。此时轧机又恢复到正常轧制状态。由于热坯不是直接从连铸机而是经由保温室进入加热炉，故称之为间接热装。

（3）冷装。从连铸机甩下的冷坯及清理后的连铸坯，用吊车从坯料堆存场地成排吊到冷装台架上，钢坯到达台架端部时，逐根被拨入运输辊道，然后测长、提升、称重入炉。

（4）混合热装。当某些规格需要轧机小时产量大于连铸机的小时产量时，可采取混合热装方式操作。其过程如下：从连铸机送来的热坯沿多根坯运输辊道进入缓冲保温室暂存，同时将冷坯装入加热炉，并按要求的小时产量进行轧制。当缓冲保温室已存满钢坯时停止上冷坯，改由缓冲保温室和连铸机共同向轧机加热炉供热坯，此时的轧机小时产量就可高于连铸机的产量。当缓冲保温室内的热坯出空时，热坯又转向缓冲保温室暂存，同时改用冷坯装炉。

（5）延迟热装。如前所述，某些钢种为防止采用热装时在轧制后出现表面裂纹，需将连铸坯从900℃以上迅速冷却到550℃左右再装炉，这种热装工艺称为延迟热装。

4.2 坯料的加热

4.2.1 加热设备

4.2.1.1 概述

连续加热炉是轧钢车间应用最普遍的炉子。钢坯由炉尾装入，加热后由另一端送出。推钢式连续加热炉，钢坯在炉内是靠推钢机的推力沿炉底滑道不断向前移运；机械化炉底连续加热炉，钢坯则靠炉底的传动机械不停地在炉内向前运动。燃烧产生的炉气一般是对着被加热的钢坯向炉尾流动，即逆流式流动。钢坯移到出料端时，被加热到所需要的温度，经过出钢口出炉，再沿辊道送往轧钢机。

连续加热炉的工作是连续性的，钢坯不断地加热，加热后不断地推出。在炉子稳定工作的条件下，炉内各点的温度可以视为不随时间而变，属于稳定态温度场，炉膛内传热可近似地当作稳定态传热，钢坯内部热传导则属于不稳定态导热。

具有连续加热炉热工特点的炉于很多，从结构、热工制度等方面看，连续加热炉可按下列特征进行分类：

（1）按温度制度可分为：两段式、三段式和强化加热式。

（2）按被加热金属的种类可分为：加热方坯的、加热板坯的、加热圆管坯的、加热异形坯的。

（3）按所用燃料种类分为：使用固体燃料的、使用重油的、使用气体燃料的、使用混合燃料的。

（4）按空气和煤气的预热方式可分为：换热式的、蓄热式的、不预热的。

（5）按出料方式可分为：端出料的和侧出料的。

（6）按钢料在炉内运动的方式可分为：推钢式连续加热炉、步进式炉、辊底式炉、转底式炉、链式炉等。步进式加热炉是各种机械化炉底炉中使用发展最快的炉型，是取代推钢式加热炉的主要炉型。20世纪70年代以来，世界各国兴建的热轧等大型轧机，几乎都采用了步进式炉，在我国，步进式炉在80年代以来广泛用于轧板、高线、连续小型轧钢厂。小型连轧厂根据工艺要求采用步进梁式加热炉，其与其他炉型的比较及主要特点如下所述。

4.2.1.2 步进梁式加热炉与推钢式炉的比较

（1）在推钢式炉内，钢坯的运行是靠推钢机的推力在滑轨上滑行的，因此，钢坯下表面往往产生划痕，对钢坯表面质量带来不利影响，但在步进梁式炉中，钢坯的运行是靠步进梁托起—前进—放下来完成的，所以不产生划痕。

（2）在推钢式炉内，钢坯接触水冷滑轨部分温度较低，“黑印”严重，对轧件的尺寸偏差影响很大，而步进梁式炉虽有水梁，但钢坯并不连续接触水梁，而是间断、交替地接触水梁，“黑印”现象较轻，温差较小，对产品尺寸偏差的影响大有改善。

(3) 在推钢式炉内，钢坯是紧紧靠在一起的，高温下易产生“粘钢”现象，并且只能单面或双面受热，加热速度慢，温度不够均匀，但在步进梁式炉中每根钢坯间都留有较大的间隙，步进避免了“粘钢”现象，而且实现了四面加热，加热速度快，温度均匀。

(4) 推钢式炉在推钢时易发生拱钢事故，炉子有效尺寸受钢坯断面尺寸和推钢机能力的限制，但步进梁式炉不会发生拱钢现象，炉子设计也不用考虑拱钢问题而限制炉子长度。

(5) 推钢式炉不能空炉，因此，对不同钢种不同加热工艺的调整、检修空炉等灵活性很差，但步进梁式炉空炉方便，步进操作灵活，加热各种钢种的适应性强。

(6) 步进梁式炉加热速度快，温度均匀，操作灵活，因此，减少了钢坯的烧损，推钢式炉的氧化铁皮占钢坯总重的1% ~1.5%，步进梁式炉的仅占0.5% ~0.8%，减轻了清渣劳动强度。

(7) 步进梁式炉操作灵活，可根据轧机产量调节装钢量，便于更换钢种，适应热装、热进；能够准确地将钢坯送到轧制中心线，与全连续小型棒材轧机全连续轧制相匹配；便于实现全自动进出钢的计算机控制和钢坯跟踪等功能。

(8) 步进梁式炉的固定梁、步进梁和直撑管总的水冷表面积，约比推钢式炉底管的冷却表面积大一倍，故其理论热耗比推钢式炉的大10% ~15%；但是由于步进梁没有推钢时的振动，步进梁绝热包扎采用了内层纤维毡、外层用浇注料浇注的办法，寿命长达数年；而推钢式炉由于推钢时水管振动，水管绝热包扎极易脱落，高温段绝热包扎使用一个月就脱落15%，甚至更多，为维护方便使用单位又采用了如水梁预制绝热砖等粗糙的绝热方式，所以在实际运行过程中，推钢式炉比步进梁式炉的能耗反而高很多。

(9) 步进梁式炉水耗比推钢式的大60%左右；在投资方面，加热炉系统总投资步进梁式炉比推钢式炉的高25% ~30%；在维护方面，虽然炉底水梁包扎等的维护量很小，但机电控制、炉底机械的液压驱动等设备的维护量大大增加。

4.2.1.3 步进梁式炉与步进底式炉、梁底组合式炉的比较

(1) 步进梁式炉是上下加热的炉子，钢坯在整个加热过程中，基本处于对称加热状态（除与步进梁接触点外），钢坯温度均匀，无阴阳面，适于加热各种断面的坯料。而步进底式炉只有上加热，没有下加热，钢坯在整个加热过程中，基本处于非对称加热状态，上下加热不均匀；当加热大断面的钢坯时，由于非对称加热产生的钢坯断面上下温差，导致钢坯变形向上弯出，影响正常运行，因此步进底式炉只适于加热120mm×120mm以下的小断面坯料，最好是加热100mm×100mm以下的方坯。

(2) 步进梁式炉是上下加热的炉子，加热速度快，炉子产量大。在加热较大断面钢坯时，一般步进底式炉单位炉底过钢面积的产量常取350kg/(m^2·h)左右，梁底组合式炉单位炉底过钢面积的产量常取400 ~450kg/(m^2·h)，而节能型步进梁式炉的单位炉底过钢面积的产量常取600 ~650kg/(m^2·h)，即在同样有效炉长的情况下，步进梁式炉的产量可提高45% ~80%。

(3) 步进底式炉钢坯在炉时间长，氧化铁皮厚，增加了清渣次数；当炉温过高时，易产生炉底结渣；氧化铁皮和炉底耐火材料脱落进入步进底和固定底缝隙后，会产生卡死

现象，影响生产。而步进梁式炉钢坯在炉时间短，氧化铁皮薄，易于清除炉底积渣。

(4) 步进底式炉炉内没有水冷梁，无水冷吸热损失，故能耗低、耗水量少，钢坯在步进底上不会“塌腰”，是其最大优点。而步进梁式炉炉内步进梁和固定梁均为水冷梁，水冷吸热损失大，导致能耗稍高，水耗大。

(5) 梁底组合式步进炉综合了步进底式炉和步进梁式炉两者的优点，一般低温段采用步进梁，以消除钢坯断面温差，防止钢坯弯曲变形，且低温段水冷吸热损失少；而高强段采用步进底，减少了步进梁的数量，既可以减少水和热损失，又可防止小断面方坯在高温段产生“塌腰”。但由于高温段采用步进底，就带来了步进底式炉的许多缺点，特别是在加热大断面钢坯时尤为显著。其缺点为：

1) 炉底强度低（如上面第 (2) 项中的比较），同样产量的步进底式炉与步进梁式炉比较增加了炉长和投资；

2) 钢坯断面温差大，难以适应现代线棒材轧机对钢坯温度均匀性的要求（同条温差30℃以内）；

3) 增大了钢坯氧化铁皮厚度，增加了钢坯脱碳；

4) 高温段氧化铁皮清理麻烦，处理不及时会造成氧化铁皮涨高，使钢坯在高温段横向跑偏。

由于上述原因，梁底组合式步进炉只适合于加热断面尺寸为(100mm × 100mm) ~ (130mm × 130mm)的方坯，最大到150mm × 150mm；一般在方坯断面尺寸大于130mm × 130mm时，宜采用步进梁式炉。

4.2.1.4 步进机构的功能及特点

A 步进机构的组成

步进梁式加热炉的步进机构由驱动系统、步进框架和控制系统组成。步进系统一般可分为电动式和液压式两种，行进部分的驱动一般靠液压系统实现，升降部分有的采用电动凸轮式，也有的采用液压曲杆式或液压斜轨式。电动凸轮式和液压曲杆式机构采用单层步进框架。液压斜轨式采用双层步进框架，步进框架通过轨道在辊轮上滑动。采用流量、压力补偿的恒功率泵和大容量比例阀的全液压斜轨式步进机构，运行稳定可靠，升降液压缸带动升降框架在斜轨上做升降运动时，步进底和步进梁便随之前进和后退。液压缸的动作和其运动速度是由液压阀门的开、闭和开启度的大小来控制的，而阀门的动作则由 PLC 程序控制。步进动作的信号由安装在相应部位上的接近开关和可编程行程开关发出。

B 步进机构的功能及特点

步进底和步进梁随着步进框架的运动做上升、前进、下降、后退的周期运动，一般将起始点设在步进梁的前下限或后下限，如加热炉的起始点在步进梁的前下限。步进机构可以完成如下功能：

(1) 正循环。步进梁由原始位置后退、上升、前进、下降完成一个周期，可以输送钢坯前进一个步距；出料悬臂辊道前一根钢坯被进到悬臂辊道上，而进料辊道后一根钢坯被向前进一步，保证了进料、出料的连续性。

(2) 逆循环。步进梁由原始位置上升、后退、下降、前进完成一个周期，可以输送钢坯后退一个步距。该功能可以实现事故倒钢。

(3) 踏步。步进梁只做上升和下降运动，不做前进和后退运动。当轧线短期停轧时

(少于30min),为减少钢坯黑印,采用该功能,使钢坯与步进梁和固定梁的接触时间相等,每次踏步周期时间控制在5min左右。

(4)中间位置保持。当轧机停轧时间长于30min,炉子长时间不出钢时,为防止钢坯下弯,要求步进梁上表面与固定梁上表面停在一个标高处,即步进梁与固定梁同时支撑钢坯。

(5)步进等待。轧钢要求炉子的出钢周期总是比步进炉设备的最小步进周期要长,这时把多出的时间作为“等待”分配到步进梁轨迹拐点上。

4.2.1.5 加热炉燃烧系统及炉子结构特点

(1)采用全平焰烧嘴。上加热炉顶采用全平焰烧嘴,温度场均匀,辐射强度大,易于维持炉顶正压,防止冷风吸入。加热钢坯速度快,温度均匀,有利于减少氧化和脱碳,防止出钢侧待出钢坯温降。

(2)下加热采用端烧嘴。其优点是炉宽上温度便于调整,易于保证钢坯长度方向的温度均匀性。

(3)合理的炉内隔墙结构。在上加热平焰烧嘴供热部位和下加热端烧嘴供热部位设置炉顶隔墙和炉底隔墙,形成扼流,减少加热段与均热段之间的辐射传热,以保证加热段和均热段的单段温度控制;在下加热与预热段之间设置炉底挡墙,区分加热区段,增强辐射。

(4)炉子采用全浇注复合内衬,炉内水梁包扎采用双层绝热,全炉绝热较好。

4.2.2 燃料选择

目前冶金企业加热炉最为广泛采用的固体燃料有煤,液体燃料有重油,气体燃料则使用混合煤气,下面重点介绍气体燃料。

4.2.2.1 天然气

天然气是直接由地下开采出来的可燃气体,是一种工业经济价值很高的气体燃料。它的主要成分是甲烷,含量一般在80%~90%,还有少量重碳氢化合物及H_2、CO等可燃气体,不可燃成分很少,所以发热量很高,大多在33500~46000kJ/m^3。

天然气是一种无色、稍带腐烂臭味的气体,密度约0.73~0.80kg/m^3,比空气轻。天然气着火温度范围在640~850℃之间,与空气混合到一定比例(体积比为4%~15%),遇到明火会立即着火或爆炸。天然气燃烧所需的空气量很大,为9~14m^3/m^3,燃烧火焰光亮,辐射能力强,因为燃烧时甲烷及其他碳氢化合物分解析出大量固体颗粒。

天然气含惰性气体很少,发热量高,并可以做长距离运输,是优良的加热炉燃料,国外使用较多,国内冶金企业因各种原因使用较少。

4.2.2.2 高炉煤气和焦炉煤气

(1)高炉煤气是炼铁生产的副产品,通常加热炉使用的高炉煤气都是经过清洗后的煤气,因为从高炉出来的煤气含尘量很高,在输送过程中灰尘容易沉积在管道中,燃烧时容易堵塞燃烧器等。清洗后煤气(标态)含尘量可降到20mg/m^3以下。

据宏观估计,高炉每消耗1t焦炭可产生3800~4000m^3高炉煤气,可见数量之大,因此将高炉煤气加以综合利用对于节约能源有重要意义。高炉煤气的最大特点是含N_2、CO_2多,所以它发热量较低,通常只有3350~4200kJ/m^3,因此燃烧温度低,单独在加热炉上应用比较困难，往往是与其他高发热量的煤气混合使用，或者将助燃空气及高炉煤气同时预热到较高的温度后再燃烧。高炉煤气的主要可燃成分是 CO、H_2，此外尚有少量的 CH_4 及碳氢化合物等。各组成成分的多少与高炉冶炼方法、生铁的品种、原料情况等因素有关。随着冶炼技术的不断提高，焦比不断下降，高炉煤气的质量不断下降。

高炉煤气的干成分（体积分数）大致如下：

$CO^{干}$	$H_2^{干}$	$CH_4^{干}$	$CH_2^{干}+SO_2$	$O_2^{干}$	$N_2^{干}$
25% ~30%	1.5% ~3%	0.2% ~0.6%	8% ~15%	0.2% ~0.3%	55% ~58%

由此可见，高炉煤气含 CO 多，使用时要防止中毒。

（2）焦炉煤气是炼焦生产的副产品。焦炉每炼 1t 焦炭能得到 400 ~ 450m^3 焦炉煤气。由于炼焦过程是在隔绝空气的情况下将煤进行干馏的，所以它的副产品焦炉煤气中非可燃物含量很少。焦炉煤气的主要可燃成分有 H_2、CH_2、CO 和碳氢化合物，当原料中硫含量高时，其可燃成分还有 H_2S。不可燃成分有 N_2、O_2、CO_2，但是含量较低，所以它的发热量很高，属于高热值优质燃料。

焦炉煤气的干成分（体积分数）大致如下：

$H_2^{干}$	$CH_4^{干}$	C_nH_m	$CO^{干}$	$O_2^{干}$	$N_2^{干}$	SO_2
50% ~60%	20% ~30%	1.5% ~2.5%	5% ~9%	0.5% ~0.8%	1% ~8%	0.4% ~0.5%

焦炉煤气的发热量为 15490 ~ 18840kJ/m^3，理论燃烧温度可达 2100 ~ 2200℃。焦炉煤气的主要可燃成分是 H_2 和 CH_4，所以焦炉煤气的密度比较小，燃烧时火焰具有上浮现象，也就是说火焰的刚性小。从某种意义上来说，上浮是不利于加热炉内加热的。

（3）高炉—焦炉混合煤气。在钢铁联合企业里，可以同时得到大量的高炉煤气和焦炉煤气。焦炉煤气与高炉煤气产量的比值大约为 1∶10，单独使用焦炉煤气从企业总的能量分配来看是不合理的，所以在钢铁联合企业里可以利用不同比例的高炉煤气和焦炉煤气配备成各种发热量的混合煤气，其发热量为 5900 ~ 9200kJ/m^3，供企业内各种冶金炉作为燃料。

高炉煤气和焦炉煤气的发热量分别为 $Q_{高}$ 和 $Q_{焦}$，要配成发热量为 $Q_{混}$ 的混合煤气，其配比可用下式计算。设焦炉煤气在混合煤气中所占的百分比为 x，则高炉煤气所占的百分比为（$1-x$）：

$$Q_{混} = xQ_{焦} + (1-x)Q_{高}$$

整理上式得：

$$x = \frac{Q_{混} - Q_{高}}{Q_{焦} - Q_{高}}$$

4.2.3 坯料的加热工艺

4.2.3.1 概述

钢的加热质量直接影响到钢材的质量、产量、能源消耗以及轧机寿命。正确的加热工艺可以提高钢的塑性，降低热加工时的变形抗力，按时为轧机提供加热质量优良的钢坯，保证轧机生产顺利进行。反之，如果加热温度过高，发生钢的过热、过烧，就会造成废品；如果钢的表面发生严重的氧化和脱碳，也会影响钢的质量，甚至报废。钢的加热工艺包括：钢的加热温度和加热均匀性、加热速度和加热时间、炉温制度、炉内气氛等。

4.2.3.2　钢的加热温度

钢的加热温度是指钢料在炉内加热完毕出炉时的表面温度，其主要根据铁-碳相图中的组织转变温度来确定，具体确定加热温度还要看钢种、钢坯断面规格和轧钢工艺设备条件。从轧钢角度看，温度高时钢坯的塑性好，变形抗力小；温度低时钢坯的塑性差，变形抗力大。但随着加热温度的提高，钢材力学性能发生改变，而且钢的氧化烧损率也随着加热温度的升高而急剧增加，若氧化铁皮不易脱落，在轧制时会造成轧件的表面缺陷；加热温度高，必然降低加热炉的寿命，也明显增加燃料消耗；另外，加热温度过高，还会出现钢坯的过热和过烧，造成废品。因此，应从工艺、钢种、规格、质量、成材率和节能降耗等诸因素综合考虑，合理选择加热温度。从低碳钢、高碳钢及低合金钢的加热实践看，1050～1180℃的加热温度是比较适宜的。

4.2.3.3　钢坯的加热速度和加热时间

钢坯的加热速度通常是指单位时间内钢坯表面温度的上升速度，单位为℃/h。在实际生产中，钢坯的加热速度用单位厚度的钢坯加热到规定温度所需时间（单位为 min/cm）或单位时间内加热的钢坯厚度（单位为 cm/min）来表示。钢坯的加热时间通常指钢坯从常温加热达到出炉温度所需的总时间。

加热速度和加热时间受炉子热负荷的大小和传热条件、钢坯规格和钢种导温系数大小的影响。加热速度大时，能充分发挥炉子的加热能力，在炉时间短，烧损率小，燃耗低。因此，在可能的条件下应尽量提高加热速度来追求较先进的生产指标。不过应避免表面和内部产生过大的温差，否则钢坯将会产生弯曲和由热应力引起的内裂。碳素结构钢和低合金钢一般可不限制加热速度，加热时间都较短；但对大断面钢坯和高碳、高合金钢，必须控制好加热速度，以免内外温差大造成钢坯内部缺陷；热装加热热坯时，由于不存在残余应力，而且已进入塑性状态，所以加热速度也可不受限制。步进式炉可使钢坯三面或四面均匀受热，加热条件大大改善。对于常规的高线和小型加热炉，其低碳钢加热速度的经验数据为：推钢式炉为 6min/cm 左右，而步进梁式炉则为 4.5～5min/cm。

钢坯的加热时间是钢坯的在炉时间，是预热时间、加热时间、均热时间的总和，由理论计算得出的加热时间目前还不能与实际相吻合，经验公式及实际资料仍是生产中确定加热时间的主要依据。如某加热炉加热 150mm×150mm×10000mm 方坯，套用经验公式，其加热时间约为 15×(4.5～5)=67.5～75min，与实际情况基本相符。

4.2.3.4　钢加热的均匀性

钢加热最理想的情况是能把它加热到里外温度都相等，但实际上很难做到，所以根据加工的许可范围，允许加热终了的钢坯内外温度存在一定程度的不均匀性。一般规定断面允许温差为：

$$\Delta t_{终}/s = 100 \sim 300$$

式中　$\Delta t_{终}$——钢最终加热时的断面温差，℃；

s——钢加热时的透热深度，m。

允许的内外温差随钢的可塑性不同而有所不同，对于低碳钢这一可塑性比较好的钢种来说，$\Delta t_{终}/s$ 的数值可大一些；对于高碳钢及合金钢，$\Delta t_{终}/s$ 的数值应该小一些。另外，它的大小还和压力加工的种类有关，例如管坯穿孔前加热要求断面温差很小。以上规定的钢断面温差在生产上是通过控制加热及均热时间来达到的，因为钢坯中心温度在线无法测量。

除了表面和中心温差外，钢坯上下表面也具有温差（阴阳面），其大小与炉型有直接关系。步进梁式炉上下表面的均匀性好于其他炉型，通过合理的上下加热、高性能的耐热滑块、合理的水梁分配可以基本消除下表面黑印，使上下表面温度基本相同。

4.2.3.5 钢的加热制度

对于不同钢种，加热工艺包括：钢的加热温度、断面允许温差、加热速度以及炉温制度和供热制度，后两项统称为加热制度。钢的加热制度按炉内温度随时间的变化，可以分为一段式加热制度、二段式加热制度、三段式加热制度和多段式加热制度。

一段式加热制度是把钢料放在炉温基本不变的炉内加热，特点是炉温和钢料表面的温差大、加热速度快、加热时间短、炉子结构和操作简单。缺点是废气温度高、热利用率差，因没有预热期和均热期，只适合加热断面尺寸小、导热性好、塑性好的钢料或热装钢料。

二段式加热制度是使钢料先后在两个不同的温度区域内加热，由加热期和均热期组成或由预热期和加热期组成。由加热期和均热期组成的二段式加热制度是把钢锭直接装入高温炉膛进行加热，特点是加热速度快、断面温差小、出炉废气温度高、热利用率低，只适合加热导热性好、快速加热温度应力小的钢料。由预热期和加热期组成的二段式加热制度，出炉废气温度低，金属的加热速度较慢，因为中心与表面的温差小，一些导热性差的钢先在预热段加热（强度应力小），待温度升高进入钢的塑性状态后再到高温区域进行快速加热，因没有均热期最终不能保证断面上温度的均匀性，所以不能用于加热断面大的钢坯。

三段式加热制度是把钢料放在三个温度条件不同的区域（或时期）内加热，依次是预热期、加热期、均热期，它综合了以上两种加热制度的优点。钢坯首先在低温区域进行预热，这时加热速度比较慢，温度应力小，不会造成危险。等到金属中心温度超过 500℃以后，进入塑性范围，这时就可以快速加热，直到表面温度迅速升高到出炉所要求的温度。加热期结束时，金属断面上还有较大的温度差，需要进入均热期进行均热。此时钢的表面温度基本不再升高，而使中心温度逐渐上升，缩小断面上的温度差。三段式加热制度既考虑了加热初期温度应力的危险，又考虑了中期快速加热和最后温度的均匀性，兼顾了产量和质量两方面。在连续加热炉上采用这种加热制度时，由于有预热段，出炉废气温度较低，热能的利用较好，单位燃料消耗低。加热段可以强化供热，快速加热，减少了氧化与脱碳，并保证炉子有较高的生产率。这种加热制度是比较完善与合理的，适用于加热各种尺寸的碳素钢坯及合金钢坯。

多段式加热制度用于某些钢料的热处理工艺中，包括几个加热、均热（保温）、冷却段；也可指现代大型连续加热炉中，由于加热能力大而采用的多点供热多区段加热的情况。对于连续式加热炉来说，多段式加热虽然除预热段和均热段外还包括第一加热段、第二加热段等，但从加热制度的观点上说仍属于三段式加热制度。

4.2.3.6　钢的加热缺陷

钢在加热过程中，炉子的温度和气氛必须调整得当，如果操作不当，会出现各种加热缺陷，如氧化、脱碳、过热，过烧等。这些缺陷影响钢的加热质量，甚至造成废品，所以加热过程中应尽力避免。

A　钢的氧化

a　氧化铁皮的生成

钢在常温下也会氧化生锈，但氧化进行得很慢。温度继续升高后氧化的速度加快，到了1000℃以上，氧化开始激烈进行。当温度超过1300℃以后，氧化进行的更加剧烈。如果以900℃时烧损量作为1，则1000℃时为2，1100℃时为3.5，1300℃时为7。氧化过程是炉气内的氧化性气体（O_2、CO_2、H_2O、SO_2）和钢的表面层的铁进行化学反应的结果。根据氧化程度的不同，生成几种不同的铁的氧化物——FeO、Fe_3O_4、Fe_2O_3。氧化铁皮的形成过程也是氧和铁两种元素的扩散过程，氧由表面向铁的内部扩散，而铁则向外部扩散。外层氧浓度大，铁的浓度小，生成铁的高价氧化物；内层铁的浓度大而氧的浓度小，生成铁的低价氧化物。所以氧化铁皮的结构实际上是分层的，最靠近铁层的是FeO，依次向外是Fe_3O_4和Fe_2O_3。各层大致的比例是FeO占40%，Fe_3O_4占50%，Fe_2O_3占10%。这样的氧化铁皮其熔点约在1300～1350℃。

b　影响氧化的因素

（1）加热温度的影响。钢在加热时，炉温越高，而加热时间不变的情况下所生成的氧化铁皮量越多，因为随着温度的升高，钢中各成分的扩散速度加快。研究指出，氧化铁皮生成量与温度和时间的关系为：

$$W = a\sqrt{\tau}e^{\frac{b}{T}}$$

式中　a、b——常数；

τ——加热时间；

T——钢的表面温度。

（2）加热时间的影响。由上式可知，钢加热时间越长生成氧化铁皮越多，高温下生成氧化铁皮更多。

（3）炉气成分的影响。炉气成分一般包括CO_2、CO、H_2O、H_2、O_2、N_2等，根据燃料的不同还存在SO_2、CH_4等气体，其中H_2O、O_2氧化能力较大，其浓度大小直接影响到氧化铁皮的生成多少。

（4）钢的化学成分的影响。钢中碳含量大时，钢的烧损率有所下降；钢中含有Cr、Ni、Si、Mn、Al等元素时，由于这些元素氧化后能生成很致密的氧化膜，这样就阻碍了金属原子或离子向外扩散，结果使氧化速度大为降低。

c　减少钢氧化的措施

影响氧化的因素如上所述，其中钢的成分是固定的因素，因此要减少氧化烧损量主要从其他因素着手。具体措施有如下几种：

（1）根据加热工艺严格控制炉温，严格控制加热时间，减少钢在高温区域的停留时间，不出高温钢，该保温待轧的必须降温待轧。

（2）控制炉内气氛。在保证完全燃烧的前提下，降低空气消耗系数。严格控制炉膛压力，保证炉体的严密性，减少冷空气吸入，特别是减少炉子高温区吸入冷空气。此外，还应尽量减少燃料中的水分等。

（3）采取特殊措施，如采用少或无氧直接加热。其基本原理是高温段采用小的空气消耗系数，而在低温段则供入必要的空气，使不完全燃烧的成分燃烧完全。

B 钢的脱碳

a 脱碳的原因

钢料在高温炉内加热过程中，钢表面一层碳含量降低的现象称为脱碳。碳在钢中以 Fe_3C 的形式存在，它是直接决定钢的力学性能的成分。钢表面脱碳后将引起力学性能发生变化，特别是高碳钢，如工具钢、滚珠轴承钢、弹簧钢等都不希望发生脱碳现象，因此脱碳被认为是钢的缺陷，严重时将予以报废。钢的脱碳与它的氧化是同时发生的，并且相互促进。若钢的脱碳层深度大于氧化层深度，危害就大了。钢的脱碳过程是炉气中的 H_2O、CO_2、H_2、O_2和钢中的 Fe_3C 反应的结果，在这些气体成分中 H_2O 脱碳能力最强，其次为 CO_2、O_2、H_2。高温下钢的氧化和脱碳是相伴发生的，氧化铁皮的生成有助于抑制脱碳，使扩散趋于缓慢，当钢的表面生成致密的氧化铁皮时，可以阻碍脱碳的发展。

b 影响脱碳的因素

（1）加热温度的影响。对多数钢种来说，随着温度的增加，可见脱碳层几乎呈直线增加；有的钢种因一定高温后氧化速度大于脱碳速度，脱碳层会在一定高温后不再增加而是减少。

（2）加热时间的影响。在低温条件下即使钢在炉内时间较长，脱碳也不显著，在高温下停留的时间越长，则脱碳层越厚。一些易脱碳钢不允许长时间在高温下保温待轧，遇到故障停轧时间过长时应把炉内钢坯退出炉外。

（3）炉气成分的影响。从钢的脱碳过程可以看出，若炉气中存在着 H_2O、CO_2、O_2和 H_2，则钢必然脱碳，炉气都是脱碳气氛的，炉气中这几种气体的浓度大小是影响脱碳速度快慢的主要因素之一。而这些气体的含量决定于燃料种类、燃烧方法、空气消耗系数、炉膛压力等。实践证明，最小的可见脱碳层是在氧化性气氛中而不是在还原性气氛中得到的。

（4）钢的成分的影响。钢的碳含量越高，钢的脱碳越容易。合金元素对脱碳的影响不一，铝、钴、钨这些元素能促使脱碳；铬、锰、硼则减少钢的脱碳。易脱碳的钢种有碳素工具钢、模具钢、高速钢等。

c 减少钢脱碳的措施

前述减少钢的氧化的措施基本适用于减少脱碳。例如进行快速加热，缩短钢在高温区域停留的时间；正确选择加热温度，避开易脱碳的脱碳峰值范围；适当调节和控制炉内气氛，对易脱碳钢使炉内保持氧化气氛，使氧化速度大于脱碳速度；采取合理的炉型结构，易脱碳钢最好采用步进式炉，因为它可以控制钢在高温区的停留时间，一旦轧机因故障停轧，可以把炉内全部钢坯及时退出。脱碳问题对一般钢种来说，比起氧化的问题是次要的，只是加热易脱碳钢和某些热处理工艺需要注意。

C 钢的过热和过烧

钢的加热温度超过临界加热温度时，钢的晶粒就开始长大，即出现钢的过热。晶粒粗化是过热的主要特征，晶粒过分长大，钢的力学性能下降，加工时容易产生裂纹。

加热温度与加热时间对晶粒的长大有决定性的影响，加热温度越高、加热时间越长，晶粒长大的现象越显著；在加热过程中，应掌握好加热温度及钢在高温区域的停留时间。另外合金元素大多数是可以减少晶粒长大趋势的，只有碳、磷、锰会促进晶粒的长大。

当钢加热到比过热更高的温度时，不仅钢的晶粒长大，晶粒周围的薄膜开始熔化，氧进入了晶粒之间的间隙，使金属发生氧化，又促进了它的熔化，导致晶粒间彼此结合力大为降低，塑性变坏，这样钢在进行压力加工过程中就会裂开，这种现象就是过烧。

与过热相同，发生过烧往往也是由于在高温区域停留时间过长的缘故，如轧线发生故障、换辊等，遇到这种情况要及时采取措施。另外，过烧不仅取决于加热温度，也和炉内气氛有关。炉气的氧化能力越强，越容易发生过烧现象，在还原性气氛中，也可能发生过烧，但开始过烧的温度比氧化性气氛要高 60 ~ 70℃。钢中碳含量越高，产生过烧危险的温度越低。

已经过热的钢可以重新加热进行压力加工，过烧的钢不能重新回炉再加热，只有作为废钢重新冶炼。

4.2.3.7　加热炉的生产能力

A　加热炉生产能力的表示方法

炉子生产率是表示炉子生产能力大小的指标，即单位时间加热金属量（单位为 t/h 或 kg/h）。如小型连轧厂加热炉生产能力一般为 90t/h。

炉底强度是单位时间内单位炉底面积所加热的金属量（单位为 kg/(m^2 · h)），可用来比较不同炉子的生产能力。它有两种表示方法：一种是钢压炉底强度，另一种是有效炉底强度。两者之间的区别是前者的炉底面积是指钢压住的那一部分面积，后者的炉底面积是整个有效炉底面积。假设炉子生产率为 G，钢压面积或有效炉底面积为 A，则炉底强度为：

$$P = G/A$$

B　影响炉子能力的主要因素

影响炉子能力的主要因素有：

（1）工艺因素。作业周期、加热品种、钢料入炉温度、出钢温度、加热均匀性、工艺保温等工艺因素，决定了不同炉型和不同加热工艺的采用，决定了炉子的不同生产能力。如连续小型棒材轧机用节能型步进梁式炉的炉底强度可达 600 ~ 650kg/(m^2 · h)，而薄板连轧用的步进式炉炉底强度只有 370 ~ 560kg/(m^2 · h)。

（2）热工因素。工艺因素一定时，炉子的供热负荷、温度制度、炉压制度、供热制度、炉膛热交换、炉子余热利用等热工因素对炉子生产能力的大小起着关键性的作用。在轧线需要时，可通过提高供热负荷保持温度制度提高炉子能力，也可以适当提高炉温提高炉子产量，提高供热负荷。提高炉温时又必须考虑炉子热交换是否正常，炉压是否能够维持正常，换热器等是否能够适应。

（3）其他因素。在上述因素一定的情况下，进出炉温度、炉子的机械化和自动化装备水平等直接影响炉子能力。

4.2.4　热工制度

4.2.4.1　日常工作要求

（1）操作中应根据生产节奏和品种规格的变化，按加热制度进行调节。

（2）工作中严格执行勤检查、勤调整、勤联系的要求，及时调节空燃比，使燃料在各段达到完全燃烧，确保降低燃料消耗，减少钢坯氧化烧损。

（3）向工控机输入的各种加热参数应准确，各段参数控制应稳定，使工控机处于良好的运行状态。

（4）按照点检的要求进行检查，对发现的问题能处理的应及时处理，本岗位处理不了的应逐级汇报，并做好记录。对存在的问题应加强检查，分析原因并制定预防纠正措施，问题解决以后进行验证，记录形成闭环。

（5）班中应按要求准确、完整、清楚地填写（或打印）有关原始记录。

（6）严格执行加热制度和待轧制度，升温时先升均热、一加、下加，待轧顺时再升二加、侧加；降温时先降侧加、二加，然后再降下加、一加，最后降均热。

（7）当煤质差、空燃比在1.3以下或轧制节奏太快、出炉钢温不能满足生产要求时，及时反馈调度，建议生产车间控制轧制节奏，并做好待温记录。

（8）加热过程中应密切关注各段炉温和钢温的情况，并加以比较。当炉温超过加热要求时，应立即采取纠正措施，并在记录上方打上“△”，注明原因。

（9）勤调节烟道闸板，严禁炉头炉尾冒火或吸风，炉膛压力控制在10～30Pa为宜。

（10）无论正常生产还是事故停产时，烧嘴前的空气碟阀均不得关死。正常生产时，所使用烧嘴前的空气碟阀应全开，不使用烧嘴前的空气碟阀应保留1/5开度。

4.2.4.2 加热炉送煤气程序

（1）对新建的或改造的炉子，应对煤气管道系统、阀门、法兰进行试漏，确保严密无漏气。

（2）逐一检查确认所有的煤气烧嘴阀门必须处于关闭状态。

（3）检查各段煤气放散阀必须处于全开状态。

（4）各段煤气、空气执行器阀位必须保留一定的开度。

（5）全打开烟闸，启动风机。

（6）送煤气前应先用氮气清扫煤气管道，将管道内的空气排干净后方可送煤气，并要把煤气送到炉头。

4.2.4.3 加热炉点火程序

（1）点火前准备好火把，检查煤气和空气压力必须处于正常状态，水冷系统正常。

（2）点火前在煤气管道末端试验阀处用试验筒取样做煤气爆发试验，试验合格后方可点火。

（3）点火作业时，必须有专人指挥，一人执火把，一人开阀门，一人联系。

（4）烧嘴空气阀门开1/5往炉内送风。

（5）往炉内送明火，距离指定烧嘴砖约100mm。

（6）缓慢打开烧嘴前煤气旋塞阀直至点燃。

（7）如果烧嘴点不着或点着又灭，则停止点火，立即关闭该烧嘴煤气阀门，查明原因，处理完毕后排空15min，再按上述步骤点火。

（8）烧嘴点燃后，适当调整空燃比，使烧嘴燃烧情况达到正常。

（9）关闭各段煤气放散阀。

（10）烧嘴必须逐个点燃，有临近的烧嘴必须有专人监护方可引燃（炉温达到700℃以上可自燃）。全部烧嘴点燃后逐个调节，待燃烧正常后切换至工控机控制。

（11）调整烟道闸板位置，保持炉膛微正压。

4.2.4.4　加热炉闭火程序

（1）关闭所有煤气烧嘴阀门。逐一确认关闭无误后，全部打开烟道闸板。

（2）各段煤气、空气执行器阀位必须保持一定的开度，手操器全处于手动状态。

（3）接到关闭煤气总阀门通知后，先用氮气管接通煤气管送氮气，然后打开各段煤气放散阀对管道内的煤气进行吹扫，确认吹扫干净后，关闭氮气阀门，在煤气管阀门处堵盲板。

（4）打开热风放散阀。

（5）炉温降到500℃以下方可停风机。

4.2.4.5　过程监控

（1）按时检查炉体结构，以及煤气、空气阀门的严密性和烧嘴阀门的灵活性，发现问题及时采取措施进行处理。

（2）按时检查炉底水管及水梁的运行情况，确保出水温度小于55℃。

（3）随时观察煤气、空气压力情况，如果煤气压力不稳定应及时与调度联系，了解原因及发展趋势，如煤气总管调前压力低于4000Pa时即进入事故预案戒备状态，空气总管压力低于5000Pa时应检查风机运行是否正常，进风口有无堵塞、管道上各阀门有无关闭，热风放散阀是否关闭。

（4）定期检查烧嘴燃烧情况和换热器前后温度，发现异常及时采取应对措施。

4.2.4.6　应急措施

（1）当煤气总管调前压力低于4000Pa时，各段调节转换至手动状态，在煤气压力降低的同时要同比例降低空气压力，空气调节阀应保留至少1/5的阀位。

（2）煤气总管压力应保证调前不小于3200Pa、调后不小于2800Pa，如果压力下降到最低限并有继续下降的趋势时，视下降的幅度值确定关闭烧嘴的个数；调前煤压低于2500Pa时，立即启动报警，关闭全部烧嘴。

（3）当调前煤压不大于3200Pa时，严禁使用调节煤气支管执行器限制煤气流量的方法，应先减少空气量，后调煤气量，严禁比例失调，以保证烧嘴的正常燃烧。

（4）发生粘钢事故时，炉子不能降温，可适当提高均热段炉温，加快出钢速度；已经粘结而处理不开的坯料，应及时吊走以免影响正常出钢。待事故处理好后，方可正常调火。

4.2.4.7　煤气着火事故的处理

（1）煤气管道直径在150mm以下，可直接关闭煤气碟阀熄火。

（2）煤气管道直径在150mm以上，应逐渐关小煤气碟阀，降低着火处的煤气压力，但不得低于50～100Pa；火势减小后，再通入氮气熄火，严禁突然关死煤气碟阀（注意：当着火事故时间太长、煤气设备烧红时，不得用水冷却）。

（3）煤气泄漏时执行危险源点的预防措施。

（4）停电、停水、停煤气、防爆板崩时应立即执行加热炉突发事故预案。

4.3 棒材轧制

4.3.1 轧制工艺

4.3.1.1 轧制及其实现的条件

轧制又称压延，是指金属通过旋转的轧辊间受到压缩而产生塑性变形的压力加工过程。

A 轧制的目的

轧钢工序的两个任务是精确成形和改善组织、性能，因此轧制是保证产品实物质量的一个中心环节。

在精确成形方面，要求产品形状正确，尺寸精确，表面完整光洁。对精确成形有决定性影响的因素是孔型设计和轧机调整，变形温度、速度规程（通过对变形抗力的影响）和轧辊工具的磨损等也对精确成形有很重要的影响。为了提高产品尺寸的精确度，必须加强工艺控制，不仅要求孔型设计合理，而且也要尽可能保持轧制变形条件稳定，主要是温度、速度及前后张力等条件的稳定。

在改善钢材性能方面，有决定性影响的因素是变形的热动力因素，主要是变形温度、变形速度和变形程度。

变形程度与应力状态对产品组织性能的影响，一般来说，变形程度愈大，三向压力状态愈强，对于热轧钢材的组织性能越为有利。这是因为：

（1）变形程度大，应力状态强，有利于破碎金属内部合金成分的枝晶偏析及碳化物，且有利于改变其铸态组织。因此，需采用轧制或锻造，以较大的总变形程度进行加工，才能充分破碎铸造组织，使钢材组织致密，碳化物分布均匀。

（2）为改善力学性能，必须改善金属的铸造组织，使钢材组织致密，即要保证一定的总变形程度，也就是保证一定的压缩比。

（3）在总变形程度一定时，各道变形量的分配对产品质量也有一定的影响。这是考虑钢种再结晶的特性，如果是要求细致均匀的晶粒度，就必须避免落入使晶粒粗大的临界压下量范围内。

轧制温度规程要根据有关塑性、变形抗力和钢种特性等数据来确定，以保证产品正确成形而不出现裂纹，组织、性能合格及力能消耗少。轧制温度的确定主要包括开轧温度和终轧温度的确定。开轧温度的确定必须以保证终轧温度为依据；终轧温度因钢种不同而不同，它主要取决于产品技术要求中规定的组织性能。

变形速度或轧制速度主要影响到轧机产量，因此提高轧制速度是现代轧机提高生产率的主要途径之一。但轧制速度的提高受到电机能力、轧机设备及温度、机械自动化水平以及咬入条件和坯料规格等一系列设备和工艺因素的限制，轧制速度或变形速度通过硬化和再结晶的影响也对钢材组织性能产生一定的影响。此外，轧制速度的变化通过摩擦系数的影响，还经常影响到钢材尺寸精确度等质量指标。

B 实现轧制过程的条件

a 咬入条件

依靠旋转的轧辊与轧件之间的摩擦力，轧辊将轧件拖入轧辊之间的现象称为咬入。为使轧件进入轧辊之间实现塑性变形，轧辊对轧件必须有与轧制方向相同的水平作用力。

轧件的咬入过程如图 4-1 所示。

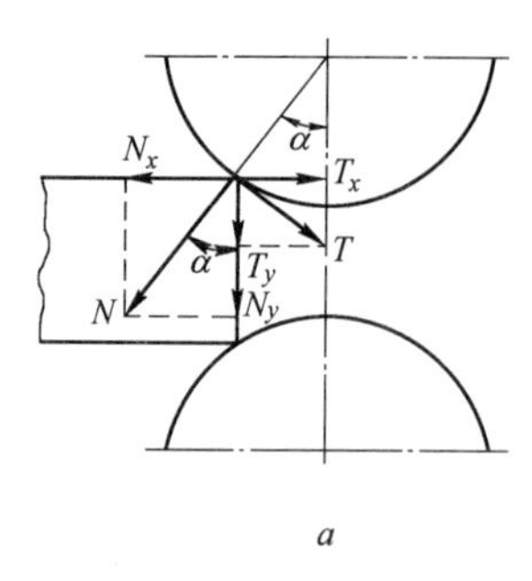

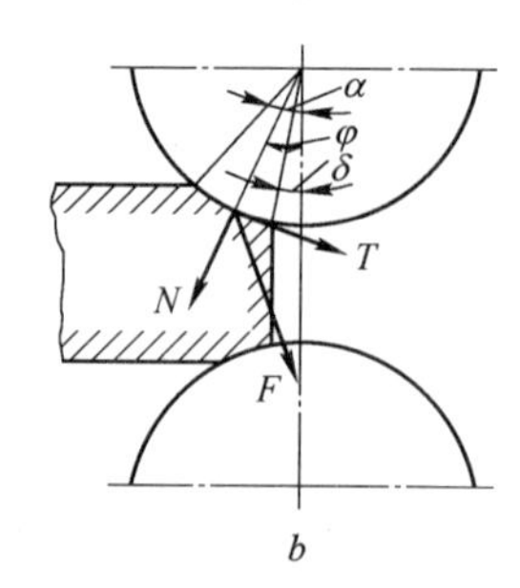

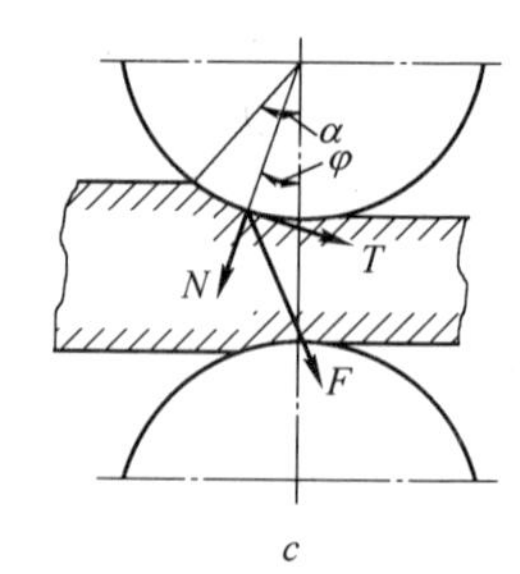

图 4-1 咬入过程

轧件首先与轧辊在圆周上的两点接触（图 4-1a），受到轧辊对其的作用力 N，同时由于两者之间存在摩擦，轧辊对轧件的摩擦力试图将轧件拖入轧辊之间，对其作用有摩擦力 T。显然，欲使轧辊咬入轧件，必须满足：

$$\Sigma F_x = T_x - N_x > 0$$

因为：

$$N_x = N\sin\alpha; \quad T_x = Nf\cos\alpha$$

式中 α——咬入角；

f——轧辊与轧件间的摩擦系数。

代入得：

$$Nf\cos\alpha - N\sin\alpha > 0$$

简化可得：

$$\tan\alpha < f$$

而：

$$f = \tan\beta$$

式中 β——摩擦角。

可得：

$$\alpha < \beta$$

由此可得出结论：轧件被轧辊自然咬入应满足咬入角 α 小于摩擦角 β 的条件。

b 稳定轧制条件

当轧件被轧辊咬入后开始逐渐充填辊缝（图 4-1b、c），在轧件充填辊缝的过程中，轧件前端与轧辊轴心连线间的夹角 δ 不断减小，当轧件完全充满辊缝时，$\delta = 0$，开始进入稳定轧制阶段。

c 改变咬入条件的途径

根据咬入条件 $\alpha < \beta$ 可得出：凡是能提高 β 角的一切因素和降低 α 角的一切因素都有利于咬入。

由于：

$$\alpha = \arccos(1 - \Delta h/ D)$$

式中 Δh——压下量；

D——轧辊直径。

那么，为降低 α 角，就可以增大轧辊直径 D 和减小压下量 Δh。

实际生产中常用的降低 α 角的方法有：

（1）以小头先送入轧辊或以带楔形的钢坯进行轧制，此时对应的咬入角较小。

（2）强迫咬入，即用外力将轧件强制送入轧辊中，如利用夹送辊。外力作用使轧件前端压扁，相当于减小接触角，从而改善咬入条件。

提高摩擦系数或摩擦角是较复杂的，因为在轧制条件下，摩擦系数决定于许多因素，如工具、变形金属的表面状态和化学成分，接触表面的单位压力，温度条件，轧制速度，工艺润滑剂等。

实际生产中主要从以下两个方面改善咬入条件：

（1）改变轧件或轧辊的表面状态，以提高摩擦角。如清除坯料上的氧化铁皮（钢坯表面的氧化铁皮使摩擦系数降低）；也可在孔型车削时有意使得轧槽表面粗糙或使用前在槽孔上刻痕，以增大摩擦系数。

（2）合理调整轧制速度。实践表明，摩擦系数是随轧制速度的提高而降低的。因此，可以实现低速自然咬入，之后随着轧件进入辊缝使咬入条件好转，再逐渐提高轧制速度达到稳定的轧制状态。

4.3.1.2 连轧常数及拉钢系数

A 连轧常数

一根轧件同时在两架以上轧机中进行轧制，并保持在单位时间内通过各架轧机的轧件体积相等，称为连轧。

连轧各机架依次顺序排列，轧件同时通过数架轧机进行轧制，各个机架通过轧件相互联系，从而使轧制的变形条件、运动条件和力学条件等都具有一系列特点。

由于轧件依次顺序通过各道轧机，轧件依靠上一机架的作用力的水平分力进入下一机架（在此期间进、出口导卫对其有一定的侧向约束作用），因此要确保每一机架对进入该道次的轧件顺利咬入。这就要求合理的工艺、孔型设计，同时要保证轧件头部形状和尺寸的正确性。通常连轧生产线中都设有 2~3 台飞剪，用于轧件的切头、切尾和事故状态下的碎断。

连续轧制时，随着轧件断面的缩小，其轧制速度递增，要保持正常的轧制条件就必须遵守轧件在轧制线上每一机架的秒流量保持相等的原则。其关系式为：

$$F_1v_1 = F_2v_2 = \cdots = F_nv_n = C$$

式中 F_1、F_2、…、F_n——分别为轧件通过各机架时的轧件断面面积；

v_1、v_2、…、v_n——分别为轧件通过各机架时的轧制速度；

C——各机架轧件的秒流量；

下角 1、2、…、n——机架序号。

此式还可简化为：

$$F_1D_1N_1 = F_2D_2N_2 = \cdots = F_nD_nN_n = C$$

式中 D_1、D_2、…、D_n——分别为各机架的轧辊工作直径；

N_1、N_2、…、N_n——分别为各机架的轧辊转速。

轧件在各机架轧制时的秒流量相等，即为一个常数，这个常数称为连轧常数。以 C 代表连轧常数时有：

$$C_1 = C_2 = \cdots = C_n = C$$

影响金属秒流量的因素：一个是轧件断面面积，另一个是轧制速度。

轧件断面面积一旦调整好就固定不变（实际上，由于有摩擦而存在磨损，孔型面积有不断变大的趋势），只有通过调整轧制速度来满足金属秒流量平衡关系。

轧件上的张力变化是由于轧件通过相邻机架的金属秒流量差引起的，所以调整各机架轧制速度就可以改变金属轧件的秒流量，从而达到控制张力的目的。但在实际应用中，轧件面积无法给出精确的数值，故一般采用金属延伸系数的概念来加以描述。

在连续小型棒材轧机中，n 机架的延伸系数 R_n 应等于 n 机架的速度和 $n-1$ 机架速度之比，即：

$$R_n = v_n/v_{n-1}$$

根据上式，只要给出基准机架的轧制基准速度和各机架的延伸系数，就可求出各机架的轧制速度，据此进行各机架的速度设定。但是，因为操作者给出的延伸系数 R_n 带有经验性，加上轧制每根钢坯的具体条件和状况，如外形尺寸和温度变化等不可能完全一样，其结果导致上述关系遭到破坏，所以连续轧制过程中为了维持上述关系新的平衡，均在控制系统中设置了微张力控制和活套调节功能。

微张力控制和活套调节都属于张力控制的范围。微张力控制一般用在轧件断面大、机架间距小、不易形成活套的机架之间，如粗轧机组和中轧机组中；而活套无张力调节则是用在轧件断面小、易于形成活套的机架之间，如精轧机组中。

轧制速度按控制方向有逆调和顺调之分。对于单线连续轧机，采用逆调较为合理，即选用最后精轧机架为基准机架，逆轧制线方向调节上游机架的轧制速度，以此来控制全轧线的轧制张力。

与顺调相比，逆调有以下优点：

（1）可以减少精轧机基准机架后的辅助传动的速度波动。

（2）上游机架轧辊速度较下游机架慢些，与顺调相比系统动特性可以得到一些改善。

B 拉钢系数

在连续轧制时，保持理论上的秒流量相等使连轧常数恒定是相当困难的，甚至是办不到的。为使轧制过程能够顺利进行，常有意识地采用堆钢或拉钢的操作技术。

拉钢轧制有利也有弊，有利是说不会出现因堆钢而产生的事故，有弊是指轧件头、中、尾尺寸不均匀，特别是在精轧机组，将直接影响到成品质量，使轧件的头尾尺寸超出公差范围。

小型棒材连轧的过程中，一般在设有活套器的机架间采用活套轧制，即无张力轧制。而在其他机架之间采用轻微拉钢轧制，即微张力轧制。

拉钢系数是拉钢或堆钢的一种表示方法。以 K_n 代表第 n 道次拉钢系数，则有：

$$\begin{aligned} K_n &= F_nD_nN_n(1 + S_n)/F_{n-1}D_{n-1}N_{n-1}(1 + S_{n-1}) \\ &= C_n/C_{n-1} \end{aligned}$$

当 $K_n < 1$ 时，为堆钢轧制；当 $K_n > 1$ 时，为拉钢轧制。

拉钢率是堆钢与拉钢的另一种表示方法。以 ε_n 代表第 n 道次的拉钢率，则有：

$$\begin{aligned}\varepsilon_n &= (C_n - C_{n-1})/C_{n-1} \times 100\% \\ &= (C_n/C_{n-1} - 1) \times 100\% \\ &= (K_n - 1) \times 100\%\end{aligned}$$

当 $\varepsilon_n < 0$ 时，为堆钢轧制；当 $\varepsilon_n > 0$ 时，为拉钢轧制。

从理论上讲，连续轧制时各机架的秒流量相等，连轧常数是恒定的。在考虑前滑影响后这种关系仍然存在。但当考虑了堆钢和拉钢的操作条件后，实际上各机架的秒流量已不相等，连轧常数已不存在，而是在建立了一种新的平衡关系情况下进行生产的。

4.3.1.3 轧钢工艺制度

轧钢工艺制度主要包括温度制度、轧制制度和冷却制度。

A 温度制度

在轧钢之前要将原料进行加热，其目的在于提高钢坯的塑性，降低变形抗力及改善金属内部组织和性能，以便于轧制加工，即一般要将钢加热到奥氏体单相固溶体组织的温度范围内，并使之有较高的温度和足够的时间以均化组织及溶解碳化物，从而得到塑性高、变形抗力低、加工性能好的金属组织。

一般情况下为了更好地降低变形抗力和提高塑性，加工温度应尽量高一些好。但是高温及不正确的加热制度可能造成钢的强烈氧化、脱碳、过热、过烧等缺陷，降低钢的质量，导致废品。因此，钢的加热温度主要应根据各种钢的特性和压力加工工艺要求，从保证钢材质量和产量出发进行确定。

温度制度规定了轧制时的温度范围，即开轧温度和终轧温度。开轧温度是轧制过程中第一道次的轧制温度，终轧温度是轧制最后一道次的轧出温度。在连续小型生产中，开轧温度一般在1050～1150℃，终轧温度一般在950～1000℃左右。

坯料的加热时间长短不仅影响加热设备的生产能力，同时也影响钢材的质量。即使加热温度不过高，也会由于时间过长而造成加热缺陷。合理的加热时间取决于原料的钢种、尺寸、装卸温度、加热速度及加热设备的性能与结构。

B 轧制制度

轧制制度主要包括变形制度和速度制度。

a 轧制过程中的横变形——宽展

在轧制中轧件的高度方向受到轧辊的压缩作用，压缩下来的金属，将按最小阻力定律移向纵向及横向，由移向横向的体积所引起的轧件宽度的变形称为宽展。正确估计轧制中的宽展是保证断面质量的重要一环。在棒材生产中，如果计算宽展大于实际宽展，则孔型充填不满，造成很大的椭圆度；如果计算宽展小于实际宽展，则孔型充填过满，形成耳子。以上两种情况均造成轧制废品。

在不同的轧制条件下，坯料在轧制过程中的宽展形式是不同的。根据金属沿横向流动的自由程度，宽展分为自由宽展、限制宽展和强迫宽展。

自由宽展是指坯料在轧制过程中，被压下的金属体积其金属质点横向移动时，具有向垂直于轧制方向的两侧自由移动的可能性。此时，金属流动除受接触摩擦的影响外，不受其他任何（如孔型侧壁等）的阻碍和限制，结果表现出轧件宽度尺寸的增大。自由宽展时变形比较均匀，它是最简单的轧制情况。

限制宽展是指坯料在轧制过程中，金属质点横向移动时，除受接触摩擦的影响之外，还受孔型侧壁的限制，因而破坏了自由流动条件，这时产生的宽展称为限制宽展。限制宽展中形成的宽展量一般小于自由宽展时所形成的宽展量。

强迫宽展是指坯料在轧制过程中，金属质点横向移动时，不仅不受任何阻碍，反而受到强烈的推动作用，致使轧件宽度产生附加的增长，此时产生的宽展为强迫宽展。由于出现有利于金属质点横向移动的条件，所以强迫宽展大于自由宽展。

b　轧制过程中的纵变形——前滑和后滑

实践证明，轧制中在高度方向受到压缩的那部分金属，一部分向纵向流动，使轧件形成延伸，而另一部分金属向横向流动，形成宽展。轧件的延伸是由于被压下金属向轧辊入口和出口两个方向流动的结果。

在轧制过程中，轧件出口速度 v_h 大于轧辊在该处的线速度的现象称为前滑；而轧件进入轧辊的速度 v_H 小于轧辊在该点处线速度 v 的水平分量 $v\cos\alpha$ 的现象称为后滑。

通常将轧件出口速度 v_h 与对应点的轧辊圆周速度的线速度 v 之差与轧辊圆周速度的线速度之比，称为前滑值，即：

$$S_h = (v_h - v)/v \times 100\%$$

式中　S_h——前滑值；

v_h——在轧辊出口处轧件的速度；

v——轧辊圆周速度的线速度。

而后滑值是指轧件入口断面轧件的速度 v_H 与轧辊在该点处圆周速度的水平分量 $v\cos\alpha$ 之差同轧辊圆周速度水平分量 $v\cos\alpha$ 之比，即：

$$S_H = (v\cos\alpha - v_H)/(v\cos\alpha) \times 100\%$$

式中　S_H——后滑值；

v_H——在轧辊入口处轧件的速度；

α——咬入角。

按秒流量相等的条件，则有：

$$F_H v_H = F_h v_h$$

或：

$$v_H = F_h/F_H v_h = v_h/\mu$$

式中　μ—延伸系数。

根据前滑值定义公式 $v_h = v(1 + S_h)$，代入可得：

$$v_H = v/\mu(1 + S_h)$$

代入后滑值定义公式可得：

$$\mu = (1 + S_h)/[(1 - S_H)\cos\alpha]$$

由以上公式可知，前滑和后滑是延伸的组成部分。当延伸系数 μ 和轧辊圆周速度 v 已知时，轧件进出轧辊的实际速度 v_H 和 v_h 决定于前滑值 S_h，或知道前滑值便可求出后滑值 S_H。此外还可看出，当延伸系数 μ 和咬入角 α 一定时，前滑值增加，后滑值就必然减小。

影响前滑的因素很多，主要表现在：

（1）压下率。前滑随压下率的增加而增加。其原因是由于多向压缩变形增加，纵向和横向变形都增加，因而前滑值增加。

（2）轧件厚度。轧后轧件厚度越小时前滑增加。

（3）轧辊直径。前滑值随辊径增加而增加。这是因为在其他条件相同的条件下，当辊径增加时，咬入角就要减小，而摩擦角保持常数，所以稳定轧制阶段的剩余摩擦力就增加，由此将导致金属塑性流动速度的增加，也就是前滑的增加。

（4）摩擦系数。在压下量及其他工艺参数相同的条件下，摩擦系数越大，其前滑值越大。

（5）张力。前张力增加时，金属向前流动的阻力减小，从而增加前滑区，使前滑增加。反之，存在后张力时，则后滑区增加。

（6）孔型形状。因为沿孔型周边各点轧辊的线速度不同，但由于金属的整体性轧件横断面上各点又必须以同一速度出辊，这就必然引起孔型周边各点的前滑值不一样，所以轧制时所使用的孔型形状对前滑值有影响。

影响金属在变形区内沿纵向及横向流动的因素很多，但都是建立在最小阻力定律及体积不变定律的基础之上的。

c 轧件在变形区内各断面上的运动速度

当金属由轧前高度 H 轧到轧后高度 h 时，由于进入变形区后高度逐渐减小，根据体积不变条件，变形区内金属质点运动速度不可能一样。金属各质点之间以及金属表面质点与工具表面质点之间就有可能产生相对运动。

设轧件无宽展，且沿每一高度断面上质点变形均匀，其运动的水平速度一样。此情况下，根据体积不变条件，轧件在前滑区相对于轧辊来说，超前于轧辊，而在出口处的速度 v_h 为最大；在后滑区，轧件速度落后于轧辊线速度的水平分速度，并在入口处的轧件速度 v_H 为最小；在中性面上，轧件与轧辊的水平分速度相等，并用 v_γ 表示在中性面上的轧辊水平分速度。

由此可得出：

$$v_h > v > v_H$$

变形区任意一点轧件的水平速度可以用体积不变条件计算，也就是在单位时间内通过变形区内任一断面上的金属体积应为一个常数，即金属秒流量相等。每秒通过入口断面、出口断面及变形区内任一横断面的金属流量可用下式表示：

$$F_H v_H = F_x v_x = F_h v_h = \text{常数}$$

式中 F_H、F_h、F_x——分别为入口断面、出口断面及变形区内任一断面的面积；

v_H、v_h、v_x——分别为入口断面、出口断面及变形区内任一断面上的金属平均运动速度。

4.3.2 孔型系统

4.3.2.1 孔型及其构成

以钢坯（或钢锭）为原料来轧制各种不同断面的产品，通常要在一组（架）轧机上经若干道次轧制，使金属逐渐变形，最后得到所需形状与尺寸的产品，为此必须在轧辊上按需要加工出轧槽，这种由两个或两个以上的轧槽在通过轧辊轴线的平面上投影所构成的形状称为孔型。

孔型主要由以下几部分构成：

（1）辊缝。辊缝可以防止轧辊彼此的直接接触，避免互相磨损和由此增加的能量消耗。在许多情况下，调整辊缝值的大小可改变孔型的尺寸，这在提高孔型的共用性和节约轧辊备用量方面是很有价值的。但辊缝值过大会使轧槽变浅，起不了限制金属流动的作用，使轧件形状不正确。

（2）孔型侧壁斜度。任何孔型的侧壁都需保持一定的斜度，以便在孔型磨损后，能在原有轧槽位置上稍经车削即可使形状和尺寸得到复原。此外，孔型侧壁斜度还有利于使轧件进、出槽孔。

（3）孔型的圆角。除有特殊要求者外，孔型的内、外棱角处通常都必须进行适当的圆化。圆角又可分为内圆角和外圆角。内圆角可防止轧件角部的急剧冷却，减轻应力集中。外圆角有调节轧件在孔型中充满程度的作用，防止由于宽展量的增加在孔型内过充满而形成“耳子”，这样可避免轧件在继续轧制时形成折叠，同时外圆角也可起到避免尖锐的棱角划伤轧件的作用。

（4）锁口。当采用闭口孔型及轧制某些异形型钢时，为控制轧件的断面形状而使用锁口。用锁口的孔型，其相邻道次孔型的锁口一般是上下交替出现的。

4.3.2.2　常用延伸孔型系统及其特点

采用何种孔型系统，要根据具体的轧制条件，包括坯料形状、尺寸、轧制产品、钢种、轧机形式、电机能力、辅助设备、轧辊直径、技术装备水平等来确定。

常用孔型系统有：

（1）箱形孔型系统。它运用于小型棒材或线材轧机的粗轧。其特点有：

1）用改变辊缝的方法轧制多种尺寸不同的轧件，共用性好；可减少孔型数量，减少换辊换槽次数，提高作业率。

2）与等面积的其他孔型相比，箱形孔型刻槽浅，故轧辊强度较高，可满足较大的变形量。

3）沿轧件宽度方向的变形均匀，故孔型磨损均匀，且变形能耗小。

4）易于脱落轧件上的氧化铁皮，改善轧件表面质量。

5）轧件断面温度比较均匀。

6）因箱形孔型的形状特点，难以轧出几何形状精确的轧件。

7）由于轧件在孔型中仅受两个方向的压缩作用，故其侧表面不易平直。

8）箱形孔型中轧制的轧件，因侧壁斜度设计不合适，易产生倒钢现象，增加导卫消耗，并产生刮丝缺陷。

箱形孔型中的延伸系数一般为1.15～1.6，其平均延伸系数可取1.15～1.4。

（2）椭圆—圆孔型系统。其特点有：

1）可由中间道次孔型出成品螺纹钢，因此可减少换辊操作。

2）轧件无明显棱角，温度均匀。

3）轧件在孔型中的变形较均匀，形状过渡平滑，可减少局部应力集中。

4）在这种孔型中轧制有利于脱落表面氧化铁皮。

5）延伸系数较小，导致轧制道次增加。

6）椭圆进入圆孔型轧制时轧件不稳定，易倒钢，对导卫要求严格。

7）轧件在圆孔型中轧制易出现耳子等表面缺陷。

这种孔型系统的延伸系数一般为1.1～1.5。

（3）无孔型轧制。无孔型轧制是在不刻槽的平辊中，通过方—矩形变形过程，断面减小到一定程度，再通过一定数量的精轧孔型，最终轧制成方、圆、扁等断面轧件。无孔型轧制时，辊缝高度即为自由宽展后的轧件宽度，没有孔型侧壁对轧件的作用。无孔型轧制的特点有：

1）因轧辊上无孔型，改变产品规格时，仅通过调节辊缝即可实现，故提高了轧机作业率。

2）轧辊上不刻槽，轧辊辊身特别是外层硬度层能充分利用，可使辊身的有效利用长度提高到75%～80%，每个轧制部位的耐久性可比有孔型轧制提高1.5～2倍，使轧辊使用寿命提高3～4倍。

3）轧件在平辊上轧制，不会出现耳子、欠充满、孔型轴错等有孔型轧制中的缺陷。

4）可大幅度降低轧辊车削时的金属消耗量，使轧辊加工的工时减少5倍，加工成本降低1.5～2倍，且车削加工简单。

5）因减少了孔型侧壁的限制作用，沿宽度方向变形均匀，因此降低变形抗力，可节约能耗。

6）有利于去除轧件表面的氧化铁皮。

7）轧件在一对平辊间轧制，失去了孔型侧壁对其夹持作用，易出现歪扭脱方现象。

4.3.2.3 典型产品孔型设计的分析

以150mm×150mm方坯生产ϕ14mm圆钢产品为例，分析这种典型产品的孔型。

圆钢ϕ14mm产品，其轧制速度保证值为18m/s，小时生产量为73.7t，每支钢坯轧制间隔时间为5s，纯轧时间为79.6s，轧制总延续时间为139.5s，总延伸系数为146.2，平均延伸系数为1.32，该产品需轧制18道次。图4-2为ϕ14mm产品孔型系统示意图。

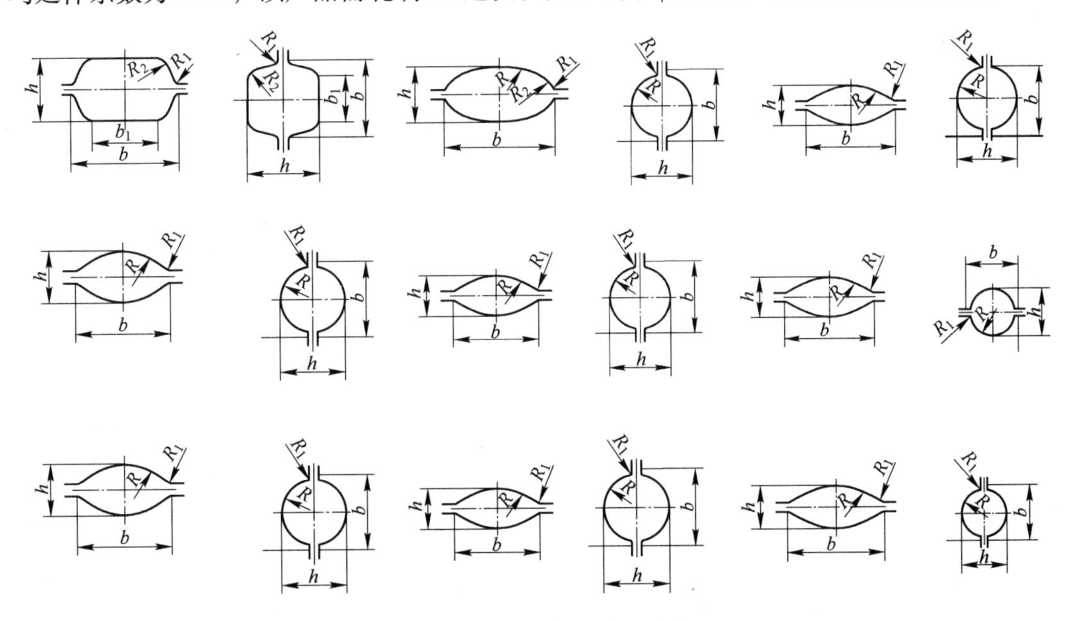

图4-2 ϕ14mm产品孔型系统

A　箱形孔型

粗轧1、2架采用箱形孔型，该种孔型在轧辊上的刻槽较浅，这样降低了轧辊所受应力，相对地提高了轧辊的强度，可增大压下量。

粗轧前几道次采用箱形孔对轧制大断面的轧件是有利的，而且在孔型中轧件宽度方向上的变形比较均匀，轧辊刻槽较浅，可满足大的压下量轧件。但在这种孔型中轧制，金属只能受两个方向的加工，且由于该孔型存在有侧壁斜度，轧出的矩形断面不够规整。该孔型采用的孔型侧壁斜度为$y=15.0\% \sim 20.0\%$。孔型的侧壁斜度对轧件有扶正的作用，其值如果设计合理，不仅可提高轧件在孔型中的稳定性，易使轧件脱槽，而且还可提高咬入角，增加咬入能力。

箱形孔型槽底宽度b_1值要使咬入开始时轧件首先与孔型侧壁四点接触，产生一定的侧压以夹持轧件，提高稳定性和咬入能力。但b_1值太大会产生无侧压作用，导致稳定性差；而b_1值过小，侧压过大，会使孔型磨损太快或出耳子，从而影响轧件质量。

在设计中，箱形孔型的延伸系数选用$\mu=1.25 \sim 1.5$。

B　平椭圆孔型

粗轧第3架采用弧底平椭圆孔型，这道孔型是由箱形孔型进入后续的椭圆—圆孔型的过渡孔型，是变态的椭圆孔。它减轻了由箱形孔进入圆孔型轧制而引起的轧件断面形状巨变，以及由此产生的圆孔型的过度磨损，而且进入下一道圆孔型比椭圆断面轧件进入圆孔型有较好的稳定性和较大的延伸系数，设道次延伸系数$\mu=1.42 \sim 1.46$。同时，平椭圆孔型有利于进一步除去轧件表面的氧化铁皮，改善轧件表面质量。

C　椭圆、圆孔型

从粗轧第5架至精轧第18架，采用椭圆—圆孔型系统。此系统中轧件在轧制前后的断面形状过渡缓和，所轧出的断面光滑无棱。但这种系统中圆孔型对来料尺寸波动适应能力差，易出耳子和欠充满，对调整要求较高，而且延伸系数也不大，特别是在精轧道次。对于ϕ14mm螺纹钢产品平均延伸系数$\mu_p=1.21$。因椭圆—圆孔型系统的延伸小，以往应用不太广泛，但在轧制优质或高合金钢时，采用这种孔型系统能提高产品的表面质量，虽然轧制道次有所增加，但可减少精整工作量和提高成品率，从经济上来说是合理的。随着棒材连轧技术的发展，椭圆—圆孔系统的应用已逐渐扩展，而且在轧线上设置飞剪，切去轧件头部的缺陷，更有利于实现轧制的自动化。

另外，对于轧制圆钢与轧制相同尺寸的螺纹钢仅在成品前孔不同，其成品前孔变为平椭圆孔型，而不是椭圆孔型。其延伸系数与螺纹钢轧制时延伸系数比较如表4-1所示。

表4-1　圆钢与螺纹钢延伸系数比较

坯料尺寸/mm×mm	道次	$\mu_{圆}$	$\mu_{螺}$	坯料尺寸/mm×mm	道次	$\mu_{圆}$	$\mu_{螺}$
120×120	K_1	1.15～1.17		150×150	K_1	1.16～1.18	1.2～1.4
	K_2	1.20～1.22			K_2	1.10～1.30	1.1～1.2

从表4-1可得：对于圆钢产品，K_2与K_1相比延伸系数变化不大，K_1略小；对于螺纹钢产品，K_1孔延伸系数较K_2孔延伸系数要大，使得金属在螺纹孔型K_1中充满，形成正常的符合要求的筋肋。

椭圆轧件进入圆孔型轧制，孔型侧壁对轧件夹持力小，当轧件轴线稍有偏斜时即产生倒钢，稳定性差，对导卫要求较高。因此，小型棒材连轧生产线中，椭圆进圆孔型轧制时，入口导卫都采用滚动式，以提供足够的夹持力，保证轧件以正确的方式进入下一道次轧制。再者，孔型侧壁对宽展的限制作用小，圆孔型中的宽展大，但与其他孔型相比，在圆孔型中留有的宽展空间尺寸小，允许宽展的变形量也就小，因此，这一方面限制了延伸系数，另一方面容易出耳子。

椭圆孔型的参数 h、b 与其后圆孔型参数 d 的关系由于所用的经验数据不同，所设计的孔型不外乎是薄而宽或厚而窄的椭圆，只要掌握压下与宽展的关系，灵活运用，通过轧制时的调整，都能轧出合格的产品。

对于 ϕ14mm 的产品：

$$h = (0.65 \sim 0.85)d$$

$$b = (1.50 \sim 2.30)d$$

实践证明，只用一个半径绘制出的螺纹钢孔型，是难以轧出合格螺纹钢的，这是因为在这种孔型中，轧制条件如轧制温度、孔型磨损以及来料尺寸等的微小波动，都会形成耳子或欠充满，此时，为得到合格成品，就必须不停地调整，从而使调整操作困难。为消除上述缺点，应将螺纹钢孔设计成孔型高度小于孔型宽度，即带有扩张角 ψ 的圆孔型。但现常用的圆孔型则是带有弧形侧壁的孔型，而这种带直线侧壁圆孔型，由于两侧壁为直线形状而增加了出耳子的敏感性。

孔型高度为：

$$h = \alpha d$$

式中 α——线膨胀系数，对于普碳钢 $\alpha = 1.011 \sim 1.015$，终轧温度高，取上限。

孔型圆弧半径为：

$$R = h/2$$

槽口宽度为：

$$b = 2R/\cos\psi - s\tan\psi$$

式中 s——辊缝；

ψ——扩张角。

扩张角 $\psi = 30°$，则：

$$b = 2.31R - 0.577s$$

对于成品圆孔 K_1 的设计，采用单一半径的圆孔。槽口圆角和辊缝选用较小的数值。通过延伸孔型和成品前孔精确的轧制，在此道次采用较小的延伸系数（ϕ14mm 产品，K_1 孔的延伸系数 $\mu = 1.16$），这样也有利于调整而轧制出合格的成品。

辊缝值具有补偿轧辊弹跳、保证轧后轧件高度、补偿轧槽磨损、增加轧辊使用寿命、提高孔型共用性的作用，即通过调整辊缝可得到不同断面尺寸的孔型；同时方便轧机的调整，且减小轧辊切槽深度。

在不影响轧件断面形状和轧制稳定性的条件下，辊缝值 s 愈大愈好，但在接近成品孔型的几个孔型中，辊缝不能太大，否则会影响轧件断面形状和尺寸的正确性。

成品孔型辊缝值 s 与产品规格的关系如下：

产品规格/mm	s/mm
ϕ10 ~ 17	1.0
ϕ18 ~ 30	1.5
ϕ32 ~ 40	2.0

槽口圆角可避免轧件在孔型中略有过充满时，形成尖锐的耳子，同时当轧件进入孔型不正时，它能防止辊环刮切轧件侧表面而产生的刮丝缺陷。

螺纹钢成品孔型的槽口圆角 r 与产品规格的关系如下：

产品规格/mm	s/mm
ϕ10 ~ 11	1.5
ϕ12 ~ 25	2.0
ϕ26 ~ 30	2.5
ϕ32 ~ 40	3.0

4.3.2.4　切分孔型轧制

A　切分轧制的概念

切分轧制，就是在轧制过程中把一根钢坯利用孔型的作用，轧成具有两个或两个以上相同形状的并联轧件，再利用切分设备或轧辊的辊环将并联轧件沿纵向切分成两个或两个以上的单根轧件。

在小型棒材的生产中，直径小于 16mm 的钢筋占总产量的 60% 左右。而棒材的生产率随直径的减小而降低。再者，由于棒材的生产率随产品规格的不同而波动，使连铸连轧工艺的实现变得困难。因为连铸连轧的一个重要条件是炼钢、连铸和轧钢的生产能力必须相匹配，所以要使轧制各种直径棒材的生产率基本相等，以实现棒材的连铸连轧，就必须提高小规格棒材的生产率。

近来新建的小型棒材生产线在生产小规格产品如 ϕ10 ~ 16mm 时常采用两线、三线或四线切分轧制。ϕ10mm、ϕ12mm 产品采用两线切分轧制时，其小时产量在 75t/h 以上，与其他单线生产的产品小时产量相接近。这样既便于轧制节奏的均衡，又在不增加轧制道次的前提下提高了产量，且充分发挥了轧机设备的生产能力。

切分轧制的工艺关键在于切分装置工作的可靠性、孔型设计的合理性、切分后轧件形状的正确性以及产品实物质量的稳定性。

B　切分轧制的特点

切分轧制具有以下特点：

（1）可大幅度提高轧机产量。对小规格产品，用多线切分轧制缩短了轧件长度，缩短了轧制周期，从而可提高生产率。即使采用较低的轧制速度，也能得到高的轧机产量。

（2）可使不同规格产品的生产能力均衡，为连铸连轧创造条件。因为炼钢连铸的能力相对稳定，而轧钢能力波动大，采用切分轧制可以保证多种规格棒材的轧制能力基本相等，从而为连铸连轧生产创造有利条件。

切分轧制不仅使不同规格产品的轧制生产能力均衡，而且可使轧机、冷床、加热炉及其他辅助设备的生产能力得到充分发挥。

(3) 在轧制条件相同的情况下，可以采用较大断面的坯料；或在相同坯料断面情况下，减少轧制道次，减少设备投资。

(4) 节约能源，降低成本。轧钢总能耗的80%左右用于钢坯加热，由于切分轧制为连铸连轧提供了可能性，因此可节约大量能源。而且，因轧制道次少，钢坯的出炉温度可适当降低，为低温轧制创造了有利条件。切分轧制时燃料可节约20% ~30%，电能可节约15%，水和其他吨钢消耗指标都有所降低。

但切分轧制仍存在一定的问题，采用此项技术必须严格按工艺制度进行操作。存在的主要问题有：

(1) 切分带容易形成毛刺，如果处理不当有可能形成折叠。因此，棒材连轧生产中切分轧制多用于轧制螺纹钢筋产品。

(2) 坯料的缩孔、夹杂和偏析多位于中心部位，经切分后易暴露至表面，形成表面缺陷。

(3) 当用切分装置分开并联轧件时，由于轧件受切分刀片的剪切力，剪切后轧件易扭转，影响轧件断面形状和切分质量。因此，应当调整好进、出口导卫位置和切分装置间距，保证轧件不被切偏。

切分孔型设计中需注意的问题是：

(1) 充分考虑轧机弹跳。因为要求并联轧件的连接带很薄，一般为0.5 ~4mm，如果弹跳值过大，则不能保证切分尺寸的要求。

(2) 切分孔型的楔角应大于预切孔的楔角，以保证楔子侧壁有足够的压下量和水平分力。楔角取值60°左右。

(3) 楔子角度和尖部的设计要满足楔子头部耐磨损、耐冲击的要求，防止破损。

(4) 切分楔子尖部应低于辊面（低0.4mm），保证尖部不被碰坏。

(5) 连轧切分时，要精确计算轧件断面，确保切分后轧件在各机架间和两根轧件在同一机架上的秒流量相等，或使堆拉系数达到所设定的数值，减少轧件间相互堆拉而产生的生产事故。

此外，还要考虑切分后有采用双线或多线轧制的设备条件；同时还要考虑钢坯质量状况，以防止切分后金属内部缺陷暴露于成品外表面。

4.3.3 导卫装置

4.3.3.1 轧机导卫装置

A 概述

导卫装置是型钢生产中必不可少的诱导装置，安装在轧辊孔型的入口和出口处。导卫装置的作用是引导轧件按所需的方向进出孔型，确保轧件按既定的变形条件进行轧制。

导卫装置的设计和使用正确与否，直接影响产品的质量和机组能力的发挥。使用正确的导卫装置可以有效地避免刮切、挤钢、缠辊等事故的发生，改善轧辊的工作条件，个别情况下还有使金属变形和翻转的作用。导卫装置按其用处可分为入口导卫和出口导卫；按其类型可分为滑动导卫和滚动导卫。

构成棒材轧机用导卫装置的主要部件有：导卫梁、导板、导板盒、导管、导管盒、导辊、滚动导卫盒、扭转辊等其他能使轧件在孔型之外产生变形和扭转的装置。

B　滑动导卫

单纯以滑动摩擦的方式引导轧件进出孔型的导卫装置都可以称之为滑动导卫。滑动导卫结构简单、维护方便、造价低廉，使用中存在磨损快、精度低的缺点。在棒材生产中滑动导卫一般用于引导箱形和圆形等简单断面的轧件。

棒材轧机的滑动导卫按其设计方法的不同可分为：粗轧滑动导卫和中、精轧滑动导卫。

a　粗轧滑动导卫

粗轧滑动导卫所引导的轧件断面较大，导卫所承受的侧向力大，导卫的设计采用整体焊接钢板结构，用高强度螺栓固定。

底座设计为双燕尾结构，分别为45°和60°，用压铁和两组螺栓固定于导卫梁上，其长度根据导卫梁的形状来确定。其他重要尺寸确定如下：

H：与导卫高度有关的尺寸，入口导卫侧板应高于轧件30～50mm。

Z：导卫过钢面与孔型底面有关的高度尺寸，一般粗轧导卫底面应低于孔型底面10～15mm，保证轧件能顺利地进出导卫。

ΔR：辊环与导板的间隙值，通常取$\Delta R=15\sim30$mm，使轧辊有足够的调整范围。

导卫的长度和宽度根据轧机的布置特点、机架间的距离来确定。

导卫用钢板的厚度根据强度要求取值，一般为30～60mm。

b　中、精轧滑动导卫

小型厂中、精轧滑动导卫入口主要由导板、导板盒构成，出口由导管、导管盒构成。

导板盒与导管盒是用来固定和调整导板和导管的整体框架，在其两侧和上方采用螺栓锁紧。其结构依靠导板和导管的尺寸来确定。

中、精轧滑动导卫孔型设计为方孔型，用于夹持圆形轧件，主要尺寸确定如下：

导板孔型宽度a的取值：一般比圆形轧件直径大10～15mm。

导板孔型高度b的取值：一般为b=轧件直径/2+(1～3)mm，对断面较大的轧件b取上限。

导板孔型直线部分长度L_z的取值：L_z的尺寸在导板设计中极为重要，一般取决于轧件的大小和形状。如果诱导的轧件为圆形或断面较小，L_z可适当取短一些。对于椭圆形轧件则应视情况而定。在能扶正轧件的情况下，L_z越短越好，L_z过长，会使轧件在导板中受到的阻力过大，进入孔型困难，但L_z过短，则难以扶正轧件。一般中、精轧用导板L_z的取值为60～120mm，圆形小断面轧件取下限。

导板的长度和高度应根据机架的布置特点和导板的强度来确定。

滑动导卫设计和使用的重点是选择合适的材质和具有良好的共用性。传统的导板材质一般为球墨铸铁，目前随着粉末冶金、复合镀层、激光淬火等新技术的应用，导板的材质趋于多样化，但大体上向着高镍铬合金、高的耐磨性方向发展。

良好的共用性，可以大大减少备件储备，节省费用，并使修复与重加工的次数增加。

C　滚动导卫

滚动导卫是一种以滚动摩擦为主并能将滑动摩擦加以综合利用的导卫装置。滚动导卫按不同的用途还有扭转导卫和切分导卫两种。

a　滚动导卫的结构

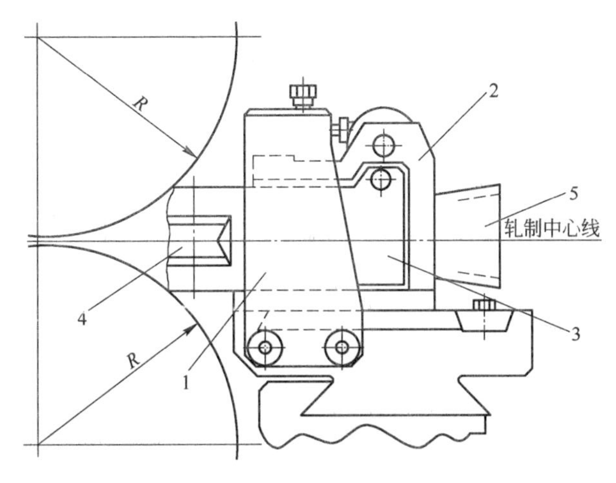

图 4-3 滚动导卫的结构
1—导卫盒；2—箱体；3—支架；4—导辊；5—导板

滚动导卫结构较为复杂，但其精度高，磨损小，对提高产品质量有良好的效果。在棒材生产中，滚动导卫用来夹持椭圆轧件及其他异形轧件，在某小型厂的棒材轧机上用于立式机架的入口。

滚动导卫主要由下面介绍的导卫盒、箱体、支架、导辊和导板等构成，如图 4-3 所示。

(1) 导卫盒。导卫盒是用于安装滚动导卫的箱体，通过压板固定在导卫梁上。导卫盒上方的压块螺栓用来固定导卫。导卫可在盒子中纵向调整，使导卫与轧辊间距合适。

(2) 箱体。箱体用来安装导辊支架与导板，自身不与红钢接触，但要承受冲击和振动。箱体材质的选择应充分考虑耐冲击韧性和抗变形能力，以使导板和导辊的调整尺寸保持稳定。在设计中，应保证导辊支架与导板安装牢固，支架有足够的调整范围，并要有良好的水冷和润滑系统。此外还应有导辊调整平衡的装置。箱体为装配结构，尺寸的确定与轧件的大小、轧机的布置形式有关，形式可多种多样，但总的原则和要求是要便于使用和维护。

(3) 支架。支架用于安装导辊，在箱体上靠转动轴定位，下方有碟簧平衡装置，可调节导辊的间隙与平衡。支架直接承受弹性变形和轧件厚度变化的冲击，因而在材质选择上有较高的要求，一般支架由弹簧钢锻造而成。

(4) 导辊。导辊为滚动导卫的重要部件，与滚动导板配合，能使轧件得到比滑动导卫更好的夹持和导入作用。导辊常带有椭圆、菱形孔型，与红钢紧密接触，防止其扭转和偏斜，材质要求有高的强度、刚度、硬度、耐磨性和抗激冷激热性能以及足够的韧性。因此导辊在材质的选择上要非常慎重，否则将难以满足生产的要求。某厂经多方比较，选用冷作模具钢使用效果较好。此外，导辊还要有良好的冷却。

导辊的结构见图 4-4，具体尺寸确定如下：

H：导辊的高度，依据支架开口的高度而定。

ϕ：导辊的直径，根据导卫两支架所能张开的范围而定，并要留有足够的调整余量和重加工余量。

R：导辊的孔型半径，与所引导轧件的孔型半径相同。

b：导辊的孔型深度，若所要引导的轧件为椭圆形，则 *b* 的尺寸按下式确定：

$$b = 轧件高度/2 - (1 \sim 20)\text{mm}$$

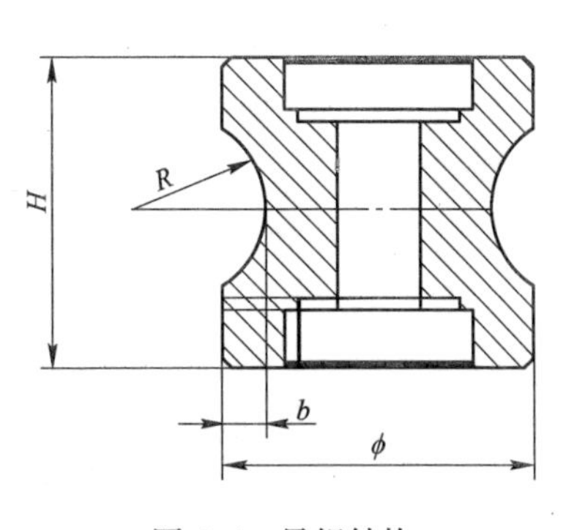

图 4-4 导辊结构

(5) 导板。滚动导卫用导板由两个半块组成，前面紧挨着导辊，引导轧件进入孔型，保护导辊免受严重冲击。导卫箱体底部有挡块，防止导板冲击导辊。导板的结构见图4-5，尺寸确定、材质的选择与滑动导卫用导板相同。

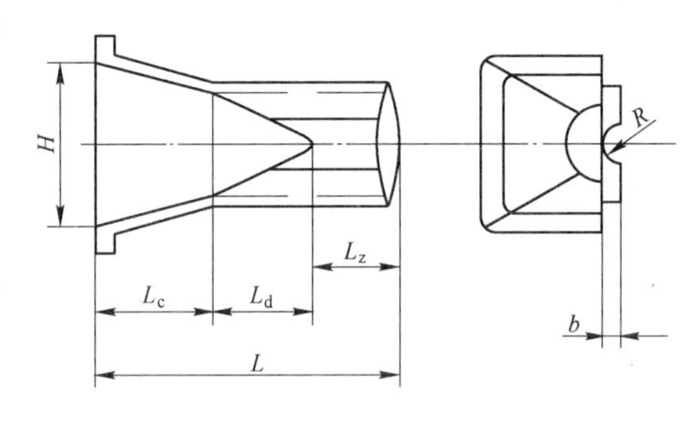

图4-5　滚动导板结构

(6) 导辊轴承和润滑。粗轧导辊要承受较大的冲击和侧向力，选用单列圆锥滚柱轴承。中轧和部分精轧导卫选用轻型单列圆锥滚柱轴承。精轧成品道次考虑导辊高速转动的需要，可选用极限转速高的单列滚珠轴承。润滑方式通常有干油润滑和油气润滑两种。干油润滑加油量和效果易于控制，且无需增加设备投资，但在使用中存在浪费大、污染环境的缺点。油气润滑方式干净，维护方便，能够冷却轴承，且加油时无需停车。但因其通过管路供油，油气量的有无生产中不易察觉。一旦断油或油量不足，将直接导致导卫的烧损，且设备需一定量的投资。某厂选用的润滑方式目前为干油润滑。

b　滚动导卫的使用和维护

滚动导卫在棒材生产中地位重要，并且工作环境恶劣，在工作中受轧件很大的冲击和高温、水冷、摩擦等诸多因素的影响，这些都直接决定导卫作用的发挥和使用寿命。如有偏差就会导致堆、卡钢事故或刮伤轧件，出现折叠、耳子等质量问题。这就要求非常重视滚动导卫的使用和维护。

滚动导卫使用和维护时要注意：

(1) 确保各部件加工质量，高的部件尺寸精度是导卫发挥作用的前提。

(2) 确保装配质量和调整质量。装配时要认真仔细，保证水路、油路畅通。导辊要转动灵活，各部件要确认无变形、无损坏，表面油污、氧化铁皮等脏物要清理干净。

(3) 装配完的导卫要检查是否符合机架号、孔型号和轧制的规格。

(4) 安装导卫时要确保与轧制线对中。

(5) 坚持生产中勤检查、勤调整，发现问题及时解决。已损坏的导卫和过度磨损的部件要及时更换。

(6) 换下来的导卫要及时进行全面检查和维护，保证下次投入使用的导卫无缺陷、无隐患。

此外，导辊间隙的调整在滚动导卫的使用中至关重要。若间隙过小，轧件将难以通过，导致堆、卡钢事故，或导辊过度磨损。间隙过大，就有可能出现轧件扭转和倾斜，起不到应有的夹持作用，产生质量事故。

导辊间隙的调整方法通常有以下三种：

(1) 试棒调整法。试棒调整法是用与该道次轧件形状、尺寸相同的试棒去试调辊缝。调整时以导板的合缝为中心线，调整精度依靠操作者的经验和感觉。此方法比较方便，不受场地限制，调整速度快，但由于人为因素干扰多，精度相应较低。试棒调整法的关键是试棒的质量，即试棒尺寸和形状应与实际生产中轧件尺寸和外形相符合。

(2) 光学校正仪法。光学校正仪法的原理是利用一光源将导辊的孔型投影于屏幕上。

屏幕上带有光标和刻度，按照孔型投影值调整导卫至符合要求即可。此法要求配有光学校正设备，增加了投资，且仪器较精密，使用与维护要求高，导卫的调整时间长。但其调整精度高，适用于调整精轧机的导卫。

（3）内卡尺测量法。内卡尺测量法依据导辊孔型的形状和尺寸及轧件形状和尺寸，推算出导辊的辊缝值，用内卡尺完成测量调整。此法适用于粗轧大型导卫和特殊孔型导卫的调整。

c 扭转导卫

扭转导卫的作用是将本道次的轧件进行翻转，以便下一道次实现与本道次压下方向呈45°或90°角方向的压下。扭转导卫一般位于轧机的出口，其类型的选择，依据所要扭转轧件的形状和所要扭转的角度来确定。某小型厂选用的扭转导卫结构见图4-6，主要由扭转辊、旋转体、导管组成。

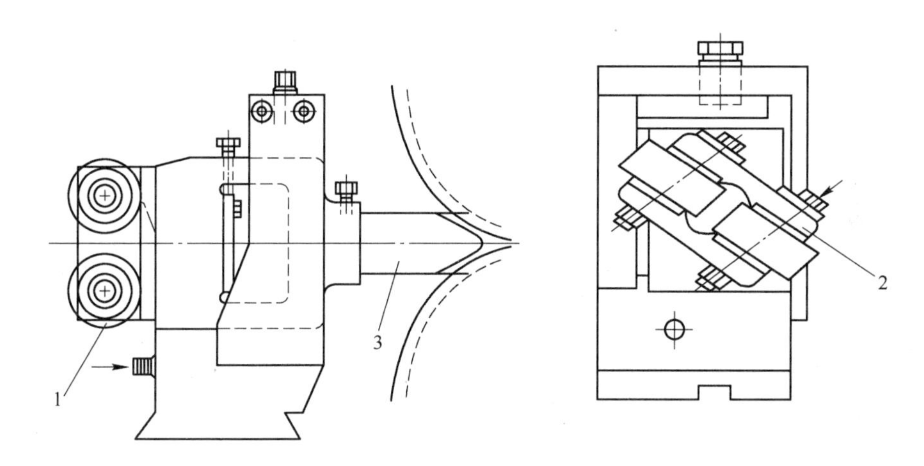

图4-6 扭转导卫的结构

1—扭转辊；2—旋转体；3—导管

此种导卫的扭转体伸出导卫体之外，利于氧化铁皮的脱落和辊子的快速拆装。辊轴带有偏心距，用以调整两辊的间隙。扭转角度依靠旋转体的转动来调整。

扭转导卫的主要尺寸是扭转角度。设计中首先要确定轧件开始扭转的扭转点，扭转点的距离根据导卫梁距轧辊中心线的距离而定。角度的计算方法如下：

$$\beta \approx L_a \alpha / (L_b - L_c)$$

式中 β——扭转辊相对于轧件扭转的角度；

L_a——扭转辊到该轧机中心线的距离；

L_b——两机架之间的距离；

L_c——下一机架入口滚动导卫到下一机架轧辊中心线的距离；

α——轧件进入下一机架需要扭转的角度。

使用中，当轧件尺寸变化或扭转辊磨损时，轧件与扭转辊的接触点会发生变化，随之扭转点和扭转角度发生变化，轧件不能正确翻转。因此生产中针对扭转导卫要勤观察、勤调整，并应注意水冷和润滑情况。

d 切分导卫

切分导卫确切地说是带有切分轮的导卫，能将两个或多个并联的轧件分成单根轧件，一般位于切分孔型的出口。

某厂使用的是二线切分导卫，结构如图4-7所示，主要由切分轮、插件、分料盒构成。切分轮是一对从动轮，刃部有斜角，边缘锋利，靠轧件的剩余摩擦力切分轧件。切分轮的安装采用悬臂式，有利于快速处理堆钢事故。切分轮间隙的调整采用蜗轮、蜗杆和轴的偏心距调节。这种方式可使两切分轮同时移动，保证轧制线的稳定，调整精度高。导卫设计上下对称，可调换使用，能解决轧辊边槽使用时安装、调整不方便的难题。

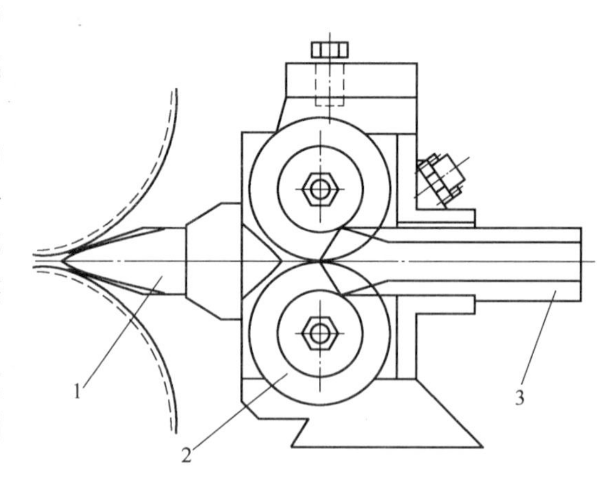

图4-7　切分导卫的结构
1—插件；2—切分轮；3—分料盒

使用切分导卫的关键是切分轮间隙的调整。使用中，若间隙过大，则有可能切不开轧件；若间隙过小，则切开的轧件易向两边跑，行走不稳定。两者都会导致堆钢事故。此外，切分导卫在使用中要严格保证与轧制线的对中，稍有偏差，将导致轧件切分不均匀，产生质量事故。所以生产中要随时观察切分质量和切分轮的磨损状况，发现问题及时调整、处理，并应保证水冷和润滑质量，以免发生切分轮粘钢现象，导致堆钢事故和导卫的烧损。

4.3.3.2　导卫调整

A　粗轧导卫调整

(1) 安装调整导卫梁时，要保证梁面水平，高低适中，固定牢靠。

(2) 进、出口导卫的中心线应与轧槽的中心线对正，固定牢靠。

(3) 轧机前、后辊道导槽中心线保持一致，导槽进、出口对正轧槽，高低适中。

(4) 卫板前端必须与轧槽吻合，下卫板要低于轧槽5～10mm。

(5) 粗轧扭转辊应把上、下辊调整水平，间距适中。

(6) 轧机出口管子中心线要与孔型对准，前端与轧槽间隙不大于5mm，固定牢固。

B　中轧导卫调整

(1) 安装调整导卫梁时，要保证横梁水平，高低适中，固定牢靠。

(2) 进、出口导卫的中心线应与轧槽中心线对正，固定牢靠。轧机前、后辊道导槽中心线与轧制线保持一致，导槽进、出口对正轧槽，高低适中。

(3) 卫板前端必须与轧槽吻合，下卫板要低于轧槽5～10mm。

(4) 扭转管应与孔型对正、水平，前端与轧槽间隙不大于1mm，紧固牢靠，扭转角度适中。

(5) 轧机出口管子中心线要与孔型对正，前端与轧槽间隙不大于1mm，固定牢固。

(6) 禁止轧制低温钢，在生产过程中发现钢坯带黑头、黑印或温度不均匀时应及时通知4号台停车。

(7) 生产中发现卡钢、缠辊事故时，用切割器割开松开导卫，指挥倒车处理。

(8) 导卫选择要根据轧制规格、道次挑出合格的进出口导卫板。导卫板不允许有毛刺、硬点和凸凹不平等缺陷。

C 精轧导卫调整

(1) 轧辊调整合格后进行导卫安装调整。

(2) 安装调整导卫梁时，要保证梁面水平，高低适中，固定牢靠。

(3) 进、出口导卫的中心线应与轧槽对准，固定牢靠。

(4) 卫管前端应与轧槽吻合，间隙不大于1mm，下卫管要低于轧槽5~10mm。

(5) 扭转管应与轧槽对准，前端与轧槽间隙不大于1mm，固定牢固。

(6) 安装切分导卫时，用专用样板进行检查、调整，确保入口导卫和出口导卫对正轧槽，保证扭转管外壁间隙，并用样板检验，保证双线平行。

(7) 安装切分轮时，切分锥、切分轮在同一条直线上。

(8) 进、出口导卫盒体前需加垫片时，垫片厚度适宜，且无毛刺、无变形。

4.3.4 常见的轧制缺陷及其预防

4.3.4.1 凹坑

凹坑是指在钢材表面呈现无规则的、大小及深浅不一的凹点。

形成原因：

(1) 轧辊孔型在运输、装配时存在缺陷；

(2) 轧制低温钢或堆钢打滑时将孔型磨坏或割钢时割坏；

(3) 氧化铁皮、导卫零件等异物被咬入孔型，附着在轧槽上（即粘槽）造成孔型缺损，或出口导卫安装过低，前端与轧槽摩擦所致。

消除措施：

(1) 上线前检查轧槽是否缺损；

(2) 不轧低温钢；

(3) 勤点检，发现导卫中残存异物及时消除，及时更换；

(4) 出口导卫安装不正确；

(5) 规范料型，轧槽起线或磨损时，及时更换。

4.3.4.2 折叠

折叠是一种在钢材表面形成的各种角度的折体，长短不一。

形成原因：

(1) 料型不合适或轧辊调整不当，金属在孔型中过充满形成耳子或没有填满孔型（缺肉）而在下一孔型中轧成折叠；

(2) 因入口导卫安装、调整偏斜产生耳子，在下一孔型中轧成折叠；

(3) 入口导板一边磨损严重，失去扶持作用，轧件在孔型中扶不正倒钢而产生耳子，在下一孔型中形成折叠。

消除措施：

(1) 进行适当的轧辊调整，规范料型；

（2）导卫安装对正轧槽，导辊不偏；
（3）定时更换导板，防止使用不合格导板；
（4）调整时，先检查料型，后查导卫。

4.3.4.3　耳子

耳子是金属在孔型中过充满，沿轧制方向从辊缝中溢出而产生的缺陷，有单边耳子和双边耳子两种。

形成原因：
（1）过充满；
（2）辊缝调整不当；
（3）入口导板偏斜；
（4）孔型设计不合理；
（5）轧件温度低。

消除措施：
（1）入口导板对正，孔型固定；
（2）规范料型；
（3）不轧低温钢；
（4）孔型设计要合理。

4.3.4.4　刮伤

刮伤是沿轧制方向上纵向的细长凹下缺陷，其形状和深浅、宽窄因原因不同而有所不同。

形成原因：
（1）轧件的氧化铁皮或其他异物聚集在导卫装置内与高温、高速运动的轧件相接触；
（2）导向装置异常磨损，如上卸钢分钢挡板或其内有异物、焊瘤未清除干净。

消除措施：
（1）导卫点检到位，发现挂刺及时更换；
（2）正确安装导卫，防止导卫与轧件产生点线接触；
（3）选择不易产生热粘结的材质制作导卫。

4.3.4.5　结疤

结疤是残留在导卫内的氧化铁皮与轧件一起进行轧制而产生的缺陷。

形成原因：
（1）轧件尾巴大，带耳子；
（2）导辊松，尾巴有大耳子（即“飞机”）；
（3）导卫坏，挂刺后留下的氧化铁皮与轧件一起轧制。

消除措施：
（1）规范料型，合理用料，防止尾巴大；
（2）勤点检，导卫损坏及时更换。

4.3.4.6　斜面

斜面是指由于轧辊辊错造成的钢材横断面上的两对几何尺寸不相等的一种常见缺陷。

形成原因：

（1）轧辊螺丝固定不牢；
（2）轴向螺丝固定不牢；
（3）轧辊单面压紧；
（4）成品导辊过松或过紧；
（5）轧辊轴承来回窜动；
（6）成品前架出口扭转导辊损坏；
（7）成品入口横梁高低不平。
消除措施：
（1）勤点检，检查轧辊螺丝、轴向螺丝是否牢固；
（2）成品压料时，应保持南北相等的压下量；
（3）导辊松紧不当时，应当及时调整；
（4）保证横梁的水平。

4.3.4.7 麻面

麻面是指在钢材表面上出现的大小分布不均匀的麻点而造成的缺陷。
形成原因：
（1）成品槽缺水；
（2）轧槽磨损严重。
消除措施：
（1）确保水管对正轧槽；
（2）发现有麻面时及时换槽。

4.3.4.8 裂纹

裂纹是指钢材表面不同形状的破裂。
形成原因：
（1）原料过热；
（2）钢坯表面质量差；
（3）变形不均匀；
（4）轧件温度低或冷却不当。
消除措施：
（1）严格检查坯料，发现坯料存在裂纹或皮下气泡时，禁止装炉；
（2）严格执行加热制度，禁止出现坯料表面过热现象；
（3）严禁轧制温度过低的钢，同时注意冷却水均匀。

4.4 控制冷却工艺及设备

4.4.1 钢材轧后控制冷却技术的理论基础

作为钢的强化手段在轧钢生产中常常采用控制轧制和控制冷却工艺。这是一项简化工艺、节约能源的先进轧钢技术。它能通过工艺手段充分挖掘钢材潜力，大幅度提高钢材综合性能，给冶金企业和社会带来巨大的经济效应。由于它具有形变强化和相变强化的综合作用，所以既能提高钢材强度又能改善钢材的韧性和塑性。

过去几十年来通过添加合金元素或者热轧后进行再加热处理来完成钢的强化。这些措施既增加了成本又延长了生产周期，在性能上，多数情况是提高了强度的同时降低了韧性，焊接性能变坏。

近20年来，控制轧制、控制冷却技术得到了国际冶金界的极大重视，冶金工作者全面研究了铁素体-珠光体钢各种组织与性能的关系，将细化晶粒强化、沉淀强化、亚晶强化等规律应用于热轧钢材生产，并通过调整轧制工艺参数来控制钢的晶粒度、亚晶强化的尺寸与数量。由于将热轧变形与热处理有机地结合起来，所以获得了强度、韧性都好的热轧钢材，使碳素钢的性能有了大幅度的提高。然而，控制轧制工艺一般要求较低的终轧温度或较大的变形量，因而会使轧机负荷增大，为此，控制冷却工艺应运而生。热轧钢材轧后控制冷却是为了改善钢材组织状态，提高钢材性能，缩短钢材的冷却时间，提高轧机的生产能力。轧后控制冷却还可以防止钢材在冷却过程中由于冷却不均而产生的钢材扭曲、弯曲，同时还可以减少氧化铁皮。

控制冷却钢的强韧化性能取决于轧制条件和水冷条件所引起的相变、析出强化、固溶强化以及加工铁素体回复程度等材质因素的变化。尤其是轧制条件和水冷条件对相变行为的影响很大。

4.4.1.1　CCT曲线及控制冷却的转变产物

等温转变曲线，又称TTT曲线，反映了过冷奥氏体等温转变的规律。但在连续冷却转变过程中，钢中的奥氏体是在不断降温的条件下发生转变的。而且转变速度不同，其转变产物也有所不同。过冷奥氏体连续冷却转变曲线——CCT曲线就是在连续冷却条件下，以不同的冷却速度进行冷却，测定冷却时过冷奥氏体转变的开始点（温度和时间）和终了点，把它们记录在温度-时间图上，连接转变开始点和终了点便可得到连续冷却曲线。

图4-8为共析钢的CCT曲线，在该图上也画上了该钢的TTT曲线，以做比较。

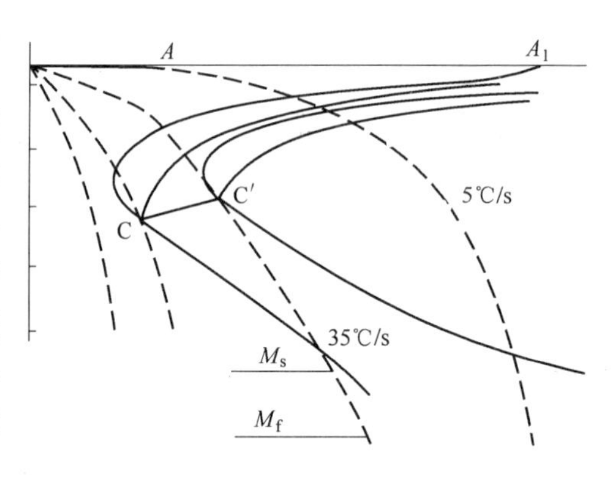

图4-8　共析钢连续转变曲线
A—铁素体相变点温度727℃

当连续冷却速度很小时，转变的过冷度很小，转变开始和终了的时间很长。若冷却速度增大，则转变温度降低，转变开始和终了的时间缩短。并且冷却速度越大，转变所经历的温度区间也越大。图中的CC′线为转变中止线，表示冷却曲线与此线相交时转变并未最后完成，但奥氏体停止了分解，剩余部分被过冷到更低温度下发生马氏体转变。通过C和C′点的冷却曲线相当于两个临界冷却速度。当冷却速度很大超过v_c时，奥氏体将全部被过冷到M_s点以下，转变为马氏体。

因此，当冷却速度小于下临界冷却速度v'_c时转变产物全部为珠光体p；冷却速度大于上临界冷却速度v_c时，转变产物为马氏体M及少量的残余奥氏体；冷却速度介于v'_c和v_c之间时，转变产物为珠光体、马氏体加少量的残余奥氏体。

4.4.1.2　螺纹钢的控制冷却工艺

螺纹钢的控制冷却又称轧后余热淬火或余热处理。利用热轧钢筋轧后在奥氏体状态下快速冷却，钢筋表面淬成马氏体，随后由其心部放出余热进行自回火，以提高强度和塑性，改善韧性，得到良好的综合力学性能。钢筋轧后淬火工艺简单，节约能源，且钢筋表面美观、条形直，有明显的经济效益。

钢筋的综合力学性能和工艺性能，如屈服极限、反弯、冲击韧性、疲劳强度和焊接性能等，同钢筋的最后组织状态有关。而获得何种组织则取决于钢的化学成分、钢筋直径、变形条件、终轧温度、轧后冷却条件、自回火温度等。

合理地选择轧后控制冷却工艺以便获得所要求的钢筋性能。

根据钢筋在轧后快冷前变形奥氏体的再结晶状态，钢筋轧后冷却的强化效果可分为两类。一类是变形的奥氏体已经完全结晶，变形引起的位错或亚结构强化作用已经消除，变形强化效果减弱或消失，因而强化主要靠相变完成，综合力学性能提高不多，但是应力稳定性较高。另一类是轧后快冷之前，奥氏体未发生再结晶或者仅发生部分再结晶，这样，在变形奥氏体中保留或部分保留变形对奥氏体的强化作用，变形强化和相变强化效果相加，可以提高钢筋的综合力学性能，但应力腐蚀开裂倾向较大。

轧后钢筋控制冷却方法一般分为以下两种：

一种是轧后立即冷却，在冷却介质中快冷到规定的温度，或者在冷却装置中冷却到一定的时间后，停止快冷，随后空冷，进行自回火。当钢筋从最后一架轧机轧出后采用急冷时，其表面层金属因迅速冷却而成为淬火组织。但因断面尺寸较大，其心部仍保留有较高的温度。水冷后经过一段时间，钢筋心部的热量向表面层传播，结果使它又达到一个新的均衡温度。这样一来，钢筋的表面层发生了回火，使之具有良好韧性的调质组织。由于钢材经受了控制冷却，其力学性能也有了明显的改善。例如，碳含量为0.20%～0.26%的低碳钢，在轧制状态下的屈服强度为370N/mm^2。经过水冷使之温度降到600℃时，其屈服强度可提高到540N/mm^2，而韧性保持不变。

另一种冷却方法是分段冷却，即先在高速冷却装置中在很短的时间内，将钢筋表面过冷到马氏体转变点以下形成马氏体，并立即中断快冷，空冷一段时间，使表层的马氏体回火到A_1以下温度，形成回火索氏体，然后再快冷一定时间，再次中断快冷进行空冷，使心部获得索氏体组织、贝氏体及铁素体组织。这种工艺叫二段冷却。采用该种方法获得的钢筋，抗拉强度及屈服极限略低，伸长率几乎相同，而腐蚀稳定性能好，同时，对大断面钢材来说，可以减小其内外温差。

4.4.1.3　影响控制冷却性能的因素

影响控制冷却性能的因素有：

（1）加热温度。加热温度影响轧前钢坯的原始奥氏体晶粒大小、各道次的轧制温度及终轧温度，影响道次之间及终轧后的奥氏体再结晶程度及晶粒大小。当其他变形条件一定时，随着加热温度的降低，控制冷却后的钢筋性能明显提高。如果不降低坯料的加热温度，又需要降低终轧温度，则可以在精轧前设置快冷装置，降低终轧前的钢温。

（2）变形量。控制终轧前几道次的变形量，并将道次变形量与轧制温度较好地配合，对钢筋快冷以前获得均匀的奥氏体组织、防止产生个别粗大晶粒以及造成混晶有重要作用，水冷之后可以得到均匀组织。

（3）终轧温度。终轧温度的高低决定了奥氏体的再结晶程度。当冷却条件一定时，终轧温度直接影响淬火条件和自回火条件。终轧温度不同时，必须通过改变冷却工艺参数来保证钢的自回火温度相同。一般情况下，终轧温度较低时钢的强化效果好。

(4) 终轧到开始快冷的间隔时间。这段间隔时间主要影响奥氏体的再结晶程度。如果轧后钢筋处在完全再结晶条件下，由于高温下停留时间加长，奥氏体晶粒度容易长大，使钢筋的力学性能降低。最好轧后立即快冷，将快冷装置安装在精轧机后。

(5) 冷却速度。冷却速度是钢筋轧后控制冷却的重要参数之一。提高冷却速度可以缩短冷却器的长度，保证得到钢筋表面层的马氏体组织。如果冷却速度较低，一般为了达到所需要的冷却温度。可以加长冷却器的长度。

(6) 快冷的开始温度、终轧温度和自回火温度。快冷的开始温度和终轧温度都直接影响钢筋的自回火温度。自回火温度不同则影响相变后钢筋截面上各点的组织状态，导致钢筋性能不同。快冷的终轧温度用改变冷却参数来控制，如调节水压、水量或冷却器的长度。

钢筋的终轧温度直接影响钢筋的自回火温度。自回火温度一般随着冷却水的总流量增多而降低，一般钢筋的规格越大，冷却水量也越多。

冷却水的温度对钢筋的冷却效果有明显的影响。冷却水的温度越高，冷却效果越差。一般冷却水的温度不超过30℃。

4.4.2 控制冷却工艺

随着棒材轧机的迅速发展，棒材的控制冷却技术也日趋完善。在工艺方面，把控制轧制过程金属塑性变形加工和热处理工艺完美结合起来；在控制方面也发展到能根据钢种、终轧温度等实现电子计算机的自动控制。

4.4.2.1 控制冷却技术的工艺目的及优点

控制冷却技术的工艺目的是快速提高螺纹钢的力学性能，特别是化学成分差的螺纹钢的屈服强度。它通常用于低碳钢，以便在低成本条件下，使产品的力学性能超过微合金钢或低合金钢。

控制冷却工艺的优点是:

(1) 不采用下列方法即可提高产品的屈服强度:

1) 添加昂贵的合金元素（如果轧后采用普通冷却方式则必须添加）;

2) 提高碳含量（提高碳含量会影响焊接性能）。

(2) 碳含量低。碳含量低意味着:

1) 具有良好的弯曲性能，而又不产生表面裂纹;

2) 表层经过热处理后具有高塑性，也就是说具有良好的抗疲劳载荷能力，因此可将处理过的螺纹钢用于动载结构件;

3) 良好的焊接性能甚至优于含有微合金元素的材料;

4) 与普通冷却条件下生产的产品相比，表面将生成更少的氧化铁皮。

(3) 热稳定性能好，即使加热，它的性能也比普通螺纹钢要好。

(4) 降低了生产成本，与微合金钢相比节约成本18%，与低合金钢相比节约成本8%。

4.4.2.2 金属学原理

控冷工艺是指对棒材表面进行淬火，并通过自回火来完成对棒材的热处理，自回火过程直接由轧制热来完成。当棒材离开最后一架轧机时有一个特殊的热处理周期，它包括三个阶段（见图4-9）。

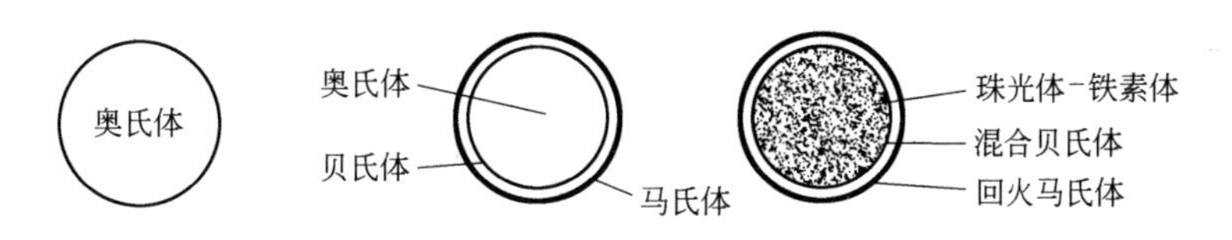

图4-9 控冷工艺的三个阶段

第一阶段：表面淬火阶段。

紧接最后一架轧机之后，棒材穿过水冷系统，以达到一个短时高密度的表面冷却。由于温度下降的速度高于马氏体的临界速度，因此，螺纹钢的表面层转化为一种马氏体的硬质结构，即初始马氏体。

在第一阶段棒材的心部温度维持在均是奥氏体的温度范围内，以便得到后来的铁素体珠光体相变（在第二阶段和第三阶段）。

在这个阶段末，棒材的显微结构由最初的奥氏体变为如下的三层结构：

（1）表层的一定深度为初始马氏体；

（2）中间环形区的组成为奥氏体、贝氏体和一些马氏体的混合物，并且马氏体的含量由表面到心部逐渐减少；

（3）心部仍是奥氏体结构。

第一阶段的持续时间依据马氏体层的深度而定，这个马氏体层深度是工艺的关键参数。实际上，马氏体层越深，则产品的力学性能越好。

第二阶段：自回火阶段。

棒材离开水冷设备，暴露在空气中，通过热传导心部的热量对淬火的表层再次进行加热，从而完成表层马氏体的自回火，以保证在高屈服强度下棒材具有足够的韧性。

在第二阶段，表层尚未相变的奥氏体变为贝氏体，心部仍为奥氏体结构，中间环形区到回火马氏体层之间奥氏体相变为贝氏体。

在这个阶段末，棒材的显微结构变为：

（1）表层为一定深度的回火马氏体；

（2）中间环形区的组成为贝氏体、奥氏体和一些回火马氏体的混合物；

（3）心部的奥氏体开始相变。

第二阶段的持续时间是依据第一阶段采用的水冷工艺和棒材直径确定的。

第三阶段：最终冷却阶段。

第三阶段发生在棒材进入冷床上的这段时间里，它由棒材内尚未相变的奥氏体的等温相变组成。根据化学成分、棒材直径、精轧温度以及第一阶段水冷效率和持续时间，相变的成分可能是铁素体和珠光体的混合物，也可能是铁素体、珠光体、贝氏体的混合物。

以上所描述的三个阶段的物理现象可以用下列三种形式说明：

（1）棒材表面和冷却介质之间的热交换；

（2）棒材内的热传导；

（3）金属学现象。

4.4.2.3 表面淬火棒材的力学性能

从轧钢生产这个着眼点来看，在所有工艺的关键参数当中只有三个参数被认为是独立控制变量，它们是：精轧温度、淬水时间、水流量。

在采用控冷工艺处理棒材时，从棒材表面到心部，它的显微组织和性能在不断变化。尽管如此，也可以将控冷工艺处理过的棒材考虑成近似由两种不同的结构组成：

（1）表层为回火马氏体；

（2）心部由铁素体和球光体组成。

棒材的技术性能，特别是拉伸性能根据以下三个性能确定：

（1）马氏体的体积分数；

（2）马氏体的拉伸性能；

（3）心部铁素体-珠光体结构的拉伸性能。

马氏体的体积分数取决于马氏体相变的起始温度，它是棒材化学成分和当棒材离开淬水箱时棒材截面温度分布的函数。

棒材表层的回火马氏体的屈服强度与化学成分、回火温度有关。实际上回火温度越低，屈服强度越高，韧性也越低。回火温度是工艺第二阶段末棒材表面所达到的最高温度，它直接取决于第一阶段所采用的淬火工艺。第一阶段时间越长，马氏体层越深，第一阶段末的棒材温度也就越低，则回火温度越低。

因此，在控冷工艺中，如果给出了化学成分，那么决定棒材力学性能的关键因素就是淬火阶段的温度简图。

当给出了棒材直径时，控冷工艺系统的温度简图能随下列因素的改变而改变：

（1）精轧温度；

（2）淬水阶段的持续时间；

（3）淬水阶段通过冷却水释放的棒材表面热量。

棒材表面和水冷之间的导热系数是控冷工艺的关键参数之一，它是棒材表面温度的函数，也是冷却设备、冷却水压力、水流量及温度的设计依据。

4.4.2.4 工艺控制

控冷工艺的工艺控制主要通过水量、时间和温度控制来完成，具体说明如下：

（1）水量控制。水的总量通过水调节阀 FCV_1 和 FCV_2 来调节。此控制借助于带有反馈信号的闭合回路，而反馈信号来自于流量表和操作员的预设值。

（2）时间控制。淬水时间的长短会产生一个特殊的回火温度，而回火温度直接关系到产品的屈服强度。淬水时间可以通过调节终轧速度、冷却器的数量等来控制。

（3）温度控制。主要测量淬水线前后的温度，以便得到准确的回火温度。这样一来，测量温度的高温计的定位就显得非常重要。一个高温计安装在 13 号机架前，用来测量输送来的棒材温度。另外，在淬水线下游 60m 处安装高温计，以便测定棒材的回火温度。

4.4.3 控冷工艺的工艺设备

4.4.3.1 设备布置

淬水线（图 4-10）位于成品轧机出口和倍尺飞剪之间，用于对离开精轧机的棒材进行淬火，以便得到所需要的性能。

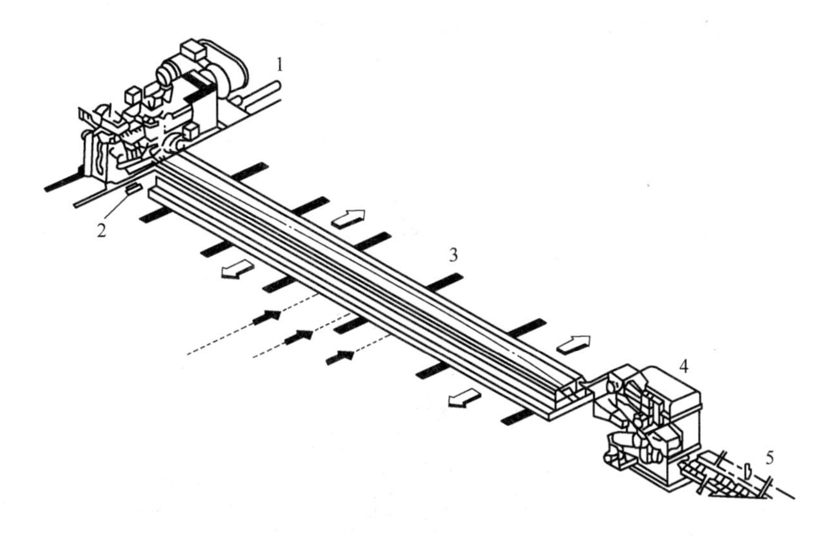

图 4-10 淬水线示意图

1—成品轧机；2—高温计；3—淬火箱；4—倍尺飞剪；5—升降裙板

4.4.3.2 淬水线设备设计要点

根据所要求钢材最终性能不同，淬水线设备的形式也分为多种，但无论怎样，它们都有一些共同点，即所有淬水设备都是管结构的，并且是轴对称的，如棒材和冷却器之间的环形喷嘴就是对称的。

淬水线设备应考虑以下几点；

（1）正确地设计单位长度的水流量，以确保高的淬火效率。

（2）冷却器的数量。淬水线设备由一些冷却器组成，冷却器的数量根据精轧温度、精轧速度、棒材直径和回火温度等几项参数来确定。

（3）冷却器的利用率要高，以确保高效喷水。

（4）正确地设置冷却器内径与棒材横断面面积之间的比率，以保证适当的“注水率”。

（5）在冷却器内高压水对棒材的阻力。

（6）淬水线内棒材的稳定性。

（7）该工艺结束时，已处理棒材的平直度。

4.4.3.3 技术参数

技术参数如下：

淬水线小车外观尺寸	3819mm × 18600mm × 2194mm；
重量	24500kg；
热处理棒材范围	ϕ10 ~ 40mm 螺纹钢；
淬水线小车行程	1700mm；
液压缸行程	1700mm；
阀台的外观尺寸	12300mm × 4750mm × 2300mm；
水系统压力（max/min）	1.2MPa/0.8MPa；
控制阀（FCV_1、FCV_2）流量	40 ~ 200m^3/h；

压缩空气流量（标准状态下）	90m^3/h（干燥器用）；
	200m^3/h（仪器用）；
压缩空气压力	0.5MPa；
增压泵数量	3 台；
旁路辊道数量	20 个；
直径	ϕ188mm。

4.4.3.4 设备组成

控冷工艺的工艺设备组成如下（见图 4-11、图 4-12）：

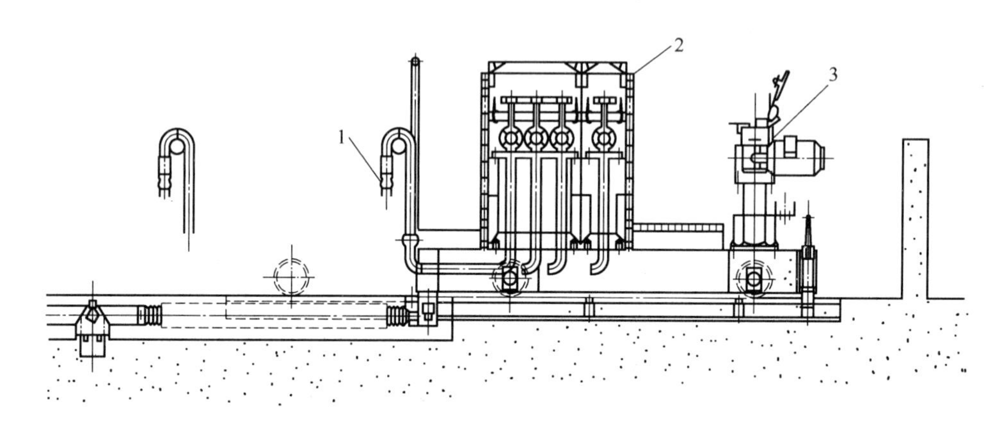

图 4-11 控冷工艺设备示意图一

1—阀台；2—淬水线小车；3—旁路辊道

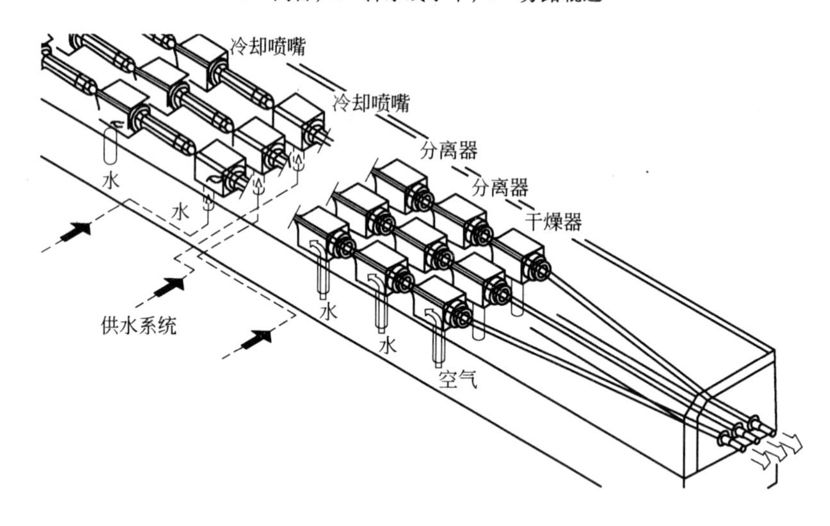

图 4-12 控冷工艺设备示意图二

（1）淬水线小车。小车上布有两个水箱和一条旁路辊道，其中 1 号水箱有两条水冷线，用于对切分产品和 ϕ10 ~ 40mm 螺纹钢的淬火；2 号水箱只有一条水冷线，用于对 ϕ20 ~ 40mm 螺纹钢的淬火。

（2）旁路辊道。旁路辊道由 20 个辊子组成，由交流电机驱动，当成品不需要淬火时，使用旁路辊道。

(3) 液压缸。淬水线小车由两套液压缸驱动，使小车在轧线的垂直方向水平横移。

(4) 高温计。一个高温计用于测量棒材在淬水线的入口温度，另外的高温计用于测量棒材在淬水线的出口温度。

(5) 控制阀。控制阀用于控制空气和水流量。其中 FCV_1 控制 1 号水箱 1 线，FCV_2 控制 1 号水箱 2 线和 2 号水箱。

(6) 水系统。水系统由软管、球阀和水管组成。喷射出的水汇集在水箱里，然后经过专用管返回到设备主系统里。供水系统装有控制阀台，该阀台装备有：带有电—气转换器的空气流量控制阀、电磁流量计、压力传感器、压力计、碟阀和一些操作上使用的辅助设施。

(7) 压缩空气系统。该系统与总供气设备相连，装备有伺服阀、过滤器、压力调节器、压力计和其他一些确保系统正确运行的辅助设施。

(8) 液压系统。液压系统用于驱动安装在淬水线上的液压缸，液压油由液压中心装置供给。

(9) 干油系统。辊道用轴承、淬水线轮子等由干油嘴手动润滑。

4.4.3.5 水冷线

整个水冷线的长度 18.6m 是可以选择的，这样能保证所有规格的螺纹钢进行适当的冷却，使其达到所需要的性能要求。

每条水冷线都有一些冷却器，棒材通过冷却器时被水迅速包围，整个表面被均匀冷却。

在冷却器里水流方向与棒材的运动方向一致，有利于棒材的导入、导出，减少了运动阻力。

水流速度根据棒材的断面和速度而定。冷却器主要由导管、内环套、外环套、垫片、螺栓等组成。外环套下面有一进水孔，与供水管相连，外环套与内环套组合时形成一个环行间隙“GAP”（见图 4-13），在此处向棒材喷射高压水。

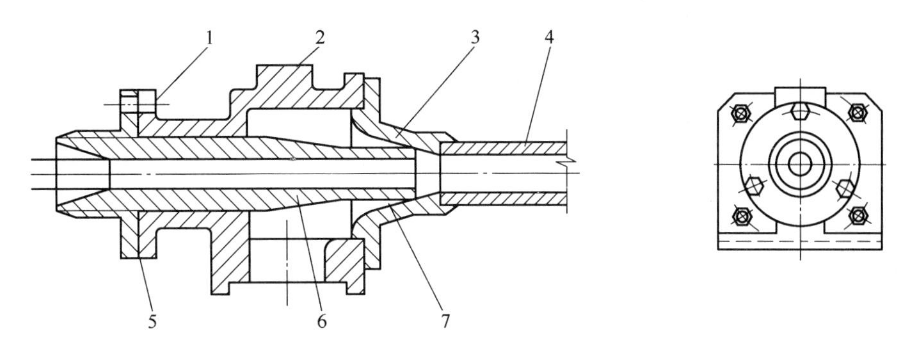

图 4-13 冷却器结构示意图

1—螺栓；2—机体；3—外环套；4—导管；5—垫片；6—内环套；7—间隙“GAP”

“GAP”的大小可通过垫片的厚度来调节，例如，“GAP”为 0.44mm，垫片的厚度为 2mm。一旦“GAP”确定，垫片的厚度便可选定，然后用螺栓固定。不同的产品，冷却器的数量不同，不需要冷却器时可用旁路管代替。

在整个产品范围内，仅有一套冷却器是不够的，不同的产品要求的“注水率”不同，

在 $\phi 10 \sim 40$mm 的产品范围内需要有三套内径不同的冷却器。每条淬水线只能布置一套冷却器，因此当生产一种新产品时，操作员将该产品用的这套冷却器布置在水冷线上，并通过淬水小车使该水冷线与主轧线对齐。显而易见，操作员也将下一种产品用的那一套冷却器布置在剩余的水冷线上，这样能节约时间。

水冷线的入口有一个排气泡装置，用于除去棒材表面的气泡，以便对棒材表面均匀冷却。

在水冷线的出口有两个反向分离器和一个反向干燥器。分离器和干燥器的结构相同，只是分离器输入的介质是高压水，而干燥器输入的介质是压缩空气。水流方向、压缩空气方向与棒材的运动方向相反。分离器的作用是冷却棒材，同时，完全清除棒材表面的氧化铁皮和水，避免影响棒材的微观结构。而干燥器的作用是去除棒材表面的水和残余水蒸气，并防止水或水蒸气从水冷线逸出。同样，分离器、干燥器内的水量和压缩空气量的大小如同冷却器一样由垫片的厚度来调节。

4.4.3.6 控冷工艺控制设备

淬水线除了装有进/出口高温计之外，还装备有独立的冷却调节系统，以便精确地控制棒材的淬火。淬水线是通过下列系统进行控制的：

（1）手动操作系统；

（2）由专用 PC 控制的自动控制系统。

通过全自动控制系统控制控冷工艺淬水线，不需要人工干涉。用此方法可以避免人工失误，增加产品的稳定性。在 PC 的存储器里储存着每种产品的冷却程序，冷却程序由技术人员提前设置好，并可根据需要随时进行修改或复制。在生产过程中冷却程序可传送到微处理机上，以操作淬水线阀台的 ON/OFF 阀和流量放大阀。在冷却程序里储存着下列参数：

（1）产品规格和轧制速度；

（2）钢种；

（3）钢坯在 13 号轧机的入口温度；

（4）棒材在淬水线的入口温度；

（5）棒材在冷床的入口温度（回火温度）；

（6）冷却器的设置；

（7）水流量放大阀的设置；

（8）1 号水线向 2 号水线的转换开关。

当产品改变时，可以将相应的冷却程序从 PC 存储器中提取出来，微处理机可根据此程序设置好淬水线控制部件，如水流量放大阀放置在实际水流量的位置上，并做好生产的准备。警报器与每一个温度放置点相连，当所测温度与设置点预先设定温度不一致时，操作台的警报铃就响了，这时可根据具体情况调节设置点温度。

4.4.3.7 工艺设备的维护

工艺设备的维护要求如下：

（1）检查各水冷线的冷却器、分离器、干燥器、旁路管有无堵塞物，以保持其畅通。

（2）定期检查各水冷线冷却元件的磨损情况，磨损后及时更换。

（3）定期检查冷却器、分离器、干燥器的间隙“GAP”，如需要，根据工艺要求增减垫片。

4.5 螺纹钢棒材的精整

4.5.1 概述

螺纹钢棒材的精整工序主要包括：冷却、冷剪切、表面质量检查、自动收集以及打捆、称重、标记等。

为了实现精整工艺，分别配置有相应的设备，形成精整系统生产线。

4.5.2 剪切

4.5.2.1 钢材剪切工艺与剪机的选择

螺纹钢筋一般采用剪机剪切。用于型钢剪切的剪机种类从形式区分有：平刃剪及各类飞剪；以剪切金属的状态分有：热剪切和冷剪切两类。

轧件在精轧后进行切头、分段都采用飞剪，之后进入冷床进行冷却；钢温在100℃以下的钢材进行冷剪切，切成定尺长度。

在轧件运动中进行横向剪切的剪机称做飞剪。在连续式小型棒材轧机生产线中采用飞剪作为切头、分段和事故剪之用。一套小型连轧机采用2～4台飞剪。

（1）各区域的飞剪剪切速度及剪切能力应与轧机的出口速度和轧制品种相匹配。飞剪所能剪切的断面尺寸，必须包括轧机所轧出的全部品种和规格。

（2）当后部轧机或设备发生事故时前面的飞剪可以及时将轧件碎断，便于处理事故。

（3）要求剪切断面好，特别是冷床前的分段剪更为重要，以省去冷床之后对一排轧件的切头，减少切头量，提高成材率。

（4）当具有轧后控制冷却生产线时，冷床前的飞剪应能适应温度降低轧件的剪切。

（5）剪切精度高，误差小，并且有可重复性，以提高成材率。

（6）飞剪工作必须可靠，维修方便，结构尽可能简单，便于提高轧制作业线的生产率。

现代小型连轧机采用的飞剪主要有下列4种结构形式：

（1）曲柄连杆式飞剪，在剪切区域剪刃几乎是平行移动。这种飞剪剪切断面质量好，适合剪切大断面型材，能承受大的剪切力，一般用于粗轧、中轧机组之后，剪切的轧件速度不易过高，一般轧件速度在10m/s以下。

（2）回转式飞剪或称双臂杆式飞剪，剪刃作回转运动。这种飞剪适合剪切移动速度较高的轧件，轧件速度在10～22m/s之间，多用于中轧、精轧机组之后和冷床之前的钢材剪切。

（3）可转换型飞剪。它是前两者飞剪的结合，能从一种形式利用快速更换机构转换成另一种形式。同一个飞剪既可以在低速状态下以曲柄形式剪切大断面轧件（在1.5m/s的棒材移动速度下剪切ϕ70mm螺纹钢），也可以在高速状态下以回转形式剪切小断面轧件（在20m/s的速度下剪切ϕ10mm螺纹钢）。一台剪机可以覆盖所有轧制规格范围，从而替代一般轧制生产线上设置的两台可移动剪机。

（4）与矫直机联合的多条冷飞剪。剪切速度比较低，一般只有2～4m/s左右。可以同时剪切数根，轧件排列的宽度可达1200mm左右。飞剪为曲柄连杆式，可剪切6～24m

定尺，误差在 ±10mm 以内。

剪机根据其驱动形式又分为以下两种：

（1）离合器制动器型，由一台连续运转的直流电机带动飞轮驱动。控制系统简单，但由于离合器打滑和分离不爽，造成剪切精度差，而增加金属切削量。

（2）直接驱动型，采用高功率低惯量电机驱动。每次剪切均完成一次启动、停止动作。也称做启停工作制型。

现代连续轧制型材生产线大部分采用直接驱动型，其优点是：

（1）机械结构简单，维修量少。

（2）剪切精度高，重复性好，可以提高成材率。

（3）周期时间短，大约在 0.5s 之内完成一个剪切周期，有利于上冷床轧件长度的设定。

但是，直接驱动型剪机的控制系统比较复杂，造价较高。

意大利波米尼公司为了剪切高速轧件的头部，设计了一套特殊机构，称做高速切头剪。一个垂直摆动分钢器，可以将来料拨到安装在分段剪出口的一个双通路导槽中，导槽的导卫重叠布置，当轧件接近剪机时，分钢器处于上位，剪切动作完成后下剪刃将把轧件提升进入上导槽，然后分钢器回落，将料头送入切头收集槽，而料尾（由于可能比较长）被送入碎断剪。

在不停车的情况下快速地加减速以缩短剪切周期，达到 0.5s。这样就可以采用热分段剪直接进行定尺剪切。剪切长度为 6m 时，轧件速度可达 12m/s。这样就不需要在冷床出口处对轧件进行冷剪。

为了提高热剪切公差的精度，必须精确设定轧件在精轧机出口处的速度。轧件速度由两个光电管，通过记录棒材端部经过一段固定距离的时间来计算。只有轧件速度保持恒定才能保证剪切精度，即使在轧件尾部离开精轧机之后也是如此。因此，热分段剪均配有一对夹送辊，开口度可以调整以适应不同的形状、断面和尺寸大小。对于更大尺寸的轧件，有时必须在剪机前安装一个拉钢设备，以利于轧件尾部离开精轧机的移动速度稳定。

4.5.2.2　精轧后分段飞剪的优化剪切系统

在生产中坯料质量的变化导致轧件的总长度不同，以及轧制过程中切头、切尾的误差和所轧成品单位质量的公差，造成上冷床的轧件长度不可能全部相同。因此，分段剪切的最后一段会出现短尺料进入冷床，如果不在冷床上剔除，将会成为任何自动定尺剪切系统的事故根源。

意大利的波米尼公司和达涅利公司所提出的分段剪优化剪切系统都可以保证所有上冷床的轧件长度为定尺长度的整数倍。其分段飞剪的剪切程序如下：

首先将绝大部分轧件按冷床的全长进行剪切，然后将剩下部分剪切成短倍尺，同时调整冷床提升裙板的动作周期以相匹配。这种剪切程序可以避免由于短尺长度的无规律所带来的任何问题。

如果剪成短倍尺小于上冷床的要求长度时，则调整倒数第二段钢材长度，按成品倍尺减小，以增加最后一段的分段长度，达到上冷床的要求长度。这时提升裙板的动作周期也应相应配合。

热分段飞剪的优化剪切系统包括以下功能：

（1）切头、切尾；

（2）回收长度短于定尺的轧件；

（3）对短于预设定长度的轧件进行碎断；

（4）出现事故时进行碎断剪切。

解决剪后短尺料的方法有两种，第一种方法是将短于定尺长度的尾部进行碎断，使短尺料不上冷床；第二种方法是在冷床前或冷床后设置短尺料收集装置，例如唐钢棒材连轧机、抚顺钢厂齿轮钢棒材轧机。碳素钢小型连轧机组多采用第一种方法，而合金钢小型连轧机组由于原材料价格贵，多采用短尺料收集装置。一般是短尺料在3m以上收集，3m以下碎断。

当采用轧后在线热处理系统时，从强制水冷器中穿水冷却，经表面淬火的螺纹钢筋到达冷床前分段剪时还没有完成表面马氏体层的自回火过程，淬火层非常硬，当剪切这类品种时，必须选择剪切能力更大的飞剪，以保证飞剪的工作可靠性和可重复性。

4.5.3　冷却

热轧后的型材采用不同的冷却制度对其组织、性能和断面形状有直接影响。型钢的各部位冷却不均将引起不同的组织变化。冷却速度不同，相变时间不同，所得组织、粗细程度都有差别。同时，冷却不均易引起型钢，特别是异形断面型钢的变形扭曲。

为了提高型钢的力学性能，防止不均匀变形导致扭曲，根据钢材的钢种、形状、尺寸大小等特点，在轧后的一次冷却、二次冷却和三次冷却的三个冷却阶段分别采用不同的冷却方法和工艺制度。

型钢轧后冷却的不同阶段是这样划分的：从钢材的终轧温度到开始发生相变的温度为第一阶段；发生相变的温度范围为第二阶段；相变后的冷却为第三阶段。钢材轧后控制冷却就是在每个阶段中控制其开冷和终冷温度、冷却速度和冷却时间，以获得所需的组织和性能。

4.5.3.1　螺纹钢棒材在冷床上的冷却

A　轧件的制动

轧件在轧后分段剪切之后经分钢器和分离挡板进入由电机单独传动的冷床输入辊道。

进入冷床输入辊道的轧件的制动方法有两种：

（1）通过摩擦自然制动。

（2）通过磁性制动板强制制动，这种方法仅用于进行轧后余热表面淬火和自回火的带肋钢筋的制动。

当轧件的移动速度大于16m/s时轧件由辊道送入冷床是通过分离挡板和一套制动滑板来完成的。

采用分离挡板的制动程序如下：

（1）热轧件经分段剪剪切之后，轧件在辊道上加速，从而与后面在轧制中的轧件快速脱离，进入入口辊道。

（2）当制动滑板降到低位时，第一根轧件滑下，开始自然摩擦制动直到完全停止。

（3）与此同时，下一根轧件的头部进入倾斜辊道的上区，并由分离挡板将其保持在这一位置，直到制动滑板回升到中位。

（4）此时分离挡板可以向上抬起、打开，使轧件滑到制动滑板的侧壁。

（5）第一根轧件由提升到上位的制动滑板滑到冷床的第一个齿内。

（6）放下分离挡板，可以开始第三根轧件的制动周期，同时冷床的动齿条将第一根轧件送入下一齿内。

轧制带肋钢筋采用轧后余热淬火工艺时，由于轧件温度低于居里点而具有铁磁性，因而在冷床入口处，使用磁性制动装置将轧件制动在冷床前。磁性制动装置安装在冷床入口处的制动滑板上。使用这种磁性制动装置能保证轧件在冷床齿条上基本对齐。

使用磁性制动装置可以缩短冷床宽度，或者保持冷床宽度不变而提高轧件的终轧速度，从而提高总体生产能力。

为适应带肋钢筋和螺纹钢的高速轧制，德国西马克公司研制出上冷床高速输送系统（HSD）。该系统由夹送辊、高速度飞剪、制动夹送辊、双旋转槽和同步装置组成，并配合快速加速度倾斜式冷床，能进行高速度的棒材输送，可以满足冷床输入辊道上轧件速度达到36m/s 的要求，最高轧件速度可以达到40m/s。产品规格范围为 $\phi6 \sim 32$mm。

这套上冷床高速输送系统分为两组并列布置。

高速飞剪根据最优化剪切工艺进行分段剪切，可配合单线、双线或切分轧制工艺。利用制动夹送辊作用于棒材尾部并将棒材送入双旋转槽，利用同步装置将轧件送上快速移动冷床，轧件在冷床上快速移动。

B 轧件在齐头辊道上的齐头

轧件在冷床上冷却过程中齐头是为成组进行多根冷剪做准备，以减少切头，节约金属。

依据轧件的运行方向，亦即从制动滑板上下来的棒材将要在冷床上决定其齐头方向。当冷床的出口方向与入口方向相反时，优化长度的轧件将以其尾部作为参照卸入冷床齿条。齿条的运动周期，决定了轧件冷却中不出现问题的优化轧件的最小长度。由于轧件在冷床上分布并不很分散，所以在齐头辊道上就很容易进行尾部齐头。

当冷床的出口方向与入口方向相同时，前面所说的卸料系统中，为保证良好的齐头效果，在齐头辊上需要刻一定数量的孔槽。同时要防止在卸料到冷床上时前一根轧件头部造成的问题。因此，在轧件轧制速度超过16m/s 时要采用分离挡板，隔离下一根来料，不影响提升制动滑板。

应特别注意的是采用长冷床（110m 或更长）时，小直径螺纹钢（或小扁钢）将很难或几乎不可能在固定挡板上进行齐头，因为此时齐头所造成的轧件冲力足以使轧件弯曲并产生一个压应力，而使轧件跳出齿槽。这样轧机就需要停车以清理冷床。

一种好的解决办法是采用两排单孔槽齐头辊道，第一排（传动速度高）将轧件尽量运到近终位置，然后第二排（低速可调）使棒材准确地接近挡板，停在挡板之前。一套相应的感应系统可以使导辊在轧件一接触时即行停车。齐头效果在25mm 之内。

C 钢材在冷床上的冷却

钢材在冷床上冷却时，为保证后步工序的顺利进行，必须很好地控制轧件的端部质量，并尽可能地保持轧件的平直度，以防止出现翘头和侧弯，这些将严重影响其顺利进入矫直机。

在冷却过程中最重要的是防止轧件由于不均匀冷却或不同时相变而引起的扭曲变形，

特别是在冷却断面不是均匀对称的型钢条件下更容易发生扭曲。为了解决这个问题，当今现代冷床均采用特殊的尺寸参数，保持平直度，设计最佳的齿条形状和齿形长度，以补偿由于不同的冷却曲线所产生的不均匀冷却。

为了控制棒材的组织和性能，根据钢种、尺寸大小的不同，控制钢材在冷床上的冷却速度，开冷、终冷温度，以及不同的冷却方式。

轧件在冷床上既可以采用自然风冷方式，也可以采用通风冷却，也有的采用强制水冷方式，此时喷水管置于轧件下部。还可以在冷床上装备一套水冷调节系统，以控制和降低扭曲，特别是冷却角钢时。在所需位置布置的特殊喷嘴，向热金属表面喷水冷却，根据断面形状的不同，喷水的部位及喷水强度也有所不同，并且随时可调。

轧件下冷床的温度应保持在100℃以下，因为这有利于轧件的矫直和冷剪切。轧制特殊钢如轴承钢或弹簧钢时，冷床可以在其初始段上下两侧安装可移动保温罩来降低冷却速度，从而实现延迟冷却工艺。冷床的动静齿条在水平方向上均有一定倾斜，以便在移动轧件过程中不断改变接触点并使螺纹钢旋转。相反，对于需要在冷床上进行快速冷却的钢种如奥氏体不锈钢，冷床的齿条可以设计成特殊的形状，以使轧件从冷床输入辊道上下来后立即侵入水中冷却一定时间，再出水进入冷床空冷。

4.5.3.2 冷床的结构特点与技术性能参数选择

A 冷床的结构形式和特点

冷床的结构形式常见的主要有步进式齿条型冷床、摇摆式冷床、斜辊式冷床、链式冷床等。近年来随着小型连轧技术的进步，对钢材产品质量要求也越来越高，希望轧件在冷床上与床面没有相对滑动摩擦，以免划伤轧件表面，同时希望轧件在冷却过程中冷却均匀并得到矫直。步进式齿条型冷床，因其轧件冷却均匀，并在冷却过程中得到矫直，一般平直度可达4mm/m，最好可达到2mm/m，而且表面擦伤小，因而得到越来越广泛的应用。

棒材上冷床机构除了常规的制动滑板机构外，还有夹尾器、制动落料槽、转辙器等。

轧件以17~18m/s或更高的速度进入铸铁的滑槽或转辙器，入口夹尾器在很短的时间内将轧件的尾部夹住，制动至3m/s左右，然后打开滑槽或转辙器，将轧件放在冷床上。这种机构只适用于生产碳素钢轧件的小型棒材轧机。

B 冷床技术性能参数的选择

a 冷床宽度的选择

冷床宽度根据轧件长度及机后分段剪剪切长度而定，并且比最大的分段长度更大些，例如轧件成品长度为l_1，飞剪分段最大长度为L，则冷床的宽度B通常取为：

$$B = L + l_1$$

只要冷却能力足够，过分地追求冷床宽度是不合适的。冷床宽度也可以用成品最高轧制速度乘以4后并加缓冲长度确定，即

$$B = v_{轧最大} \times 4 + l_1$$

式中 B——冷床宽度，m；

$v_{轧最大}$——成品轧件最高轧制速度，m/s；

l_1——缓冲长度，一般为轧件成品长度，m。

冷床宽度过宽将由于冷床输入、输出辊道以及制动拨钢器随之增长，而使设备总质量

增加，投资加大。冷床宽度过窄，则使冷床长度加长，造成厂房跨度加大，同时，由于分段剪操作周期时间短和冷床动作频率过快，使分段飞剪及冷床的机电设备难以适应。

b　冷床动作周期的选择

冷床的动作周期是指冷床步进一次所需的时间。冷床的步进运动多以凸轮机构来实现，因此，冷床的动作周期实际上也就是凸轮机构旋转一周的时间。这个时间要小于精轧机后面分段剪两次剪切之间的间隔时间。这一时间 t 是由轧件移动速度和分段长度决定的，即

$$t < L/v$$

式中　t——冷床的动作周期，s；

L——轧件被分段的最小长度，m；

v——轧件速度（即最大轧制速度），m/s。

再考虑到冷床上、下料机构所需的时间，冷床的动作周期应再缩短 1 ~2s 左右。

c　齿条间距的选择

齿条的重量在齿条型冷床的重量中占有很大的比例，齿条间距选择过小，则必然增加齿条数量，从而增加冷床重量。但齿条间距过大，又会使钢材在冷床上产生挠度而影响产品质量。适当的齿条间距应是保证钢材在冷床上因自重而产生的挠度不超过部颁标准弯曲度（小于 6mm/m）的同时尽量减少齿条数量。冷床上钢材挠度受两个因素的影响：（1）钢材断面大小的影响，在齿条间距相同的情况下，钢材断面小则挠度大，断面大则挠度小；（2）钢材温度的影响，温度越高，挠度越大。

具体确定冷床齿条间距时可以对比已有的冷床参数用类比法确定，也可以通过计算钢材在齿条间或头、尾悬臂墙的挠度来确定。

d　齿条齿距、齿形角的确定

齿条齿距、齿形角与钢材断面有关。对螺纹钢来说，齿距 T 与螺纹钢直径有一定的比例关系。

齿形角国内较常见的有两种。一种是 30°/60°齿形，如图 4-14 中 *a* 所示。这种齿形的好处是在钢材步进时，较容易实现钢材的滚动，有利于钢材在冷却过程中的矫直，同时，这种齿形也较适合冷却扁钢、角钢等异形材。另一种齿条齿形角为 45°，如图 4-14 中 *b* 所示。这种齿形适合于冷却螺纹钢，从而进料侧的矫直板可以采用等边角钢制造，简化了设备加工，设备重量也较轻。

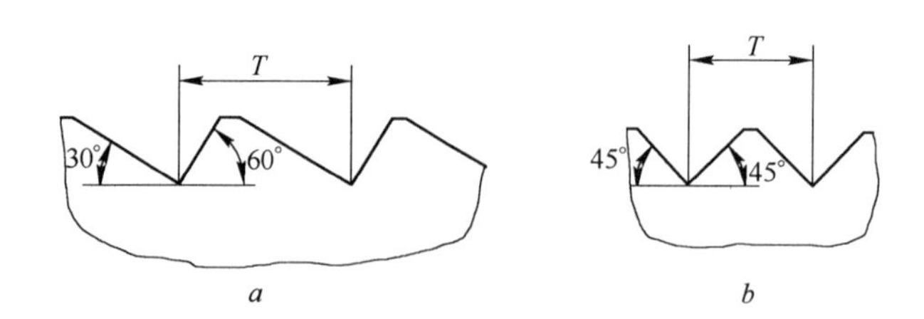

图 4-14　步进式齿条型冷床齿距、齿形角示意图

a—30°、60°齿形；*b*—45°齿形

e　冷床长度的确定

冷床长度取决于钢材冷却需要的时间。

轧件所传递的热量与轧件温度降低的关系为：

$$dQ = KCdt_w$$

轧件所传递的热量与冷却时间的关系为：

$$dQ = \alpha(t_0 - t_w)dt$$

以上两式均为轧件对每 1m² 冷却面积所传递的热量，因而两式相等，故得出：

$$\alpha(t_0 - t_w)dt = KCdt_w$$

将此式在 0 ~ t 时间和 t_{wa} ~ t_{wc} 温度范围内积分，可得：

$$M = \ln[(t_{wa} - t_0)/(t_{wc} - t_0)]$$

式中 K——每平方米表面积的轧件重量，kg/m²；

C——质量热容，J/(kg · ℃)；

t_0——周围环境温度，℃；

t_w——轧件温度，℃；

t_{wa}——轧件冷却开始时的温度，℃；

t_{wc}——轧件冷却终止时的温度，℃；

t——轧件冷却时间，min；

α——传热系数，J/(m² · h · ℃)。

传热系数 α 由两部分组成，一为辐射传热系数 α_s，一为接触传热系数 α_b，而且有：

$$\alpha = \alpha_s + \alpha_b$$

对于螺纹钢和矩形断面钢材，α_s 和 α_b 可根据钢材的平均温度 t_m 由有关曲线查出。

轧件的平均温度可按下式计算：

$$t_m = t_0 + (t_{wa} - t_{wc})/M$$

根据冷却时间可求出冷床长度 L_k 为：

$$L_k \geqslant (n + 1)T$$

式中 T——冷库齿条齿距，mm；

n——在 t 时间内需上冷床的钢材总根数，并有：$n = 60t/t_k$；

t_k——每根钢材的轧制周期，s。

根据轧机的小时产量和轧件的冷却时间，也可按下式计算冷床的长度：

$$L_k = Qat/G$$

式中 L_k——冷床长度，m；

Q——轧机最高小时产量，t/h；

G——一根轧件的重量，t/根；

a——轧件在冷床上的间距，m；

t——轧件的冷却时间，h。

考虑到轧件的在线矫直要求，轧件应冷到约 100℃。

f 凸轮偏心距的确定

冷床凸轮偏心距 e 可以取成 $e = T/2$（T 为齿条齿距），用于 30°/60°齿形可以取 $e < T/$

2，而用于45°齿形可以取 $e > T/2$。$e < T/2$ 或 $e > T/2$ 都可以改变钢材在冷床上冷却过程中与齿条的接触点，同时在步进过程中钢材有一定的滚动，以达到矫直钢材的目的。但是，在生产的品种中除了棒材之外还有型材，则最好取 $e = T/2$，其优点是钢材步进平稳，型材不会与冷床产生滑动摩擦。近年来采用静齿条与步进方向倾斜一个角度，从而避免了钢材与齿条接触点始终是一个固定位置的缺点。

4.5.4　棒材在线定尺剪切

在传统的轧制生产线上，轧件在冷床上冷却后，在冷床的输出辊道处有一台手动固定式冷剪，棒材由定位挡板齐头，将轧件切成定尺。这种固定式冷剪有两种形式：一种为开口式（或称做C形框架式），另一种为闭口式。它们的选择取决于剪切力和剪刃的宽度。两种剪机均装有两个剪刃，一个固定，另一个活动剪刃安装在滑板上，由气动离合器或启停式直流电机操作。剪机上装有一套棒材压紧装置，在剪切过程中卡住棒材。采用可移动挡板，通过调整其位置来改变定尺长度，并实现最小的切头，保证棒材的剪切精度。剪切后的棒材，由垂直方向的运输链或移动小车卸料。

钢材冷却后直接采用冷飞剪多条剪切成定尺。曲柄式冷飞剪采用直流电机传动，剪切速度可以从1.5m/s变到2.5m/s，剪切定尺长度为4～18m。例如唐钢棒材厂采用摆式冷飞剪，剪切能力350t，可剪切成6～12m的定尺棒材，最高剪切速度达2.5m/s，已经高于其他形式的冷剪机，因此可以使每排料排得少一些，而不影响飞剪的生产能力。减小剪切料的排料宽度有利于提高剪切精度，减小切头量，减小事故率。

4.5.5　钢材的包装（打捆）

钢材包装是轧钢生产的后部工序，是必不可少的重要工序。完整的钢材包装应具有钢材输入、捆包成形、捆扎、捆包的输出及称重和标记等多种功能。为完成以上全部功能的关键设备是主机捆扎机。捆扎机的核心部件是机头部分，是通用的。辅机则随着包装品种的不同和各工厂现场工艺条件的差异而配套，形成各种形式的机组。

主机捆扎机按所用的捆扎材料分类有钢带捆扎机（打捆机）和线材捆扎机两种。如果不是用户的特殊要求，用线材打捆要便宜些。按传动方式分类，捆扎机有气动、液压和机械三种形式。

主机捆扎机根据包装钢材品种选定捆扎材料，一般小型型材、钢管、包装箱多采用钢带捆扎，大型型材、螺纹钢、线材、小型捆包多采用钢丝（线材）捆扎。钢带捆扎不破坏钢材表面，抗拉强度高，捆包规整美观。线材捆扎成本低，钢丝来源方便，不易崩断。传动方式则根据生产现场条件、场地大小、生产效率高低、环境温度等来选定。

辅机的配套则完全根据捆扎对象、工艺内容、生产流程、现场条件、生产率和操作水平来确定。

4.5.5.1　波米尼公司的打捆机

由意大利波米尼公司设计的打捆机，能够捆扎任何断面的型钢。它完全是自动化的液压操作。所用捆扎材料为 ϕ5.5～6.5mm线材。它的一个重要特点是，打结的位置总是在捆的上面，使捆好的型材容易沿辊道运行。打捆机可以是移动式的，也可以是固定式的。打捆动作为沿着捆的外轮廓把拉紧的打包线直接喂入，这样可避免划伤产品的表面。打包线只在捆的角部弯曲，并不产生摩擦。捆扎的动作过程如图 4-15 所示。

这种捆扎方式可以保证对捆垛的角部进行良好捆扎。这对于将捆垛打成方形或矩形捆是非常重要的，它可以防止捆形变成半圆形。

在棒材捆扎区域的输入辊道后的横移区，按生产工艺要求预留了三组计数装置，已经配备了一套电子称重装置。

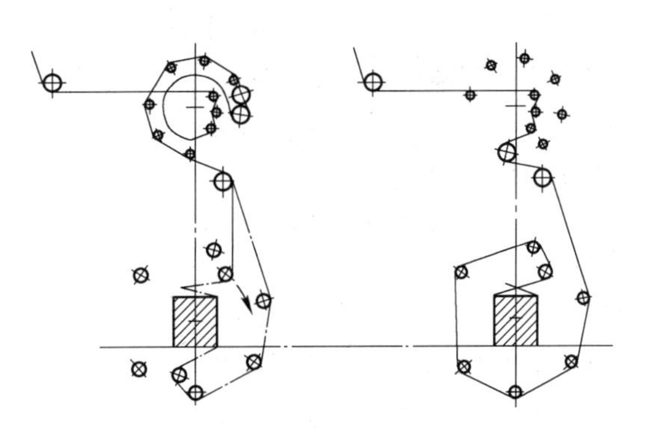

图 4-15　打捆机的捆扎动作过程示意图

4.5.5.2　西安钢厂的捆扎机组

该捆轧机组的工作过程为：输入辊道将棒材送至横移位置前面，短尺分离机将定尺料吸起，输入升降挡板落下，辊道启动，将短尺料送出至短尺收集槽前，辊道停止，短尺分离机将定尺料放下，经升降横移机移至步进链道上，再由分离输送机经计数机，点数后送到四合一捆扎机的收集臂中，收集臂将棒材传送到 V 形辊道上，经成形、捆扎后，向齐头方向输出至固定挡板，再由升降横移小车送到集料台架上，集中吊出。

该捆扎机组可捆扎棒材尺寸为 ϕ12～40mm，长度为 9m、12m。棒材温度要求在 300℃以下。年产 35 万 t，小时产量为 75t，捆重小于 3t。捆扎材料为 ϕ5.5mm 的 08F 线材。采用在线全自动、半自动和手动三种操作方式，捆扎速度 45s/道，捆包直径不大于 450mm。

计数机的点数速度为 3～5 根/s。捆扎机设备的使用条件为：机械液压部分环境温度 －5～＋50℃；电气部分环境温度 －5～＋50℃；相对温度小于 83%，不结霜。

4.5.5.3　上海沪昌特殊钢股份有限公司的捆扎机组

该捆扎机组是以由原冶金工业部北京冶金设备制造厂制造的 YSK6 型钢丝捆扎机头为核心的捆扎机组，共设有并列 6 台棒材捆扎车，每台捆扎车由中间收送机、成形捆扎机、液压装置、捆扎辊道和台车组合而成。使用前按棒材成品长度和捆扎道次选择捆扎车的工作台数，人工调节捆扎车之间的距离并定位。

棒材捆扎道数的设定是按照工艺设计目的进行的，并兼顾到成品出厂时的运输保障、起吊安全条件，以不同成品棒材长度定出各自的捆扎道数。棒材长度小于 6m 时，捆扎 3 道；棒材长度为 6～11m 时，捆扎 4～5 道；棒材长度为 12m 定尺时，捆扎 6 道。

两端的捆扎距离端部 0.5m，中间的捆扎距离 l 按下式计算：

$$l = (L - 2 \times 0.5)/(n - 1)$$

式中　l——捆扎距离，m；

L——棒材长度，m；

n——捆扎道数。

中间收送机将捆扎棒材从收集机组中送到捆扎机上。该捆轧机由主臂、料臂和液压缸组成。

成形捆扎机的捆扎直径为 ϕ200～500mm，最大捆扎力为 3900N，成形拉力为 1900N，捆扎钢丝采用 ϕ5.5mm 镀锌钢丝，成形捆扎周期为 30～50s，周期时间可调。捆扎后成捆棒材由辊道输出。捆扎辊道的辊子规格为 ϕ250mm×800mm，辊道输出速度为1.0m/s。

捆扎后的棒材在电子秤上进行成品称重，最大称重量为10t。每称重一次均可打印出单次净值、累加值和累加次数值。称量顺序为1捆、2捆、3捆，由输出横移机依次送入，一次最多称3捆，每满3捆则由行车起吊入库。

捆扎的棒材规格为 ϕ8～40mm，长度为4～6m，最长可捆扎12m的定尺棒材，捆扎直径 ϕ200～500mm，每捆捆扎重量不大于3t，捆扎要求一头平齐，另一头端头允许误差不大于50mm。

整个捆扎机组分成两个区域，两个区域既可以联动打捆（当棒材长度大于6m时），也可以任选一区独立地自动打捆，或是两个区域同时各自打捆。捆扎操作方式为手动、半自动、全自动三种控制方式。

4.5.6　连轧棒材典型精整工艺

连铸方坯经加热、粗轧、中轧和精轧之后轧成带肋钢筋，而后进入精整阶段。某些品种或规格轧后需要进行控制冷却或带肋钢筋的表面余热淬火。

轧件进入轧机下游、淬水线之后的倍尺飞剪进行倍尺剪切，并经过冷床上的冷却、定尺剪切和成捆等精整工序。下面以唐钢棒材连轧机为例，对精整工序分别介绍。

4.5.6.1　棒材的倍尺剪切

终轧后的轧件首先送入倍尺剪前的夹送辊。夹送辊为双驱动型，其作用是夹持轧件进入飞剪进行倍尺剪切和切尾；另外，当冷却系统出现故障时将轧件夹持送入碎断剪进行碎断和大规格轧件尾钢的碎断。如果需要收集短尺钢材，当短尺钢材收集床较短时，为使高速运行的短尺材顺利进入收集床，夹送辊还可以对轧件进行减速。

倍尺剪前的夹送辊为二辊水平式。上辊可动，由气缸驱动，当气缸开动时，上辊压下，以便能夹持轧件。夹持的轧件移动速度最大达18m/s。对轧件的夹持力为5737N。夹送辊上有槽，可根据不同产品的断面进行更换。

在夹送辊入口和出口处还装有导向装置，主要是一个喇叭口导管，它固定在支架上，导管支架高度可以调整，以便对准轧制线。根据不同的轧制规格，选用不同规格的导管。

该厂的倍尺剪为启/停回转式飞剪，由一台直流电机驱动。剪机的性能如下：

剪切轧件的最大移动速度　18m/s；

剪切轧件断面面积　2000mm^2；

剪切轧件温度　550℃；

剪刃数　2片；

剪刃速度　2.7～19.8m/s。

该剪的剪刃速度是可调的，与棒材轧制速度成正比。在剪切位置，剪刃速度比轧件速度超前或滞后。超前或滞后的速度可以达到轧件速度的10%。剪切速度、超前或滞后速度将根据轧制程序或由操作人员设定。

倍尺优化剪切工艺是提高成材率、合理利用冷床面积的有效措施。

钢坯经连轧机轧成棒材之后，成品轧件的长度远大于冷床所能接受的长度，因此，必须经热飞剪剪切成冷床所能接受的长度。为了避免在定尺剪切时产生短尺钢，提高成材率，一般将上冷床的钢的长度剪切成定尺的倍数。

在实际生产中，钢坯的长度、成品尺寸的公差、轧制过程中切头的多少，都在一定的允许范围内波动，导致精轧机轧出钢材的长度也在不断变化，这就可能使倍尺剪切后所得到的最后一段钢的长度小于冷床所能接受的最小长度。这种情况下，通常是在倍尺钢剪切结束后，把长度小于冷床所能接受最小长度的钢尾由碎断剪碎断。如果这时最后一段钢的长度只是稍小于冷床所能接受的最小长度，而大于定尺长度，这种情况下碎断尾钢将会造成成材率的降低。

为了解决这一实际问题，形成了倍尺钢优化剪切工艺。其目的是从给定的成品棒长中得到最大数量的成品长度的棒材，减少短尺，提高成材率。

优化剪切工艺的实质是当尾钢长度小于冷床所能接受的最小长度而大于成品定尺长度时，就把尾钢之前的一段倍尺钢（即倒数第二根上冷床的倍尺钢）的长度留一部分（相当于定尺长度或倍数）给尾钢，使尾钢长度达到冷床所能接受的长度，而倒数第二根长度有所减小，但仍能满足上冷床要求。如果尾钢长度太小，在与倒数第二根钢优化后，二者都达不到上冷床的长度要求时，则优化从倒数第三根倍尺钢开始。最终优化结果是使最后三根钢都能达到最小上冷床长度，最后长度小于定尺长的尾钢由短尺收集床接收。如果其长度还小于短尺床所能接受的最小长度，则经剪后的导向器导向碎断剪进行碎断。

导向器是一个由电机带动的导板。导板头部距倍尺飞剪 650mm。用定位抱闸来控制导向器的位置。导向器动作由倍尺飞剪编码器控制，以保证导向器的动作与飞剪同步。

碎断剪位于导向器之后，用于短尺钢的碎断或事故剪切。

碎断剪的技术参数如下：

轧件速度　　18m/s；

剪切面积　　热态 1257mm^2，冷态 800mm^2；

轧件温度　　最大断面 800mm^2 时 500℃；

碎断长度　　580mm；

刃片速度　　3.8～20m/s。

短尺收集床位于碎断剪后、输送辊道的旁边，用于收集优化剪切后所得到的短尺尾钢。

短尺收集床长度为 18m，可接收的棒材长度：最短为 4m，最长为 12m。

4.5.6.2 棒材在冷床上的冷却

A 棒材的输入与制动

经倍尺剪剪切后的钢材经过带制动裙板的辊道输送和制动并达到冷床上，如图 4-16 所示。

冷床入口辊道总长约 230m，其中带裙板辊道 186m，其余为不带裙板辊道。

运输辊道共有 186 个辊，每个辊由可调速的交流电机单独驱动。辊道的控制分为三段，各段速度单独控制，为实现钢的正确制动以及前后倍尺钢头尾的分离，在生产中辊道速度可在大于轧机速度的 15% 范围内变化。通常设定 1 号辊道速度超前轧机速度 +5%，2 号辊道超前 +10%，3 号辊道超前 +5%。所有辊子均保持一固定的向冷床方向的 12°倾角，以利于棒材滑入裙板。

制动裙板是位于运输辊道一侧的一系列可在垂直方向上下运动的板，利用板与钢材之间的摩擦阻力使钢材制动，并通过提升运动把钢材送入冷床矫直板。裙板在垂直方向有三

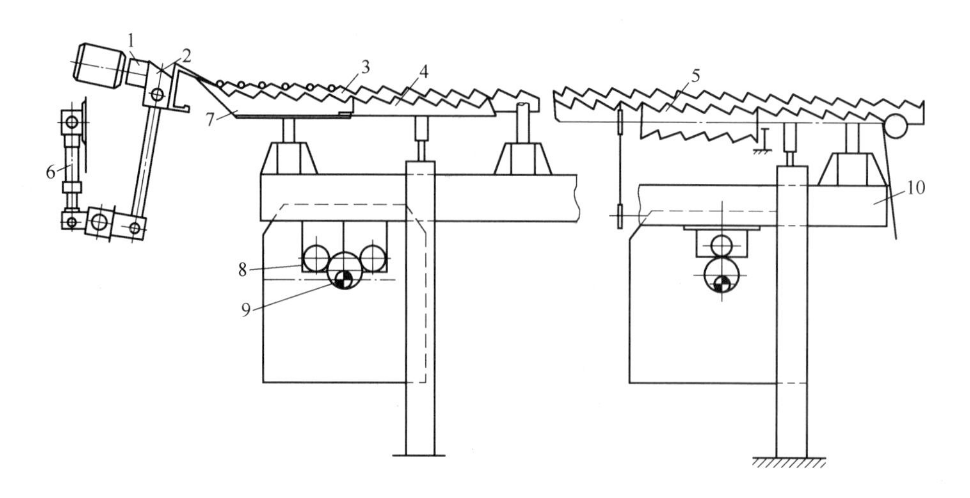

图 4-16　带裙板辊道和步进式冷床示意图

1—冷床入口辊道；2—升降裙板；3—动齿条；4—固定（静）齿条；5—对齐辊道；6—液压缸；7—矫直板；8—偏心轮；9—传动轴；10—动梁

个位置，如图 4-17 所示。

制动裙板在轧件前进方向上共分成两部分。第一部分位于冷床之前，裙板之间通过 18 个液压接手进行分离/结合，使第一部分裙板分成固定段（裙板在生产中经常处在高位）和活动段（与冷床上裙板一起运动）两段，以满足不同规格品种准确制动运输的要求。第二部分裙板位于冷床上，与冷床宽度相同，长 132m，由多块裙板构成一个整体，单块裙板之间只能分开。

带升降裙板的辊道总长 186m，其中包括 132m 的冷床段及冷床前的 54m。

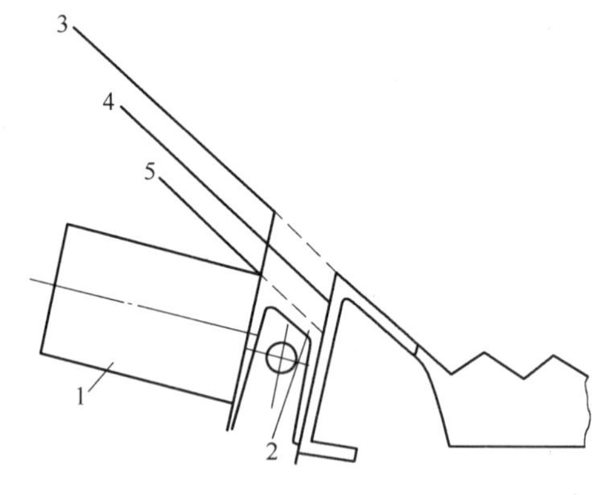

图 4-17　制动裙板三个位置示意图

1—辊道；2—裙板；3—高位；4—中位；5—低位

在制动裙板中分布有 5 块电磁裙板，通电时产生电磁，对于经过穿水冷却的螺纹钢筋可增强其制动力，使钢筋快速制动。磁力大小可根据规格大小进行调节，未淬水的及大直径的棒材不需要用电磁裙板来制动。

当前一根倍尺钢进入裙板进行制动时，裙板降至最低位置，通过气动拨钢器来阻止下一根倍尺钢头部进入裙板。气动拨钢器安置在活动段裙板的入口处，其作用是当前一根倍尺棒材的尾部正下滑和制动时，由气缸将 1.2m 长的可移动拨钢器抬起，防止下一根钢的头部进入裙板，而仍沿辊道运行。在拨钢器抬起的同时，活动裙板升至中位，后一根钢材沿裙板侧面制动运行。拨钢器的运动与活动裙板的运动和下一根钢的头部位置同步。在棒材运行速度低于 10m/s 时，不采用拨钢器。

拨钢器的位置是根据轧制产品规格、品种的不同，以及需要制动的时间或距离来决定的，由人工定位在相应位置上。

B　裙板辊道制动及分钢工艺过程

棒材的制动过程是由钢材与制动板间的摩擦阻力来实现的。摩擦力的大小由钢材与制动板间摩擦系数和制动板的数量（或总长度）所决定。

为顺利实现剪后倍尺钢的制动定位准确和向冷床的及时输送，并尽可能使钢材落在靠近冷床头部的位置上，以减少后序工作中齐头辊道的工作时间；另外，要保证制动时间，并且后两根钢材尾头的间隔时间与裙板动作周期相匹配，顺利实现分钢动作，则需要准确控制钢材进入制动板开始制动位置 P1、制动距离 S 与制动后停在冷床上的位置 P2。

棒材经倍尺剪剪切后，尾部到达 P1 并进入制动板开始制动，经时间 t 后，到达 P2 位置，t 称为制动时间。制动距离 S 和制动时间 t 主要取决于轧件的速度 v 和摩擦系数 f。在生产中，摩擦系数 f 认为是一个常数，所以制动距离 S 和制动时间 t 主要取决于轧件的运动速度 v。

在生产中，为保证移送速度最高的轧件能够定位于 P2，必须有足够的制动距离，这就要求冷床前制动板有足够的长度。根据计算和唐钢棒材轧机的经验，冷床前裙板长度为 54m 就能满足最大轧件速度 $v=18\text{m/s}$ 时的制动要求。当轧制其他规格棒材时，其轧件速度各不相同，但都低于 18m/s，所以制动距离 S 都小于 54m。为了保证轧件在冷床上的正确定位，对不同规格的棒材，在冷床前辊道上开始制动的位置 P1 是不同的。所以在冷床前段制动裙板中活动段的长度是可变的，并且可根据所生产棒材的制动距离，确定裙板中活动段的长度。裙板由 18 个液压接手连接，当其中一个断开时，裙板就从此处分为固定段和活动段。

将前后两支倍尺钢材尾部和头部分开，保证前一根钢材顺利制动，两根钢材头尾互不干扰，要求顺序分钢所需时间要与裙板运动周期相匹配。裙板动作周期是指裙板完成一个动作循环所需的时间。裙板动作周期与前后轧件所处位置如图 4-18 所示。

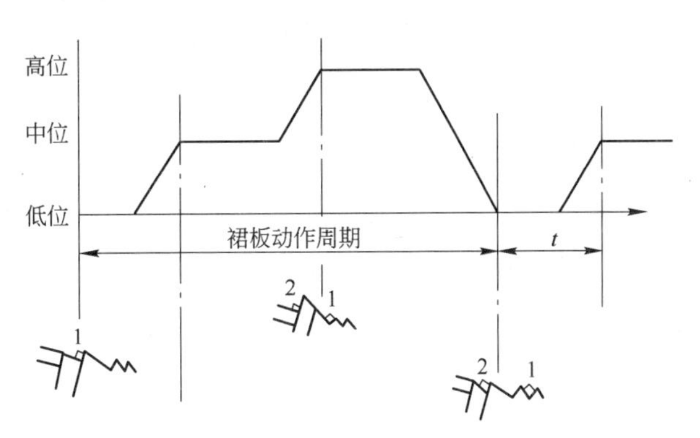

图 4-18　裙板动作周期与前后轧件的位置

1—前一根倍尺钢；2—后一根倍尺钢

为了实现顺利分钢，前一根钢离开辊道开始制动时，必须与后一根钢拉开一段距离 ΔS，以保证前一根钢离开辊道的时间到下一根钢头部到达制动板前端 P1 位置时间，其时间间隔 Δt 必须满足制动板从最低位置升到中间位置所需的时间，以防止下一根钢头部在制动板处于低位时进入制动裙板。从制动裙板动作周期图可知，制动板从低位到中位所需时间 t 要求：

$$t \leqslant \Delta t$$

时间间隔 Δt 是靠前后两根棒材的速度差来实现的。辊道分为三段，每段速度均高于轧件速度。前一根钢经倍尺剪剪切后加速，使两支钢间距加大。当轧制速度 $v>10\text{m/s}$ 时，由于轧制速度快，辊道加速产生的时间间隔 Δt 不能满足裙板相应动作所需时间。为保证前后钢头尾分开，利用气动拨钢器，阻止下根钢头部进入裙板。

C　棒材的矫直与冷却

该厂采用的冷床为启停式步进梁齿条冷床，位于裙板辊道与冷剪区成层设备之间。冷床对轧后热状态的棒材进行空冷、矫直、齐头。棒材冷却后输送到成层链和小车上，移送到冷剪前冷床出口辊道上，然后送至摆式冷飞剪，剪成定尺。

冷床宽 132m，长 12.5m（从冷床入口辊道中心到冷床出口辊道中心距离）。

冷床由矫直板、动齿条、静齿条和对齐辊道等组成。而动齿条和静齿条又各有长短之分。因为棒材在刚进入冷床时温度高容易变形，因而在冷床入口端，齿条的排列紧密，相邻动静齿条间距为 150mm，而在冷床出口端由于钢温较低，不易变形弯曲，则相邻的动静齿条间距变成 300mm。

矫直板位于冷床的入口侧，由冷床入口辊道上下来的棒材首先落到矫直板上。矫直板每块长 1.15m，宽 250mm，上有 10 个齿形，块与块之间只留出动齿条移动的间隙。矫直板在此处代替了静齿条。棒材由动齿条一个槽一个槽地向前传递，直到移出矫直板。矫直板的作用是保持棒材的最大平直度。

棒材经过矫直板而进入冷床的本体，它是由长短交替布置的静齿条与动齿条组成的步进式冷床。动齿条安装在动梁上。冷床共有 22 个动梁，而每个动梁上安装有 20 个动齿条。每个动梁下有轮子，动梁平放在偏心轮上。偏心轮转动带动此梁，使动梁上、下、前、后移动，从而将齿条上面的棒材一齿一齿地向前传送。

当动齿条上的棒材被传送至对齐辊道时，可由对齐辊道将棒材送到挡板处对齐，使棒材能整齐一致地进入定尺冷飞剪。对齐辊道上有 8 个与齿条完全相同的齿形，且位置比定齿条要高。对齐辊道是由恒速交流电机上的齿轮带动链子单独驱动的。

132m 长的对齐辊道分为 8 段，每段 12 个辊子，分别控制，可根据棒材的倍尺长短来决定哪些段运行。

D　棒材的编组与平移

经过冷床调直、冷却和齐头后的棒材，由动齿条传递到紧靠冷床的收集链或称编组链上。收集链的总宽度达 126m，工作长度近 2m。收集链的动作是间断性的，即动齿条每向收集链上放一根棒材，收集链动作一次，使棒材形成层状，便于下一步运输小车的运输。同时，收集链也起到调整生产节奏的作用，如果后面的某个设备出现小的故障，收集链还可以收集一些棒材，起到缓冲的作用。

利用平移装置（或称运输小车）将收集链上的成层棒材托起，平移到输出辊道上方，将成层棒材放到辊道上，保持棒材的层状，由辊道送到定尺冷飞剪进行剪切。

当冷切定尺飞剪采用带槽剪刃剪切棒材时，则采用与收集链并列布置，靠近冷剪一端，冷床头部处设置的专用成层小车（宽度约 6m）代替收集链。在接受从冷床动齿条上下来的棒材时，利用成层小车上齿板的齿将棒材分开，使小车上的棒材按一定数量形成层，并将这一层棒材通过运输小车运至输出辊道，再经过成层小车上齿板的分离，使棒材之间保持一定的距离，以便棒材能顺利喂入冷定尺飞剪的带槽刃中。

冷床输出辊道按冷剪剪切线速度运行，并在辊道上备有电磁辊，以确保棒材的定位及头部对齐，确保棒材头部顺利喂入冷定尺剪的剪刃，尤其在生产大规格棒材时这一点更为重要。

4.5.6.3　冷却后棒材的定尺剪切

棒材经冷床自然冷却到 100℃以下时，在冷飞剪机上进行定尺剪切。

该厂采用连续剪切线（CCL）进行定尺剪切。所用摆式冷剪可剪切运行中的棒材。棒材从离开冷床的最后一个槽开始，按预定剪切根数成层，传送系统再将棒材层送入冷飞剪进行定尺剪切，直到由冷剪输出辊道送到收集区。整个工艺过程可全部连续、自动地完成。

A　磁力输送棒材

在冷床输出辊道和冷剪之间安装有三个磁力辊道和磁力输送机（也称磁性链），以保证棒层头对齐和棒材间距固定，保证棒材连续、准确地进入冷剪导槽，防止棒材在辊道上打滑。

磁力输送机由一个可变交流电机驱动，工作制度为连续、可变速、无反转。该运输机上装有永磁板。磁力输送机与冷床输出辊道同步。

B　棒材层的定尺剪切

由冷床输出辊道和磁力输送机将棒材层送入摆动式冷飞剪。该剪可以对运动或静止的棒材层进行垂直剪切，将长约 100～132m 的倍尺棒材剪切成用户需要的定尺棒材。

某棒材厂的定尺冷剪技术性能如下：

形式　摆动曲柄式飞剪；

剪切能力　350t；

剪刃行程　上剪刃行程 + 下剪刃行程 = 150mm + 20mm = 170mm；

剪切主轴转速　最大 161r/min；

最大剪切速度　1.5m/s；

剪切周期　最大 2.8s/次；

剪刃宽度　800mm；

剪切精度　±15mm；

两台直流调速主电机带动一台减速机传动，其功率为　430kW + 430kW；

调速范围　0～800r/min；

冷剪的摆动臂长　1500mm，摆动角　11.23°。

在冷剪入口处设有一个由气缸控制的翻板，用来排除剪切后的棒材尾端料头。另外还设有一个由气缸控制的上压板，用来保证棒材头部顺利进入剪刃导槽。压板的位置根据所剪切棒材的直径预先自动设定，棒材直径超过 12mm 时压板升起，对于直径小于或等于 12mm 的棒材，压板保持在下降位置。

为了保证剪切钢材质量和提高剪切能力，小规格棒材采用双斜度平剪刃剪切，大规格的棒材采用带槽剪刃剪切。剪切直径为 12～50mm 的所有规格棒材时共需 7 种剪刃，每种剪刃的剪切品种、规格、开槽数量、开槽间距以及剪刃形状都有明确规定。

C　定尺棒材的输送、计数与收集

棒材经冷剪切成定尺后进入由双辊道及链式运输机、棒材计数器、分棒装置及可动收集筐组成的棒层移送装置。链式运输机共有两个床体，靠近冷剪一侧的称为 B 床，远离冷剪的称为 A 床，每个床体的后部工序均设有分棒装置、料筐运输装置、辊道、打捆机和链式卸捆床，各成一条生产线。双辊道即是两条生产线的分界之处。每个床体可放置棒材最大定尺长度为 12m。

冷剪第一剪棒材沿冷剪后出口辊道首先进入 B 床第一排辊道，然后继续前进，进入 A 床第一排辊道，此时第二剪棒材已进入 B 床第一排辊道，在棒材头部到达辊道端部前 1～

2m 时，两个床体辊道下边的小辊道盖板由两个小车托起，这样棒材在小盖板上停止运动，此时第三剪、第四剪棒材已经可以进入第一排辊道。小车向入口链式输送机方向横移，使棒材到达第二排辊道位置，小车下降使盖板上平面高度低于辊道上面，便将第一剪和第二剪棒材分别放在 A 床和 B 床的第二排辊道上。两组辊道分别向两侧旋转，棒材分别撞到 A、B 床挡板，使棒材头部对齐，此时小车在低位返回至第一排辊道下面，准备托起第三剪、第四剪棒材，托起并横移的同时，也把第一剪、第二剪的棒材托起并横移至第一段链式运输机的链床上面。两排辊道小盖板为一个车体，车体横移行程为 1250mm，升降行程为 363.7mm，动作周期与冷剪的生产节奏同步。为防止棒材在第一排辊道上打滑，辊道上安装有 5 个电磁辊道。

由冷剪过来的定尺棒材，如发现有缺陷或定尺超短时，由人工在辊道上剔出，并放置于收集槽内。

棒材经入口链式输送机、中间链式输送机和出口链式输送机被移送到棒材计数器处，按打捆要求对棒材计数。棒材计数器由一个棒材分离丝杠、计数轮和一个计数光电管组成。

每个计数器的最大生产能力为 9 支/s，精度为 99.9%（1000 支以上棒材）。

螺旋丝杠的螺纹和计数轮的齿形根据产品规格而变化，大于 ϕ32mm 的棒材计数时不用螺旋丝杠，而是直接由计数轮和光电计数器完成计数。

该计数器只用于按棒材根数打捆的情况。当按层数打捆时，不使用该装置。

按棒材根数或按层数计数后的棒材经分棒装置传送到收集筐中。分棒装置的主要设备有：转动导板、挡板、刮轮、保持板、齐头装置和卸料板等。

当按根数收集时，若棒材直径小于 20mm，则通过计数器的棒材由一组转动导板分离并沿着挡板传送到保持板中，在齐头装置齐头后由保持板将棒材卸入卸料板中，然后由卸料板将棒材放入可移动收集筐中。

若棒材直径大于或等于 20mm，则计数后的棒材由位于计数器一侧的一个转动导板（形状与上述不同）与一组刮轮配合，直接传送到可动收集筐中。此时，其他转动导板、挡板、齐头装置、保持板和卸料板均退出生产线。

D　棒捆的传送、称量与收集

与 A、B 床相配合，设有 A、B 两个相对应的收集站，由收集筐卸下的棒材由传送辊道传送到打捆站打成棒捆。传送辊道完成棒捆的打捆定位、打捆后，向收集传送链传送打好捆的棒材。将打好捆的不同定尺长度的棒材传送到称重站。

棒捆收集站 A 和 B 均可分成两个完全独立的 A1、A2 和 B1、B2 两部分。对棒长 6m 的捆，收集站的两部分 A1 和 A2 或 B1 和 B2 相互独立动作。工作顺序为第一捆送到 A1 或 B1，第二捆送到 A2 或 B2，以后往复循环。对于大于 6m 长的棒捆，A1 和 A2 或 B1 和 B2 将同时工作，形成一个收集站，每次只能接收一个棒捆。

每个棒捆收集站都由两段收集链和一个称重系统组成。收集链的运行方式（单/双）已在传送辊道运行过程中根据定尺长度预先选定。

当传送辊道将棒捆传送到预定位置后，可升降的传送链升起并将棒捆向前传送到电子秤，然后，第一段可升降链下降并开始称重。

称重站位于可升降链的中部，为压力传感式称重系统，称重范围为 1000 ~ 5000kg，称重刻度 1kg，称量精度为量程的 0.1%。该称重系统还包括一台显示终端、一台打印机和一台字母数据键盘，可输入、显示、打印。打印的内容包括：标准、规格、炉号、钢种、检验者、日期、小时、捆重和总重。该系统可将上述内容传送给标牌打印机，并且能够存储当班每捆棒材的炉号和重量。

第二段水平传送链用来收集称重后的棒捆。当电子秤发出称重结束信号后，可升降链升起并将棒捆传送到水平链入口，然后可升降链下降准备进行下一个循环，同时，水平链按预定距离向前移动棒捆，并在水平传送链上完成挂牌工作。

按国家标准规定，成捆交货的钢材每捆至少要挂两个标牌，标牌上应有供方名称（或厂标）、牌号、炉批号、规格、重量等印记。唐钢棒材厂采用两种标牌，一种用于国内交货，另一种用于出口的钢材。

4.6 小型棒材轧机的主要新技术

20 世纪 80 年代中期以来，由于机械加工和电气控制技术的进步、孔型设计的改进，特别是上游连铸技术的进步，小型棒材轧机产生了根本性的变革。连续化、规模化的小型棒材轧机更注意与炼钢和连铸的合理衔接。小型棒材轧机不是规模愈大愈好，也不是愈小愈好，而是要与炼钢、连铸配合得当，在满足市场要求的前提下，使炼钢、连铸、小型棒材轧机都能发挥最高的效率，都能在经济规模下运行，以求得企业的整体效益；同时要注意产品质量和节能，提高轧机的灵活性，以适应市场的需要。小型棒材轧机的新工艺和新设备简单介绍如下。

4.6.1 步进式加热炉

可供选择的小型棒材轧机钢坯加热炉炉型有：推钢式加热炉和步进式加热炉。

推钢式加热炉是各种类型轧机选用的传统炉型，由于其具有结构简单、机械设备少、操作简便、投资少等优点曾被广泛应用。其固有的缺点是：加热钢坯断面温差大，无法消除水冷“黑印”；加热时间长，氧化和脱碳严重；容易产生粘钢、拱钢和钢坯划伤事故。

为保证加热质量，特别是满足小型棒材轧机对钢坯在断面和长度方向上温度梯度的要求，以及防止高碳钢、弹簧钢、轴承钢的脱碳，新建的小型棒材轧机多采用步进式加热炉。步进炉较推钢式炉有如下主要优点：

（1）加热均匀，断面温差可小于 20℃；无水冷黑印和阴阳面。

（2）加热速度快，氧化少，可减少脱碳。

（3）不会产生拱钢、粘钢事故；可防止划伤。

（4）操作灵活方便。

步进炉又分为：步进底式炉、步进梁底组合炉和步进梁式炉。在选择炉型时应根据钢坯的断面尺寸和钢种的加热要求综合考虑。在一般情况下，加热方坯断面尺寸在 120mm ×120mm 以下时可选用步进底式炉；方坯断面尺寸在 120mm × 120mm ~ 150mm × 150mm 时可选用部分上下加热的梁底组合式步进炉；当方坯断面尺寸大于 150mm × 150mm 和加热合金钢时宜选用步进梁式加热炉。

4.6.2 高压水除鳞

为了保证小型材特别是优质钢和合金钢小型材的表面质量，在加热炉后粗轧机组之前设置了高压水除鳞装置，以去除加热产生的表面氧化铁皮。高压水的工作压力达 20 ~ 22MPa。前几年建的小型棒材轧机在粗轧机前、粗轧与中轧之间、精轧机前都设置除鳞机。据近年来实践所取得的经验，影响表面质量的主要是加热炉产生的一次氧化铁皮，因此，在粗轧机前设置一台防鳞装置就可以了，除鳞速度要在 0.8 ~ 1.5m/s。为此，将加热炉与粗轧机拉开一定的距离，为的是除鳞的速度不受粗轧机咬入速度的限制。前几年为减少高压泵的容量，在高压水系统中设有蓄水器，近年来的新设计多采用直通式供水，可取消蓄水器，使高压供水系统大大简化。

4.6.3　在线尺寸检测

激光的单向性和抗干扰性优于其他任何波长的光波，以此为原理设计的激光测径仪用于在线测量轧件尺寸。安装在小型棒材轧机精轧机出口处的测径仪连续地旋转，可精确地连续测量轧件在水平/垂直和与水平夹角为 45°方向上的尺寸，并可将结果显示和存贮在计算机系统中。操作人员可根据显示的结果，及时了解生产过程中的轧件尺寸精度，在接近超过规定精度时及时对轧机进行调整，以减少废品，方便调整操作。

4.6.4　自动堆垛机

型钢在线自动堆垛机已使用多年，传统的堆垛机是单个或两个旋转磁头的堆垛机，在中型和小型棒材轧机中对堆垛机进行改革已是刻不容缓。堆垛机改革的主要内容是：自动化水平的升级（应用 PLC）；提高产量（减少周期时间）；可靠性和操作的可重复性；更好的堆垛形状（好的几何形状，捆线或捆带）。现在打捆-双磁头衬垫堆垛机和摆式堆垛机已在成功地使用。磁性堆垛机因要对轧件退磁，结构复杂，非磁性堆垛机的使用会越来越多。

5 工厂供配电系统

安阳钢铁公司 ϕ260mm 机组是一条全连续棒材生产线，引进意大利达涅利公司关键技术和设备，全连轧工艺技术是高效率、高质量、低成本棒材生产的基本模式，品种规格为 ϕ12 ~ 50mm 圆钢和螺纹钢，坯料采用 150mm × 150mm × (6000 ~ 12000) mm 最佳经济断面坯料，成品材最大轧制速度为 18m/s，原设计年产 20 万 t。该机组自投产以来，经过自身的强化管理和技术进步、革新挖潜，年产量从设计能力 20 万 t 发展到 90 万 t，截至 2007 年 6 月份，该机组累计轧材 120 万 t，创效 34000 万元，是安钢经济效益的重要支柱之一。

安阳钢铁公司高速线材生产线是 2001 年 8 月份投产的一条高水平的线材生产线。这套轧机装备水平和自动化程度很高，具有 20 世纪 90 年代后期国际水平，引进了美国 Morgan 公司最新型线材轧机，采用了 8 +4 精轧机和减定径机方案，并采用了优质高效的步进梁式加热炉，全线控冷控轧，为获得高产、优质、低耗的线材盘卷，轧机采用了一整套先进的自动化控制系统，全线生产过程和操作监控均由计算机控制实施。它的主要控制特点是:

（1）网络化快速通讯;

（2）系统响应速度快;

（3）传动设备动态、静态精度高;

（4）轧件跟踪、定位准确;

（5）软件编制可靠性高等。

5.1 电气设备配备情况及电网污染治理

现代化的连轧生产线由于自动化程度高，必定生产机械众多，主辅电机装机容量巨大，比一般横列式轧机大几倍，因此电气设备的合理配置显得十分重要。260mm 机组电气设备配置如下:

（1）主辅电机装机总容量为 18140kW;

（2）直流主传动电机总容量为 16100kW;

（3）照明变压器为 2 × 125kW;

（4）动力变压器为 2 × 1250kW、1 × 1000kW;

（5）整流变压器总容量为 25810kW。

为了能适应将来生产能力的进一步提高，动力变压器、整流变压器容量至少富余 30%。一般情况下，轧钢厂用电负荷有重复冲击的特性，从配电系统中除了取用大量有功功率外，还取用大量急剧变化的无功功率，从而引起电网电压波动和功率因数下降；另外，轧机、剪切机主传动为直流，引起高次谐波，恶化了电网的品质。针对上述问题，260mm 机组采用了就地动态无功补偿装置 TSC 技术，效果极佳，功率因数由 0.65 上升到 0.96，高次谐波得到了明显的抑制，平均达到 70% 的治理效果。低压就地 TSC 补偿装置采用高速动态无功补偿方式，是一种低功耗、高性能的补偿装置，其优点是:

（1）动态响应时间快。低压就地 TSC 动态无功功率补偿一是采用了无触点开关投切电容，二是其投切原理是在电网电压与电容器两端电压等电位上投切电容器，这样随着电网无功功率的变化，电容器每次投入电网之前，电容不需放电时间，动态响应时间 15～30ms，投切时间 10ms，所以投切时间短，避免了常用静态无功补偿装置出现的“欠补”和“过补”现象。

（2）补偿效果好。低压就地 TSC 无功补偿，由于响应时间快，能在线实时跟踪低压电网的无功量的变化，并随无功量的变化快速将电容器投入和退出电网，不会出现“过补”和“欠补”，实时保证较好的补偿效果，抑制低压侧网压波动，从根本上改善了高压电网的品质。

（3）稳定网压。低压就地 TSC 无功补偿，由于是随电网无功变化的动态补偿，所以网压稳定。

（4）具有网压支持补偿功能。低压就地 TSC 无功补偿，可以对网压进行实时监测，补偿装置按负载产生的无功量大小进行正常补偿。当网压超标时，补偿装置全部退网，转为网压支持补偿，不会过补抬高网压，造成低压电网设备的损坏。待电网恢复后，补偿装置又可自动入网补偿。

（5）谐波治理效果好。低压就地 TSC 无功补偿装置的谐波滤波器是一种动态谐波滤波器，其设置按特征谐波（5、7、11、13…）分别组成各次谐波的 LC 滤波器。谐波滤波器的投入建立在基波无功补偿的基础上，各次谐波滤波器对电网中的基波无功呈容性，进行正常的动态无功补偿，对电网中的高次谐波呈感性，滤除高次谐波电流，就是在进行基波无功补偿的同时，也进行高次谐波的滤波，所以采用就地的补偿滤波（靠近谐波源），不会抬高网压，滤波器能全部投入，保证了低压电网的供电质量，消除电网污染，使低压电网及通过低压变压器注入高压网侧的谐波电流满足要求。

（6）补偿电容入网、退网无电流冲击。TSC 采用的是电网电压与电容器两端电压同电位的投切原理，并且定在电网峰值电压时，分别投切各相电容器（$di/dt=0$），这样就完全保证了电容器入网、退网时无任何冲击电流，且入网的电流呈正弦平滑入网，大大延长了补偿装置电容器及供配电设备的使用寿命。

（7）补偿精度高。因为 TSC 补偿方式的特点是分散补偿，所以对单独低压变压器来说，补偿装置的容量要小得多。补偿电容器可分成若干组大小不等的容量，根据供电电网补偿滤波要求，按（8421BCD 码）规律编组投切电容器组，一般可达到近似线性化的补偿效果，补偿精度 7% 左右，确保不会出现“欠补”和“过补”。

（8）不产生高频干扰。由于 TSC 补偿装置的谐波滤波电抗器采用的是铁芯电抗器，铁芯电抗有闭合磁路，所以不会在空间产生任何干扰。

（9）低压就地 TSC 动态无功补偿装置，由于在低压电网侧靠近谐波源就地治理了电网中的高次谐波，解决了电网污染问题，不会影响供电网中自动化设备的正常工作。

5.2　线棒材机组工艺流程

5.2.1　260mm 棒材机组工艺流程

260mm 机组根据工艺流程大致可分为：加热炉区、轧制区、精整区，如图 5-1 所示。

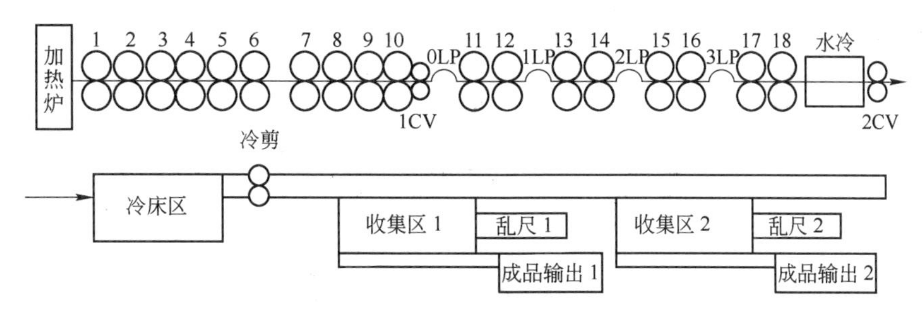

图 5-1 工艺流程

（1）加热炉区。260mm 棒材全连轧机组加热炉形式为步进梁式加热炉，加热能力为120t/h，炉前两组装料辊道，炉内两组悬臂辊道，一台液压推钢机（安装在入炉侧），一台液压驱动辊道秤，一个上料台架，一台分钢机，两台风机，一个液压站。

（2）轧制区。该区域主要工艺设备为：18 架连续轧机，分成粗、中、精三组均采用直流电机传动。连轧机组可大体分为三个部分：1）粗轧机组，即前面叙述的 1 号、2 号、3 号、4 号、5 号、6 号轧机。2）中轧机组，即 7 ~ 14 号轧机，另外由于安钢 260mm 机组是 8 架中轧机，所以在工艺上又分为一中轧、二中轧两个区域，也就是将 7 ~ 10 号轧机作为一中轧，11 ~ 14 号轧机作为二中轧，根据生产的产品规格，二中轧的轧制孔型有所不同，轧制出的过程产品几何尺寸各不相同，然后送入精轧机组。3）精轧机组，由 4 架轧机依次排列而成，即 15 ~ 18 号轧机，也是该棒材机组成材的最终轧制程序。根据轧制工艺要求，在中、精轧连接处及精轧内部又各设置了一个活套调节器，起无张力轧制的调节作用。坯料从加热炉推出后，首先经过粗轧 6 架 650mm 局部连轧机，将 150mm^{2}方坯轧制为 90mm^2；然后经过一段延伸辊道送至中轧机组的 7 号轧机入口，接下来是 7 号—8 号—9 号—10 号 4 架 520mm 轧机的连续轧制；轧件断面出 10 号轧机后，成为 70mm^{2}方坯。由于来料方坯往往有端部沙眼或劈头，所以在 10 号轧机后设置了一台切头飞剪，将其头部的劈裂部分切除，确保进入二中轧 11 号 430mm 轧机的来料质量可靠。切头飞剪的剪切长度可根据原料质量好坏（主要是头端部缩孔和劈头）及长短调整。另外，根据连轧工艺的基本原理，在轧制过程中要求中轧部分处于无张力轧制，即确保各架轧机在单位时间内流过的金属秒流量相等，所以在 10 号、11 号两轧机间布置了一个活套级联调速装置，用于调节 10 号轧机以前各架轧机间的轧制速度，使得任意时间内 10 号轧机轧出的轧件面积都等于 11 号轧机轧入的轧件面积。同时 9 号、8 号、7 号轧机道理相同，保证了连轧的基本原则。下一步，轧件进入二中轧 11 号、12 号、13 号、14 号 4 架 430mm 轧机，其中中间布置有一个活套调节装置，其作用等同前面所述活套，只是其作用是调节 12 ~ 7 号轧机金属秒流量速度，保证 12 号轧机前为无张力轧制。在该机组轧制工艺布局中，后面还有两个活套调节装置，其功能基本相同，不再赘述。

（3）精整区。从成品机架轧出的轧件进入精整工序，该工序首先要将轧机输出的棒材剪切成倍尺长度，以便放置到冷床上降温，剪切后每支倍尺棒材长度应小于冷床长度。在运动的过程中，将轧件从冷床输入辊道载到冷床上的装置，我们称为上卸钢装置。该机组的上卸钢装置由液压系统驱动。随着生产的连续进行，卸在冷床上的棒材将逐步向冷床输出端移动，一方面为后面生产的棒材腾出位置，另一方面随着生产工序向冷床输出辊道运行。将冷床床面上的棒材移动到冷床输出辊道上的装置我们称为下卸钢装置。该机组的下卸钢装置在这项设计中采用的是目前国际上较先进的达涅利技术，首先准确计算每根棒材下床的位置和向前移动的距离，这里使用的是 PLC 和交流变频控制器组成的位移闭环系统。设备名称为移钢输送链条，它的作用是将下床的棒材整齐并排地接纳过来，达到一定数量后（人为设定），交接给移钢装置，由移钢装置托起规定的棒材，放置到冷床输出辊道运行，将倍尺棒材送至定尺剪机处，根据用户需求的棒材长度进行定尺剪切。工序进行到这一步，基本上每支分切出的棒材已经成为成品。由于运输的需要，该机组还设计有精整自动打包收集系统，也就是将分散剪切好的定尺棒材进行点算分把计数，自动打包成捆，称重挂牌最终吊装运出厂。这样，该机组的生产工艺就彻底完成了。

5.2.2　高线工艺流程简介

线材生产工艺过程包括原料准备、加热、轧制、控制冷却及精整等工序，整个生产工艺过程是连续的、自动的。

由连铸方坯机组供给的合格坯料通过双 17.5t 挠性电磁挂梁天车按炉号堆放在料架内，根据生产指令，磁盘吊车将钢坯从料架内成排（7～8 根）吊到上料台架并逐根移送到入炉辊道上，钢坯在此经表面质量检查、核对钢号后，将不合格钢坯剔出，合格钢坯在入炉辊道上经称重、测长后送入步进式加热炉加热。

钢坯在加热炉内加热到 920～1050℃，由炉内出炉辊道逐根送出炉外，经高压水除鳞与保温辊道后进入轧机轧制。

轧件在粗轧、中轧、预精轧、精轧、减定径共 30 个机架中进行连续轧制，根据轧制规格的不同，轧制道次和使用机架数也不同，成品最大保证轧制速度为 112m/s。

从减定径机组轧出的轧件，经水冷至 800～900℃，由吐丝机将直线线材形成线卷并平铺到延迟型散卷冷却辊道（风冷线）上进行冷却，以获得最终用途的金相组织和冶金性能。线卷到达运输末端时，已冷却至 600℃以下，然后落入双芯棒集卷筒内，将互相搭接的线卷收集成松散盘卷。当一卷收集完后，芯棒旋转到水平位置，由运输小车将盘卷运到钩式运输机并挂到 C 形钩上。

盘卷在钩式运输机上继续冷却，并进行检查、修剪、取样，在压紧打捆机处进行压紧打捆；然后运至盘卷称重设备称重、挂标牌，最后由双 10t 天车从卸卷车卸至成品库。

5.3　电压等级确定及主要负荷概算

本节主要以棒材生产线为例介绍高低压供配电方案及其特点。

10kV、0.38kV 高低压供配电均采用单母线分段方式，两段母线间设联络柜。高压受电电压为 10kV，低压交流系统配电电压为 0.38/0.22kV。直流主、辅传动电动机电压为 DC：0.6kV、0.4kV；直流系统电压为 DC：0.48kV、0.024kV。

电气设备总装机容量为 21818kW，其中直流主传动容量为 16100kW，直流辅助传动容量为 1320kW，车间公辅设施和辅传动电气设备及水处理工作容量为 4398kW。

总计算负荷：有功功率为 17820kW，无功功率为 13638kvar，功率因数为 0.76，视在功率为 22440kV · A。

棒材生产线主要电气设备情况如表 5-1 所示，电力负荷计算情况如表 5-2 所示。

表 5-1 棒材生产线主要电气设备简表

序 号	设备名称	装机容量	台 数
1	整流变压器	25660kV·A	22
2	动力变压器	3500kV·A	3
3	照明变压器	250kV·A	2
4	直流主传动	16100kW	18
5	直流辅助传动	1320kW	4
6	交流辅机		294

表 5-2 电力负荷计算表

项 目	有功功率/kW	无功功率/kvar	视在功率/kV·A	$\cos\phi$
主车间	17460	13382	21998	
水处理	1298	974	1623	
共 计	18758	14356	23621	0.76
乘同时系数0.95	17820	13638	22440	

5.4 高压供配电

高压供配电方案的选定，要根据工艺的特点及流程，结合实际，达到安全、可靠、技术合理、经济性好等要求。根据棒材生产线的投资规模和工艺流程，它的供电等级定为二级。由于突然停电会造成大量的废品，产品产量会显著下降，甚至损坏设备，造成较大的经济损失，所以棒材生产线的高压供电方案定为两路独立电源供电，它们分别引自公司动力厂配电站10kV母线的两段。高压配电系统10kV主接线采用单母线分段方式，该方式操作方便，运行灵活，必要时可实现相互切换，提高供电的可靠性和连续性。正常工作时，两路电源分别为Ⅰ、Ⅱ两段母线独立供电；事故或检修时，母联柜任何一路电源均可承担全厂生产用全部负荷，保证供电的可靠性和连续性。

棒材生产线，按照工艺需要，电气上采用了大量的晶闸管整流装置，这些装置产生大量的高次谐波，使得电能的传输和利用的效率降低，用电设备过热，产生振动和噪声，绝缘老化，使用寿命缩短，多次发生故障，并且引起供电系统局部串、并联谐振，使谐波含量放大，造成电容器等设备烧毁，另外，谐波引起了部分继电保护和自动化设备误动作，影响生产的正常运行。因此，我们增加了就地TSC动态无功补偿装置，使棒材生产线的10kV电压波动低于5%，5次、7次、11次谐波指标达到电力局的要求，使注入电网的高次谐波电流限制在国家颁发的《电力系统谐波管理暂行规定》（DS126—84）标准范围内，补偿后的功率因数达到0.95以上。

5.4.1 高压受配电柜的选型和特点

棒材生产线的高压受配电柜大部分使用了河南开开电气股份有限公司生产的高压开关柜。其操作机构采用CD10电磁式操作机构，负荷开关，既有少油断路器，又有真空断路器；开关柜既可本地操作，又可远程操作（指授电、联络等）。这些柜子内装有多种连锁装置，完全满足“五防”要求。

5.4.1.1　防止带负荷分、合隔离开关—锁板装置（KK6、760、008）

锁板装置（见图5-2）限位板通过对拉杆与断路器主轴联动，Ⅰ、Ⅱ型连锁板分别安装在母线侧、出线侧隔离开关的CS6-1型机构的拉板上。锁板装置满足以下闭锁功能：

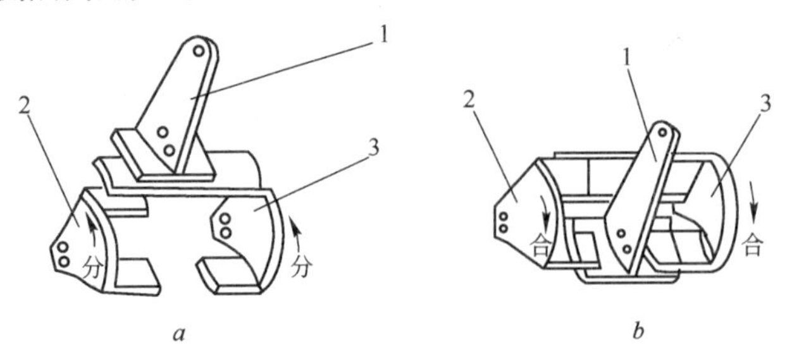

图5-2　锁板装置

a—断路器、隔离开关均为合闸；*b*—断路器合闸、隔离开关分闸

1—限位板；2—Ⅰ型连锁板；3—Ⅱ型连锁板

（1）断路器在合闸后隔离开关不能分、合闸，只有当断路器分闸后，才允许隔离开关分合。

（2）隔离开关在任何位置，断路器均应能分、合闸。

（3）保证操作程序性停电时，拉分出线侧隔离开关后，才能拉分母线侧隔离开关；送电时，关合母线侧隔离开关后，才能关合出线侧隔离开关。

一般闭锁方案中，虽有锁板装置保证断路器与隔离开关的操作程序性，但是锁板装置只能满足第（2）款要求。因此，加装JN-10Ⅰ型单相接地开关后，可能导致如下事故：在送电中，按正常操作程序应先合3021，后合3023，最后合302，如若合上3021后，未合3023前就误合302，将导致严重的三相接地（见图5-3）。为此，一般闭锁方案中，除采用锁板装置外，还加用按正常停送电操作程序编排的程序锁。而简易闭锁方案中，采用简易接地桩端后不导致三相接地，因此仅采用锁板装置就可以了。

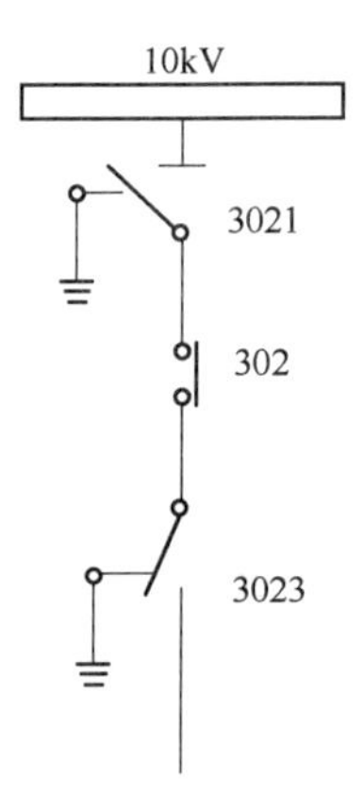

图5-3　JN-10Ⅰ型单相接地开关示意图

5.4.1.2　防止误入带电间隔

一般闭锁方案中，主柜带遮栏柜，有前、后门，前门与后门均应与母线侧隔离开关的CS6-1型操作机构连锁。

简易闭锁方案中，靠墙安装只需考虑前门与母线侧隔离开关的CS6-1型操动机构连锁。

（1）前门采用机械传动的锁门机构（HK-3型）。该锁门机构满足以下闭锁功能：

1）母线侧隔离开关处于合闸时，前门不能开启；

2）前门未关闭好，母线侧隔离开关合不上；

3）若需要（例如带电测温）可以人工解除闭锁开启前门。

（2）后门（遮栏柜门）采用CZS-1052A型后门锁与安装在母线侧隔离开关的CZS6-1型机座上的CZS-1022型锁。实行程序控制：只有当母线侧隔离开关分闸后，才能从CZS-1022型锁中拔出钥匙，打开CZS-1052A型后门锁，开启后门；只有当关好后门时，才能从CZS-1052A型后门锁中拔出钥匙，开启CZS-1022型锁，合上母线侧隔离开关。

5.4.1.3 防止跑错间位，错分、错合开关

一般闭锁方案与简易闭锁方案，均采用如下闭锁断路器：控制开关 KK 安装 CZS-1011 型锁，操作者得到分闸指令后，在模拟板上进行模拟操作，取下模拟板上红翻牌，将 KK 手柄上的红翻牌取下与模拟板翻牌互换（变为绿色）操动手柄分闸，取出手柄中心的钥匙（合闸情况是将 KK 手柄上的绿翻牌取下与模拟板上的绿翻牌互换变为红色）。

5.4.1.4 防止带电挂接地线和防止带地线合闸

按电力操作规程规定，断路器检修时，其两侧需挂接地线，以保障人身安全。

（1）一般闭锁方案：

1）母线侧隔离开关和出线侧隔离开关加装 JN-10 Ⅰ 型单相接地开关，可以防止带电挂接地线和防止带地线合闸。若要做相间或对地耐压实验，可用高压绝缘勾棒拉分接地开关的动刀片。

正常送电时可使接地开关的动刀片处于拉分位置，在停电拉分母线侧隔离开关后进行验电，再用高压绝缘勾棒合上动刀片，即断路器两端接地。

2）当断路器出线侧不安装隔离开关时，必须安装 JN-10Ⅲ/315 型三相接地开关，并采用母线侧隔离开关的 CS6-1 型操作机构同时操动三相接地开关。但此时要特别注意：断路器分断后，必须经验电证实出线端确实不带电，才能拉分 CS6-1 型机构，即母线侧隔离开关分闸，出线侧三相接地开关合上，断路器两侧同时接地。

（2）简易闭锁方案：简易闭锁方案在柜内右下门处加焊简易接地桩端，作为停电检修时挂接地线用。当然，必须经人工验电才能挂接地线。

因为前门安装了锁门机构，只有当母线侧隔离开关分闸后，才能开启前门挂接地线，因此可以防止带电挂接地线。接地线不拆除简易接地装置，致使前门关合不上，更不能合上母线侧隔离开关，因此可以防止带地线合刀闸。

5.4.1.5 旁路隔离开关闭锁

（1）一般闭锁方案：按旁路隔离开关负荷转载操作规程，采用程序锁编排程序来闭锁旁路隔离开关。

（2）简易闭锁方案：采用 JNS1 型直流间吸式户内电磁锁（南京电力电表厂产品）闭锁旁路隔离开关。

只有当出线柜的断路器处于合闸时，才允许出线柜的旁路隔离开关进行分、合操作。当出线柜的断路器处于分闸时，出线柜的旁路隔离开关的 CS6-1 型操动机构被 JNS1 型电磁锁闭锁，不能进行分、合操作。

5.4.2 变压器选型及其参数

棒材生产线的整流变压器，选用哈尔滨变压器厂的 S9 系列变压器，该型变压器为无励磁调压三相双绕组油浸式电力变压器，适用于电源频率 50Hz。电压波形实际上为正弦曲线、三相电源电压基本对称的供电系统，在设计上采明了新结构、新工艺、新材料，从而使其性能好、损耗低、运行经济可靠，它的铁芯为三柱型，采用 DQ151-35（Z_{10}）冷轧晶粒取向电工钢片，全斜接缝，铁轭与铁芯等截面，不冲孔，圆筒式线圈采用瓦楞纸代替撑条做油道，变压器心柱采用玻璃粘带绑扎。套管，高压采用穿缆式，低压采用对夹式。油箱为长方形或长圆形，冷却方式为片式散热器，油箱油位计采用 UZF_2-200 型，可以现

场直按指示读数，也可以信号传输、监视限位报警。油温监视采用电接点温度计。变压器采用 QJ1-80 型气体继电器进行轻重瓦斯气体报警和保护。变压器分接开关采用无励磁分接开关，用于变换变压器高压侧线圈分接头。动力变压器采用 S7 系列。变压器的部分有关参数如下：

（1）整流变压器：ZS9-1250/6（根据电机容量选用不同容量的变压器）；

容量：1250kV · A；

相数：3；

频率：50Hz；

短路阻抗：4.5%；

额定电压：6000/630V；

额定电流：120.3/1145.5A；

分接电压：（6300 ±5%）V；

空载损耗：1950W；

接法：Y，y0。

（2）动力变压器：S7-1000/6；

容量：1000kV · A；

相数：3；

频率：50Hz；

额定电压：6300/400V；

额定电流：96.2/1443A；

分接电压：（6300 ±5%）V；

接法：Y/y0-12。

5.4.3　继电保护

棒材轧制品种多样，轧制电流变化大，为了保证供配电的安全可靠，它的两路受电柜采用无时限电流速断保护和定时限过电流保护方式，同时还有低电压保护（未用）、接地保护等。变压器配电柜采用无时限电流速断保护、定时限过电流保护、瓦斯保护、油温及油位超限报警等保护措施。在高压操作系统上采用了免维护直流蓄电瓶为操作能源，加上事故闪光装置、预先信号装置、直流母线绝缘监视装置等设备，保证了继电保护系统的安全可靠运行。它的大部分继电器采用电磁式继电器，提高了系统的可靠性。

5.4.4　高次谐波的治理

棒材轧制采用了大量的晶闸管整流装置和变频器等设备，这些装置尽管自身加有较大的平波电抗器，但仍会产生大量的高次谐波，造成电网电压波形畸变。一方面，第一轧钢厂谐波含量大，其中 5 次谐波含量达到 24.6%，7 次谐波含量达到 8.77%，11 次谐波含量达到 7.85%，谐波成分已严重超标，由于高次谐波的叠加，第一轧钢厂电网畸变严重，污染着公司电网，同时网压波动范围大，达到 7.8%，并且电网中有少量偶次谐波存在。另一方面，由于该厂的基波和谐波无功含量大，电能的有效利用率低，不仅占用了公司电网的较大容量，而且变压器和线路损耗相当突出，功率因数低，仅 0.7 左右。高次谐波的抑制主要是对高次谐波本身采取吸收泄放。该厂在治理谐波上主要采取了 TSC 动态无功补偿。TSC 动态无功补偿装置具有以下特点：

（1）对补偿系统要求：

1）补偿系统同时具有动态无功功率补偿及谐波滤波功能；

2）补偿系统具有动态跟踪补偿负载无功功率变化的功能；

3）补偿系统的动态响应时间不大于 30ms；

4）补偿系统含有 5 次、7 次、11 次、13 次谐波滤波器；

5）补偿系统安全、稳定、长周期运行。

（2）对功率因数要求：在最重负荷时保证 $\cos\phi \geqslant 0.95$。

（3）对滤波功能要求：补偿系统的谐波滤波器投入后，有效地滤除负载发出的谐波无功功率，使注入电网的谐波电流应满足国家标准 GB/T 14549—93 的要求。

（4）对电网电压要求：补偿效果满足国家标准 GB 12326—2000 的要求，即电力系统公共供电点由冲击性负荷产生的电压波动允许值为 2.5%，等效电压闪变时间低于 100ms。

（5）对降损节能要求：通过补偿达到降损节能的目的。

使用 TSC 无功补偿前后对比见表 5-3 ~ 表 5-6。

表 5-3 电流谐波情况对比

谐波电流	总畸变率	5 次谐波	7 次谐波	11 次谐波	13 次谐波
补偿前	8.1%	6.5%	1.9%	3.9%	<1%
		47.5A	13.9A	28.5A	<7.3A
补偿后	3.2%	1.5%	1%	<1%	<0.5%
		8.2A	5.4A	<5.4A	<2.7A

分析：补偿前后系统电流畸变率由 8.1% 降到 3.2%，下降率为 63%；供电电流由 45.7A 降到 33.9A，下降率为 26%；补偿前 5 次和 11 次谐波电流超过国家标准，其中 5 次谐波电流补偿前后由 6.5% 下降到 1.5%，下降率为 77%；补偿后各次谐波电流均不超过国家标准。

表 5-4 电压谐波记录情况对比

谐波电压	总畸变率	5 次谐波	7 次谐波	11 次谐波	13 次谐波
补偿前	3.4%	1.7%	1%	2.5%	1%
补偿后	0.9%	<0.5%	<0.5%	<0.5%	<0.5%

分析：补偿前后 6kV 母线供电电压总畸变率均满足 4% 的国家标准；补偿后 6kV 母线几乎看不到谐波分量。

表 5-5 供电电网的电压波动对比

低压侧测量结果	440V 补偿装置（空载 452V）		660V 补偿装置（空载 693V）	
	补偿前	补偿后	补偿前	补偿后
	429V	445V	655V	687V
高压侧测量结果	6kV 母线（空载 6.42kV）			
	补偿前		补偿后	
	6.13V		6.3V	

分析：补偿前，低压侧带载电网电压平均跌落 5.3%，高压侧带载电网电压跌落 4.5%；补偿后，低压侧带载电网电压平均跌落 1.2%，高压侧带载电网电压跌落 1.8%。通过考核可以看出，系统的网压得到了极大的稳定，提高了整个系统的供用电品质，机组基本消除了由于网压波动造成的 PLC 控制系统和传动数控系统的故障现象，提高了系统运行的可靠性。

表 5-6　补偿前后功率因数对比

低压侧测量结果	440V 补偿装置		660V 补偿装置	
	补偿前	补偿后	补偿前	补偿后
	0.68	0.97	0.70	0.98
高压侧测量结果	6kV 母线			
	补偿前		补偿后	
	0.71		0.91	

经过使用，笔者认为低压就地 TSC 补偿装置是一种采用高速动态无功补偿方式，且有低功耗、高性能的补偿装置，其优点是：动态响应时间快；补偿效果好；稳定网压；具有网压支持补偿功能；谐波治理效果好；补偿电容入网、退网无电流冲击；补偿精度高；不产生高频干扰；经济效益好，值得推广使用。

5.5　低压配电系统

棒材生产线的 0.38kV 低压供配电系统采用单母线分段方式，两段母线间设联络柜。低压柜采用 GGD 系列开关柜，采用放射式供电方式。低压配电系统由两个低压配电室组成，一个是主电室西的老低压中心，另一个是主电室后院的新低压中心。老低压中心包括向主电室控制中心供电的动力负荷中心和照明负荷中心，它们由两台 1000kV · A 动力变压器供电。为负荷中心供电的动力变压器都是一台工作，另一台备用。负荷中心以放射式向下配电，主要供电负荷有：车间内吊车、通风设施、轧辊加工间、检修开关箱、加热炉、汽化冷却、除鳞泵站、主机励磁直流总电源、PLC 电源、前区照明电源等。其中，加热炉为重要负荷，两路电源按 100% 负荷考虑。新低压中心主要供电负荷有：部分变频器电源、精整区电源、联合泵站、旋流井、平流沉淀池、空压站、水处理站等。

最后补充一点：第一轧钢厂除照明负荷中心外，其他低压负荷中心为了提高功率因数都安装有无功功率自动补偿装置。

5.6　共辅设施的供配电

提升泵、旋流井、循环泵所采用的设备是由国内配套的。它们的供电由高压配电室 N5 和 N6 向高压柜 N5 和 N6 输送 10kV 电压，两台变压器一用一备交替使用，由动力变压器将 10kV 电压变为 0.4kV，通过母线送入水系统低压配电室，再由低压配电室配电柜分配，通过电缆送入各泵站、空压站的控制柜，进行设备的运行。对棒材生产来说，循环水的供应是否正常直接影响到整个轧钢生产，关系到加热炉的正常使用，因此在设计上对各水泵都增设了备用设备，可交替使用，特别是净环泵采用“三开一备”，确保加热炉、润滑站、主电机的正常运行。

各泵站的水泵采用憋压启动，当水泵启动后再将电动碟阀打开。净环、浊环水压达到 0.5MPa 以上甚至最高 0.58MPa 时才能打开电动碟阀，同时水压保持在正常压力 0.5MPa 左右。各泵站水泵的启、停控制及电动碟阀的开关控制都有集中和机旁两地控制，这样便于操作和故障紧急操作，以及检修后对设备进行调试。各泵站的水泵、电动碟阀、冷却塔风机等的运行都通过模拟屏进行显示，观察运行情况。

在轧钢生产过程中，遇见雷雨大风天气，由于电网电压瞬时大幅度波动，甚至短时失电，引起控制用交流真空接触器释放，可能造成净环泵、浊环泵跳电停机，从而导致主轧线断水保护动作，使净环泵、浊环泵、全轧线发生卡钢事故，生产过程紊乱停产。为此，采用 FZQD-Ⅱ型电机分批自启动装置，解决了晃电造成的事故。当因电网瞬间失电，接触器释放停机时，自启动装置马上会自启动。该装置可同时控制 23 台电机，单台小于等于 220kW，可自动启动电机 1 ~23 台，每批台数可任意设定，每批自启动间隔时间在 0.1 ~12.7s 范围内任意整定，整定级差 0.1s，可识别两段 6 相电压波动，并可同时控制两段母线上的低压电机。该装置可记录历史发生的自启动次数，最多可达 255 次，超过 255 次时计数器复位又从 0 开始记录。该装置采用微处理器及相应外围电路构成，并配有全自动不间断 220V UPS-500 型交流电源。其硬件由 5 部分组成，如图 5-4 ~图 5-7 所示。该装置可同时控制两段母线上的自启动电机。如仅用于控制单母线上的电机自启动，只需将 1UA 与 2UA 并接，1UB 与 2UB 并接，1UC 与 2UC 并接，1UN 与 2UN 并接即可。

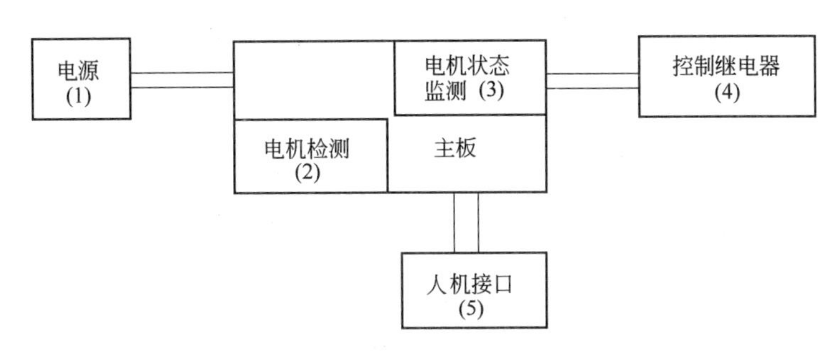

图 5-4 原理图

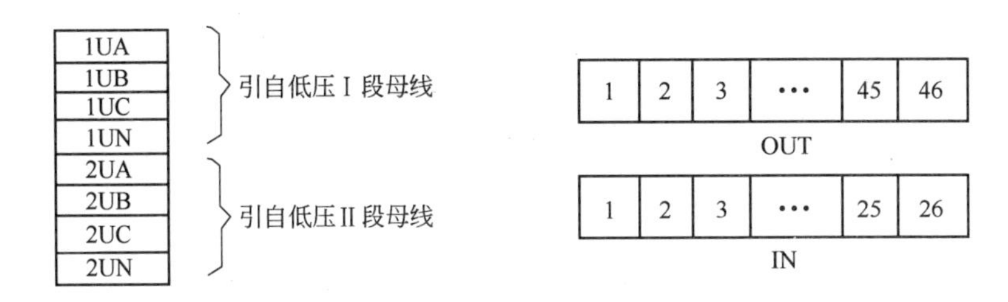

图 5-5 外接端子图

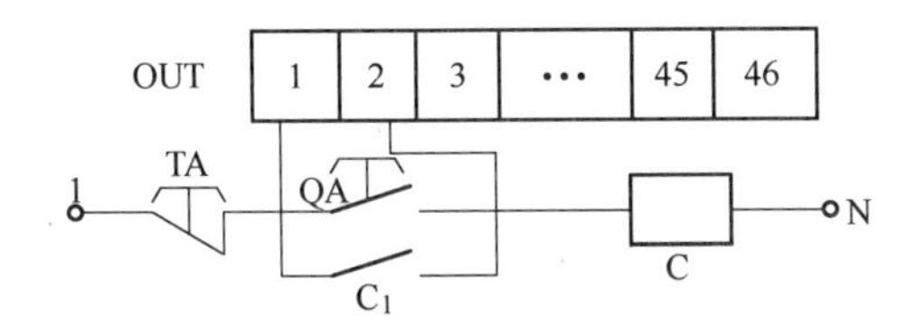

图 5-6 输出回路原理图

C—交流接触器；C_1——辅助节点；

TA—停止按钮；QA—启动按钮

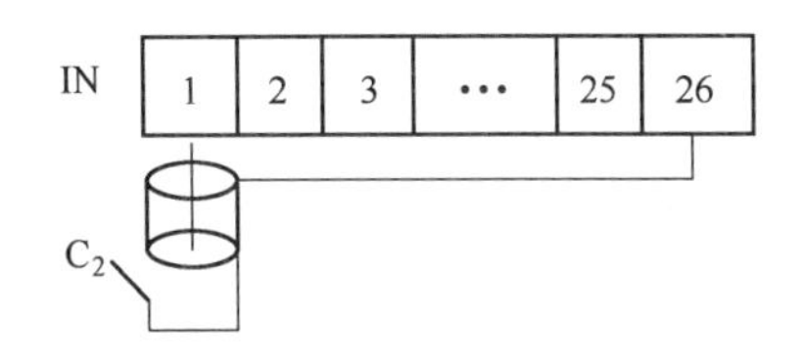

图 5-7 输入回路原理图

C_2—辅助节点，也可为常闭节点

下面介绍空压机的电气控制。棒材生产线的空气压缩机，采用“三开一备”方式，电机为低压异步电动机，380V，50Hz，Y450-10，功率为 250kW。电机启动采用自耦变压器减压启动，启动时间继电器整定值为 15s，可根据情况自行调整。电气控制中设计有：

（1）水流量低（断水）保护。防止冷却水不足，整定值为 55L/min。断水或水流量低时延时 30s 后空压机自动停机。

（2）油压低保护。采用压力调节器作为油压低保护，整定值为 0.2MPa，当油压低于规定值 30s 后空压机将自动停机。

（3）排气温度过高保护。采用温度调节器作为排气温度过高保护，整定值为 160℃。当排气温度过高超过整定值 15s 后空压机也将自动停机。

空压机运行情况及各种保护动作都有信号指示。

6 电气控制系统

6.1 加热炉区控制

6.1.1 系统配置

棒材生产线的加热炉区主体设备为一座120t/h连续步进梁式加热炉，其传动和燃烧控制系统由西门子的S7-400PLC、工业控制PC以及I/O模块组成，系统配置如图6-1所示。

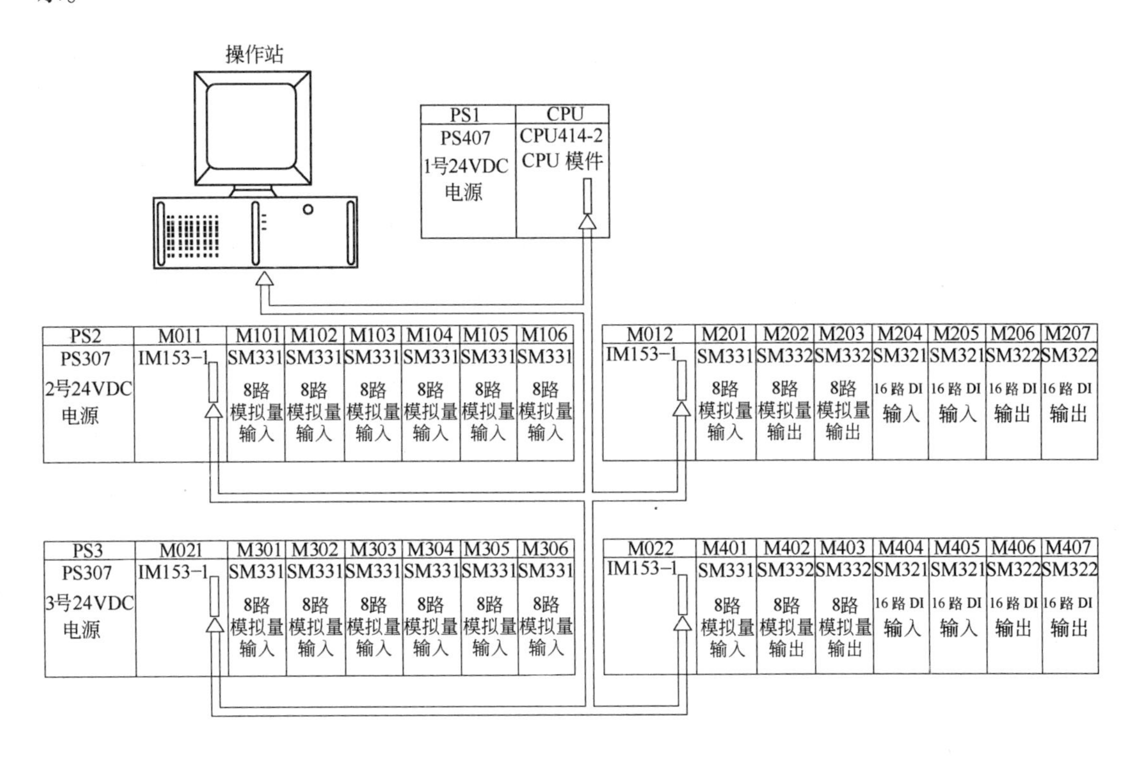

图6-1 棒材生产线加热炉系统配置

区域设备手动、半自动及自动运行方式的连锁及顺序控制，现场开关量信号及模拟量信号的采集、转换，辊道速度及比例放大器参考值的给定，均由PLC及输入输出模块完成。MMI上位机主要用于燃烧控制参数的设定、更改，燃烧状态的监控，炉区液压站的远程控制以及故障监测。PLC与MMI上位机PROFIBUS网交换数据，钢坯重量经称重系统检测，并通过其串口直接传送给批跟踪MMI。PLC系统采用西门子的CPU414-2；为满足不同控制信号和控制对象的要求，采用了不同种类的I/O模块，按信号种类可分为：开关量输入模块、开关量输出模块、模拟量输入模块、模拟量输出模块。

系统被配置成4个站，由主机架和从机架组成。系统中共有两个从机架，其中从机架中不含CPU，数据传输到主CPU中执行。主机架与从机架间采用PROFIBUS网传送数据。从机架设有单独的供电电源。在配置中除CPU模块、电源模块、通讯模块位置不能变更外，其余同类型的I/O模块位置均可更换，不允许带电插拔。

高速线材轧钢加热炉是一座120t/h的步进梁式加热炉。控制系统采用的是美国Rockwell公司生产的ProcessLogix DCS系统和西门子PLC系统，加热炉的炉温控制精度保持在±5℃，炉温升降50℃仅需12min左右，并编写空燃比自寻优模型，实现了燃料流量和空气流量的优化配比控制，使燃烧达到最佳状态。高速线材生产线加热炉系统配置如图6-2所示。

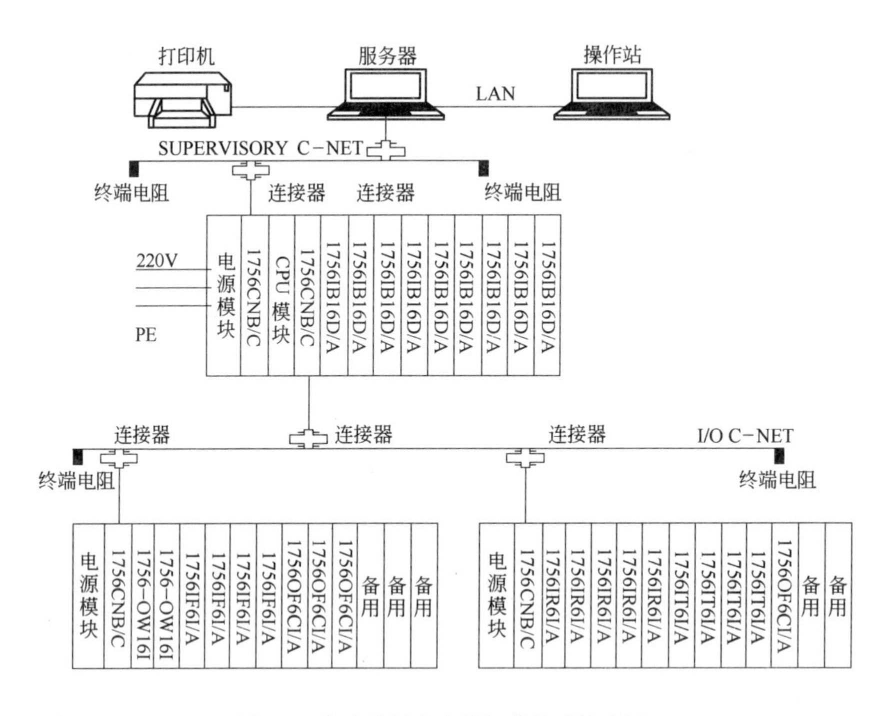

图6-2　高速线材生产线加热炉系统配置

系统配置了DELL服务器，平台为Windows NT。由于配置了ProcessLogix Server，服务器具有实时数据库和功能完善的功能模块。用户可以用ContorlBuilder组态和优化用户控制程序，用DisplayBulder制作HMI，同时可以方便地用C语言编写特定功能的计算程序。服务器可以完成报表打印等任务。在操作站出现特殊情况时，服务器还兼备有操作站的所有功能。服务器是通过CONTROLNET网从控制器收集数据和向控制器发送命令，通过以太网向操作站传送数据和接收命令。操作站由研华工控机和基于Windows NT系统平台上的STATION软件组成，通过系统总貌图、控制图、报警图、过程状态图、过程历史图等丰富的人机界面，操作员可以及时设定和查看过程参数及故障报警明细。由于整个操作界面采用“向导式”结构，大大方便了操作员的操作。控制站采用PLX系统，用于完成对加热炉的热工控制和过程参数检测等。该系统的处理器1757 PL＊52A是Rockwell公司生产的专用处理器，具有8MRAM，高速底板与网络融为一体，I/O模块可带电插拔。在该系统中，控制站共设有一个主机架和两个扩展机架，可以完成整个加热炉的6段温度控制、60多点的模拟量检测及20多个开关量的输入和输出等。系统模板采用4个1756 OF6CI/A模块、9个1756 IB16D/A模块、2个1756 OW16I模块、4个1756 IF6I/A模块、5个1756 IR6I/A模块、4个1756 IT6I/A模块。为提高系统的可靠性，所有AI、AO、DI和DO均与现场进行了隔离，AI模板还选用了通道和通道间均有隔离的双隔离模板。按照确定的控制规则进行编程，可以根据加热炉的实际工况选择使用。将现场信号采样、燃气流量模糊控制回路、空气流量模糊控制回路、温度模糊控制回路编成子程序，随时可以通过主程序调用，以利于调试和控制功能组态。CONTROLNET网络属于无源的高性能多元总线，5M的传输速度，数据传输采用确定性的传输方式，减少了数据传输量，从而保证了具有苛刻时间要求的加热炉控制应用环境。

下面主要就棒材生产线的加热炉展开说明。

6.1.2 电气、液压及气动驱动控制

棒材生产线的加热炉区电气传动、液压及控制系统包括拉钢机M1、分钢机M2、1号升降挡板YV1、入炉侧第一组辊道M3、拨废装置YV2、入炉侧第二组辊道M4、称重装置、2号升降挡板YV3、入料炉门M5、炉内入炉侧辊道M6、推钢机、步进梁、炉内出炉侧辊道M7、出料炉门M8，如图6-3所示。

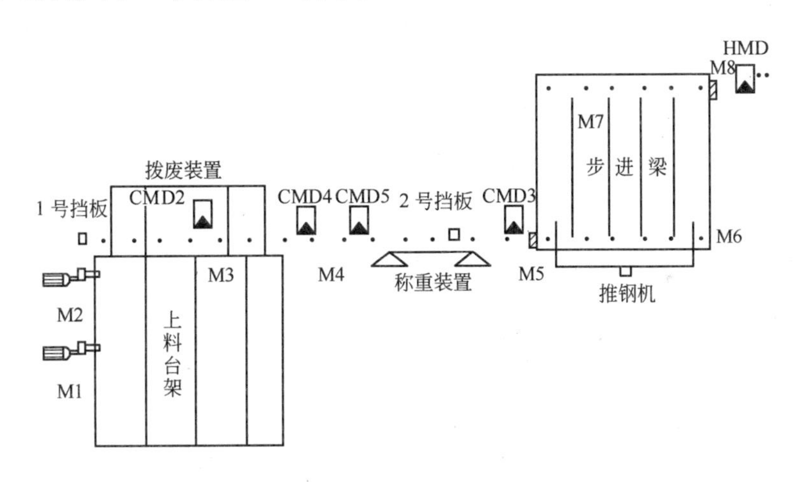

图6-3 棒材生产线加热炉区电气传动、液压及控制系统

整个逻辑顺序动作过程为：工作时，冷坯经磁盘吊被成排吊至上料台架；由上料台架拉钢机成组拉至台架末端分钢机处；操作员手动启动分钢机，将单根钢坯分至1号辊道上；在自动操作模式时，1号辊道旁的2号冷金属检测器CMD2检测到有钢后，1号、2号辊道自动启动正转，2号升降挡板升起；钢坯尾部离开4号冷金属检测器CMD4，延时并在2号辊道上对中后，1号、2号辊道停止；称重装置自动升起，称重结束后，下降到中位时，2号升降挡板下降，入料炉门开启；称重下降到底位时，2号辊道重新启动；3号、4号辊道处于常转状态，当钢坯头部通过入料炉门前的3号冷金属检测器CMD3后，延时并自动停止3号辊道，使钢坯在炉内对中，同时关闭入料炉门，并自动启动推钢机；推钢机推钢到位，返回后位后，3号辊道又启动，该到位信号同时又触发步进梁做正循环；在出炉侧，当步进梁下降时，出料炉门打开，红钢坯出炉；钢坯尾部离开出料炉门的

热金属检测器 HMD 后，出料炉门关闭。

6.1.2.1　电气传动控制系统

在电气传动控制过程中，操作动作信号、设备动作信号、冷热金属检测器信号、极限位近开关信号均由开关量输入模块 SM321 直接采集输入。输出信号经开关量输出模块 SM322 输出至中继，隔离转换后控制 MCC 的主回路接触器、变频器、变流器等；电机转速参考值由模拟量输出模块 SM332 直接下载给变频器或变流器。

按控制方式可将传动控制分为以下几类：

（1）交流不变速电机控制（控制 MCC）。此类设备有分钢机及入料出料炉门交流电机。分钢机的电路图如图 6-4 所示。

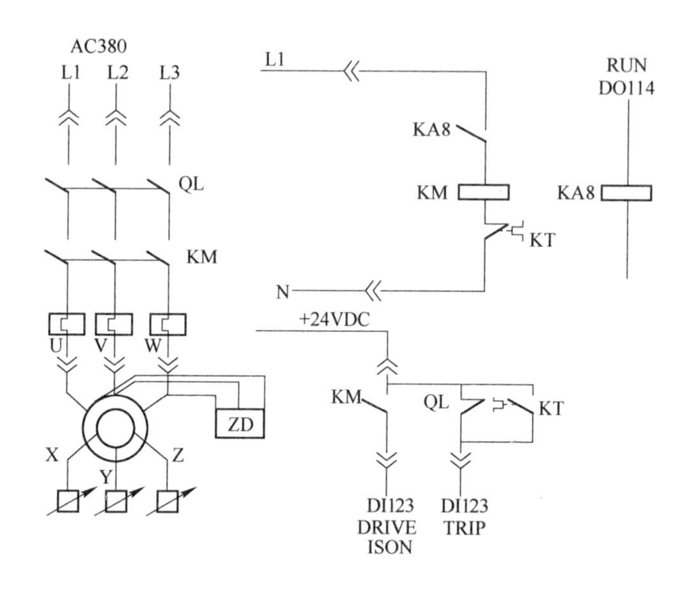

图 6-4　分钢机的电路图

开关量输出模块 SM322 输出 DO114 通过中继 KA8 控制 MCC 柜的分钢机电机主回路接触器。启动完成信号、短路及过热跳闸信号，经开关量输入模块 SM321 的 DI032 输入，并连锁完成对主回路的合闸和分闸。

（2）交流变速辊道电机控制。系统中 1 号、2 号、3 号、4 号辊道电机采用了 4 台变频器进行成组变频调速控制。1 号辊道（10 台）、2 号辊道（13 台）采用 AEG 的 MULTI-VERTER 变频器，3 号辊道（9 台）、4 号辊道（9 台）采用富士 FRENIC5000G7 变频器。利用变频器进行辊道调速控制，使各组辊道具有启停特性好、调速准确平稳、响应快及负载特性较好等优点，较好地实现了称重区和炉内定位等功能。

1 号辊道的电路简图如图 6-5 所示。

6.1.2.2　液压及气动驱动控制

A　液压驱动控制

称重装置、推钢机及步进梁均采用了液压驱动控制。加热炉区液压站共使用了 5 台液压油泵，其中 1 号、2 号、3 号、4 号泵供步进梁动作，一般状况下开二备二；5 号泵供称重装置和推钢机，当某台泵发生故障时，人工将备用泵投入。在油箱上设有液位、油温及

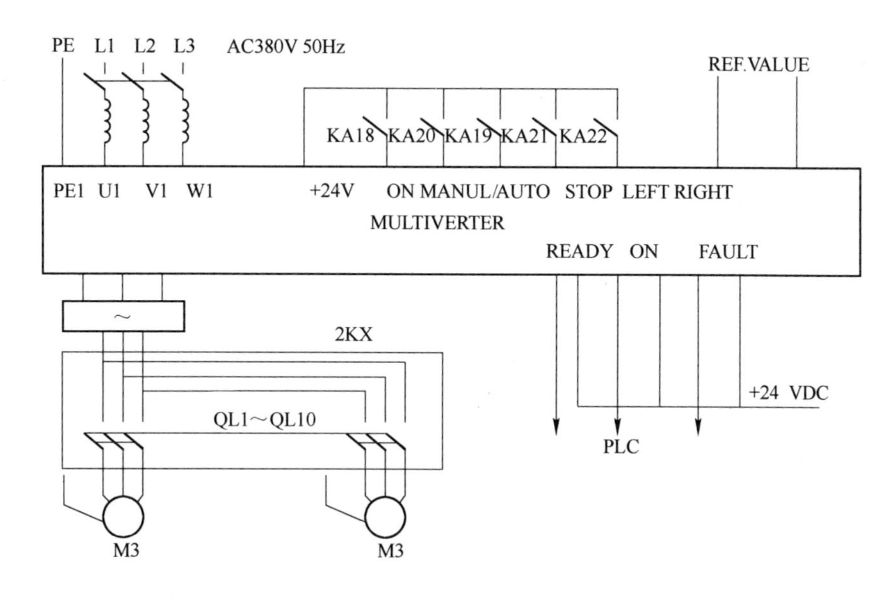

图 6-5 1 号辊道的电路简图

油压检测设备，用来对液压油泵进行监控。液压系统的冷却由一台循环泵控制。液压系统中设有两套相同的阀台，利用其换向阀和比例阀进行调速和换向；由高压球阀接近开关 SA101-401 及 SA102-402 选择要使用的阀台。

步进梁有正循环、逆循环、中间等待位及踏步 4 种工作方式，无论哪种工作方式，均要求对钢坯轻举、轻放，这是通过调速来实现的。以正循环为例，正循环的工作周期为后退—上升—前进—下降—后退，如图 6-6 所示。

当步进梁上升时，先高速上升，快到接钢坯位时减速，以低速接稳后，再以高速将钢坯托起，快到高位时再减速，以低速到达高位，以避免大的冲击振动。其速度变化曲线如图 6-7 所示。

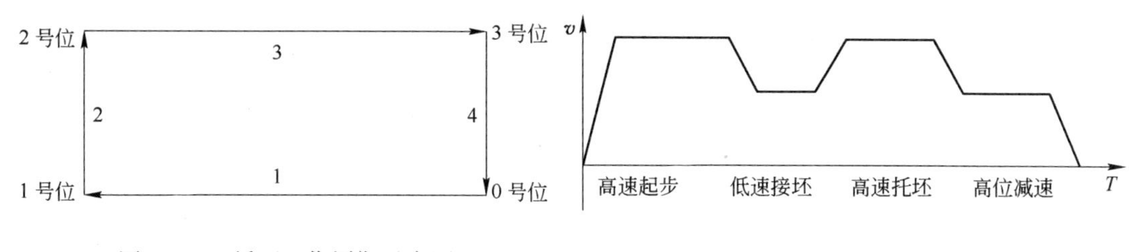

图 6-6 正循环工作周期示意图

图 6-7 速度变化曲线

在调速过程中，提速位和减速位的位置信号是通过步进梁底装设的接近开关检测，经中继转接后，直接采集到开关量输入模块 SM321 的，在程序连锁中，以这些信号来改变速度参考值。速度参考值由模拟量输出模块 SM332 输出口以 4 ~ 20mA 的信号输出给阀位比例放大器，再由比例放大器的输出直接控制阀台上比例阀的开度以达到变速要求，通过控制方向阀可以改变步进梁的运动方向。阀台调速系统简图如图 6-8 所示。

上升时，方向阀 M10 得电，通过比例阀对进油量控制实现调速；下降时，方向阀 M1、M2 同时得电，通过对回油量控制实现调速。

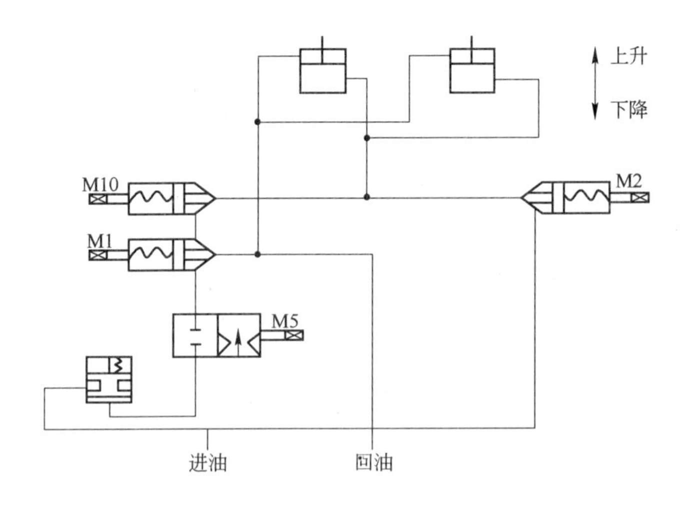

图 6-8　阀台调速系统简图

在速度切换、步进梁振动较大时，电气上可以通过降低速度参考值或改变比例放大器的斜坡系数来解决。本系统经测试后，现在的步进周期为 45s 左右，完全可以满足 180 T/H的工艺要求。

B　气动驱动控制

气动驱动控制应用于系统的 1 号、2 号升降挡板及拨废装置，控制方式比较简单，由 PLC 的输出通过继电器控制电磁阀，设备到位信号由接近开关检测，并采集到 PLC 内进行连锁控制。

6.1.3　燃烧控制系统

棒材生产线的加热炉检测与控制系统将连续检测烧钢过程的各项工艺参数，实现优化数学模型控制及煤气和空气双交叉限幅最佳燃烧控制等工作。采用 PLC 控制系统与检测仪表相结合，对加热炉的炉温、炉压、烟温及相关的保护措施等项目进行自动控制。由计算机系统的操作站监视全部生产过程，保证加热炉节能、高效、安全、稳定运行。加热炉控制系统采用一套西门子 PLC 控制，一个主机架采用 S7-400 系列模块；4 个 ET200M 远程机架均采用 S7-300 系列模块。加热炉分 5 段进行温度控制，包括均热段、均热段下层、加热二段上层、加热二段下层和加热一段。5 段均采用相同的温度控制方案。各段单独进行双交叉自动调节控制。因为混合煤气热值不稳定，所以用一台煤气热值仪从总管中取样热值信号，送入 PLC 参与空燃比的自动修正。

炉压调节通过自动控制烟道闸板的开度来实现。

助燃空气经换热器预热后送入炉内。当换热器温度过高时，采用热风放散方式降温。为保证热风放散时空气压力适当，热风放散量根据热风压力和热风温度自动进行调节。

6.1.3.1　双交叉限幅燃烧控制系统工艺原理

相对于串级比值方法，为了对空燃比控制更加精细，出现了带有双交叉限幅的串级比值控制方法，简称双交叉控制方法。其优点是有效地控制了动态空燃比，但同时其缺点是限幅牺牲了系统跟踪负荷变化的速度，降低了系统的响应速度。

双交叉燃烧控制的基本原理是：当负荷发生变化时，空气流量的变化与煤气流量的变化相互制约。在燃烧过程中，煤气热值参与空燃比（$\beta\mu$）的修正，以保证调温过程中的最佳燃烧状态。双交叉燃烧控制系统工艺原理如图 6-9 所示。

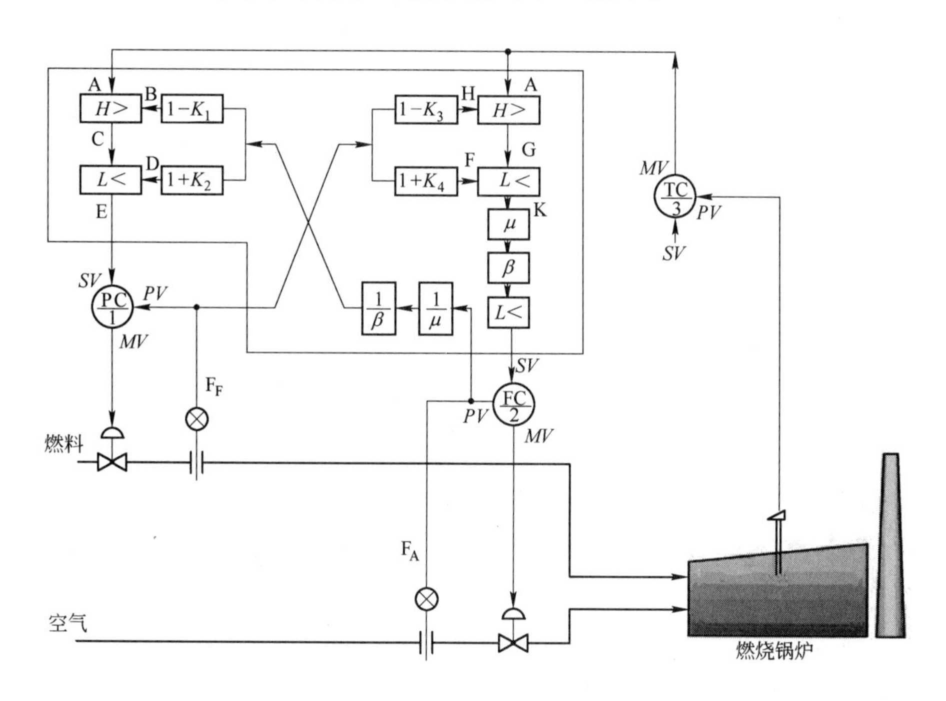

图 6-9　双交叉燃烧控制系统工艺原理示意图

下面分三种情况来分析双交叉燃烧的工艺控制过程：

（1）炉温处于稳定状态时（无任何扰动）。系统正常工作时，就是一般的串级调节。炉温调节器 TC 的输出 MV_t 与实际检测的煤气流量相等。在空气侧，经低选、高选得到空气调节器 FC 的设定值 $SV_F=\beta\mu MV_t$。在煤气侧，经高选、低选得到煤气调节器 PC 的设定值 $SV_P=MV_t$。故此时调节系统处于平衡状态，双交叉制约不工作。

（2）炉温低于设定值时（升温调节过程）。温度调节器 TC 的调节作用使得其输出 MV_t 增大，而此时实际检测的煤气流量还没有改变，其值仍为 PV_P。

在空气侧，经低选、高选得到空气调节器的设定为：

$$SV_F = \beta\mu(1 + K_4) \times PV_P$$

在煤气侧，经高选、低选得到煤气调节器的设定为：

$$SV_P = (1 + K_2)PV_F/(\beta\mu)$$

从以上两式可以看出，空气流量随煤气流量的增加而增加，煤气流量又随空气流量的增加而增加，交叉制约开始，温度则不断上升。$K_4>K_2$ 可以保证在升温时，空气总比煤气多一点，以避免燃烧不充分。

随着空气、煤气流量在相互制约中的不断增加，在空气侧，当 $SV_F/\beta\mu>MV_t$ 时，经低选得到空气调节器的设定值为 $SV_F=\beta\mu MV_t$。在煤气侧，当 $SV_P>MV_t$ 时，经高选得到空气调节器的设定值为 $SV_P=MV_t$。此时系统又处于平衡状态，交叉制约结束。

（3）炉温高于设定值时（降温调节过程）。温度调节器 TC 的调节作用使得其输出 MV_t 减小，在空气侧和煤气侧分别经过高选、低选，得到各调节器的设定为：

$$SV_F = \beta\mu(1 - K_3)PV_P$$

$$SV_P = (1 - K_1)PV_F/(\beta\mu)$$

式中　β——理论空气量校正系数；

　　　μ——理论空气过剩系数。

因此，随着煤气流量的减少，空气流量也减少，空气流量的减少又导致煤气流量的减少，交叉制约开始，温度不断下降，直至新的平衡建立。$K_3 > K_1$ 可保证降温时，煤气总比空气少一点，同样可避免冒黑烟。

通过此系统进行燃烧控制，由于总是“多了一点”空气，就可防止在升温、降温或负荷发生变化时燃烧不充分。小的限幅系数 K_1、K_2、K_3、K_4 可防止温度或负荷变化时空气、煤气流量的突变，保证温度均衡地变化。

根据燃烧理论，理论空气过剩系数与烧嘴负荷之间的关系如图 6-10 所示。也就是说，随着生产负荷的变化，理论空气过剩系数也应该随之变化，这一点在实施温度控制时应该考虑到。这种变化的空气过剩系数修正策略对提高燃烧效率、降低氧化烧损有好处。另外，在常规控制的低负荷状态时，为了保证在小流量情况下，使空气和煤气能够很好地混合燃烧，必须在相应的煤气流量的情况下，适当加大空气流量，才能保证在小流量情况下的合理燃烧。

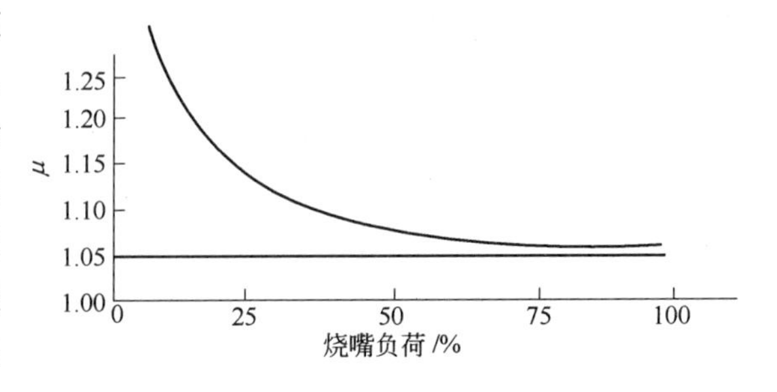

图 6-10　μ 与烧嘴负荷关系图

为进一步提高响应速度，改进型双交叉方法还将限幅系数设为可以根据温度偏差自动修正，以便在温度偏差较大时减弱或取消限幅功能，即限幅系数是动态的。这样将大大提高控制系统的响应速度。

6.1.3.2　用西门子 PLC 实现双交叉限幅燃烧控制

系统硬件由西门子的 CPU414-2 模块、模拟量输入及输出模块组成，空气和煤气的流量信号由流量孔板、变送器采集，经转换、隔离后，以 4 ~ 20mA 模拟量信号输入，煤气调节器和空气调节器的输出经 PLC 的模拟量输出口输出并控制。

西门子 PLC 较好地完成了各信号的采集、转换、运算、输入/输出以及闭环调节，实现了双交叉燃烧控制工艺的要求。

程序使用的编程软件是 STEP7 VER. 5. 3，编程语言为语句表。控制程序如图 6-11 所示。

6.1.3.3　回路基本报警、连锁等功能

超温报警功能：当相应炉段的温度超过允许值时，系统发出报警信号；

热电偶断偶保护、报警功能：当任何一只热电偶被烧坏时，本回路立即切换到手动模式，同时系统发出报警信号；

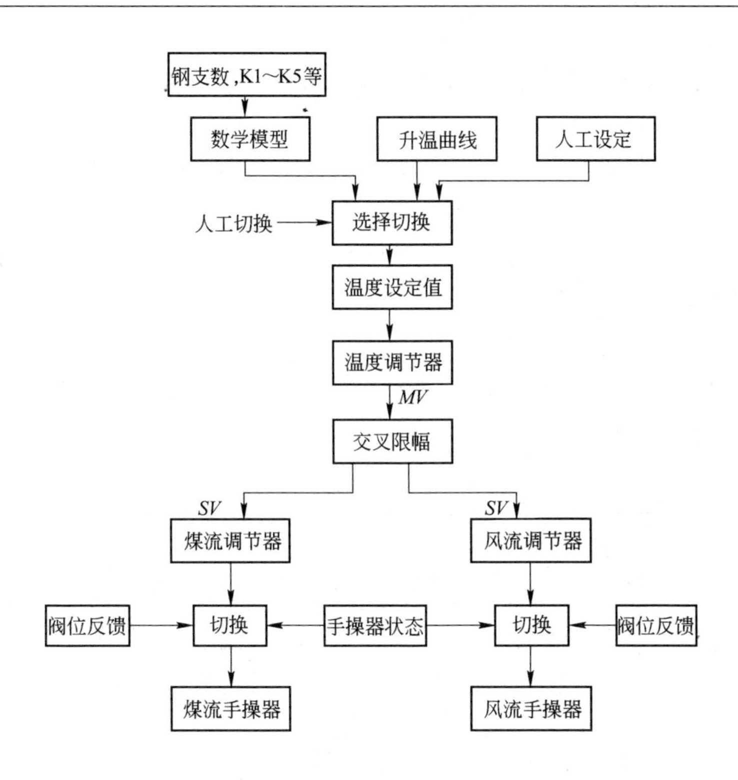

图 6-11 控制程序示意图

温度调节器输出限幅功能：根据最大加热速率对温度调节器输出限幅，防止钢坯过热。最大加热速率因炉内负荷及要求的在炉时间而定。

6.1.3.4 温度控制器工作模式

为了方便操作，温度控制器设计手动（MAN）、本地自动（AUTO）和数模（LII）三种控制模式。

A 手动模式

在手动模式下，空气流量和煤气流量的调节阀工作在手动方式。由操作员在 HMI 上直接改变阀门的开度。

B 本地自动模式

本地自动就是并联串级、交叉限幅工作模式，也是在坯料加热时，控制系统经常使用的方式。在本模式下，系统的所有在线自动检测正常；流量调节回路、温度调节回路都工作在闭环状态。操作员只需要在 HMI 上输入相应供热段的炉膛目标温度值给控制系统，则系统就会自动、成比例地调节相应供热段的空气、煤气流量，从而保证炉温的控制精度。

C 数模模式

数模模式下，炉温设定值由加热炉的优化模型计算给出。

a 炉温优化模型

炉温优化模型为安阳钢铁公司特色产品，是公司联合东北大学教授潜心研发的技术成果，此前已成功用于数十座加热炉（含 300、400 原加热炉）控制系统。尤其对于棒线材加热炉，运行稳定，节能效果明显。

数学模型的基本思想是根据生产率及实际出钢温度的变化情况，实时修正炉温设定值。好的优化模型可以优化控制炉温，节省大量的过剩热量。由于每个供热段负荷不同，所以各段模型系数不尽相同。应该根据实际情况对模型系数进行合理调整。由于模型计算较为复杂，模型中大多没有清楚的物理意义，建议在有经验的工程师给出模型后，操作员不要随意修改，只有部分参数需要由操作员修改。

b　数学模型原理

各段炉温数学模型计算公式为：

$$Tsp = k1 + f(k2, k3, k4, k6, CG\text{-}rate) + k5(CGT - SP - CGT - PV)$$

式中参数说明如表 6-1 所示。

表 6-1　数学模型参数说明表

符　号	数据类型	说　　明	备　　注
CGT-PV	REAL	除鳞后钢坯温度峰值	程序自动处理平滑
CG-rate	REAL	实际生产率（t/h）	根据出钢速度和单重自动计算
CGT-SP	REAL	除鳞后钢坯温度设定	由工艺给出
Tsp	REAL	某加热段炉温设定值	
k1	REAL	某加热段数学模型系数	
k2	REAL	某加热段数学模型系数	
k3	REAL	某加热段数学模型系数	
k4	REAL	某加热段数学模型系数	
k5	REAL	某加热段数学模型系数	
k6	REAL	某加热段数学模型系数	

c　煤气总管压力控制

为了稳定燃烧，煤气总管设有调节阀，用于稳定煤气压力。采用单回路控制方式。为防止煤气压力过低时回火，还设计有煤气总管快速切断阀，当煤气接点压力过低等紧急情况发生时，快切阀立即关闭。防止钢坯过热。最大加热速率由炉内负荷及要求的在炉时间确定。

煤气总管压力控制系统如图 6-12 所示。

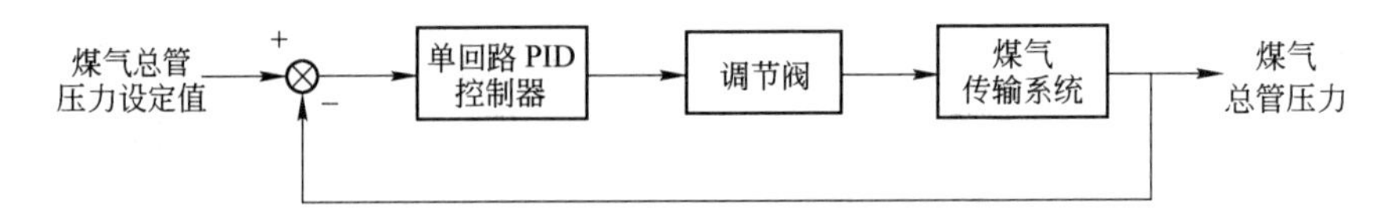

图 6-12　煤气总管压力控制系统框图

d　空气总管压力控制

为了稳定燃烧，空气总管设有调节阀，用于稳定空气压力。采用单回路控制方式。

空气总管压力控制系统如图 6-13 所示。

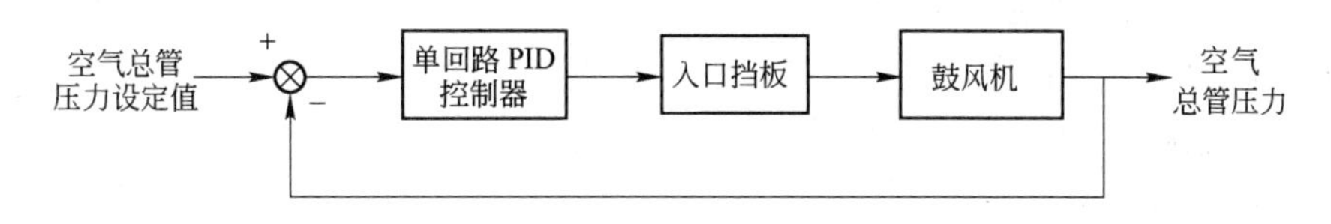

图 6-13 空气总管压力控制系统框图

e 炉膛压力调节

炉膛压力主要通过设于排烟管道上调节阀的开度进行调节，正常时应保持炉膛微正压10～20Pa，以防止外部冷气侵入和火焰外延。以均热炉压测点为被控参数，以常规烟道闸板为操纵量。从炉气平衡出发，烟道排烟量应该与供风量相平衡，故采用前馈—反馈控制方式。

炉膛压力调节系统如图 6-14 所示。

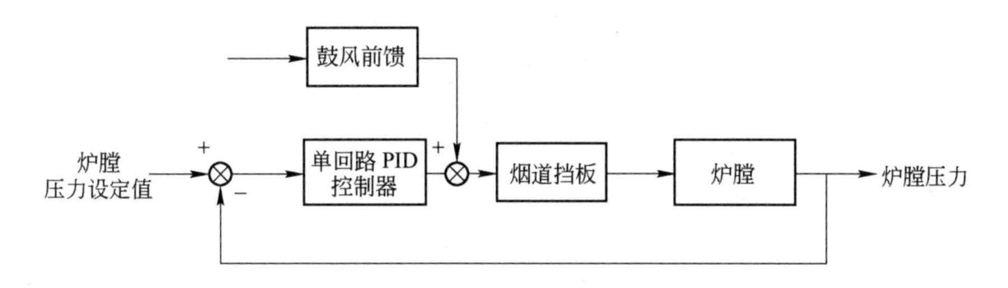

图 6-14 炉膛压力调节系统框图

f 热风放散控制

根据热风总管温度的高低，调节热风放散阀的开度，部分地放散热风，以维持热风温度不超过极限。采用单回路控制方式。系统框图略。

g 掺冷风控制

为保护换热设备正常运行，不发生高温（超温）损坏并能保证最佳的蓄热效率，换热器前后配置 K 型热电偶检测烟气温度，排烟管线上设有掺冷风调节阀。该回路以换热器前的烟气温度为被控参数，采用 PID 控制算法，通过调节掺冷风调节阀调整烟气温度。系统采用单回路控制方式。

掺冷风控制系统如图 6-15 所示。

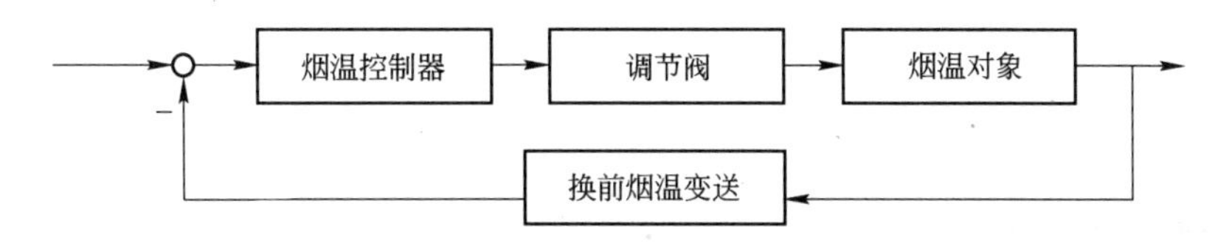

图 6-15 掺冷风控制系统框图

6.1.4 监控软件设计

监控软件采用 Wincc，画面包括流程图监控功能，实时趋势监视功能，参数操作、调整功能，报警管理，历史数据管理功能等。

6.1.4.1 流程图监控功能

采集全炉的工艺参数值及生产设备的运行状态信息。以形象的流程画面为背景，将数据显示在中心控制室操作站上，对需要操作的设备和参数、设计按钮和输入窗口，用鼠标、键盘或触屏方式进行操作。图6-16为流程监控图。

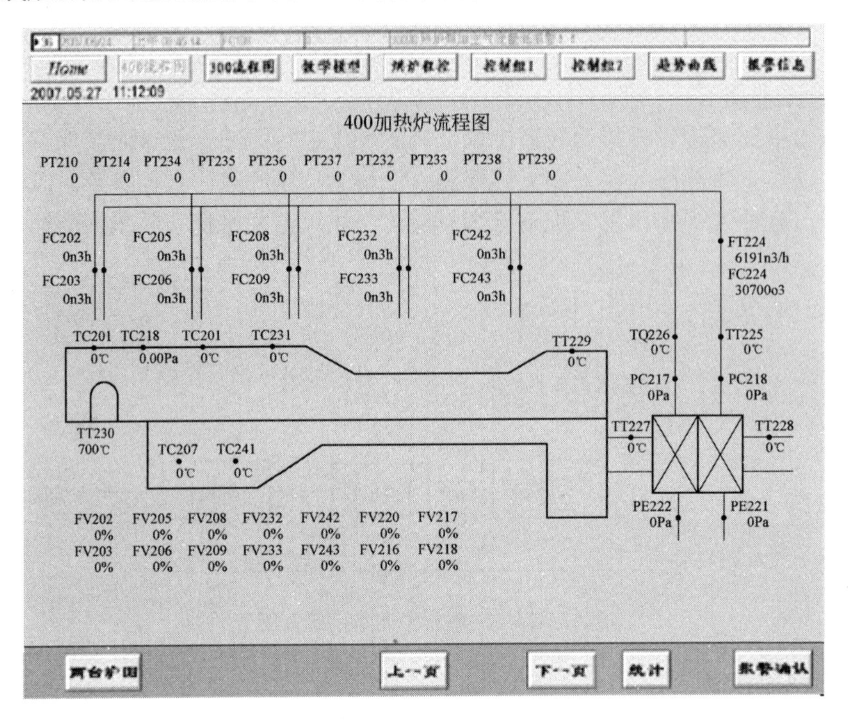

图6-16 流程监控图

检测或运转设备出现越限或故障时，流程图上右下角的报警确认按钮会闪动，画面上方显示具体的报警内容。报警可以通过键盘解除。

画面间设计采用同一风格的菜单、按钮、箭头等人机接口器件，用于画面间的相互切换或弹出窗口，十分方便、直观。

工艺流程图主要包括：

（1）燃烧控制系统总菜单画面。以按钮的形式列在画面下方，点击其中任一项即能调出该画面。

（2）燃烧系统总貌画面。以模拟图的形式显示加热炉燃烧状态及燃烧设备布置，可以集成一幅画面或分两幅画面。出现故障时故障点要显示或提示。在画面角部空格处显示其他画面清单，以便点击调出显示。

（3）管路系统画面。其中包括：

1）空气管路系统图；

2）煤气管路系统图。

画面可根据情况分幅或组合显示。

6.1.4.2 实时趋势监视功能

将系统采集到的所有参数信息，分门别类地归纳成几组，以实时刷新的方式动态地在屏幕上画出曲线，清楚地表示出过程参数的变化情况。曲线的颜色、线形均可以修改。量程随实测范围自动修改。图6-17为实时趋势监控图。

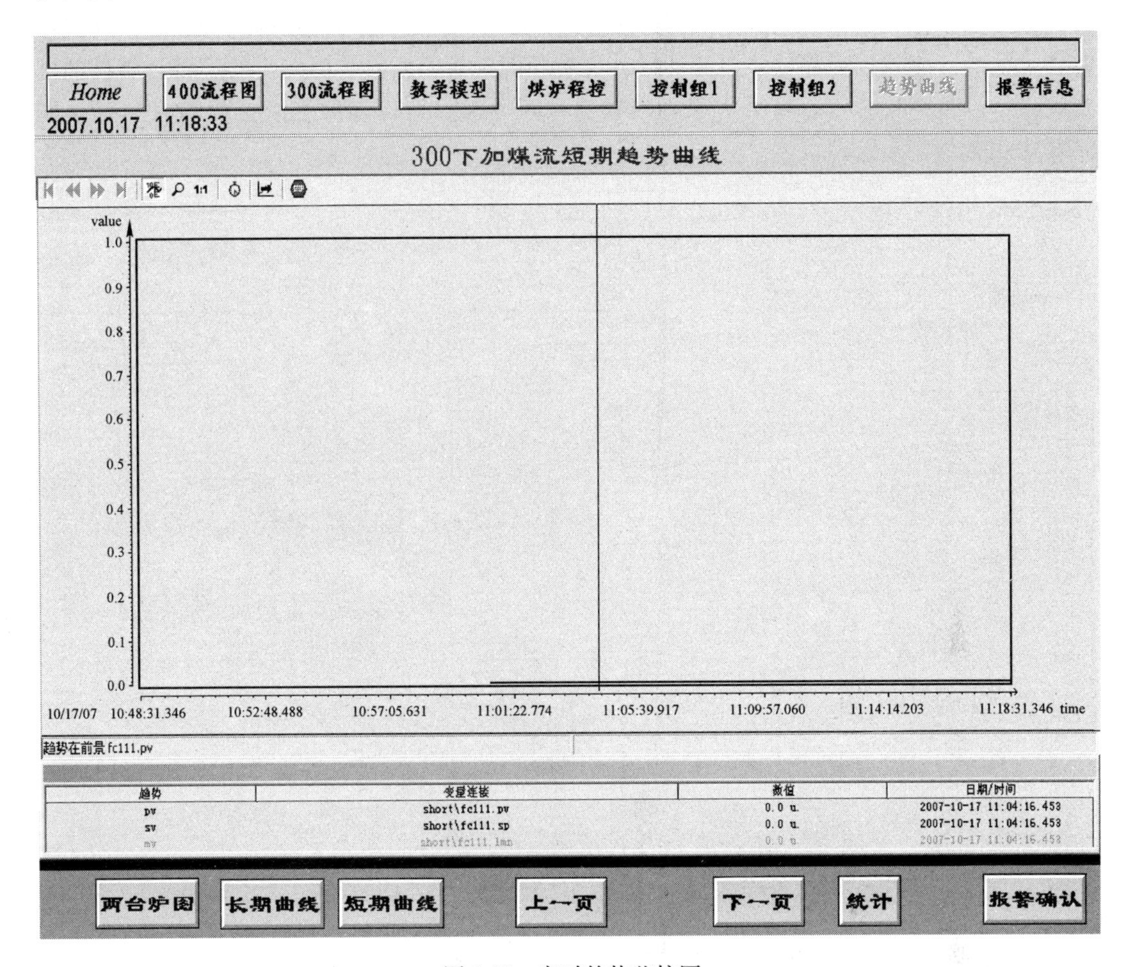

图6-17　实时趋势监控图

6.1.4.3　参数操作、调整功能

以棒图和数值的形式显示和改变各个控制回路的参数和状态，如调节器的输入值、模拟设定值、报警设定值、调节器输出值、PID参数、手动自动串级状态、报警状态、报警级别以及相应的实时趋势曲线。图6-18为参数操作、调整示意图。

每一个控制回路（PID）设单独调整画面，画面显示该模块所有相关参数，并可以对设定值、量程、输出限幅值以及PID等参数按要求进行修改，而且可以在流程画面中通过点击调出相应参数。

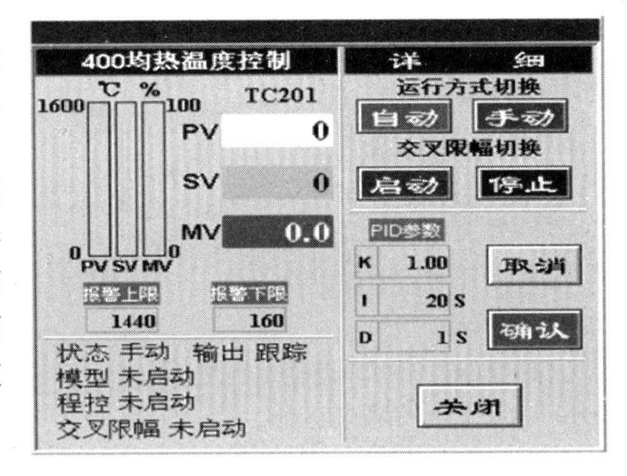

图6-18　参数操作、调整示意图

6.1.4.4　报警管理

报警除在流程图上显示外，还设有

实时报警窗口和报警汇总画面。实时报警窗口为小窗口，始终在最前面，显示最新发生的报警信号的名称、报警情况、当前值、发生时间、工位号、参考提示等内容，便于在线诊断各类故障，查找故障部位并报警；报警汇总画面汇集了所有曾经发生的报警、事件的历史记录，以备查找时用。报警对象、内容、时间等信息可以随时列表、存盘及打印。图6-19为报警管理示意图。

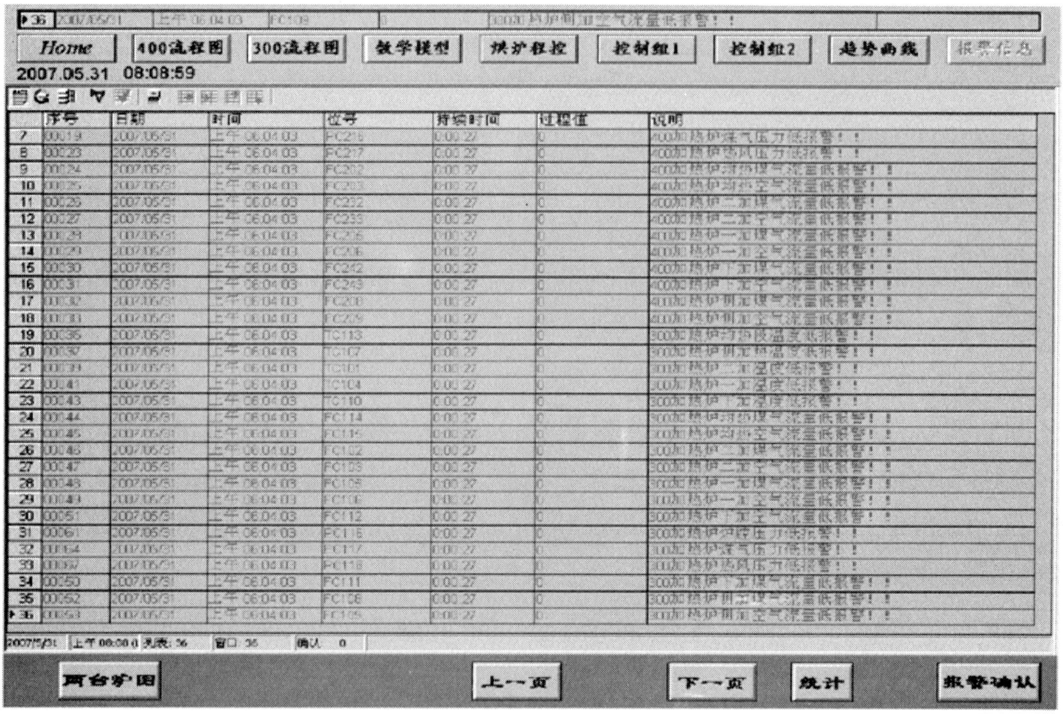

图6-19 报警管理示意图

6.1.4.5 历史数据管理功能

对系统所采集的历史数据建立各类数据库，操作人员可以通过计算机对各类工艺参数值做出趋势曲线（历史数据），也可以按时间顺序进行查询，供管理人员分析比较，以便找出加热炉的最佳运行规律；同时分析各种事故原因，以改进管理方法，提高经济效益。图6-20为历史数据管理图。

6.1.4.6 操作等级功能

为保证系统的安全操作，设计三个以上等级的用户，即：

（1）管理员：可以进行一切操作；

（2）工程师：可以进行高级维护工作，可以启停应用程序，修改所有的控制参数，只屏蔽少数特殊功能；

（3）操作员：可以进行所有运行操作，不可以退出系统，也限制对一些参数的修改。

6.1.4.7 远传通信功能

加热炉计算机具有与调度监视计算机通讯的能力，可以实时将现场的温度、压力、流量等检测参数发送至调度室，用于远传通信同步显示。

图 6-20 历史数据管理图

6.1.5 系统调试及运行

通过使用，证明西门子 PLC 实现燃烧自动控制的方案是可行的，升温及降温 50℃分别需 10min 和 30min。系统处于平衡状态时，温度的变化在 ±4℃之间，较好地实现了炉温的自动调节。

6.2 260mm 机组轧机直流调速系统

260mm 棒材连轧线共有 18 台轧机，由湘潭电机厂生产的他励直流电动机驱动，其中 1 号、2 号主电机的功率为 550kW，400/1000r/min；3 ~ 6 号主电机的功率为 820kW，600/1200r/min；7 ~ 10 号主电机的功率为 820kW，600/1200r/min；11 号、12 号主电机的功率为 820kW，600/1200r/min；13 号、15 号、17 号主电机的功率为 1200kW，600/1500r/min；14 号、16 号主电机的功率为 900kW，600/1500r/min；18 号主电机的功率为 1400kW，600/1500r/min。根据生产工艺的特点，轧机控制响应不是非常快，从性价比考虑，轧线 18 台主电机均选用励磁回路可逆、电枢回路不可逆的控制方式，这样可以节约投资。调速装置采用美国通用公司的 GEDV300 直流调速装置。

6.2.1 全数字交、直流调速传动控制系统

电气传动采用西门子公司最新型的全数字调速系统。直流传动采用 SIMREG DC-MAS-

TER 6RA70 系列全数字调速装置，交流传动采用 6SE70 矢量控制变频调速装置，精轧机组和减定径机采用 6SE80 IGBT 中压变频调速装置。

6.2.1.1　*直流传动*

主轧线上 1 架～18 架轧机之间传动设备采用直流调速系统，由全数字西门子 6RA70 直流传动装置供电。其中粗、中轧为单机驱动，预精轧为两套 6RA70 直流装置并联驱动。直流主电机采用直流不可逆调速系统，1 号、2 号飞剪采用直流可逆调速系统。6RA70 系列全数字调速系统能够得到非常精确的速度和转矩控制，其所有的控制、调解、监控及附加功能都由微处理器来实现。系统结构可软件组态，可以对电流调节器、速度调节器、励磁电流调节器、电机磁化曲线等进行自动优化，从而实现系统的最佳控制。装置本身具有完善的故障诊断、报警、显示和保护功能，同时还拥有方便快捷的通讯联网形式，可以同自动化系统联网通讯，进行参数的设定和各种信息的交换。

直流传动系统的特点是：

（1）静态调速精度：±0.01%（脉冲编码器反馈）；

（2）调速范围：100∶1；

（3）速度控制响应时间：小于 150ms；

（4）电流控制响应时间：小于 30ms；

（5）动态速降恢复时间：小于 200ms；

（6）动态速降：小于 0.25%；

（7）电网电压允许波动：±10%；

（8）自动适应电网频率：45～65Hz；

（9）运行环境温度：0～45℃；

（10）速度控制环；

（11）电流控制环；

（12）增益可变速调整；

（13）内置 RS485 通讯接口；

（14）多种网络通信功能；

（15）参数自动优化功能：通过参数优化，既可以实现装置的最佳控制性能，又节省了电机的调试时间，而且优化后的参数人工还可以修改。优化后下列调节器可以得到优化：

1）电枢电流调节器；

2）速度调节器；

3）自动测取用于速度调节器预控制器的摩擦和惯性力矩补偿量；

4）自动测取电机的磁化特性曲线；

5）弱磁电流调节器；

6）弱磁时的电式调节器；

（16）完善的故障监控与诊断功能，包括：

1）电网故障（缺相、过压、欠压和电网频率等）；

2）快熔、风机故障；

3）传动装置过流；

4）电机过载；

5）测速故障；

6）通讯失败；

7）晶闸管故障；

8）外部故障。

由于直流调速系统产生的谐波对电网冲击很大，达不到国家要求的 7 次、11 次、13 次谐波量的要求（GB/T 14549—93 标准），该厂上了一套 660V 低压无功动态补偿和谐波吸收装置，不仅降低了对电网的冲击，使电网谐波量达到了国家要求，还带来了显著的节电效益。

6.2.1.2 低压交流传动系统

安钢高线低压交流传动控制部分选用西门子 6SE70 系列变频器。西门子 6SE70 系列变频器的 Profibus-DP 通讯卡为 CBP，插在变频器中，由基本装置提供电源。CBP 有一个 9 针 D 型插座用于连接到 Profibus-DP 系统中去。电缆线连成现场总线系统。在本系统中，上一级自动化系统作为主站、变频器作为从站工作时，主站向变频器传送运行指令，同时接受变频器反馈回来的运行状态及故障报警状态。

变频器现场总线控制系统若从软件角度看，其核心内容是现场总线的通讯协议。Profibus-DP 的通讯协议的数据电报结构分为协议头、网络数据和协议层。网络数据即 PPO 包括参数值 PKW 及过程数据 PZD。参数值 PKW 是变频器运行时要定义的一些功能码，如最大频率、加/减速时间、基本频率等。过程数据 PZD 是变频器运行过程中要输入/输出的一些数据值，如频率给定值、速度反馈值、电流反馈值等。Profibus-DP 共有 2 类 5 种类型的 PPO：一类是无 PKW 而有 2 个字或 6 个字的 PZD，另一类是有 PKW 且还有 2 个字、6 个字或 10 个字的 PZD。将网络数据这样分类定义的目的是为了完成不同的任务，即 PKW 的传输与 PZD 的传输互不影响，均各自独立工作，从而使变频器能够按照上一级自动化系统的指令运行。变频器群控系统采用了 Profibus-DP 现场总线控制模式后，不但整个系统可靠性强，操作简便，而且可根据工艺需要进行灵活的功能修改。该控制系统在安钢应用以后，运行效果良好，为冶金设备装备现代化、自动化提供了一个成功范例。相信随着数字化和网络化时代的到来，该系统推广应用的前景将越来越广阔。

6.2.1.3 中压变频技术

高线机组精轧机和减定机经交流主传动装置采用西门子 MV 中压变频器，它是目前世界上最为先进的交流变频控制装置，也是世界上应用于轧钢领域的第二套中压 IGBT 变频控制装置。该变频器采用 TRANSVECTOR 磁场定向控制，并运用空间向量估计值及为降低电机损耗而经过优化的逆变器触发脉冲模式获得优良的控制特性，具有强大的计算功能和快速反应能力，动态特性好，功率因数高，谐波含量低，并具有较好的深调速性能。

变频器主回路由 3 大部分组成：整流单元、中间直流单元、逆变单元。整流单元采用移相 30°的 12 脉波二极管整流，直流母线额定电压为 5880V。中间直流单元由预充电单元、放电单元、制动单元组成。逆变单元使用 IGBT 三电平矢量控制技术，两组并联输出。控制系统采用 SIMADYN2D，双 32 位 CPU 分工合作，一个主要用于处理矢量控制的检测、计算、逻辑量的处理，实现转矩、速度闭环控制；另一个用于处理通信，通过 MPI 或 PROFIBUS2DP 网与 3 个从站（OP7、远程 ET200、柜内 ET200 站）进行通信。

此装置为三电平结构，每相桥臂上功率器件 V1 和 V3、V2 和 V4 的状态总是互反的，输出电压只能是从 + Ed 到 0，0 到 - Ed；不允许在 + Ed 和 - Ed 之间直接变化，即不存在两个器件同时开通或关断的情况，从而在桥臂上输出 3 种不同电平：+ Ed、0、 - Ed。三相合成空间电压矢量为一旋转矢量，旋转角速度为 ω，其幅值为 3/2Ue。当其相电压达到最大值时，合成空间矢量即处于该相电压对应的位置上。这样空间电压矢量就和三相电压建立了一一对应的关系。

电压空间矢量控制的基本原理是用三电平变频器所具有的菱形矢量逼近系统所需要的电压矢量轨迹，三电平 PWM 的控制指令是主控系统根据 U/f 控制和矢量控制等控制策略得到的，它以某一角速度在空间旋转，其幅值正比于输出电压幅值，其旋转角频率正比于输出电压频率。MV 中压变频器经过在高线机组的实际运行考验，证明该系统具有优良的动态性能，可靠的检测和保护功能，设备运行稳定，故障率低。

6.2.2　直流传动控制系统的构成

如图 6-21 所示，18 架轧机的主传动控制全数字调速系统采用美国的 GE-DV300 系列全数字可控硅变流装置，所有的控制、调节、监控及附加功能都由微处理器来实现，调节系统结构可软件组态，并可选择给定值和反馈值为数字量或模拟量。该装置通过 6KCV300PDP 通讯接口卡连接 PROFIBUS 传动网，通过 PROFIBUS 实现与 PLC 的通讯。该装置单桥电流可达 4800A，特别适于做轧机主传动系统，具有较高的性能价格比。接口卡可以连接 PROFIBUS 传动网，通过 PROFIBUS 实现与 PLC 的通讯。

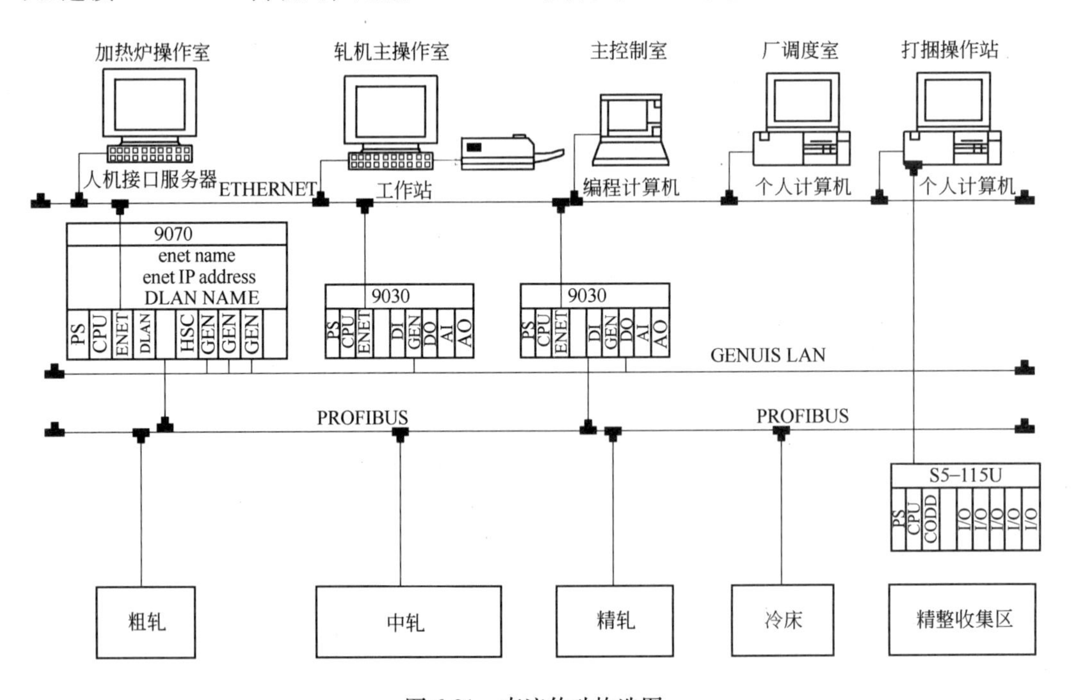

图 6-21　直流传动构造图

6.2.3　260mm 机组人机接口

260mm 人机接口（HMI）在自动化控制系统中，以直观友好的图形操作界面，用于对工业现场的设备及数据进行集中管理和监控。系统中人机接口的主要功能有：

（1）轧制工艺设备的配置及轧制参数的设定与修改；

（2）轧制程序的存储和调用、轧制参数的打印输出；

（3）轧制设备主辅回路的 ON/OFF 控制；

（4）实际轧制运行参数及设备状态的实时监控；

（5）事件和报警的实时显示、管理与监控。

图 6-22 是安阳钢铁公司小型厂 260mm 机组监控系统画面，2 号台 HMI、4 号台 HMI、6 号台 HMI 通过 HUB 与冷床 PLC、飞剪 PLC、轧线 PLC 连接，包括设定、监控、分析、诊断、报表、报警等画面，此画面为分析画面。

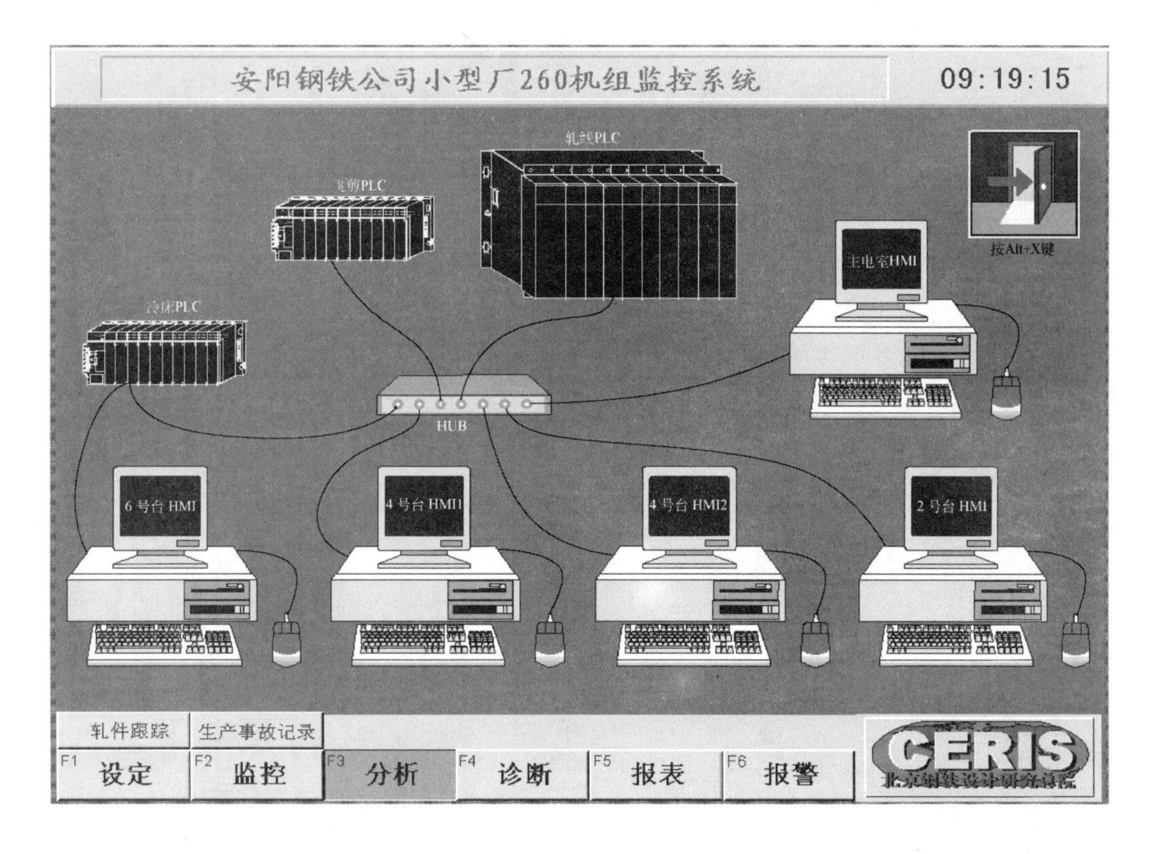

图 6-22　棒材生产线监控图

图 6-23 为工艺概况监控画面，通过此画面可以了解现场轧件通过各轧机的秒流量及各轧机转速的高低、各轧机电流的大小。

图 6-24 为轧机操作监控画面，通过此画面可以了解各机架运行状态、各机架传动柜合闸反馈状态、机架在线/离线状态、微张力或活套投入状态等。

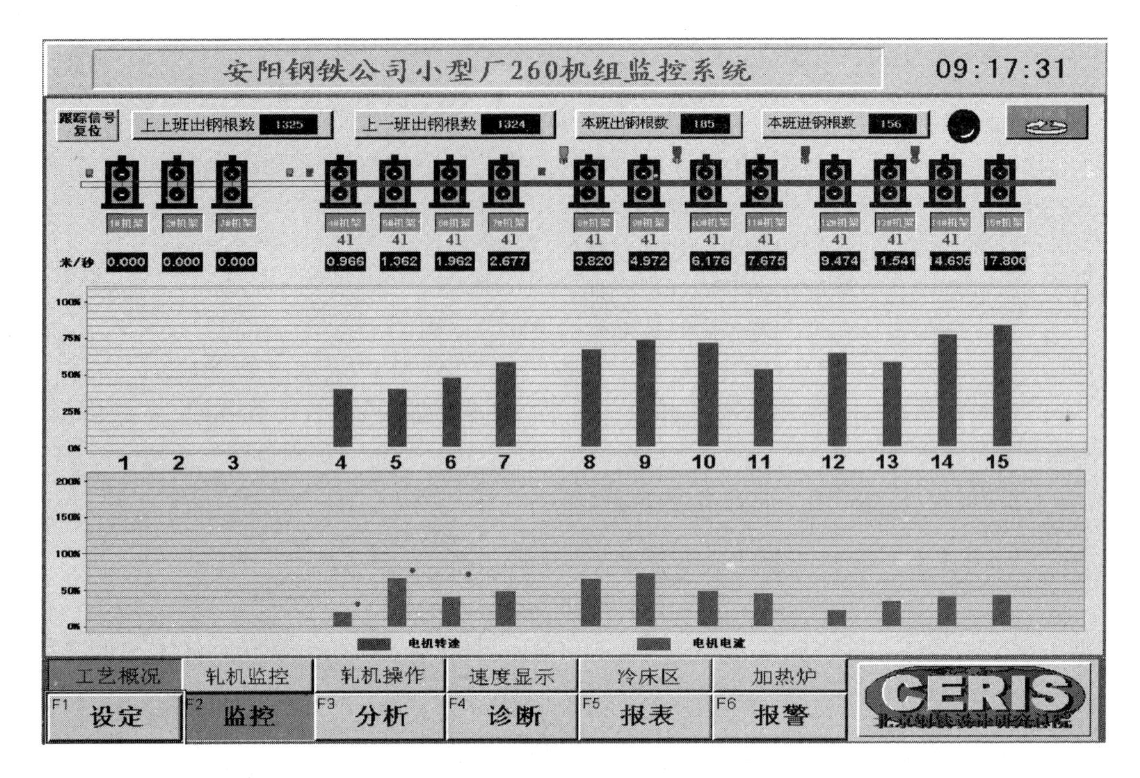

图 6-23　棒材生产线监控主画面图

安阳钢铁公司小型厂260机组监控系统　　09:24:25

轧制程序编号：18Y-15#　坯料尺寸(mmxmm)：120X120　粗轧出口速度(m/s)：0.631

出口尺寸(mm)：18　精轧出口速度(m/s)：17.800

机 架 号	1#	2#	3#		4#	5#	6#	7#
机架运行状态	禁止	禁止	禁止		允许	允许	允许	允许
	诊断	诊断	诊断		诊断	诊断	诊断	诊断
传动柜合闸反馈	●	●	●		●	●	●	●
机架在线/离线状态	在线	在线	在线		在线	在线	在线	在线
微张力或活套投入状态					0	0	0	1
自适应投入状态					0	0	0	0

机 架 号	8#	9#	10#	11#	12#	13#	14#	15#
机架运行状态	允许	允许	允许	允许	允许	允许	允许	允许
	诊断	诊断	诊断	诊断	诊断	诊断	诊断	诊断
传动柜合闸反馈	●	●	●	●	●	●	●	●
机架在线/离线状态	在线	在线	在线	在线	在线	在线	在线	在线
微张力或活套投入状态		1		1		1		
自适应投入状态		0		0		0		

跟踪信号复位　自适应值存储禁止　试小样　速度设定 99 rpm

工艺概况　轧机监控　轧机操作　速度显示　冷床区　加热炉

F1 设定　F2 监控　F3 分析　F4 诊断　F5 报表　F6 报警　CERIS 北京钢铁设计研究总院

图 6-24　棒材生产线操作监控图

6.2.4 高线人机接口

高线人机接口（HMI）由 6 台高性能微机组成，主要实现自动化系统的人机接口功能，包括轧制表的输入、存贮和修改，轧制参数的设定，轧制过程中各设备状态和电气参数的动态显示及工艺参数的人工调整，电气设备的一般操作及显示，故障报警与记录，文件报表的生成、存贮及打印等。

6.2.5 DV300 整流装置的结构及特点

GE-DV300 系列全数字直流调速系统，全称 DV300 Adjustable Speed Drives，是美国通用电气出品的系列全数字可控硅整流装置，由 16 位微处理器来进行控制和调节。一个带有数字显示器的参数设定单元，无需其他的附加设备，便可完成参数的设定和调试。调试过程可以通过一个参数的调整对电流调节器、速度调节器及励磁特性曲线进行自动优化，从而实现最佳控制。该装置还具有完善的故障诊断、报警、显示和保护功能。

6.2.5.1 DV300 整流器的结构组成

DV300 整流器的结构组成包括：

（1）FIR：触发板；

（2）COM：通讯板；

（3）PWR：电源板；

（4）FLD：励磁单元；

（5）REG：总调节板。

6.2.5.2 DV300 整流器的特点

（1）DV300 共有 4 种运行方式：

1）COXIDOLPANFL（操作面板）方式。在调试过程中通过装置自带的操作面板，可控制 DV300 的运行和停止，调整 DV300 参数。轧钢时可利用操作面板查看 DV300 的参数。此种方式传输的是数字量。

2）BUS（总线）方式。正常轧钢生产过程中，操作台的人机接口（HMI）通过以太网（ETHERNET）将控制信号传给 PLC，由 PLC 发出信号经传动网（PROFIBUS）到达 DV300 装置。

3）PC（计算机）方式。DV300 装置提供一个 R485 接口，与计算机相连接，利用 GE Control System Toolbox 软件可对传动装置方便地进行菜单参数的设定和自整定。多用于系统调试和对电机的速度给定、速度反馈、电枢电流等运行值进行在线检测。此种方式传输的是数字量。

4）TERMINAL（端子）方式。从操作台传来的信号，送给 DV300 装置总调节板的 12 ~ 19号端子，再传到装置内部进行工作。此方式适用于不参与连调的单机架控制。传输的是模拟量。

（2）直流调速系统性能指标优越。静态精度：0.01%（脉冲发生器反馈）；动态响应：8 ~ 10rad/s；冲击速度降：2.5%。

（3）具有较强的适应性。基于 Windows 的组态调试软件，多种通用网络接口及串行通讯接口，数字、模拟输入输出接口，数字/模拟速度传感器接口，装置可自动适应 45 ~

65Hz 的电源频率范围；具有电流调节器、速度调节器及磁场调节器自动优化功能，调试方便；有完善的故障诊断、报警、显示和保护功能。

DV300 全数字变流装置是美国通用电气公司开发研制的传动控制装置，用于直流传动的开闭环控制。其内部结构主要由以下几部分组成：（1）电枢回路；（2）励磁回路整流电路；（3）控制单元。

6.2.5.3　电枢回路

DV300 整流装置的电枢采用的是三相全控桥整流方式，如图 6-25 所示，进线侧安装了一个 ME 自动短路器，便于系统集中操作，通过触发电路及放大单元来控制可控硅的导通角，调节整流桥的输出电压。

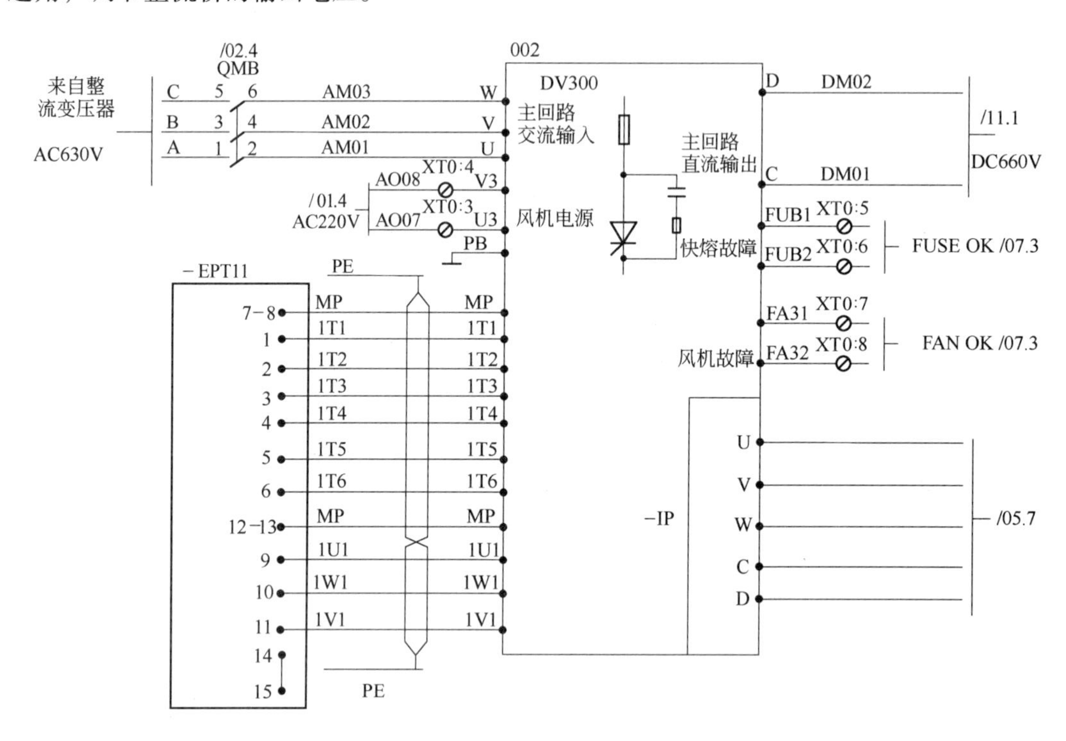

图 6-25　电枢回路示意图

6.2.5.4　励磁回路整流电路

DV300 励磁回路是一个小型全数字整流器，如图 6-26 所示，其输入输出控制单元和触发电路由 16 位微处理器控制，它可在弱磁和恒磁两种状态下工作。励磁回路由一个单相半空桥组成，它通过触发电路及其放大单元来控制单相桥的导通，以获得励磁回路输出的电压。另外，通过两个直流接触器实现对直流电机正、反两个方向的控制。

6.2.5.5　控制单元

控制单元包括主调节板、电源板、通讯板、触发板、励磁板、输入/输出板、KEYRAD 板等。

260mm 机组选用的 GE-DV300 直流调速系统的型号为：6KDV3；1800；Q2；C；70。它们的意义是：

（1）表示产品系列统称；

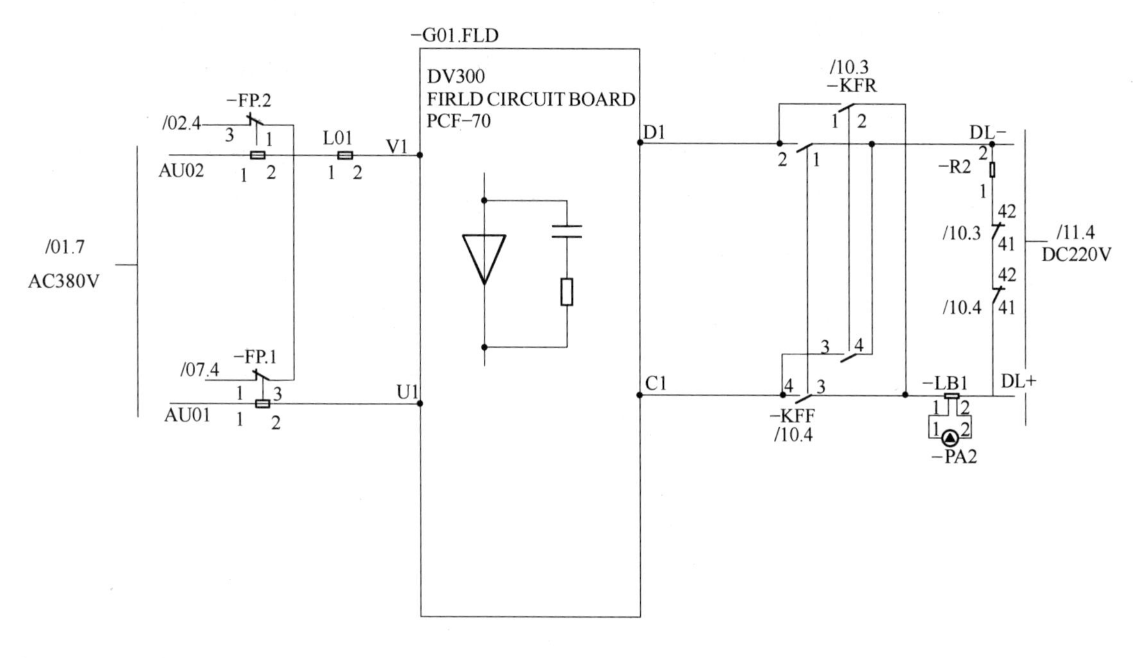

图 6-26　励磁回路示意图

（2）表示装置的额定容量为 1800A；

（3）表示该装置是两象限运行的；

（4）表示主回路 AC 进线的电压等级为 690V；

（5）表示该装置额定的励磁电流值。

DV300 的控制方式主要有以下几种：

（1）端子控制方式；

（2）操作面板（KEYRAD）控制方式；

（3）PC 通过 RS485 串行口控制方式；

（4）通过总线（BUS）控制方式。

6.2.5.6　直流主电机的速度控制

A　转速参考值 v_g 的设定

为了在启动期间完成直流电机驱动的平滑加速，给定值由 4 号台 HMI 通过以太网、PROFIBUS 网设定，电机转速的给定值 100% 对应电机的最大转速，速度给定值由斜坡发生器（RAMP）产生。为了更好地对电机速度进行控制，该系统增设了手动人工干预功能，可在一定范围内通过手动给定来改变速度的参考值。比如在轧制过程中，4 号台操作工可通过级联调速杆对电机的速度进行修正。

B　转速实际值 v_f 的设定

直流电机的实际速度值通过与电机同轴相连的脉冲编码器测得，精度非常高，每转发出 1024 个脉冲，脉冲数经调节板处理计算后，作为一个反馈信号传送到速度调节器的输入端，构成一个速度外环控制。

C　速度、电流双闭环控制

在 DV300 装置中，PI 速度调节器比较转速的参考值 v_g 和实际反馈值 v_f，根据它们的差值作为速度调节器的输入信号构成一个速度外环。通过 PI 调节器转变为电流的参考值 I_g，该值与整流器检测到的电枢电流的实际值 I_f 进行比较，送到电流控制器 PI2 的输入端构成电流内环，参与系统的速度控制。

速度控制器和电流控制器的参数 *Tn* 和 *K* 应该与转速实际值、电流实际值以及给定值与实际值（*Wn* - *Xn*）相匹配。此外在实际轧制过程中，应根据坯料刚咬入轧机中，负载突然从零增加到满负载时，电枢电流的变化情况，用示波器观察转速 *XN* 和电枢电流 *X1A* 的波动来调整速度调节器的放大率 *K* 及积分时间 *TN*，以使直流电机能够满足在冲击负载的作用下实现快速响应的传动要求。直流电机双闭环调速原理见图 6-27。

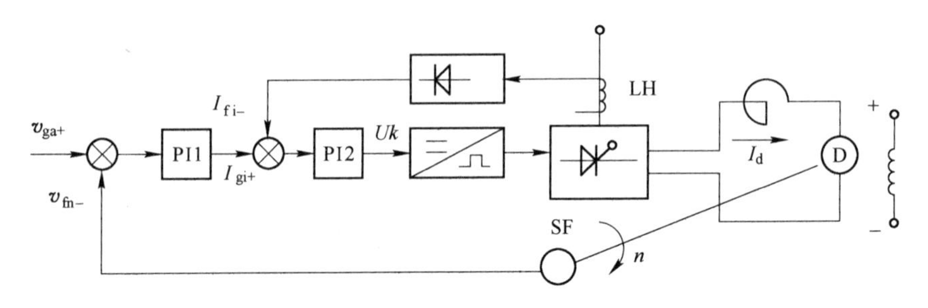

图 6-27 双闭环调速原理图

D 两个调节器的作用

速度调节器的作用：

（1）转速 *N* 跟随给定电压 U_{n*} 变化，而且稳态无静差；

（2）对负载变化起抗扰作用；

（3）其输出限幅值决定允许的最大电流。

直流调节器的作用：

（1）启动时保证获得最大电流；

（2）在转速调节过程中，使电流跟随其给定电压 U_{i*} 变化；

（3）对电网电压波动起到及时的抗扰作用；

（4）当电机过载甚至堵转时，限制电枢电流的最大值，从而起到快速保护作用。如果故障消失，系统能自动恢复正常。

E 直流调速系统性能指标

（1）静态精度：0.01%（脉冲发生器反馈）；

（2）动态响应：8 ~ 10rad/s；

（3）冲击速度降：2.5%。

6.3 剪机速度控制

6.3.1 剪机及其功能简述

为了保证正常的连续轧制，满足最优的工艺要求及轧制事故的处理，剪机在小型棒材连轧机组中扮演着重要的角色。图 6-28 为小型连轧线的设备示意图。

如图 6-28 所示，在小型连轧线中包括有三台剪机，其中轧机区有两台启停式飞剪，

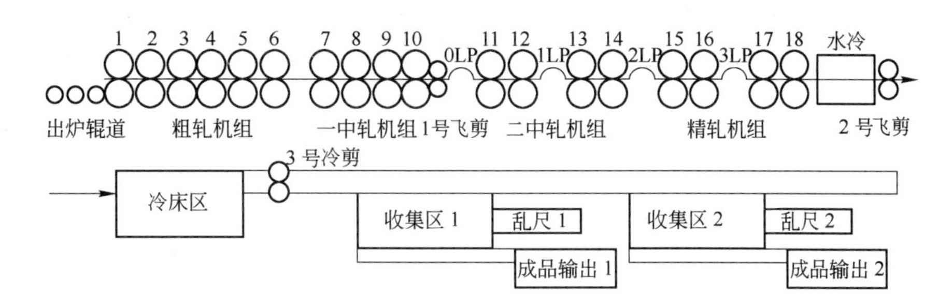

图 6-28 260mm 工艺机械设备示意图

精整区有一台用于定尺剪切的 350t 冷摆剪，剪机的控制都采用直流调速系统。

（1）1 号飞剪：位于 10 号、11 号轧机之间，由一台 280kW 的直流电机驱动，完成切头、切尾和碎断的功能。

（2）2 号飞剪：位于穿水冷之后，由一台 280kW 的直流电机驱动，完成倍尺剪切功能。

（3）3 号飞剪（冷摆剪）：位于冷床区之后，由一台 500kW 的直流电机驱动，主要用于完成定尺剪切功能。

上述 1 号、2 号飞剪的电控设备和控制软件系统配置、控制原理基本相同，这里不再一一赘述，只介绍 2 号飞剪和 350t 冷摆剪。

6.3.2 2 号飞剪调速控制系统的配置

6.3.2.1 硬件配置

剪机的控制系统采用德国西门子的数控装置 6RA7000-OMV62-O 和 S7-400PLC，如图 6-29 所示。

（1）CPU、RAM/EPROM 存储器接入界面，数字和模拟 I/Os，脉冲记数单元，远程

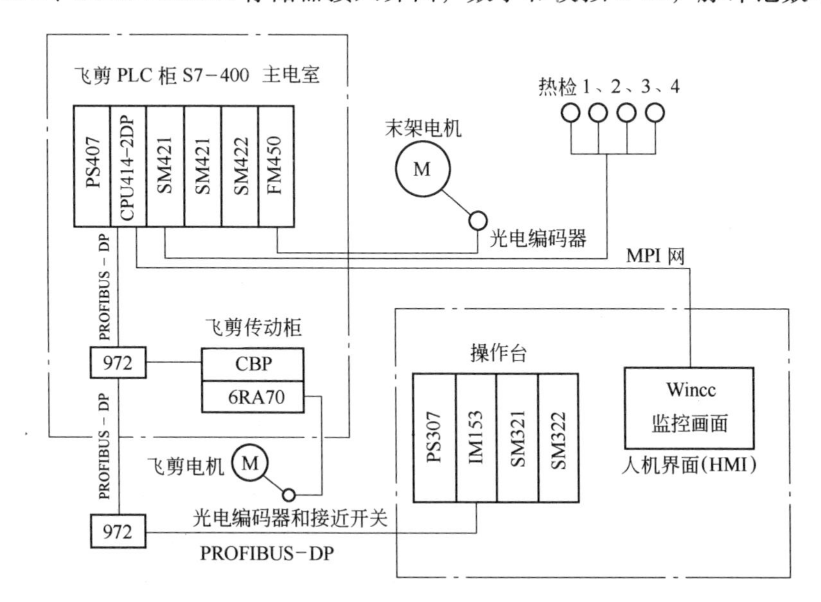

图 6-29 2 号飞剪的控制系统图

I/Os（在可能的地方）。在已安装的配电室安装 PLC 的 CPU 和 I/O 机柜、供电器、继电器、信号调节器和其他装置。现场装置的所有 I/O 和功能都连接到端子片，从而使连接电缆更简易、有效；为 I/O 和供电器安装接地棒和短路保护，为危险电压零件提供覆盖物，并安装适合的标签，以确保操作更安全、可靠。所有线和部件都应贴上标签，以便于辨认。

（2）MPI 网络可用于单元层，它是 SIMATIC S7 和 C7 的多点接口。MPI 从根本上是一个 PG 接口，它被设计用来连接 PG（为了启动和测试）和 OP（人-机接口）。MPI 网络只能用于连接少量的 CPU。

（3）2 号飞剪控制装置模块：

电源模块型：6ES7-407-0K01-0AA0 PS407 POWER SUPPLY-A101。

CPU 模块型：S7-CPU414-2DP 6ES7-414-2XG03-0AB0；
S7-BATTERY 6ES7-971-0BA00；
S7-FLASH EPROM 11MB 952-1KK00-0AA0。

计算模块：ENCODER CARD2 COUNTER 6ES7-450-1AP000-AE0。

模拟量输入：6ES7 431-1HF00-0AB0-A110。

数字量输入：6ES7 421-7BH00-0AB0-A111。

数字量输入：6ES7 421-1BL01-0AB0-A112。

数字量输出：6ES7-422-1BL00-0AA0-A114。

数字量输出：6ES7-422-1BH11-0AA0-A116。

S7-400PLC 与数控装置 6RA7000-OMV62-O 通过 SINEC BUS CONNECTOR 6ES7 972-OBA10-OXA0 插头用 PROFIBUS DP 网线连接。

1）模拟输出和输入，0~10V DC 信号，表示棒材从最终机座中出来后的真正速度以及将张拉辊上的真正速度传送到其他设备。

为了降低最后机座和切分剪张拉辊之间的张力，正确处理棒材需要本速度参考，并在最后机座切尾后，将信息传递到冷床。

2）数字输入和输出，0~24V DC 信号，表示现有轧机锁定和运行以及新设备锁定和运行，为了现有轧机不工作时避免操作，新设备不工作时通知现有轧机，这些信号（若现有轧机控制系统能提供和接收）需为新设备安装安全互锁。

6.3.2.2 软件的组成

（1）可编控制器应用软件：实现 2 号飞剪的所有软件控制功能。

（2）HMI 监控应用软件：图 6-30 所示画面为 2 号飞剪触摸屏监控画面，按功能可分为：

1）报警状态：有报警指示、报警故障；

2）区域状态：急停开关状态（开/关）、控制方式（远程/就地）、控制模式（自动/手动）；

3）装置状态：开车状态（关/预设定）、电机状态（已停止/运行）、点动（关/开）；

4）程序状态：抱闸状态（开/关）、润滑油状态（正常/故障）、区域测试（开/关）、剪切测试（开/关）、飞轮（投入/排除）；

5）工艺参数：飞剪位置、钢的线速度、剪切速度、修正系数、短棒长度；

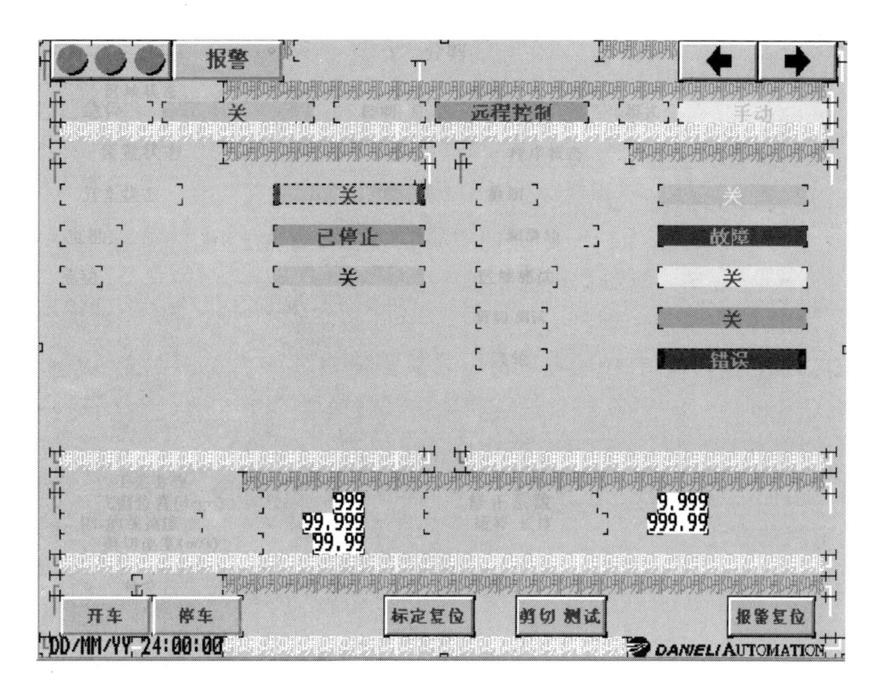

图 6-30　2 号飞剪监控主画面

6）命令：开车命令、停车命令、标定复位、剪切测试、报警复位等。

图 6-31 所示画面为参数修改画面，包含以下参数的修改：

Fly wheel（0 = off 关，1 = on 开）；

Speed calibration enabled 速度校正使能；

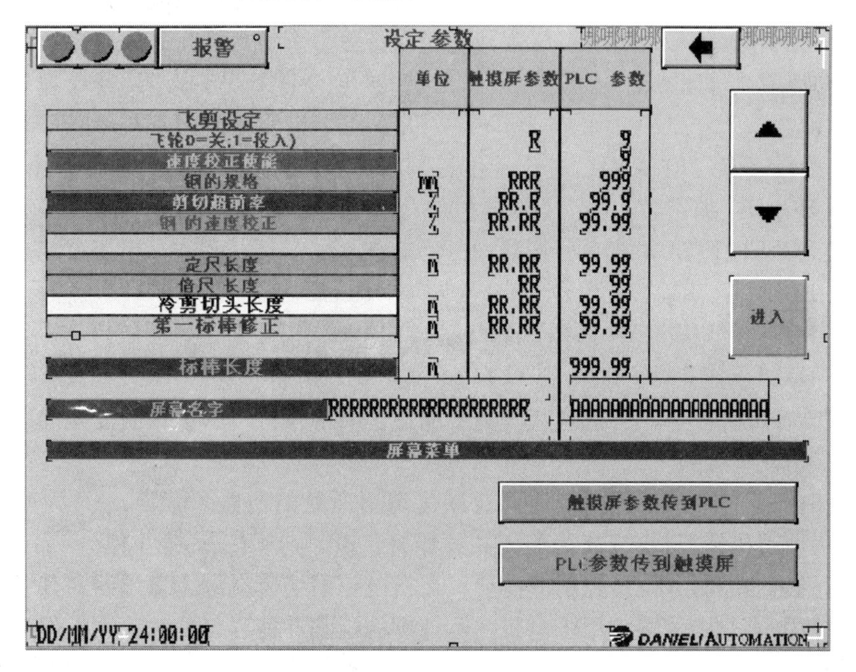

图 6-31　2 号飞剪监控操作画面

Material thickness 轧件规格；

Cut overspeed 剪切超前率；

Bar speed correction 钢的速度修正；

Cold cut length 定尺长度；

Cold cut length number 剪切倍尺数；

Cold cut length discarged length 冷剪切头长度；

First bar correction 第一个标棒钢修正；

Dividing cut length 标棒长度；

SEND DATA（OP）> PLC 把触摸屏设定参数传到 PLC；

ACTUALIZE PLC > OP 实现 PLC 设定参数传到触摸屏。

（3）SIMOREG DC Master 调试监控软件：用于调试 6RA70 全数字直流调速系统参数和故障报警的监控，还能通过监控画面上的各种波形反映出电压、电流、给定转速、实际转速、剪切电流的变化。

（4）Drive ES Basic：在 Step7 项目中的数据管理，通过 PROFIBUS 或 USS 同传动系统进行通讯。

（5）Drive ES Graphic：用 CFC 连接器去连接选件 SOO 的自由功能块。

（6）Drive ES Simatic：用于 SIMATIC CPU 的功能块和用于同 SIMOREG 进行通讯的实例项目。

6.3.2.3　剪机调速系统

剪机调速系统块图如图 6-32 所示。

剪机的控制一般分为两个阶段，即速度控制和位置控制。速度控制的主要目的是使剪刃从静止状态逐步加速到与被剪运动物体相匹配的速度，当剪切完成后使剪刃在给定的角度内逐步减速到静止状态，然后由位置控制过程将剪刃重新定位在起始位置。

图 6-33*a* 为 2 号剪机械结构示意图，2 号剪是一个启停式飞剪，其臂长为 0.65m，通过一个减速比为 2.22 的减速箱由一个 280kW 的直流电机驱动。图 6-33*b* 是剪机一个工作周期的速度曲线（参考值 WN），基于速度控制的需求，剪机控制将其分成 5 个阶段：

（1）F_HOEH：加速段；

（2）F_KONST(F_KURV)：剪切段；

（3）F_BDEMS：制动段；

（4）F_POS：定位段；

（5）F_HALT：定点段。

在上述的各个阶段中，剪机的速度是根据工艺要求及剪刃的位置而变化的，各段的速度给定将在下文中详述。

在速度曲线上各个阶段间的临界点反映了剪刃所处的位置，其中，SP 为剪刃在起始位置；TM 为剪刃接触棒材；LM 为剪刃离开棒材；BP 为剪刃制动停止位。

为了剪机速度控制和位置控制的需要，剪机电控系统装有两个编码器，其中速度编码器安装在直流电机非接手端，用于电机实际速度的检测和剪刃位置的检测；位置编码器安装在减速箱上，用于提供剪刃实际位置检测的参考点。为了正确反映剪刃的实际位置，在剪机的控制系统中，事先确定了一个剪刃位置的参考位，且以此位置为参考点，反映剪切

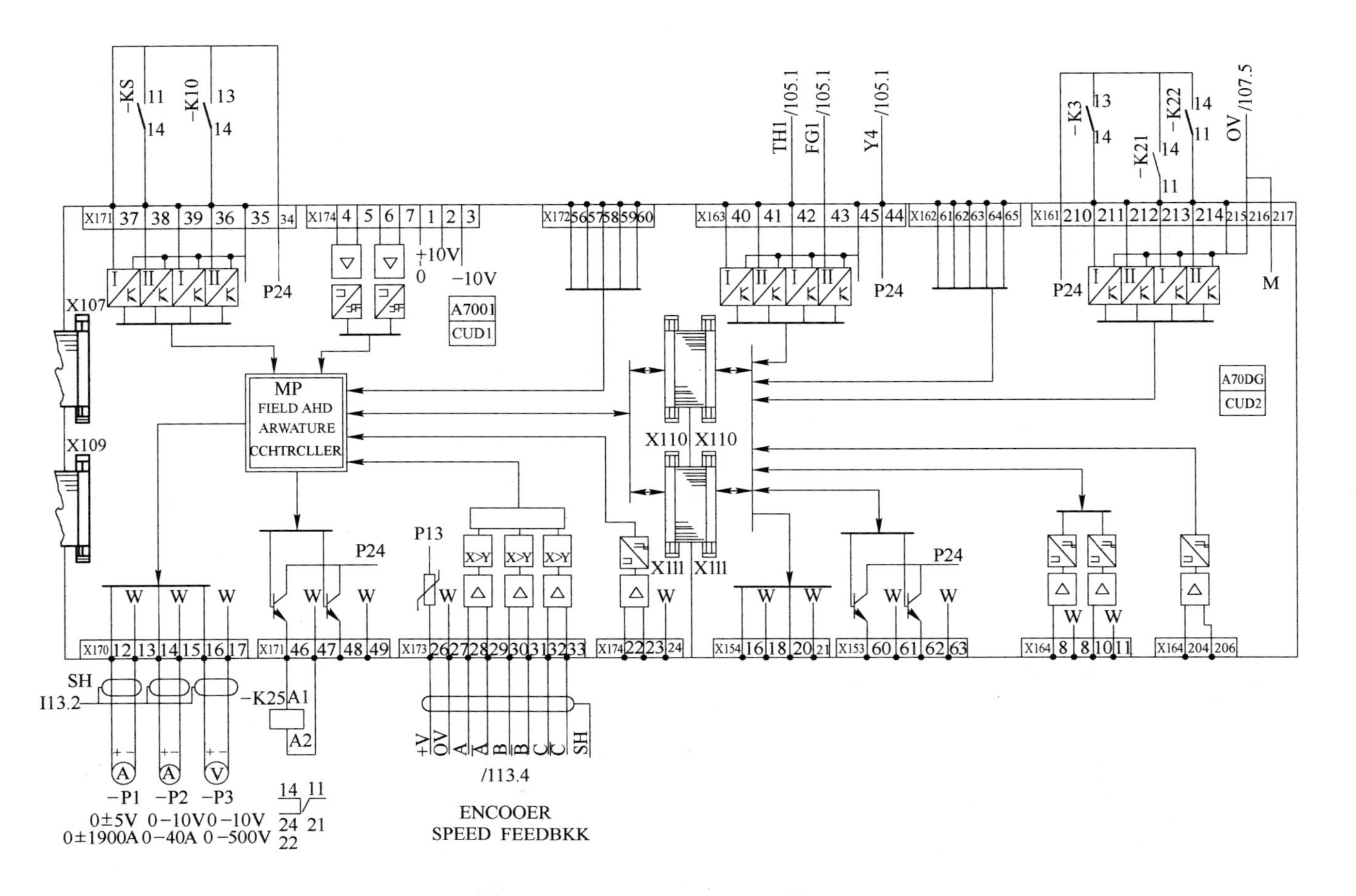

图 6-32 剪机调速系统块图

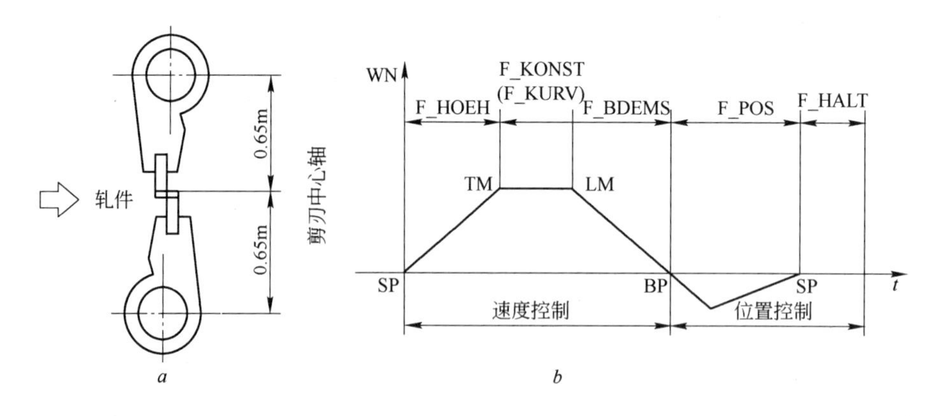

图 6-33　剪机机械结构示意图（*a*）和一个工作周期的速度曲线（*b*）

过程中剪刃所处的实际位置，并称此参考点为零位置。剪机的控制系统是以剪切的位置作为零位的，如图 6-33*a* 所示的位置，即为剪刃的零位置。

A　剪机控制的基本运算

为达到速度和位置控制的要求，剪机控制系统首先要进行一些基本运算，但控制系统要知道一些运算的已知条件（数据），这些数据有的是系统根据工艺自设定的，有的则是通过操作员设定的变量。下面是基本运算的已知条件：

SCHR_AD：剪刃的半径，m；

A_START：剪刃的起始位置（标幺值）；

A_BREMSM：剪刃的制动停止位（标幺值）；

S_SCHN：参考剪切长度，m；

M_DICKE：棒材的直径，m；

VOREIL：剪刃的超前系数。

下面我们结合图 6-34 来说明剪机调速控制的基本运算结果：

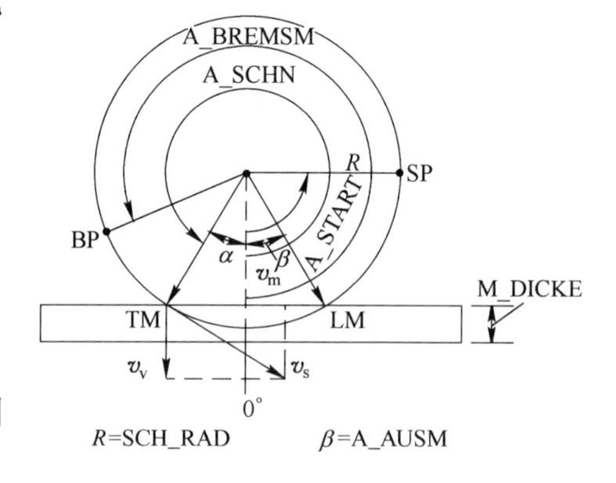

图 6-34　剪机速度控制

（1）U_MS：以剪刃为半径的圆的周长。

$$U\_MS = 2\pi SCH\_RAD$$

（2）A_SCHN：开始剪切角，剪刃剪切接触棒材时所在位置与零位间按旋转方向（FLOW）计的夹角（标幺值）。

$$A\_SCHN = \{360° - \arccos[(SCH\_RAD - 0.5M\_DICKE)/SCH\_RAD]\}/360°$$

（3）A_AUSM：退出剪切角，剪切后剪刃离开棒材时所在位置与零位间按旋转方向计的夹角（标幺值）。

$$A\_AUSM = \{\arccos[(SCH\_RAD - 0.5M\_DICKE)/SCH\_RAD]\}/360°$$

（4）F_HL：加速值，它实际上是剪机加速段速度给定值的计算系数（标幺值）。

$$F\_HL = (1 + 0.01VOREIL)/[(SCH\_RAD - 0.5M\_DICKE)/SCH\_RAD]$$

（5）HL_SCH：加速距离，即图 6-33 中 SP 至 TM 点（按旋转方向计）所对应的弧线长度。

$$HL\_SCH = A\_SCHN \cdot U\_MS/(2\pi)$$

（6）S_HOCHL：加速时棒材长度的范围。

$$S\_HOCHL = 2.2HL\_SCH/F\_HL$$

（7）S_START：加速时的棒材位置长度，它是参考剪切长度与剪刃从 SP 到零位所经过弧长的差值，即：

$$S\_START = S\_SCHN - S\_HOCHL - [(2\pi - A\_SCHN) \cdot U\_MS/(2\pi)]$$

剪机控制的基本运算，为速度控制各个阶段参数值的给定提供了计算依据，也为位置控制提供了理论根据，由此可见基本运算是剪机控制的理论基础，其结果精确与否，直接影响到剪机是否能够正常工作。剪机的控制系统，是通过以 C 语言编写的子程序模块（#SH_TEC）来完成上述基本运算的，从而保证了运算的安全性和可靠性。

B 剪机速度参考值的计算

为实现图 6-33*b* 所示的调速控制，剪机控制系统根据上述基本运算结果，分别计算出各个阶段剪机速度参考值，以便通过剪机调速的顺序控制，完成剪机每个动作周期的速度给定。

a 加速段速度参考值的计算

在加速段，控制系统通过下式来计算该段的速度参考值：

$$WN\_HOCH = V\_BAND \cdot F\_HL[(S\_BAND - S\_START)/S\_HOCHL] + ADD$$

上式中，V_BAND 为棒材速度的实际值，该值的获得是通过 TCU132 处理器卡上的计数器通道接受最后一个成品机架的速度编码器信号并计数，再通过接受由 MCS 系统经 MODNET 网发送的该出口机架的脉冲信息数据（M/PLUS）计算而得出的。它反映了剪机上游出口机架的速度，亦即棒材的速度。S_BAND 为棒材的位置，它是棒材测长的结果。它反映了棒材通过剪刃点（即零位）的棒材长度。该值亦是通过 TCU132 的计数器通道计数并计算出的结果。在上式中，ADD 项则是加速段速度计算的附加项，该项值的有无取决于剪刃位置的实际值(A_IST)。

参照图 6-34，当 A_IST 不在 A_START 和 A_SCHN 之间时，ADD = 0，上式即为：

$$WN\_HOCH = V\_BAND \cdot F\_HL[(S\_BAND - S\_START)/S\_HOCHL]$$

当 A_IST 介于 A_START 和 A_SCHN 之间时，ADD≠0，则上式变为：

$$\begin{aligned} WN\_HOCH = {} & V\_BAND \cdot F\_HL[(S\_BAND - S\_START)/S\_HOCHL] \\ & + [(S\_BAND - S\_START)/S\_HOCHL]^2 \\ & - (A\_IST - A\_ZIEL) \cdot (U\_MS/HL\_SCH) \end{aligned}$$

其中 A_ZIEL 为剪刃的参考位置值，该值取决于速度控制在哪一阶段。若处于加速段，则 A_ZIEL = A_START；若处于制动段，则 A_ZIEL = A_BREMS。由此可见，剪机传动控制加速度的速度参考值 WN_HOCH，将随棒材的位置值 S_BAND 及剪刃的实际位置

A_IST的变化而变化。其实际运算的结果将得出一条逐渐上升的曲线，即图 6-33*b* 所示的加速段的速度曲线。

b　剪切段速度参考值 WN_KONST(WN_KURV)的计算

在此阶段，剪机速度控制将计算出两种速度参考值：恒定剪切值 WN_KONST 和剪切曲线值 WN_KURV。但对于上游出口机架棒材断面较小的剪机，例如 2 号剪，该段速度曲线趋于 WN_KONST。此时速度的参考值实际上是加速段速度参考值的最大值，也就是图 6-33*b* 中 TM 点的 WN_HOCH 值，即：

$$\mathrm{WN\_KONST} = \mathrm{WN\_HOCH}|\max$$

而对于上游出口机架棒材断面较大的剪机，例如 1 号剪，该段速度曲线则趋于 WN_KURV，而对于 WN_KURV 而言，其基本上是一个 $\cos\alpha$ 的函数（如图 6-34 所示），即：

$$\mathrm{WN\_KURV} = f(\cos\alpha)$$

因为 WN_KURV 的具体算式较为复杂，在此不再列出。

在剪切段中，速度参考值是以 WN_KONST 恒定速度或 WN_KURV 变速进行剪切的，直到剪刃在 LM 点处离开棒材后为止，速度控制才进入下一阶段。

c　制动段速度参考值 WN_BREMS 的计算

在此阶段剪机开始制动，其速度参考值将据下式算出：

$$\mathrm{WN\_BREMS} = \mathrm{WN\_T} \cdot [(\mathrm{A\_BREMS} - \mathrm{A\_IST})/(\mathrm{A\_BREMS} - \mathrm{A\_IST})|_{\mathrm{Lm}}]^{1/2}$$

其中 WN_T 是剪切段 LM 点的速度参考值，即：

$$\mathrm{WN\_T} = \mathrm{WN\_KONST}/_{\mathrm{Lm}} \quad 或 \quad \mathrm{WN\_T} = \mathrm{WN\_KURV}|_{\mathrm{Lm}}$$

A_BREMS 是剪机的制动位置，其值为：

$$\mathrm{A\_BREMS} = [K \cdot (\mathrm{WN\_HOCH})^2 \cdot (\mathrm{A\_BREMSM} - \mathrm{A\_AVSM} + \mathrm{A\_AVSM})]|_{\mathrm{Lm}}$$

该式说明，A_BREMS 值是在剪机加速完成后的瞬时计算值，即 LM 点的瞬时计算值，式中 K 是调试参数，为一常数，对于 2 号剪 K = 15.3。A_BREMS 的上述算式仅适用于 2 号剪机带飞轮的情况，而对于 1 号剪不带飞轮，以及 1 号、2 号剪而言，该值与剪机制动停止位的设定值是相等的，即 A_BREMS = A_BREMSM。WN_BREMS 中的(A_BREMS - A_IST)项和(A_BREMS - A_IST)$|_{\mathrm{Lm}}$项具有不同含义，前者为制动段 A_BREMS 和 A_IST 的瞬时差值，此值将随 A_IST 的变化而变化；后者则是制动开始时刻，即 LM 点时刻的差值。

由上可知，制动段速度的参考值 WN_BREMS 将是剪刃位置实际值 A_IST 的函数，即：

$$\mathrm{WN\_BREMS} = f(\mathrm{A\_IST})$$

在此阶段剪机速度 WN 将从剪切速度 WN_KONST 或 WN_KURV 值减速至 0，到达制动停止位 BP 点，而后进入反向旋转的下一阶段——定位段。

d　定位段速度参考值 WN_POS 的计算

剪机启动加速至剪切完成停止在 BP 点后，为了给下一次剪切做准备，剪刃必须停在起始位置 SP 点(A_START)。由于剪切动作的惯性，所以当剪刃通过零位剪切完后，不可能直接停在起始位置，而是停在 BP 点，为使剪刃回到起始位置，剪机需从 BP 点反转

（与剪切时方向相反），进而回至起始位置，这就是剪机位置控制过程中的定位段。在定位段中，由于不像加速段和剪切段时间及速度参考值要依据棒材速度而定（这是因为剪切时剪刃的水平速度要与棒材速度一致，否则就无法完成正常的剪切动作，造成轧制事故产生），因而其速度参考值可在调试时通过控制程序设定，其值大小可随意设定，但要以剪机定位后不会影响下一次剪切动作的完成为前提，即保证剪机定位必须要在下一次剪切信号发出之前完成。在定位段，剪机速度参考值是这样计算的：

$$WN\_POS = (\pm 1) WN\_POSl$$

式中，WN_POSl 取自 V_POS 和 K · V_POS 两项的较小者。V_POS 是剪机定位速度的参考值，其值是在调试时通过程序控制系统确定的常数值，对于 2 号剪而言，当剪机带飞轮时 V_POS = 0.04，不带飞轮时 V_POS = 0.5；而对 1 号、2 号剪来说，该值没有带与不带飞轮的区别，分别为 V_POS = 0.1 和 V_POS = 0.2。K · V_POS 项中的 K 值是一个随 A_IST 变化的函数值，即 K = f(A_IST)。但由于确定 K 值的函数表达式较为复杂，在此不再列出。总之，在定位段时，控制系统比较 V_POS 和 K · V_POS 的大小。如前者大于后者，则 WN_POSl = K · V_POS；反之，WN_POSl = V_POS。而速度参考值 WN_POS 算式中的 ± 号，取决于剪刃参考位置(A_ZIEL)与其实际位置(A_IST)差值的计算结果（在定位段时，WN_POSl = K · V_POS），即当(A_ZIEL − A_IST) > 0 时，WN_POS 的方向，也就是说，WN_POS 为正值时，剪机正转；反之，则电机反转。

e　定点段速度参考值 WN_HALT 的计算

定点段速度参考值 WN_HALT 算式为：

$$WN\_HALT = K \cdot (A\_ZIEL - A\_IST)$$

式中，K 值由剪刃位置参考值 A_ZIEL(= A_START)与其实际位置值差值的绝对值来决定。当 |A_ZIEL − A_IST| > LIMUP 时 K = 1，则 WN_HALT = A_ZIEL − A_IST；当 |A_ZIEL − A_IST| < LIMDN 时 K = 0，则 WN_HALT = 0。

上述中 LIMUP 和 LIMDN 为调试时确定的上下限，对 3 号剪而言其值为 LIMUP = 0.00225，LIMDN = 0.00175；对 1 号、2 号剪来说其值为 LIMUP = 0.008325，LIMDN = 0.002775。这也就是说在定点段，当剪刃的实际位置与起始位置的差值在某一很小的范围内时，WN_HALT 即为 0，剪刃即能较准确地停在起始位 SP 点。实际上可以说，定点段是定位段的延续，如果剪切调速控制中无定点段的话，剪刃只能在定位段以一种先大后小的定位速度 WN_POS 进行定位，但却始终停不到起始位置上，而是在 SP 附近上下摆动，而定点段却是以一种更小的速度 WN_HALT 进行剪刃定位，而最终将剪刃停止在较为准确的起始点，换句话说，也就是定位段相当于剪刃定位的粗调，而定点段却是剪刃定位的精调，当定点段结束后，剪刃已停在正确的起始位置上，等待下一次剪切信号发出。

上述的 5 个阶段是针对剪机工作过程中的切头切尾和倍尺剪切动作而言的。在这些剪切的过程中，剪机传动控制每次只完成一个单独的动作周期。但对剪机准备剪切之前，剪刃的实际位置也许在任何位置，为保证剪机准确地完成上述的工艺动作过程，就需要对剪机进行标定，使其剪刃一开始就停在起始位置，这样，我们就需要确定标定速度。有时，在轧制过程中，我们还需在事故状态下进行碎断，因此我们还需对碎断时剪机速度进行确定。这两种情况下的速度给定，与上述的工艺剪切时的速度计算是完全不同的。

f　标定和碎断时剪机速度参考值的确定

标定速度参考值为：

$$V\_EICH = V(常数)$$

碎断速度参考值为：

$$WN\_HCK = WN\_HOCH|_{TM}$$

由上可知，标定速度的参考值是一常数 V，该值在调试时通过控制程序设定。对 2 号剪而言，当剪机带飞轮时 V = 0.04，不带飞轮时 V = 0.07。1 号、2 号剪的 V = 0.1。碎断时速度值 WN_HCK 亦为一恒定值，它实际上是上述加速段速度参考值 WN_HOCH 的最大值，即 TM 点对应的 WN_HOCH 值。这也就是说，标定和碎断时剪机都是以某一恒定速度运转，所不同的是标定时剪机以速度 V_EICH 运转，在起始位置时停止；而碎断时剪机一直以 WN_HCK 的速度运转，直到操作员取消碎断功能后为止。

6.3.2.4　6RA70 直流装置简要调试步骤

6RA70 直流装置的外围设计与调试步骤紧密相关，针对棒线材轧机，调试人员应该参照 6RA70 直流装置的简要调试步骤进行调试。

A　基本参数设定（离线计算机或 PMU 单元完成）

a　系统设定值复位及偏差调整

（1）用 PMU 执行功能 P051 = 21（P051 = 22 偏差调整同时进行），或在 PC 中调用缺省的工厂设置参数构成基本参数文件，凡是下文中未提到的参数都利用缺省参数，参数值见手册，用 P052 = 0 显示那些与初始工厂设置不同的参数。

（2）合上装置控制电源执行功能 P051 = 22，偏差调整开始，参数 P825. Ⅱ 被设置。

（3）上述两步在合上装置控制电源的情况下即可完成。

b　整流装置参数设定

（1）P075 = 2，整流器电枢电流被限制在 P077 * 1.5 * 整流器额定直流电流，当电枢电流达到允许值时，故障 F039 被激活，本参数根据电机额定参数值和使用工况，从保护装置过载的角度出发进行设置。

（2）P078.01 = 630V，主回路进线交流电压，作为判断电压故障的基准值。

（3）P078.02 = 380V，励磁进线电压。

（4）作为欠压或过压的判断门槛电压，相关参数见 P351、P352、P361 ~ P364。

c　电机参数设定

（1）P100（F）= 额定电机电枢电流（A）。

（2）P101（F）= 额定电机电枢电压（V）。

（3）P102（F）= 额定电机励磁电流（A）。

（4）P103（F）= 最小电机励磁电流（A），必须小于 P102 的 50%，在弱磁调速场合，一般设定到防止失磁的数值。

（5）P110（F）= 电枢回路电阻（Ω），由优化过程自动设定。

（6）P111（F）= 电枢回路电感（MH），由优化过程自动设定。

（7）P112（F）= 励磁回路电阻（Ω），由优化过程自动设定。

（8）P114（F）= 电机热时间系数（MIN），根据本参数和 P100 参数对电机进行热过载保护，当电机温升达到报警曲线值时触发 A037 报警，当温升达到故障报警曲线值时触发 F037 故障，缺省值 10MIN。

（9）P115（F）= 电枢反馈时，最大速度时的 EMF（%），以整流器进线标准电压（R078）为基准，设置时应考虑进线电压实际值等各种参数影响。P115 = EMF 额定值/R078（见功能图，缺省值 100），EMF 额定值 = P101 − P100 * P110。

（10）P117（F）= 1，励磁特性优化有效，优化完后置 1。

（11）P118（F）= 额定 EMF（V），EMF 额定值 = P101 − P100 * P110。

（12）P119（F）= 额定速度（%）。

（13）P118、P119 是在励磁减弱优化过程中 P051 = 27 时设置的，当 P100、P101、P110 参数发生变化后，弱磁点也随之变化，不再是 P118，实际额定速度 = P119 * 实际额定 EMF/P118。当 P102 变化时，励磁减弱优化重做。

d 实际速度检测参数设定

（1）当 P083（F）= 实际速度反馈选择。

（2）当 P083 = 1（模拟测速机）时为 P741 参数值。

（3）当 P083 = 2（脉冲编码器）时为 P143 参数值。

（4）当 P083 = 3（电枢反馈）时为 P115 参数值所对应的速度。

（5）当 P083 = 4 时速度实际值自由连接。

（6）P140 = 0 或 1，脉冲编码器类型 1，两通道互差 90°，有/没有零标志，未对编码器波形进行校验前电枢反馈 P083 = 3 时，令其为零；编码器反馈时 P083 = 2，令其为“1”。

（7）P141 = 1024，脉冲编码器每转脉冲数。

（8）P142 = 115V，电源供电。

（9）P143（F）= 编码器反馈时最高的运行速度（r/min）。

（10）P148（F）= 1，使能编码器监视有效（F048 故障有效）。

e 励磁功能参数设定

（1）P081 = 0，恒磁运行方式。

（2）P081 = 1，弱磁运行方式（必须在弱磁优化后设置）。

（3）P082 = 2，达到运行状态 >07 后，经过 P258 的延时，输出经济励磁电流 P257。

（4）P082 = 3，励磁持续有效。

（5）P257（F）= 0（%P102），停机励磁。

（6）P615.02 = 401。

（7）P401 = −3（降低 3% * P078 * 1.35 的设定电压）。

（8）上述两个参数设置是当电网电压降低较大时，通过降低反电势设定，保证电机获得足够的电枢电流。

f 限幅值参数设定

（1）P642.01 − 04 = 100%，主设定点速度限幅。

（2）P091 = 100%，斜坡给定阈值。

（3）P169 = 0、P170 = 0，带电流限幅的闭环电流控制。

（4）P169 = 0、P170 = 1，带转矩限幅的闭环转矩控制。

（5）P605.01 -04 =1。

（6）P171 =100%、150%（P100 为基值），P172 = -100%、-150%（P100 为基值），电流限幅。

g　斜坡函数发生器相关参数设定

（1）P303.01（F）=10s，P303.02（F）=2s。

（2）P304.01（F）=10s，P304.02（F）=2s。

（3）P305.01（F）=0.5s，P305.02（F）=0s。

（4）P306.01（F）=0.5s，P306.02（F）=0s。

（5）上述参数对斜坡参数组 1 进行设定，规定了由 0 速到最高速的时间为 10s，过渡圆弧时间为 0.5s。

h　辅助功能参数设定

（1）P053.01 =1、P053.02 =0，参数存贮在 EPROM，过程数据不存贮（只能用 PMU 进行设定）。

（2）P373（F）=1%（转速大于 1%时状态字 bit10 为 1）。

（3）P374（F）=0.5%（回环宽度）。

（4）P375（F）=0.1s（延迟时间）。

（5）P370（F）=1%，速度小于 1%时定义 $N < N_{MIN}$。

（6）P675（B）=P686 =P688（B）=P689（B）=1，禁止外部故障和报警 1、2。

（7）P701 =100%、P702 = OFFSET，两个参数是对模拟量主给定口的设置。

（8）P771 =106，设置开关量输出口 1 为装置故障状态输出。

（9）P750 =167、P753 =8.3V、P754 = OFFSET，设置模拟量输出 1 作为速度表指示（0 ~ ±1500r/min）。

（10）P820.01 -06 =0，可将缺省的被禁止的故障功能使能。

（11）P820.07 =21、P820.08 =22、P821.01 =21、P821.02 =22，解除外部报警和外部故障 1、2。

B　检查只读参数

（1）R001：主调节板 CUD1 端子 4、5 输入的速度给定，检查 0 ~ ±10V 可变电阻选钮接线。参数取值 -100%、+100%。

（2）R010：开关量输入状态，0 ~6 位对应 36 ~42 端子状态，12 位对应 ESTOP 信号。

（3）R011：开关量输出状态，第 0 位代表 46 端子重故障，第 7 位代表 109/110 端子和闸信号。

（4）R015：实际电枢进线电压 630V，应在允许值范围内。

（5）R016：实际励磁进线电压，应在允许值范围内。

（6）R017：实际进线频率，应在允许值范围内。

（7）R038：实际电枢直流电压，装置未解封状态其值应接近于 0。

（8）R039：EMF 给定值，等于 P101 - P100 * P110。

C　检查风机

（1）检查装置风机。

（2）检查电机风机。

D 检查主电机励磁

（1）令 P082 = 2，合励磁进线电源，改变 P257 = 5%、30%、50%、100%，观察励磁表指示情况。

（2）恢复 P257 = 0。

E 检查电枢可控硅及桥臂快熔

（1）令 P830 = 3，合励磁进线电源，合 ME 开关，若可控硅及其触发回路故障将报 F061 装置故障信号；若桥臂快熔熔断，报 F004 故障，R047 故障码为 3。

（2）若无故障，参数 P830 自动恢复为 0。

F 优化

（1）电枢和励磁电流环优化。

将励磁、控制、风机电源投入。

装置内控状态下在 PMU 上选择 P051 = 25。

整流装置进入 07.0 或 07.1 状态等待操作柜门上选择开关输入合闸命令和解封命令。

当装置状态 <01.0 时，执行优化运行开始，优化过程要保证电机锁死，优化运行结束时，驱动装置回到 07.2 状态，整个过程大约 40s。电流限幅将不起作用，电流峰值与电机额定电流有关。

以下参数被自动设置：

P110、P111：电枢回路电阻、电感；

P112：励磁回路电阻；

P155、P156：电枢电流调节器 P、I 增益；

P255、P256：励磁电流调节器 P、I 增益；

P826：自然换相时间的校正。

（2）电枢反馈 P083 = 3 的情况下做速度环优化，且 P140 = 0、P081 = 0。

将励磁、控制、风机电源投入。

装置内控状态下在 PMU 上选择 P051 = 26。

整流装置进入 07.0 或 07.1 状态等待操作柜门上选择开关输入合闸命令和解封命令。

当装置状态 <01.0 时，执行优化运行开始，优化运行结束时，驱动装置回到 07.2 状态，整个过程大约 6s。电机以 45% 的额定电枢电流加速，达到 20% 的最大电机速度。

优化之前应先设置 P200 速调的实际滤波参数，速调优化运行将参数 P228（惯性滤波时间）设置成与 P226（速调积分时间）相同，另优化得到 P225（速调增益）。

这种优化在编码器反馈，且带上机械负载后必须重新做（因为最高转速值有大的变化），选择电枢反馈方式优化结果不满足实际运行需要！

（3）记录调试结果。

G 编码器方式切换

（1）在电枢反馈方式下启动电机，检查编码器脉冲信号，保证正向速度给定与实际轧制方向一致。

（2）编码器脉冲信号正常的情况下，停车后修改 P083 = 2、P140 = 1、P143 = 电机基速，做编码器反馈方式下恒磁速度环优化。

（3）记录调试结果。

H 励磁电流调整

(1) 启动电机，运行至20%、50%、80%的速度，观察R038（电枢电压）、R037（EMF实际值显示）。

(2) 根据理论计算值与实际值比较，调整P102参数，完成励磁电流的标定。

(3) 记录调试结果。

I 励磁特性优化

(1) 令P143=电机最高转速、P051=27，进行弱磁优化运行，记录优化结果。

(2) 令P081=1，选择EMF控制下的励磁减弱运行，P169=0、P170=1，选择转矩限幅和转矩控制。

(3) 启动电机至高速，检查P038、P019、P024是否稳定。

J 内外控参数的设置

(1) 执行P055=112、P057=112，将1号参数组参数拷贝到2号参数组，选择内外控观察R056、R058参数组选择情况。

(2) P648.01（B）=9、P648.02（B）=3001，内外控时控制字的选择。

(3) P649.01（B）=9、P649.02（B）=9。

(4) P676.01（B）=P676.02（B）=17，用开关量输入端子39作为功能数据组FDS选择，内控状态选择1号组，外控状态选择2号组，P677=0。

(5) P690.01（B）=P690.02（B）=17，用开关量输入端子39作为功能数据组BDS选择，内控状态选择1号组，外控状态选择2号组。

(6) P644.01（F）=11、P644.02（F）=3002，内外控速度给定选择。

(7) P641.01（B）=P641.02（B）=17，用开关量输入端子39作为选择斜坡函数发生器旁路与否，内控状态选择1号组，外控状态选择2号组，或令P641.01=0、P641.02=1。

a PROFIBUS网卡（CBP）参数设定

(1) CBP板是小板，附着在ADB板上，CB1板是大板，直接插在电子箱内，二者都可完成PROFIBUS通讯功能。对于CB1，PC机需要数据文件SIEM8022.GSD；对于CBP，需要数据文件SIEM8045.GSD。

(2) U710.01=U710.02=0。

(3) 通讯站号地址设定，PLC对应同样站地址。

(4) P918=3(+C01),4(+C02),5(+C03),6(+C04),7(+C05),8(+C06),9(+C07),10(+C08),11(+C09),12(+C10),13(+C11),14(+C12),15(+C13),16(+C14),17(+C15),18(+C16),19(+C17),20(+C18),21(+C20),22(+C21),23(+C22)。

(5) U711=0。

(6) U712=2，定义通讯字类型为4PKW+6PZD。

(7) U722=10，延迟10ms通讯报警F082。

(8) P927=7（CBP+PMU控制+G-SST1串行接口和OP1S)。

b 网络通讯字内容设定

PLC到传动的信号（U733显示）：

（1） Word 1 ~4 作为 PKW 参数使用，无意义。

（2） Word 5 控制字 P648.02 =3001 （K3001）。

（3） Word 6 速度给定 P644.02 =3002 （K3002）。

（4） Word 7 电流/力矩正向限幅值（吐丝机前夹送辊用 + C20），P605 = 3003（K3003）。

（5） Word 8 ~10 =0 不用。

传动到 PLC 的信号（U734 中设定）：

（1） Word 1 ~4 作为 PKW 参数使用，无意义。

（2） Word 5 状态字 1。

（3） Word 6 传动的数字输入。

（4） Word 7 传动的速度反馈。

（5） Word 8 传动的实际电流反馈。

（6） Word 9 传动的实际转矩反馈。

（7） Word 10 当前故障码。

c 6RA70 通讯设定

（1） P648.02 =3001 （控制字来自 CBP 的第一个字）。

（2） P644.02 =3002 （速度给定来自 CBP 的第二个字）。

（3） U734.01 =32 状态字 1。

（4） U734.02 =20 传动的数字输入。

（5） U734.03 =167 传动的速度反馈。

（6） U734.04 =117 传动的实际电流反馈。

（7） U734.05 =142 传动的实际转矩反馈。

（8） U734.06 =9811 当前故障码。

（9） 与 PLC 编程相关的三个信号的解释。

（10） 传动到 PLC 信号 Word 6 的传动数字输入 K20 状态说明（R010 显示）：

1） BIT1：37 端子状态，为“1”是远程和闸的必要条件；

2） BIT2：38 端子状态，为“1”是运行使能的必要条件；

3） BIT3：39 端子状态，为“1”是内控状态；

4） BIT4：40 端子状态，为“0”是 SPD 快熔轻故障；

5） BIT5：41 端子状态，为“0”是风机未和闸轻故障；

6） BIT6：42 端子状态，为“1”是装置外围准备好状态，作为开车允许条件，电机运行后可忽略本位状态，只作为轻故障报警；

7） BIT7：（只对 + C20、 + C21、 + C22 起作用，对 + C01 ~ + C18 无作用） 43 端子状态，为“0”是电枢回路快熔熔断，作为装置重故障连锁和报警；

8） BIT0、BIT8 ~BIT15：无意义；

9） BIT4 ~6 作为 HMI 轻故障报警；

10） BIT0 ~BIT15 对应 PLC%R 的 1 ~16 位。

（11） PLC 到传动的 Word 5 传动控制字的设定（r650 显示）：P648（连接控制字的连接器） =3001（假定 CBP 接受的第一个字放在 K3001），以下对 3001 控制字内容进行详细阐述：

1）BIT0：控制装置的合闸与分闸，当传动到 PLC 信号 Word 6 的传动数字输入 K20 的 BIT3 为“0”时，表明装置已处于外控状态，且 BIT2 为“1”时表明端子“37”已经是高电平，在这两个必要条件具备的情况下可由 PLC 控制本位进行合分闸，电平逻辑控制；

2）BIT1：OFF2 断电，总选择 1；

3）BIT2：OFF3 快速停车，总选择 1；

4）BIT3：运行使能，电机的启停控制，当传动到 PLC 信号 Word 6 的传动数字输入 K20 的 BIT3 为“0”时，表明装置已处于外控状态，且 BIT3 为“1”时表明端子“38”已经是高电平，在这两个必要条件具备的情况下可由 PLC 控制本位进行电机启停；

5）BIT4：斜坡发生器使能，总选择 1；

6）BIT5：斜坡发生器启动，总选择 1；

7）BIT6：给定使能，总选择 1；

8）BIT7：0 =》1 故障复位；

9）BIT8：点动，总选择 0；

10）BIT9：点动，总选择 0；

11）BIT10：选择外控时，必须等于 1；

12）BIT11：总选择 1；

13）BIT12：总选择 1；

14）BIT13：总选择 0；

15）BIT14：总选择 0；

16）BIT15：外部故障信号（1 为无故障），总选择 1。

（12）传动到 PLC 信号 Word 5 传动的状态字 1（K32）有效位说明。

（13）BIT3 = 1 装置故障。

（14）BIT7 = 1 装置报警。

（15）BIT10 = 电机零速信号，实际速度为零时本位为“0”。

其余位无定义。

6.4　冷摆剪

6.4.1　冷摆剪的用途及特点

6.4.1.1　冷摆剪的用途

该冷摆剪安装在 ϕ10 ~ 40mm 棒材车间的步进式冷床之后，用于把经冷床冷却后的成层棒料进行成批或单个的剪切定尺或剪切冷棒料的头尾。

6.4.1.2　冷摆剪的特点

该剪机系统由两个同步交替运动构成，上剪刃的垂直运动和下剪刃与棒料同步的摆动，在剪切进行时连续运动，可不停机连续剪切。与固定式冷剪相比，冷摆剪具有剪切时间短、定尺精度高等优点，可大大提高产量。

在剪切机的进料侧装有磁辊，可检测棒料的长度，剪切定尺。

6.4.2 350t 冷摆剪的主要技术规格和性能指标

冷摆剪的主要技术规格与性能指标如下：

剪切能力：350t。

剪切棒材直径：ϕ10 ~ 40mm。

剪切材料：20MnSi，23MnSi，45，冷镦钢等。

定尺长度：6 ~ 12m。

剪切精度：±15mm。

剪切断面面积：剪切强度为800N/mm^{2}时 4375mm^2；

600N/mm^{2}时 5833mm^2；

400N/mm^{2}时 8750mm^2。

剪切主轴转速：161 次/min。

剪切周期：2.8s/次。

剪刃宽度：800mm。

上剪刃行程：150mm。

下剪刃行程：10mm。

剪刃最大重叠量：5mm。

剪刃最大开口度：155mm。

剪机工作方式：启停式。

剪切速度：0.5 ~ 1.5m/s。

曲柄偏心上剪刃：75mm；

下剪刃：5mm。

下摆曲柄半径：220mm。

摆动曲柄旋转半径：220mm。

摆动曲柄转速：136r/min。

摆动臂长：1500mm。

摆动角度：11.23°。

下托辊线速度：0 ~ 2.4m/s。

主减速机速比：6.09（双轴输入，单轴输出）。

下摆减速机速比：7.324（单轴输入，双轴输出）。

6.4.3 冷摆剪的配置

（1）直流传动系统采用 GE DV300 系列原装产品。

（2）直流主传动采用 6KDV31350Q4GC1，主回路交流侧进线开关采用 ME 型。

（3）冷剪控制 PLC 采用 GE90-30（采用 HSC、APM 智能模块控制），详见配置表 6-2。

（4）操作监控系统采用彩色触摸屏。

（5）交流变频器核心单元采用西门子 6SE440 系列原装产品。

（6）脉冲编码器采用德国倍加福 30-3641-A1024 型编码器。

表 6-2　冷摆剪 GE90-30PLC 硬件配置表

序　号	元　　件	型　　号	数　量	备　注
1	主框架	IC693CHS391	1	
2	电源模块	IC693PWR330	1	
3	CPU	IC693CPU363	1	
4	Profibus 网卡	HE693PBM101	1	
5	可编程触摸屏监控器	XT-HMI-S-24V	1	
6	APM	IC693APU302	1	
7	HSC	IC693APU300	1	
8	32 点输入模块	IC693MDL655	3	
9	32 点输出模块	IC693MDL753	2	
10	I/O 模块电缆	IC693CBL327	6	
11	I/O 模块电缆	IC693CBL328	6	

6.4.4　飞剪传动装置的特点

传动装置的主要特点概括如下：

(1) 主传动可逆，磁场不可逆，恒定励磁。

(2) 交流进线侧设自动开关（电动操作）。

(3) 电机冷却器风机及加热器由传动柜内部电源供电。

(4) 内设脉冲分路器，将速度反馈编码器的脉冲信号分送位置控制系统。

6.4.5　冷飞剪主传动变压器

剪刃主传动变压器选用三线圈整流变压器一台（△/△-Y）；

额定容量：1600kV · A/(800 + 800)kV · A；

额定电压：6.3kV/0.63kV。

下摆电机传动选用两线圈变压器一台（△/△）；

额定容量：400kV · A；

额定电压：6.3kV/0.63kV。

6.4.6　交流变频装置

飞剪前后辊道采用西门子 6SE440 系列变频装置。变频传动柜有以下技术特点：

(1) 交流进线侧设自动开关。

(2) 设交流进线/出线电抗器。

(3) 配 Profibus 网卡，实现与 PLC 系统的网络通讯。

6.4.7　工作原理

本剪机为双偏心对切式摆动飞剪，剪切机构由偏心轴挂在固定机座上，上刀座和下刀座由偏心轴带动，剪切机构下部由曲柄连杆带动，于剪切的同时摆动而构成摆式飞剪。

剪切传动：两直流电机并联传动主减速机转动双偏心曲轴剪切机构。

摆动传动：直流电机传动减速机带动曲柄连杆机构。

6.4.8 结构特征及主要构成

6.4.8.1 冷剪本体

冷剪本体主要由机架、曲轴、4个立柱、上刀架装配、下刀架装配等零部件组成。

通过电机，减速机带动曲轴转动，曲轴带动立柱及上刀架装配，使得上刀架装配通过曲轴大偏心在立柱上滑动，下刀架装配随曲轴小偏心在立柱上移动，曲轴大偏心为上刀架行程，曲轴小偏心为下刀架行程，曲轴转动一周为一个剪切动作。

6.4.8.2 主传动装置（Z4241.9.00A）

主传动装置由两台Z400-3A直流电机通过联轴器带动主减速机组成，并通过一个齿轮联轴器与曲轴连接，带动上下刀座运动实现剪切。主减速机的速比为6.09，由两台电机共同驱动，其中一件与电机连接的联轴器带有制动器。

主电机型号：Z400-3A；

功率：475kW，DC550V；

转速：972～1500r/min。

调速范围：0～800r/min；

数量：2台（S3启停工作制）。

冷却器型号：ICW37A86。

制动器型号：YWZ3-400/125。

减速器形式：平行轴，两输入，一输出；

速比：6.09。

稀油润滑系统压力：0.15MPa；

流量：40L/min。

编码器脉冲：360次/转。

6.4.8.3 下摆传动装置（Z4241.11.00A）

下摆传动装置由一台Z355-3A直流电机通过联轴器带动减速机组成；减速机低速轴上装有曲柄，曲柄与连杆连接，连杆又与下刀架装配连接，并通过连杆把摆动传输到剪切装置；中间轴联轴器带有制动器；保证在剪切循环结束时转换到启动位置。

采用一脉冲编码器确定剪刃起始位置，一个接近开关复位到零位。

下摆电机型号：Z355-3A；

功率：276kW，DC550V；

转速：1057～1500r/min；

数量：1台（S3启停工作制）。

冷却器型号：ICW37A86。

制动器型号：YWZ7-315/80。

减速器形式：平行轴，一输入，两输出；

速比：7.6。

稀油润滑系统压力：0.15MPa；

流量：25L/min。

编码器脉冲：1250次/转。

6.4.8.4　剪切机械：上刀架装配（Z4241.2.00A）和下刀架装配（Z4241.1.00A）

上、下刀架用来安装剪刃，剪刃由液压锁紧缸的弹簧压紧在刀座上，减速机通过两台电机传动曲柄轴，再借助推杆产生上、下刀架沿4个立柱上、下滑动的往复剪切运动。

在电机和减速机中间的带制动轮联轴器上装有制动器，以保证剪切循环结束时转换到“启动位置”。

为保护剪刃不受棒材的冲击，在剪机的入口处，上刀座装置上装有一个进口压板装置，由一个装在缸筒内的弹簧通过连杆机构给它压力，当上剪刃下降时，该装置压板可在上剪刃接触棒料剪切前压住棒料，避免棒料在剪切时产生跳动。

6.4.8.5　上压辊装置（Z4241.3.00A）

为使棒材顺利进入剪机，设置了上压辊装置，安装在冷剪进口侧。当棒材规格变动时，可通过手轮转动两个蜗轮升降机调整上压辊装置上的空转导辊的上下位置。

该装置拆装方便简单，以便于换辊。

上导辊直径：ϕ188mm；

辊长：800mm。

6.4.8.6　下托辊装置（Z4241.4.00A）

为使棒材顺利进入剪机，设置下托辊装置，安装在冷剪进口侧，该装置把一个支承空转辊和一个电磁辊及一个导送棒料的摆动板安装在高度可调的框架上；当棒材规格变动时，可通过手轮手动调整升降机来调整托辊辊子的上下位置。

电磁辊通过联轴器借助于变频减速齿轮电机驱动。电磁辊的传动由一台编码器脉冲来控制，用来测量棒料的长度，并把棒料送入剪机，且拖送棒料尾端。

该装置为一个由气缸推动导向的摆动板，摆动板伸起时引导棒料头部顺利进入剪机，或当导板上的废料头过多时，通过气缸使摆动导板倾斜，将其卸入位于冷剪下面的收集箱。

电磁辊直径：ϕ188mm；

辊长：900mm。

空转辊直径：ϕ188mm；

辊长：800mm。

齿轮马达型号：DW125-194L22；

速比：7.32。

变频电机型号：YVP100L1-4；

功率：2.2kW。

气缸型号：QGB-160310MT4。

气缸缸径×行程：ϕ160mm×310mm。

电磁换向阀型号：K25D2-20。

升降机型号：QWL2.5L-I-AII/100F。

6.4.8.7 换刀系统

为缩短辅助时间，设有快速换刀系统，由两个液压缸、阀站及换刀小车等组成。换刀时打开液压锁紧缸，用液压缸分别将上、下剪刀座推到换刀小车上，再将新刀座由液压缸拉回到刀座上，然后卸掉液压锁紧的压力，由弹簧将刀刃座压紧在刀架上。

6.4.9 剪切线电器控制工艺要求

350t 冷摆剪用于连续剪切线的定尺剪切，在成层区形成的棒层由冷床出口辊道送入冷摆剪剪切成 6～12m 的定尺，然后由冷剪出口辊道将剪切后的棒层送入收集打捆站，这就是连续剪切线 CCL（见图 6-35）。

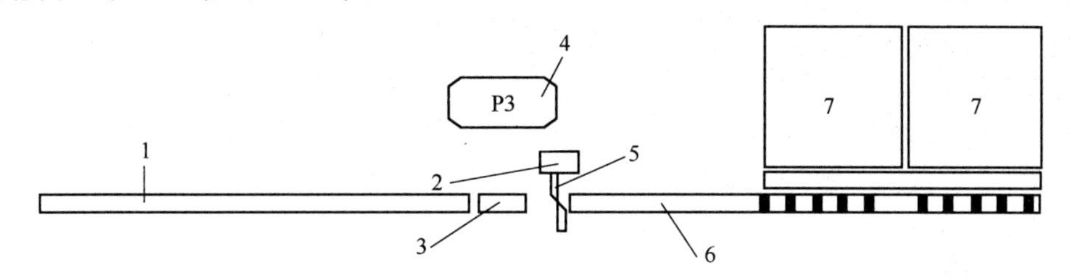

图 6-35 CCL 区平面布置图

1—冷床出口辊道；2—换刀小车；3—磁力输送机；4—操作站；
5—冷剪；6—冷剪出口辊道；7—打捆装置

连续剪切线由下列设备组成：冷床出口辊道、磁力输送机、冷剪、冷剪出口辊道等。

6.4.9.1 冷床出口辊道

冷床出口辊道由间距 1.2m 的 60 个以上辊子组成，每个辊子都由一台可变速的齿轮交流电机驱动，所有电机联成一组，同步运行，工作制度为连续、变速、无反转。冷床出口辊道按着轧制程序或通过操作站由操作者设定的剪切线速度运行。

来料经冷床辊道对齐后，进入冷床出口辊道。为了保证在传输过程中棒材对齐和棒材定位，冷床出口辊道装有三个电磁辊，使用一个相同的基准电平来调整。只要辊道运转，电磁辊就得电具有磁力，并保持到辊道停止。

当棒层在冷床出口辊道上被光电探测器探测到，并且所有的棒层输出小车在低位（限位开关全部吸合）时，辊道（以及剪切线其余设备）启动并按设定速度运行。

当探测器测出辊道上已没有棒材并经一段时间延时后，辊道停止。时间延时是为了确保棒材的尾部离开辊道，这个延时将在调试时设定。

冷床出口辊道的顺序控制如图 6-36 所示。

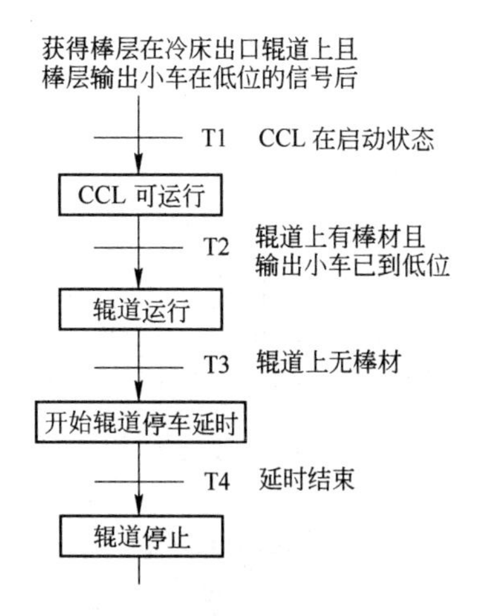

图 6-36 冷床出口辊道的顺序控制框图

6.4.9.2 磁力输送机

磁力输送机位于冷床出口辊道和冷剪之间，用于把棒层从冷床出口辊道的末端运送到冷剪。

磁力输送机由一个可变速交流电机驱动，通过操作站控制，工作制度为连续、可变速、无反转。

为保证棒层头部位置，该输送机上装有永磁板。

该磁力输送机与冷床出口辊道同步。其顺序控制如图 6-37 所示。

6.4.9.3　冷剪

该冷剪为一种摆动式的飞剪，可对运动和静止的棒材层进行剪切。该剪的剪切力为 3500kN，最大剪切速度为 1.8m/s，剪刃宽度为 800mm，剪切精度为 ±15mm。

该冷剪由一个固定到摆臂上的下剪刃和一个由一对直流电机驱动的可动的上剪刃组成，其工作原理如图 6-38 所示。直流电机通过减速机、偏心轴和连杆来完成棒层的剪切。驱动上剪刃的两台直流电机由电气保证同步运行。剪刃的位置由一个连接到曲柄传动轴上的脉冲发生器来跟踪，剪刃的重合点由一个限位开关来检测，该限位开关也用于剪刃位置脉冲发生器的校正。剪切机构安装在摆动系统上，摆臂由另一个直流电机通过齿轮箱、偏心轮、连接杆和曲柄驱动。当剪切运动中的棒材时，摆臂按着棒材行走的路线沿着一个短弧线来回摆动。摆动必须与棒材行走同步，且摆动的角速度与棒材的线速度相匹配。摆臂的位置由另一个脉冲发生器跟踪，剪刃的水平方向重合点也是通过一个限位开关检测的，并且该限位开关也用来校正摆臂位置的脉冲发生器。如果限位开关指示的剪刃重合点在摆臂的角度极限之外，就会产生一个故障信号且显示在控制台上。

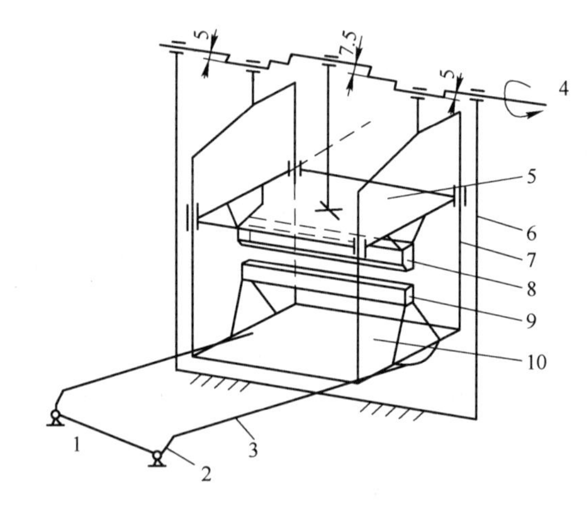

图 6-38　冷剪工作原理示意图

1—摆动电机、减速机；2—摆动曲柄；3—连杆；4—主传动轴；5—上剪本体；6—机体框架；7—拉杆；8—上剪刃；9—下剪刃；10—下剪本体；上剪刃行程 150mm；下剪刃行程 10mm

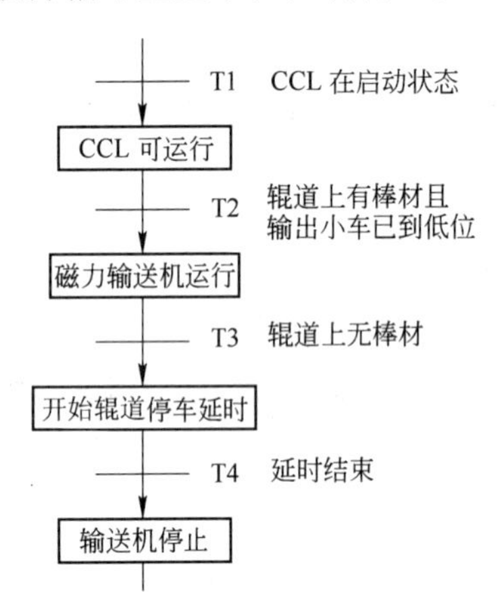

图 6-37　磁力输送机顺序控制框图

在剪切机构和摆动机构上各有一个由电液驱动的机械抱闸。该抱闸用于剪切机构和摆动机构在剪切循环结束时转换到启动位置以及检修时的制动。

在运行时，摆动机构从停车位置开始启动，当剪切跟踪功能确定的剪切点快到时（根据定尺长度和来自冷摆剪出口辊道测量辊编码器的速度测量），摆臂加速到与棒材的速度相匹配。同时，剪切机构启动并加速剪切，使摆臂一达到棒材运行速度，剪刃就剪切棒材。为了确保实现顺利剪切，安装好的剪刃侧隙和重合度应符合要求。

当需要时，在程序中可设双尾剪切功能。在这种情况下，第一次剪尾之后剪刃将不停止，而是接着进行第二次循环。双尾剪切一般用于小规格棒材。

在冷剪入口处设有一个由气缸控制的翻板，用来排除剪切后的棒材尾端料头。当第一次剪切完成后该翻板下降，在下层新的棒材到来之前翻板升起。冷剪顺序控制见图 6-39。

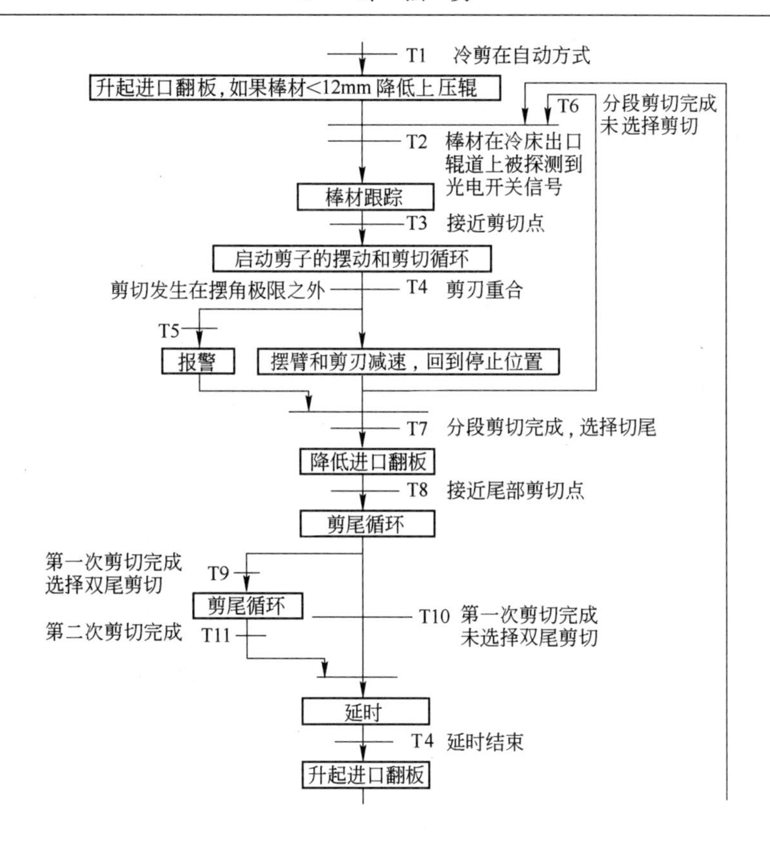

图6-39 冷剪顺序控制框图

在冷剪入口处还设有一个由弹簧控制的上压板，用来保证棒材头部顺利进入剪刃导槽，并在下降剪切前使压板压住棒材，防止棒材跳动。在冷剪下方设有两个废料斗。当一个料斗装满后，手动操作按钮，移动到另一个料斗位置，或移动到出口位置吊出。

在冷摆剪的传动侧装有独立的集中干油润滑系统，干油系统可同时给冷摆剪及升降辊道注干油。每剪切5000次自动注油一次，由操作室自动控制或地面站操作。

6.4.9.4 冷摆剪出口辊道

冷摆剪出口辊道用于把剪切成定尺的棒材从冷摆剪出口运送到打捆区。

该辊道分成5段，每个辊子由一个交流齿轮电机单独驱动，每段由一个操作站控制。为了把剪切后的棒材拉开一段间隔，冷剪出口辊道的速度v_2设定时高于剪切线的速度v_1。第2段和第3段的速度根据棒材位置跟踪在v_1和v_2之间切换；第2段和第3段的辊子数量根据剪切定尺的长度进行不同的组合。各段辊子速度配置的轧制程序由操作者设定。辊道的分段方法如下：

段	辊道号	速度	电机数
S_1	1、2	v_1	2
S_2	3、4（5、6、7、8）	v_1或v_2	2～6
S_3	（5、6、7、8）9、10、11、12	v_1或v_2	4～8
S_4	13～23	v_2	11
S_5	24～36	v_2	13

1 号辊位于冷摆剪前面的入口处下托辊装置上，其辊轴上装有一个脉冲发生器，用于计算棒材长度。

为了获得真实的棒材速度反馈并保持棒层头部位置，除了冷床出口辊道上有 3 个电磁辊外，冷剪出口辊道上还有 11 个电磁辊，它们分别是 1、3、4、5、6、10、13、18、22、26、30 号辊。其中 1、13、18、22 号辊在运行期间持续给磁，3、4、5、6、10 号辊在跟踪控制下的循环期间能够单独给磁或去磁，只有当第二个打捆站使用时才使用 26、30 号辊。电磁辊的磁力大小可通过操作站设定和调整。

沿剪切线设有 5 个光电管（如图 6-40 所示），用于棒材跟踪、控制定尺剪切和为棒层拉开间隔以及为第 2 段和第 3 段辊道的速度切换提供跟踪信号。B02、B03 也用于对 1 号辊的测量速度进行修正，后两个光电管 B04、B05 也用于控制棒层移送装置的升起。

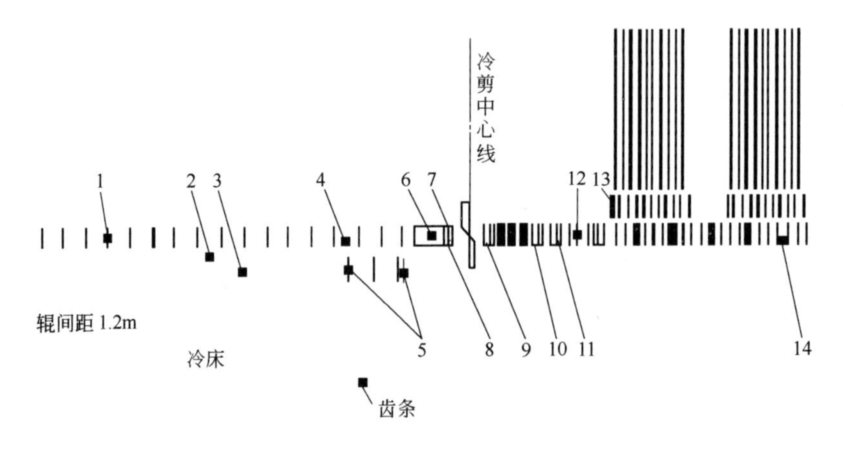

图 6-40　CCL 线的光电管布置图

1—冷床出口辊道；2—棒层输出小车；3—成层链；4—光电管 H3VUAB01；
5—成层小车；6—磁力输送机；7—测速编码器；8—光电管 L3VDTB01；
9—光电管 L3VDTB02；10—光电管 L3VDTB03；11—光电管 L3VDTB04；
12—冷剪出口辊道；13—对齐辊道；14—光电管 L3VDTB05

图 6-40 中光电管型号由电控设计者确定。

冷摆剪出口辊道的第 1 段升降辊道是安钢集团第一轧钢厂新增的与冷摆剪配套的设备，升降辊道的固定支点位于距剪切中心 6923mm 处，升降活动端在靠近剪切中心处。当运动的棒层接近定尺长度冷摆剪处于剪切状态时，升降辊道油缸工作，辊面下降；当剪切完成后，辊道升起输送棒层，接着进行下一次循环。

6.4.9.5　连续剪切线的操作及操纵台、地面站的控制

CCL 系统是精整区中最重要的一个环节，其操作和设定都比较复杂。

CCL 系统有自动和手动两种操作形式。

CCL 系统的工艺参数由操作员通过操纵台设定和调整，主要内容有：冷摆剪出入口电磁辊道磁力基准电平的设定，剪切线速度 v_1 的设定，出口辊道速度 v_2 修正值的设定，冷剪切头长度的设定，定尺剪切修正值的设定，摆臂和剪刃速度的设定，棒层最小间隔的设定。在自动状态下，当冷床出口辊道上的光电管探测到辊道上有棒层时，冷床

出口辊道、磁力输送机和 CCL 系统按设定参数启动（注：顺控逻辑关系和连锁条件也必须同时满足，此处不一一列举，下同）。当棒层头部被位于冷摆剪入口的光电管 L3VDTB01 探测到后，控制系统开始进行棒层位置跟踪（1 号辊位于冷摆剪入口处，相连的编码器测量棒材速度），当达到设定的切头长度后进行头部剪切。然后棒层继续以速度 v_1 向前运行，当跟踪系统计算的长度达到设定的定尺长度后进行定尺剪切。剪切后，第 2 段和第 3 段出口辊道速度立即增加到 v_2，以使剪切后的棒层与后面的棒材拉开一定的间隔。当后面的棒层头部到达第 2 段或第 3 段时，它们再降回到速度 v_1。同时，如果前面的棒层下面在该段内有电磁辊道，则该电磁辊的磁路也应断开，直到棒层尾部离开该辊。每个棒层间距由速度参量和光电管 L3VDTB02-B04 确定的棒层头尾信号跟踪检测。在运行期间，如果该间距小于设定的棒层间隔，剪切线将自动停止。在自动状态下 CCL 与收集打捆站的棒层移送装置连锁，如果移送装置不在自动状态，则 CCL 不能执行任何自动操作。

CCL 线上的任何机械故障或棒层间距错误，或棒层移送装置操作故障，都将导致 CCL 停车，并且自动状态的 CCL 和移送装置将转为手动形式。

当剪切线停止后，为了重新开始剪切周期，棒层头部必须返回到冷摆剪前面的 L3VDTB01 光电管之前（手动实现）。当自动周期重新开始时，必须进行一次新的切头。

手动方式一般用于调试、事故处理和设备维修，每个设备的每一动作必须通过操作员完成。这些操作可在操作站上实现，也可在冷摆剪地面站上实现。在地面站设有操作台/地面站，选择开关，根据需要选择适当的位置。

在操作台上还设有“紧急事故停车”按钮，可在任何操作状态下使 CCL 系统及其连锁设备立即停止。

6.5 高线剪机控制

在中轧机组、预精轧机组和精轧机组前，均设有切头、切尾飞剪，PLC 接收热检信号，对轧件切头切尾。当发生事故时，前两台飞剪都可进行碎断，第 3 号飞剪对轧件分段后由碎断剪碎断。在切头及碎断时，剪子的线速度一般高于其前机架的 5% ~15% 。

对于飞剪控制，设有两个检测回路。第一个检测回路主要由安装在剪刃轴上的码盘和 PLC 的高速计数器组成；第二个是轧件头尾从 HMD 到飞剪之间的检测回路，主要由安装在上游机架上的码盘、HMD 及 PLC 的高速计数器组成。

飞剪的速度设定由下式给出：

$$v_r = v_c k_s$$

式中 v_r——飞剪速度给定值；

v_c——上游机架的速度；

k_s——速度超前系数（5% ~15%）。

无论轧制速度的高低，轧件从 HMD 到飞剪所走过的距离是固定的。安装在上游机架电机轴上的码盘所产生的脉冲数与轧辊所转过的角度成正比，从而也与轧件所走过的距离成正比。当 HMD 检测到轧件头部或尾部时，启动高速计数器累加上游机架码盘的脉冲数，当计数到所设定的值时启动飞剪。飞剪的启动分两种情况：

（1）切头启动时所需累加的脉冲计数值为：

$$CHU = C1 + CHL - C2 - C3$$

式中　CHU——切头启动时所需累加的脉冲计数值；
$C1$——HMD 到剪切点的脉冲计数值；
CHL——切头长度所对应的脉冲计数值；
$C2$——系统响应时间所对应的脉冲计数值；
$C3$——停车位到剪切点所对应的脉冲计数值。

（2）切尾启动时所需累加的脉冲计数值为：

$$CHU = C1 - CHL - C2 - C3$$

式中　CHU——切尾启动时所需累加的脉冲计数值；
$C1$——HMD 到剪切点的脉冲计数值；
CHL——切尾长度所对应的脉冲计数值。

6.6　交流变频调速

6.6.1　交流变频调速的应用范围

在 260mm 机组，交流变频调速被应用在风机、冷床输入辊道和下卸钢收集链、移钢小车的控制上。

6.6.2　变频器的特点

变频器是把工频电源（50Hz）变换成各种频率的交流电源，以实现电机的变速运行的设备，其中控制电路完成对主电路的控制，整流电路将交流电变换成直流电，直流中间电路对整流电路的输出进行平滑滤波，逆变电路将直流电再逆变成交流电。变频技术是应交流电机无级调速的需要而诞生的。20 世纪 60 年代以后，电力电子器件经历了 SCR（晶闸管）、GTO（门极可关断晶闸管）、BJT（双极型功率晶体管）、MOSFET（金属氧化物场效应管）、SIT（静电感应晶体管）、SITH（静电感应晶闸管）、MGT（MOS 控制晶体管）、MCT（MOS 控制晶闸管）、IGBT（绝缘栅双极型晶体管）、HVIGBT（耐高压绝缘栅双极型晶闸管）的发展过程，器件的更新促进了电力电子变换技术的不断发展。20 世纪 70 年代开始，脉宽调制变压变频（PWM-VVVF）调速研究引起了人们的高度重视。20 世纪 80 年代，作为变频技术核心的 PWM 模式优化问题吸引着人们的浓厚兴趣，并得出诸多优化模式，其中以鞍形波 PWM 模式效果最佳。从 20 世纪 80 年代后半期开始，美、日、德、英等发达国家的 VVVF 变频器已投入市场并获得了广泛应用。

与传统的交流拖动系统相比，利用变频器对交流电机进行调速控制的交流拖动系统有许多优点，如节能、容易实现对现有电动机的调速控制、可以实现大范围内的高效连续调速控制、容易实现电动机的正反转切换、可以进行高频度的启停运转、可以对电动机进行高速驱动、可以适应各种工作环境、可以用一台变频器对多台电动机进行调速控制、电源功率因数大、所需电源容量小、可以组成高性能的控制系统等。

6.7 冷床区

6.7.1 冷床设备的功能概述

260mm 机组冷床区设备包括以下 5 个部分。

6.7.1.1 冷床区输入辊道

260mm 机组的冷床输入辊道全长 176m，宽 300mm，由 130 个单托辊组成，辊道直径 200mm。每个单托辊均由一个 1.8kW 交流变频电机驱动，由于辊道要求随轧件线速度变化而改变其转速，所以 135 台电机分四组变频装置控制。装置容量均设计为 95kW，使用的富士变频器型号为 5000G11S/P11S，控制电机台数为第一组 20 个、第二组 20 个、第三组 45 个、第四组 45 个，调速范围 5～21m/s，选用变频器的调速范围 0～65Hz。

冷床输入辊道的速度由轧机区操作台设定。轧机操作工根据工艺要求，在轧机区 HMI 上输入各段辊道线速度相对成品轧机线速度的调整量，PLC 根据成品轧机线速度和该调整量自动计算出辊道的转速，以 0～10V 电压信号作为转速给定信号传给变频器（对应 0～65Hz）。

6.7.1.2 上卸钢装置

上卸钢装置全长 162m，其中副冷床长度 42m，主冷床长度 120m，结构为液压缸驱动弯杆托动滑块式卸钢方式，滑块数量 135 个，由 11 个液压缸分组驱动，并根据不同产品规格的要求，设计有 10 个液压离合器调配 11 组滑块的动作。

根据工艺要求，上卸钢动作的位置循环如图 6-41 所示。

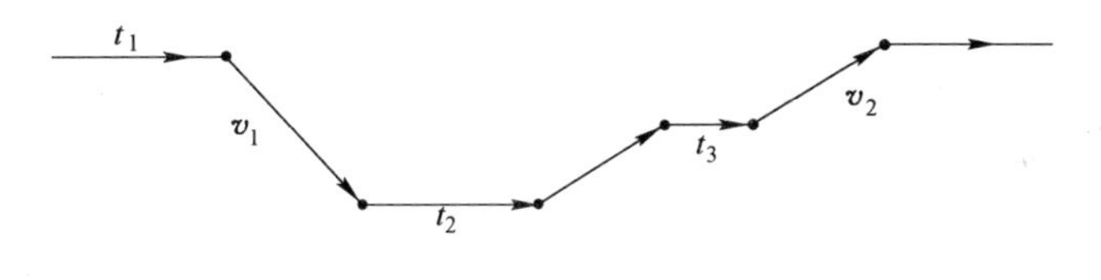

图 6-41 上卸钢动作循环图

设计要求：

平均速度：$v_1 = 0.20 \sim 0.25\text{m/s}$，可调；

$v_2 = 0.25 \sim 0.30\text{m/s}$，可调。

动作时间：开始动作时间 $t_1 = 0 \sim \infty$；

低位等待延时 $t_2 = 0 \sim 5\text{s}$；

中位等待延时 $t_3 = 0 \sim 20\text{s}$。

中位位置可调范围：(45 ± 20)mm（电气限位开关调整）。

低位位置可调范围：机械调整，0 ± 10mm。

工作要求：速度 v_1、v_2 各个动作周期应一致，启动制动快且平稳。

6.7.1.3 冷床床面

冷床床面全长 120m，由 600 根固定在基础上的静齿条和 600 根连接在可运动的动梁上的动齿条相间构成，冷床宽度 7.8m。整个冷床从长度方向分成两组，每组 60m 长，分别由两台 DV-300 数控系统控制的 380kW 直流电机驱动，主传动的综合减速比为 1/21.6。

冷床为启/停式控制方式，两组冷床靠电气同步，动作要求为：启动—运行—制动—停止，动作周期最小时间保证 3s。

6.7.1.4　冷床对齐辊道

冷床床面的后部设计有一组对齐辊道，全长贯穿冷床整个长度，由 110 个辊等间隔构成，其功能为使在冷床上冷却的棒材在离开床面之前端部对齐，以便在定尺剪切时，保证定尺长度和提高成材率。设计的对齐辊道长度为 600mm，直径为 100mm，考虑到棒材在辊道上运行时不至于滑脱，在辊面上等距开有 6 个凹槽，以便防止棒材在对齐辊道上弯曲。每个对齐辊由一台 1.5kW 交流电机驱动，由于该工序不要求辊道调速，所以，电气控制系统选用双向可控硅电子开关柜分 8 组控制。

6.7.1.5　下卸钢部分

本项设计冷床区下卸钢部分工艺比较复杂，在国内属先进水平，电气上使用 PLC 与交流变频形成位置闭环，按工艺流程由收集链条和移钢小车两部分组成。

A　收集链条

收集链条的功能是将冷床落下的棒材收集到一起并确保其排列整齐。为实现此目的，要求每收集一根棒材，收集链条自动向前平移相应的距离。如轧制 ϕ16mm 的圆钢时，接到每根棒材后，冷床向前移动 16mm，以便使下一根棒材与其整齐紧凑排放。

当收集链条上的棒材达到设定支数时（由操作工根据定尺剪机的剪切能力设定），收集链条自动快速前移，将棒材送到移钢小车托钢位，以便下一环节的移钢。

收集链条区域由长短相同、间隔相等的 120 根链条并行排列而成，每根链条的间距为 1m，单根链条为长度 2.5m 的环形结构，两端分别由主动轮和被动轮支撑。120 根链条被分为三组，三组长度分别为第一组 36m，第二组 36m，第三组 48m。每组链条的主动轮和被动轮装配在同一根传动轴上，而三组主动轮传动轴又由三台 11kW 交流变频电机拖动。根据工艺要求，三组链条必须同步运行，所以采用位置闭环控制，三台电机分别由三套变频系统控制，通过同轴编码器检测电机的运动位置，并将检测信号传递给 PLC，形成闭环。

B　移钢小车

移钢小车的功能是将收集链收集到的指定的成把棒材托起移送到冷床输出辊道，并平移放置到辊道上。

移钢小车由 120 个托架并行排列构成，全长 120m，垂直运动分 10 组传动，每组由一个液压缸带动，升降速度 $v=0.12\mathrm{m/s}$，行程 327mm。水平运动分三组传动，第一组 36m，第二组 36m，第三组 48m。行程 1150m，水平移动（即前后运行），由三台 5.5kW 交流变频调速装置驱动，并要求电气同步，位移误差不大于 2mm。所以采用位置闭环控制，三台电机分别由三套变频系统控制，通过同轴编码器检测电机的运动位置，并将检测信号传递给 PLC，形成闭环。

移钢小车的工艺要求是将收集链收集好并放在托钢位的棒材托起（液压驱动），向输出辊道移送棒材，在平移过程中完成启动—运行—降速—制动四个过程，并要求三组同步，所以采取变频调速装置。当移钢小车运动到输出辊道上方时下降将棒材放置到辊道上，然后移钢小车回到原始位。

移钢小车的动作周期如图6-42所示。

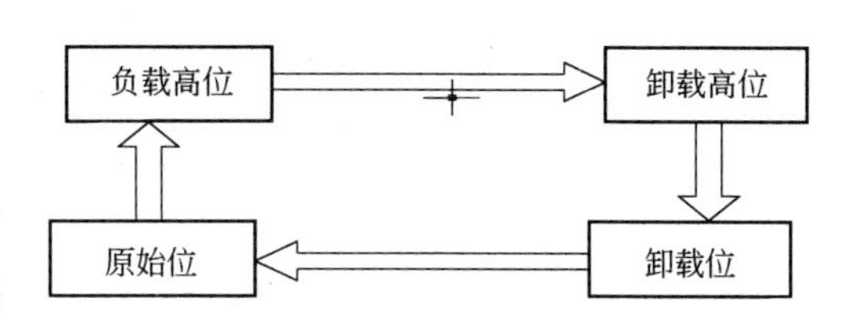

图6-42 移钢小车的动作周期

6.7.2 冷床输出辊道

冷床输出的棒材输送到定尺冷剪处剪切成定尺长度的成品材，工艺要求输出辊道能频繁正、反转，为此选用1.5kW交流电机驱动的齿轮马达。由于该工序不要求调速，所以设计为10组双向可控硅电子开关柜均负荷控制。为防止在下卸钢自动运行状态下，当冷床输出辊道上有钢时移钢小车前进造成挤钢事故，在辊道中设置了三组对射光头，只有当三组对射光头都检测到无钢时，才允许托有棒材的移钢小车前进。同时当每个对射光头检测到棒材流出该区段时，便将该区间的辊道自动停止，主要用于节能和减少设备磨损。

6.7.3 冷床电机速度控制及自动化系统配置

冷床分两组，由两台可调速直流电机启/停驱动，电气保证两组冷床的动、静态同步，最大误差不大于每百米1mm，冷床完成一个动作周期最短时间不大于3s。

冷床主传动的两组各由一台380kW直流电机驱动，电机基速1000r/min，额定电压DC440V，弱磁调速范围1000～1500r/min，额定励磁13.5A，额定励磁电压DV220V，该电机为利旧设备，正常工作时电机转速在基速以下。控制系统采用美国通用公司的DV-300系列6KDV3450Q4F20B1可逆装置。

冷床区自动化系统配置使用了一套美国通用公司的GE90-30PLC进行控制，其基本硬件配置如下（表6-3）：

表6-3 GE90-30PLC的硬件配置

M框										
0	1	2	3	4	5	6	7	8	9	10
PWR 电源模块	CPU 模块	GBC 远程 I/O通讯	EI 以太网 模块	HSC 高速 计数	HSC 高速 计数	HSC 高速 计数	HSC 高速 计数	AI 模拟量 输入模块	AQ 模拟量 输出模块	

N框										
0	1	2	3	4	5	6	7	8	9	10
PWR 电源 模块	DI 数字输 入模块	DI 数字输 入模块	DI 数字输 入模块	DQ 数字输 出模块	DQ 数字输 出模块	DQ 数字输 出模块	DQ 数字输 出模块	DQ 数字输 出模块		

M0：PWR电源模块，型号IC693PWR321，20/240VAC；

M1：CPU模块，型号IC693CPU352，4K I/O，8ROCKS；

M2：GBC远程I/O通讯模块，型号IC693BEM331；

M3：EI以太网模块，型号IC693CMM321；

M4：HSC 高速计数模块，型号 IC693APU300；

M5：HSC 高速计数模块，型号 IC693APU300；

M6：HSC 高速计数模块，型号 IC693APU300；

M7：HSC 高速计数模块，型号 IC693APU300；

M8：AI 模拟量输入模块，型号 IC693ALG222，16 通道；

M9：AQ 模拟量输出模块，型号 IC693ALG392，8 通道；

N0：PWR 电源模块，型号 IC693PWR321，20/240VAC；

N1：DI 数字量输入模块，型号 IC670MDL655，32 通道；

N2：DI 数字量输入模块，型号 IC670MDL655，32 通道；

N3：DI 数字量输入模块，型号 IC670MDL655，32 通道；

N4：DQ 数字量输出模块，型号 IC670MDL753，32 通道；

N5：DQ 数字量输出模块，型号 IC670MDL753，32 通道；

N6：DQ 数字量输出模块，型号 IC670MDL730，8 通道；

N7：DQ 数字量输出模块，型号 IC670MDL730，8 通道；

N8：DQ 数字量输出模块，型号 IC670MDL730，8 通道。

6.7.4　冷床电机的速度控制

由于两组冷床分别由两套 DV-300 数控传动装置驱动，而且机械设备没有刚性连接，要求两组冷床在运动过程中靠电气保持同步，动态、静态误差不大于 1mm，所以对系统的启动—运行—制动—停止四个过程要求必须平稳，不能有较大的冲击，停止的位置要准确、可靠，与静齿条在一个水平线上，只有达到这些指标，高温棒材才有可能保证百米长弯曲度小于 1mm。该部分设计中还要考虑到冷床齿条运动与上卸钢动作的配合关系，即冷床的步进节奏必须与上卸钢的动作相一致，只有当上卸钢将棒材抛置到甩直板上，且钢停止前进时，动齿条才允许动作；同时根据生产节奏的要求，又不能让棒材在甩直板上停留时间过长，否则减缓生产节奏，降低生产能力。因此，要求冷床的启动时间要恰到好处。冷床还有一个影响生产节奏的环节——冷床动齿的动作周期，这是指冷床从启动一直到停止整个运动的一个动作完成的时间。在安钢 260mm 棒材连轧机组，根据生产产量和轧机轧制不同棒材的成品线速度以及上卸钢动作的卸钢时间，工艺计算出该设计冷床的最小动作周期为 3s。从机械设备冷床主传动的结构原理分析，两组冷床的综合传动比均为 1/21.6，如前所述，两台主传动电机是该机组的利旧设备，其基速为 1000r/min，弱磁调速范围为 1000～1500r/min，结合电机的启制动转动惯量，设计出控制冷床动作周期的时序图，如图 6-43 所示。

由倍尺飞剪 PLC 发出图 6-43*b* 所示的指令信号和 DV-300 传动装置的跟随调节，再加之机械阻力和设备转动惯量的作用，最终实现了冷床平稳启动、运行以及可靠性稳定制动的一个动作周期，并保证了 3s 的最短周期要求。另外，在两个时序图中都标志出启动位、缓冲位和停止位，其含义是指该系统控制时序不是依靠延时手段实现各区段的控制功能，而是利用位置编码器以及接近开关检测信号，通过 GE90-30 高速计数模块和逻辑运算来完成时序的控制。

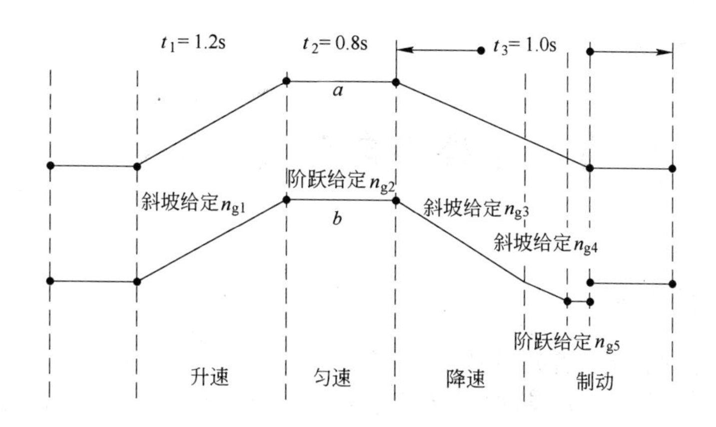

图 6-43 控制冷床动作周期的时序图

a—冷床步进的动作周期时序图；b—PLC 发出控制命令给传动装置的给定信号即终值目标时序图
t_1—给定装置的升速时间；t_2—电机匀速运行时间；t_3—电机降速到停止时间；
n_{g1}—电机升速时的斜坡参考给定值；n_{g2}—电机升到设定转速后的匀速阶跃参考给定值；n_{g3}—电机降速初期缓慢减速斜坡参考给定值；
n_{g4}—电机进入反向制动时的斜坡参考给定值；
n_{g5}—电机反向制动时的阶跃参考给定值

6.8 精整区控制系统简介

260mm 机组精整区投运于 1995 年，引进瑞典森德/伯斯塔棒材处理设备两套，设备结构与控制原理都一样，这里只介绍第一套。主要设备包括：移钢台架、1 号输送链、2 号输送链、棒材收集站、棒材点算机、打捆站输送机、钢捆成形器、输送辊道和固定挡板、称重站、称重链输送机、存储输送机、短尺剔出机、剔出输出辊道等。

移钢台架的液压缸、托起臂和轴将一把钢从冷剪后辊道移至输送链上，在每一个轴端有两个凸轮，用于短尺棒材横向运动的设定和同一节的托起梁。当托起液压缸完成其行程后，下一把钢即可进入移钢区。

1 号和 2 号输送链由固定在驱动轴端的齿轮电机驱动。

棒材收集站包括链式输送机（3 号链）、托起臂（分离臂）、收集臂等。链式输送机（3 号链）由液压马达驱动，无级变速。

金属线打捆机原使用瑞典森德/伯斯塔公司 KNSB-6/650D 型打捆机，由于 260mm 机组产量的不断攀升，650 型打捆机不能满足生产节奏的需要，2005 年改为 KNSB-6/800 型。

精整各部分设备的自动化控制由西门子 S7-400 PLC 控制。

7 计算机自动化系统

7.1 自动化系统组成

系统设计的主导思想：首先根据工艺流程的三个区域实现各自独立的控制系统，然后将3个系统连在一起构成全厂基础自动化级控制，在硬件配置中为将来公司级管理网连接打下基础。

棒材生产线采用主PLC及调速装置大部分使用GE设备，分成以太网、GENIUS网、PROFIBUS网，系统配置如图7-1所示。

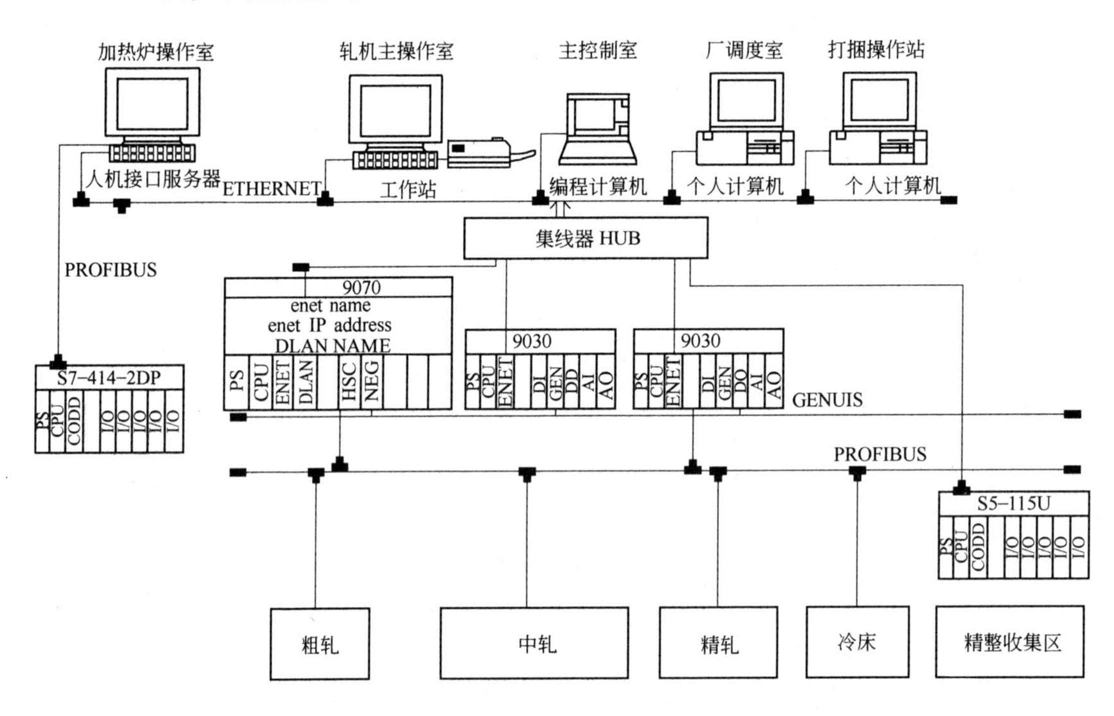

图7-1 棒材生产线系统配置

高速线材生产线主要采用西门子的PLC，直流传动采用SIMREG DC-MASTER 6RA70系列全数字调速装置，交流传动采用6SE70矢量控制变频调速装置，精轧机组和减定径机采用6SE80 IGBT中压变频调速装置。分成以太网、MPI网、PROFIBUS网，系统配置如图7-2所示。

第一层：人机接口与服务器之间、PLC与PLC之间、PLC与服务器之间联成以太网实现相互之间的大量信息交换。通过以太网，把轧制工艺参数设定值和对电气设备的操作从人机接口传送到PLC，把各设备的状态和工艺、电气参数及故障由PLC收集送到人机接口的CRT显示。即以太网主要进行信息传送量大的数据通讯。

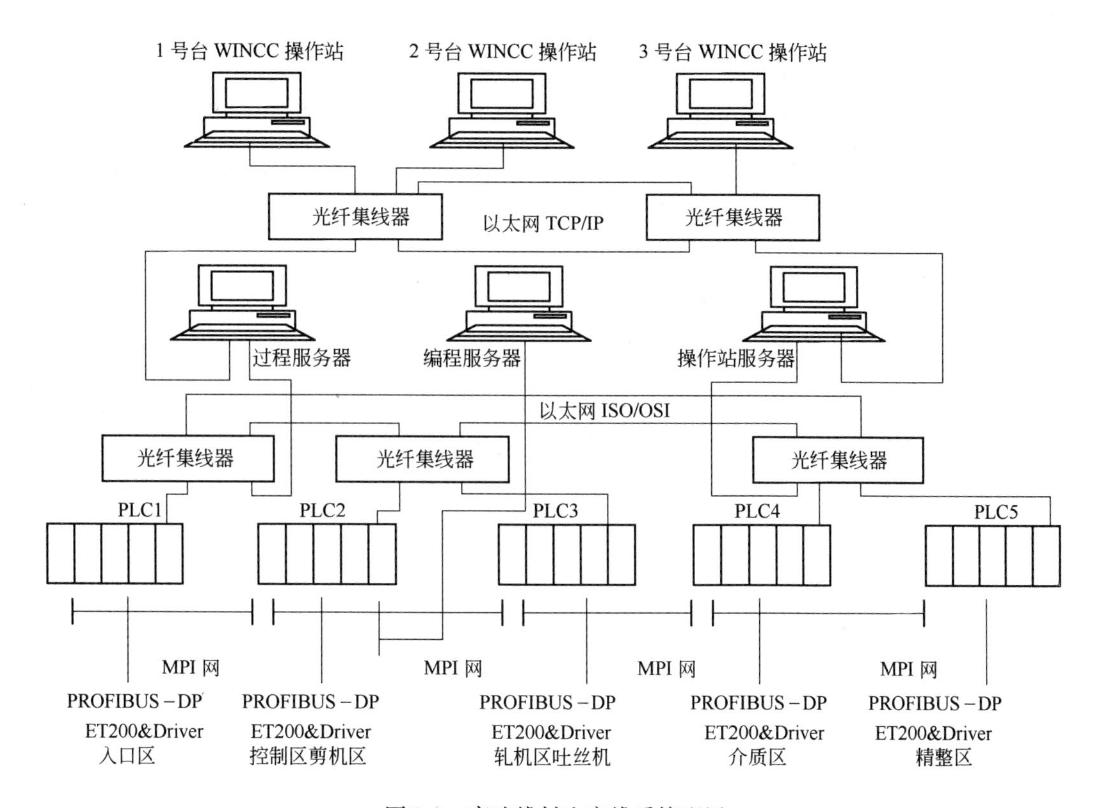

图 7-2 高速线材生产线系统配置

第二层：各 PLC 的 CPU 之间联成 MPI 网，实现 CPU 之间的少量快速的信息交换。

第三层：各 PLC 与各自的远程 I/O 站之间和调速传动之间采用 PRFIBUS-DP 通讯网络，PLC 把设定参数和控制指令传送到各调速传动系统，并收集传动系统的状态和电气参数送到人机接口的 CRT 上显示。

以下以棒材生产线为主介绍各级网络。

7.1.1 通讯系统的配置

棒材系统中使用了三种通讯网络：

（1）ETHERNET。工程师工作站，各操作台 HMI 与各 PLC 之间采用该网络通讯。工程师站以及几个操作台的程序开发，轧制程序表的预设定和修改，通过工业以太网传送给各 PLC，各设备的状态和工艺，电气参数及故障由 PLC 收集送到人机接口 HMI 上的 LCD 显示。MMI 由 INDUSTRICAL COMPUTER610 计算机构成。

（2）GENIUS 网。GENIUS 网是 GE-FANUC 控制系统中很重要的网络，是其专有网络，它适合于中间层次的控制通讯，被用于控制级作为系统与系统之间进行互联和通讯的手段。GENIUS 网通过 GBC 模块（GENIUS BUS CONTROLLER）与其他系统相互通讯。

（3）PROFIBUS 网。PROFIBUS 即过程现场总线（PROCESS FIELD BUS），该网络是一种实时开放性工业现场总线。PROIBUS DP 分布输入/输出系统，是一种经过优化的模块，有较高的数据传输率，适用于系统和外部设备之间的通信，容许高速度周期性小的小批量数据通信，适用于对时间要求苛刻的场合。它的数据传输速率可达 1.5Mbps，网上工作站数最多 32 个，数据传输方式为主-从站令牌方式。PLCI 与各传动调速（DV300）之间采用 PROFIBUS 通讯网络。PLCI 把设定参数和控制指令传输到各调速系统，并收集各调速传动子系统的状态和电气参数送至人机接口的 LCD 上监控显示。PROFIBUS 网与PLCI和各传动 DV300 装置的连接通过 PROFIBUS 网卡和 6KCV300PDP（DV300）通讯卡实现。

7.1.2　加热炉区的配置和控制功能

棒材生产线加热炉检测与控制系统将连续检测烧钢过程的各项工艺参数，实现优化数学模型控制及煤气和空气双交叉限辐最佳燃烧控制等工作。采用 PLC 控制系统与检测仪表结合，对加热炉的炉温、炉压、烟温及相关的保护措施等项目进行自动控制。由计算机系统的操作站监视全部生产过程，保证加热炉节能、高效、安全、稳定运行。

加热炉控制系统采用一套 Siemens PLC 控制，1 个主机架，采用 S7-400 系列；4 个 ET200M 远程机架，均采用 S7-300 系列模块。加热炉出料操作室采用一台工控机，用于燃烧系统的监视和操作。在调度室有一台监控机。加热炉区系统配置如图 7-3 所示。

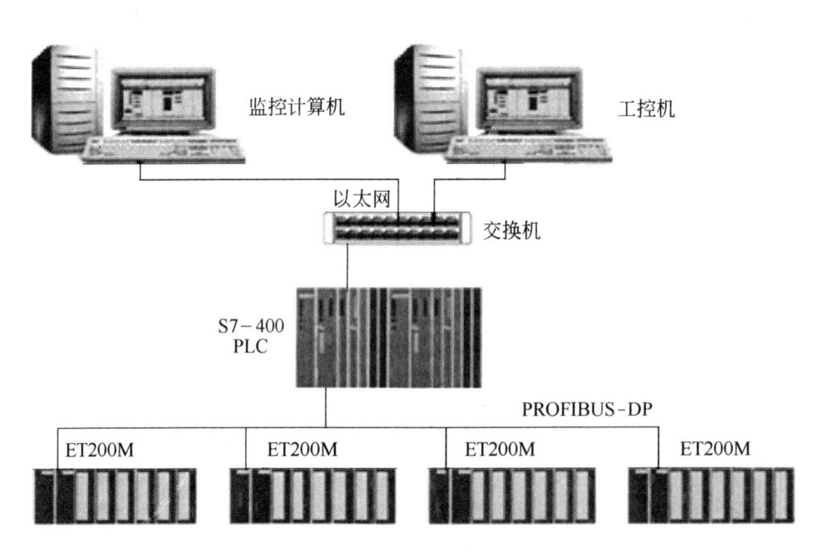

图 7-3　棒材生产线加热炉区系统配置

燃烧控制 PLC 完成仪表各个检测项目的回路控制、参数采集、数据处理，操作站完成炉子生产所需的全部操作、参数显示和监控，包括总体和分组流程画面、回路调整和显示画面、故障报警画面、瞬时和历史趋势画面等功能。

加热炉过程控制计算机系统的主要目的是完成加热炉各段炉温手自动控制操作和监视，主要完成数据设定操作、动态数据显示。

加热炉分五段进行温度控制，包括均热段上层、均热段下层、加热二段上层、加热二段下层和加热一段。各段单独进行双交叉限幅控制自动调节控制，采用空气过剩系数μ 自动修正策略。

7.1.3 轧制区的配置和控制功能

轧制区配备两台 MMI 用于显示轧制流程图、轧机主机电枢电流和速度棒图、微张力调节和活套调节、运行参数、设备状态及进行参数设定、管理轧制程序表。两台触摸屏，用于两台飞剪的参数设定及监控。配备两套 GE PLC、两套西门子 PLC、五个变频柜。1 套 GE PLC 主要负责 1 号 ~ 18 号轧机的级联控制、1 号和 2 号飞剪的协调控制。1 套 GE PLC 主要负责控制精轧液压站、润滑站、油气润滑站，粗轧液压站，控制操作箱，轧机的横移、锁紧、平/立转换、压下、辊缝调整等。两套西门子 PLC 分别负责控制 2 台飞剪。

轧制区的控制包括：

（1）轧制张力调节。系统通过级联速度设定及自动级联调节相结合的方式实现级联速度控制。精轧机出口架作为基准机架，级联控制沿逆轧制方向进行。这样也可认为将无扭精轧机速度波动降低到最低程度，确保成品高质量。

（2）活套自动控制。棒材轧机上的活套是用来检测和调整相邻机架间的速度关系从而实现无张力轧制。采用速度设定自适应。活套调节或微张力控制产生的速度修正信号实际上反映了速度设定的误差，这种误差经过自动级联的方式得到修正，该修正值作为速度设定误差的检测，每根钢轧过之后，取其稳定部分修改级联速度设定值（有关机架的减面率）直到机架速度修正信号的平均值应为零。

（3）倍尺及倍尺优化剪切。根据 2 号飞剪前后的热金属检测器校准成品机架编码器给出的速度值，由校准后的末机架速度计算倍尺长度。在进行优化剪切时，以 18 号机架前的活套扫描器的检测信号来判断是否尾钢，并计算其长度，根据这个值来确定是否剪切。

（4）穿水线的水量控制。主要考虑两个因素：一个是进入穿水前钢温的变化，另一个是离开穿水线后钢温与设定目标的偏差，该量在水量闭环调节中起主导作用，这两个偏差经叠加后送入 PI 调节器控制水量调节阀。

（5）上卸钢与冷床控制。经 2 号飞剪剪切后的倍尺由变频辊道送至冷床区，经由液压驱动的上卸钢卸到冷床。上卸钢动作参见图 6-41。

7.1.4 精整区的配置和控制功能

精整处理工艺主要包括有冷床区和精整打包系统，配备 1 台 MMI，用于冷床区的部分参数设定、状态监控、冷床电机主回路的分合闸。1 套 GE 90-30PLC 负责冷床区的电机同步、收集链和移钢小车、定尺剪切。一套西门子 PLC 负责收集钢材并打包。

棒材经冷床的上卸钢逐个卸到冷床上，上卸钢动作一次，冷床动作一次，两组冷床分别由两套 DV-300 数控传动装置驱动，而且机械设备没有刚性连接，要求两组冷床在运动过程中靠电气保持同步，不能有较大的冲击，停止的位置要准确、可靠，与静齿条在一个水平线上。冷床上的钢移到收集链上，经对齐辊道对齐。当棒材收集的支数等于分把支数时，收集链条还向前移动一段较长的距离，目的是将设定支数的棒材成把并与其他把分开，以便于移钢小车每次移一把棒材，这个动作称为收集走大步。走大步的要求是保证移钢小车升起时，必须把需要移送的棒材全部托起，又不能将其他把的棒材托走，同样要求走大步是必须保证三组收集链电气控制同步。因此，这个工序对移动大、小步的位移距离准确性以及启动—运行—制动的一致性较高，所以在电气控制上采用的是PLC与交流变频调速系统，通过位置编码器反馈形成位移闭环。钢经辊道送到定尺剪下，经定尺挡板对齐后，剪切。辊道将钢送到收集区，经一级链、二级链、电磁铁完成乱尺剔除后，由三级链将钢送到收集臂。收集一定的钢数后，将钢送到打捆辊道，两台打捆机，另有两对对射光头、两个测试辊、两台钢捆成形器与两台打捆机各成其系统。可通过主操作台选择1号或2号打捆机；也可通过主控台HMI选择其中不同的棒长（6～12m），以便根据不同的棒长预定不同的打捆位置；也可从HMI控制打捆位置。

7.2　以太网

以太网属网络低层协议，通常在OSI模型的物理层和数据链路层操作。它采用带冲突检测的载波监听多路访问协议（CSMA/CD）。以太网（ETHERNET）是一种计算机局域网组网技术。IEEE制定的IEEE 802.3标准给出了以太网的技术标准。它规定了包括物理层的连线、电信号和介质访问层协议的内容。

7.2.1　以太网简介

以太网系统由硬件和软件两大部分组成，二者共同实现以太网系统各计算机之间传送信息和共享信息。构成以太网系统必须具备四个基本要素，它们是帧、介质访问控制协议、信号部件和物理介质。工业以太网有以下特点：

（1）网络可容纳的通讯节点数量可灵活组态。

（2）网络的通信速率为10Mbps。

（3）网络的通讯协议采用TCP/IP协议。

（4）每台联网的PLC或计算机均装有一块网络接口模块。

（5）通讯介质采用10baseT双绞电缆，对于距离较远的，中间用集线器（HUB）和重发器（REPEATER）以星形拓扑结构相连。每个可连接6～12个节点，距离最长为100m。

7.2.1.1　以太网帧

以太网系统的核心概念是帧。网络硬件如以太网接口、介质电缆等，都仅仅是用来计算机之间传输以太网帧，以太网帧中的各个数据组成了特定的字段。

IEEE 802.3以太网帧格式如图7-4所示。

56bits	8bits	48bits	48bits	16bits	46～1500bits	32bits
前同步信号	SFD	目的地址	源地址	长度	LLC数据	FCS校验

图7-4　IEEE 802.3以太网帧格式

由图可知，以太网帧包括以下部分：

（1）前同步信号。前同步信号在以太网系统中主要用于提供使所有硬件有足够时间来识别一个正在传输中的帧，在重要的数据字段到来之前与输入的数据同步。前同步信号由7个1、0交替的8位字节直接组成。

（2）SFD。SFD 为起始帧定界符，由 1 个 8 位字节组成，前 6 位 1、0 交替，最后两位是特殊的 1、1 模式。

（3）目的地址和源地址。目的地址和源地址均指接收和发送该信息帧的以太网卡地址（即网卡的物理地址或硬件地址）。这 48 位的分配由 IEEE 控制，前 24 位由 IEEE 向网卡制造商分配，后 24 位由网卡制造商自己决定，从而保证每块网卡有唯一的一个地址。因此，每块网卡的地址包含制造商代码。48 位的物理地址由 6 个字节组成，每个字节用 2 位十六进制数表示，如 F0-2E-15-6C-77-9B。以太网传递信息从左边第一个字节开始至右边最后一个字节，但每个字节内部的传送顺序是先低位后高位。上述地址的传递位序列如下：

0000 1111 0111 0100 1010 1000 0011 0110 1110 1110 1101 1001

（4）长度字段。这个字段中的十六进制数表示 LLC 数据字段的长度，其值小于或等于最大帧尺寸 1500（十进制）。

（5）数据字段。它的范围在 46 ~ 1500 字节之间。数据字段至少必须有 46 个字节，这是为了确保帧信号在网络传输过程中停留足够长的时间，使网络系统中的每个站点在以太网系统的最大循环信号传输时间内都能收到帧。如果数据系统中携带的商层协议数据比 46 个字节短，就必须使用一些规定的数据填充字段使其达到 46 字节。

（6）FCS 字段。FCS 特帧校验序列，也称 CRC（循环冗余校验）。这个 32 位字段包括的值用来校验帧字段中数据位的完整性（不包括前同步信号和 SFD 字段）。这个值是通过由循环冗余检验（CRC）的方法计算出来的。CRC 是使用目的地址、源地址、长度地址和数据字段的内容进行计算的一个多项式。发送站点产生帧的同时计算出 CRC 的值，接收站点中的接口在输入帧时再计算一次 CRC 值。然后与接收来的 CRC 值进行比较，如两值相同则接收站点认为传送过程正确。

7.2.1.2 介质访问控制规则

以太网操作是基于介质访问控制协议的。介质访问控制协议是一套规则，当一个以太网站点的信息帧被发送到共享的信号信道上传递时，所有与信道介质相连的以太网卡接口都读入该帧，并且查看该帧的第一个 48 位地址字段，即目的地址。各个接口把帧的目的地址与自己的 48 位地址进行比较，如果该地址与帧中的目的地址相同，则该以太网站点将继续读入整个帧，并且将它传送给计算机中正在运行的网络软件。当其他的网卡接口发现目的地址与它们的地址不同时，就会停止读入信息帧。

传送完一个帧后，网络中的各站点必须平等地竞争下一个传送帧的机会，因此规定每个帧的数据字段不得大于 1500 字节。这样做就能保证各站点对网络传递的访问是平等的，没有哪个站点能禁止其他站点传送信息。这种平等访问共享传送是通过每个站点以太网卡接口中内置的介质访问控制系统实现的，它被称为具有冲突检测的载波侦听多路访问协议（Carrier Sense Multiple Access with Collision Detect，CSMA/CD）。

CSMA/CD 协议的载波侦听表示每个站点在开始传输信息之前，它们的每个网卡接口都必须侦听直到信道中没有信号，然后才能开始传输。如果有一个接口卡正在传输数据，则信道中就会有一个信号；这种情况就称为“载波”。（不同于 AM 或 FM 广播系统中用于携带调制信号的载波）。所有其他的接口卡都必须等到载波停止且信道空闲，才能试着进行传输。

CSMA/CD 协议的多重访问表示所有的以太网卡接口在向网络发送帧时具有相同的优先级，并且可以在任何时候尝试访问信道。

CSMA/CD 协议的冲突检测。因为以太网信号从网络的一端传送到另一端要花费一段有限的时间，所以被传送的帧的前几位并不是同时到达网络的所有位置，因此就可能有两个接口卡侦听到网络是空闲的，并且同时开始传送各自的帧。发生这种情况时，连接在共享信道上的以太网接口卡就会侦听到信息的“冲突”，这种冲突告知以太网接口卡停止信号传送。接口卡将各自选择一个随机的重新发送时间，并重新发送帧，这个过程叫做回退。

7.2.1.3 信号部件和介质部件

信号部件指各种以太网接口卡、收发器、收发器电缆、中继器等。

计算机网络就是计算机之间通过连接介质互联起来，按照网络协议进行数据通信，实现资源共享的一种组织形式。

什么是连接介质呢？连接介质和通信网中的传输线路一样，起到信息的输送和设备的连接作用。计算机网络的连接介质种类很多，电缆和其他用于构造共享以太网传送的信号传输部分称为物理传输介质，它可以是电缆、光缆、双绞线等“有线”的介质，也可以是卫星微波等“无线”介质，这和通信网中所采用的传输介质基本上是一样的。在10MBps 介质类型中有粗同轴电缆 10BASE5、细同轴电缆 10BASE2、双绞线电缆 10BASET 和光纤电缆 10BASE-F。

7.2.2 网络协议和以太网

网络协议的定义：为了使网络中的不同设备能进行下沉的数据通信而预先制定一整套通信双方相互了解和共同遵守的格式和约定。网络协议（Network Protocol）是计算机网络中互相通信的对等实体间交换信息时所必须遵守的规则的集合。由于连接介质的不同，通信协议也不同。

计算机之间所传递的实际用户数据都包含在以太网帧的数据字段中，它们是按高级的网络协议组织起来的。高级的网络协议是计算机用户程序与以太网系统之间的纽带。目前常用的网络协议包括适用于 Internet 的 TCP/IP、Novell 和 Apple Talk 协议。

7.2.2.1 网络协议的工作原理

如图 7-5 所示，用户应用程序将需要传送的信息交高级网络协议打包，构成逻辑链路控制协议的帧（LLC 数据），再送交以太网卡组成以太网帧。

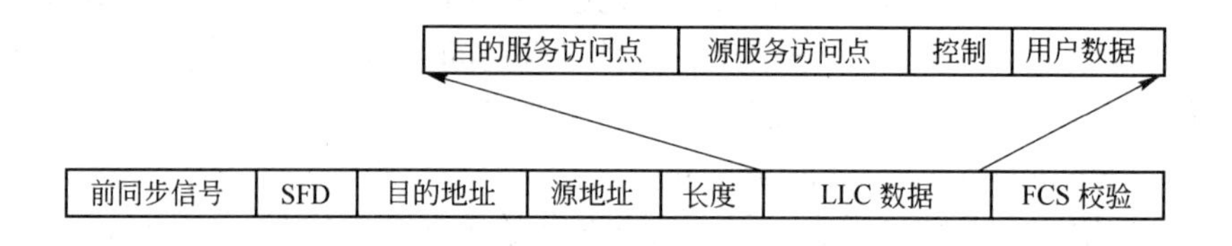

图 7-5 网络协议工作原理

计算机网之间的通讯过程有些类似于我们日常生活中的某些活动，如到邮局发信件，计算机用户程序要传送的数据就好比我们写的一封信，它被放入一个写有网络协议地址的信封（高级协议包）中，网络协议地址相当于收信和寄信人的地址。接着信件被填入一个以太网帧，这里的以太网帧即看成是一个邮包。这个邮包只能带一封信。这个邮包还必须贴上本地邮局和目的地邮局的地址，相当于以太网的地址，然后由通讯介质传送出去，这里介质可以是汽车、飞机等。到达目的地邮局，邮包被打开，信件按网络协议地址被送到目的计算机用户程序。

以太网系统并不知道计算机间传送的高级协议包中到底装的是什么，这样，以太网系统就能传递各种各样的网络协议，而不管各种高级协议是如何工作的。

7.2.2.2 IP 协议和以太网地址

当我们的高级网络协议选用 TCP/IP 时，IP 协议（Intenet Protocol）规定了各个站点的网络地址，或称 IP 地址。它由 32 位二进制数组成，计算机中基于 IP 的网络间知道分给自己的 IP 地址，而且也知道它的网络接口卡的 48 位以太网地址。但是，当它试图在以太网上发送一个包时，它并不知道网络上其他站点的以太网地址是什么。为了解决这个问题，包括 TCP/IP 在内的一些网络协议通过使用另一种称为地址转换协议 ARP（Address Resolution Protocol）的高级协议完成这一任务。ARP 协议的工作过程如图 7-6 所示，它说明在以太网上发送和接收一个 ARP 包的过程。

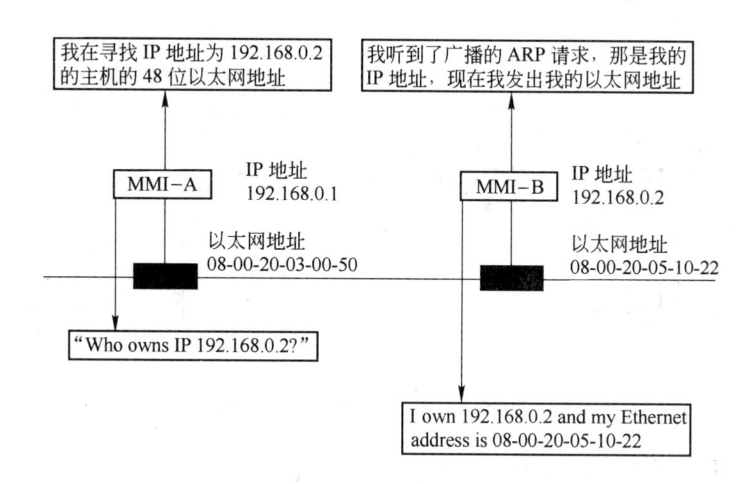

图 7-6 ARP 协议的工作过程

站点 A 的 IP 地址为 192.168.0.1，它想通过以太网信道向站点 B 发送数据，站点 B 的 IP 地址为 192.168.0.2。站点 A 先以广播方式发送一个含有 ARP 请求的包。ARP 请求的内容是“请 IP 地址为 192.168.0.2 的站点告诉我，你的以太网接口卡的 48 位硬件地址是什么。”因为 ARP 请求是用广播帧发出的，网络上的每个以太网站都读入该请求，并将它送给网络软件，但只有 IP 地址为 192.168.0.2 的站点 B 会进行响应，向站点 A 发回一个含有站点 B 以太网地址的包。站点 A 得到了一个以太网地址，并能够向这个地址发出含有高级协议数据的帧。ARP 协议提供了 IP 协议和以太网接口地址之间的“黏合剂”。

现在让我们来回顾一下对应 OSI（开放系统互联）模型的计算机以太网系统的具体结构，如图 7-7 所示。

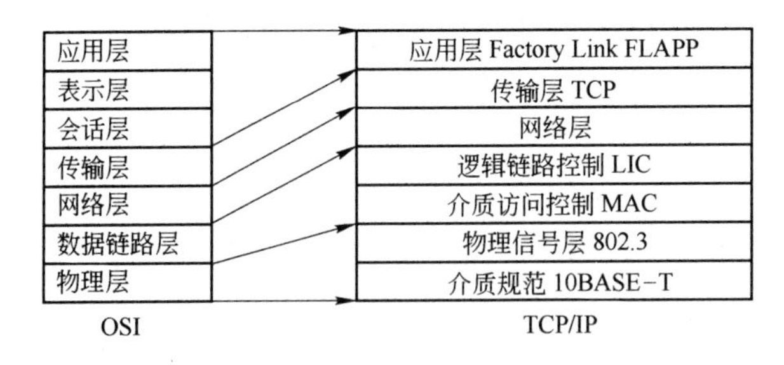

图 7-7　对应 OSI 模型的以太网系统

7.2.3　棒线材以太网系统的应用

7.2.3.1　*以太网的拓扑结构和设备配置*

棒材生产线以太网系统共有 5 台 MMI 构成，其拓扑结构采用星形结构，如图 7-8 所示。由图可见，加热炉及厂调度室的 MMI 距离集线器 HUB 很远，已超出双绞线电缆一般的使用范围（100m），因此选用光纤，一方面满足了长距离信号传输的要求，另一方面比采用粗同轴电缆抗干扰性更强。

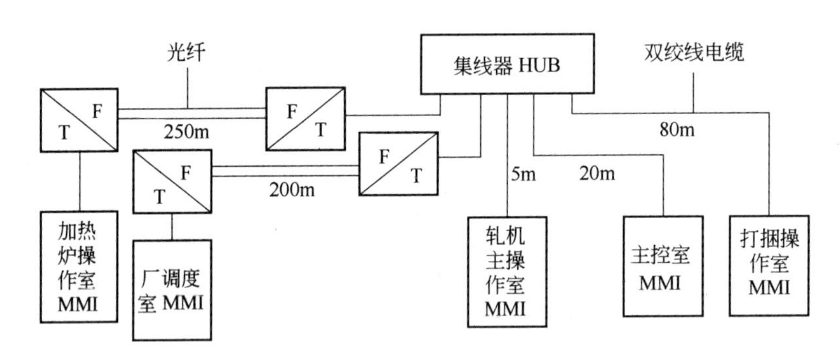

图 7-8　棒材生产线以太网系统

基于 10BASE-T 的星形网络有如下特点：

（1）网络适用性强。由于 HUB 上的每个接口都是以点对点方式与另一网络设备相连，任何连接上出的问题只会影响某一个设备或一个网络分段，不会影响整个网络的正常运行。

（2）容易检测错误。当出现链接问题时网络管理员只需去中央集线器检查集线器收发器状况指示灯即可。

（3）双绞线电缆作为传输介质，成本低，有效地降低了网络成本，便于扩充和改变网络连接，从而节省了管理网络所耗费的时间。

（4）10BASE-T 信号特点：10BASE-T 介质系统中传输的信号采用曼彻斯特编码系统进行编码，信号在双绞线电缆上作为平衡的差分电流进行传送，即在发送或接受各对电线中有一根电线传送差分信号的正振幅（0 ~ +2.5V），另一根电线传递信号的负振幅（0 ~ -2.5V），则在电线对的两根电线之间测量的峰-峰电压值为 5V。

差分信号提供它自己的零电位参考点，电信号不需要参考电缆段两端设备的公共地电位。信号不再受双绞线电缆系统中可能发生的地电位变化的影响，从而提高了系统的可靠性。

（5）设备配置：

1）网络接口卡：采用3Com 网卡，符合 PCI 总线标准。

2）网络集线器（HUB）：采用3C16670，12 端口为系统的扩展留有富余的接口。

3）光电信号转换器：采用 LAN CAST 4318。

7.2.3.2 以太网通讯的任务及通讯参数设定

小型连轧厂以太网通讯的重要任务是：

（1）负责传送全轧制生产线上批号跟踪管理信息；

（2）负责传送精整区、轧制区整体设备运行状况；

（3）构成将来小型连轧厂过程自动化的数据通道和生产信息管理网。

由于所有以太网站均由 MMI 组成，在 MMI PC 机上运行的是 GE 90-70 控制组态软件及西门子 STEP7、STEP5 组态软件，操作系统为 Win 2000 Professional 版，所以用户程序中关于以太网通讯参数可在 Win 2000 系统提供的网络连接配置表中进行。

7.3 GENIUS 网

7.3.1 GENIUS 网简介

GENIUS 网络是 GE Fanuc 公司开发并引入工业控制领域的一种工业现场总线，GENIUS 网络协议是 GE Fanuc 专有的令牌通讯协议，GENIUS 网络以其安全、快速的特性广泛适用于制造业自动化、流程工业自动化等其他领域自动化。Fanuc 90 系列 PLC 有着很宽范围的 I/O 模块供选择。除了机架式 I/O 以外，还可提供各种现场总线的接口模块，可用于和其他方的相应总线的分布式 I/O 或 GE Fanuc 自己的分布式 I/O 产品连接起来。

目前，GE Fanuc 提供的四种分布式 I/O 产品各具特点：带有先进的配置及诊断功能的 GENIUS I/O 模块，带有接线端子，节省空间和成本的 Field Control I/O 模块，以及最新推出的 VersaMax I/O，具有即插即用，无需组态，更换容易，安装简便，符合 6Sigma 质量标准等特点和具有紧凑结构、节省空间经济型的 VersaPoint I/O。我们主要使用 Field Control I/O 模块。

7.3.2 GENIUS 网络的组成

GENIUS 网是 GE Fanuc 控制系统中很重要的网络，是其专有网络，它适合于中间层次的控制通讯，被用于控制级作为系统与系统之间进行互联和通讯的手段。GENIUS 网通过 GBC 模块（GENIUS BUS CONTROLLER）与其他系统相互通讯。棒材生产线 GENIUS 网系统如图 7-9 所示。

通讯总线：它可以连接最多 32 个不同的设备，在它们之间以串行的方式发送数据，总线上的通讯包括输入输出数据消息、全局消息和诊断消息。

GENIUS 模块：它作为一种输入输出设备可以与各种各样的数字量、模拟量和专用设备的设备进行接口，它有很强的故障主诊断功能，且组态十分灵活。

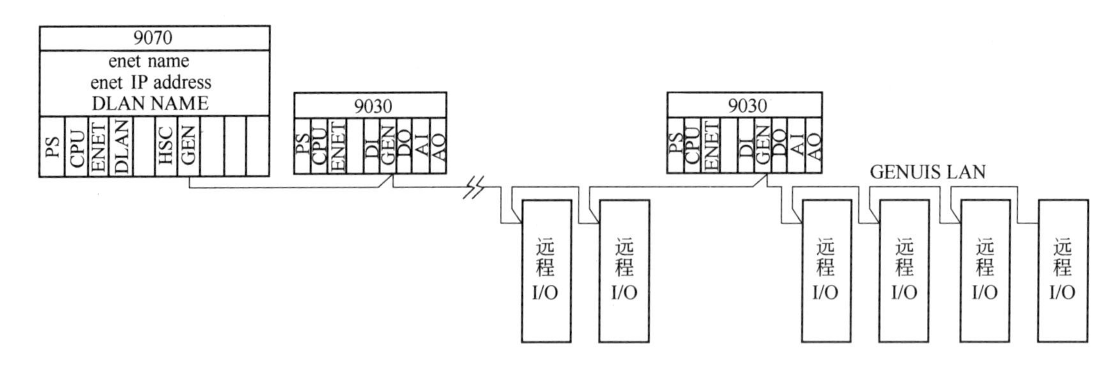

图 7-9　棒材生产线 GENIUS 网系统

系列 90-70 远程 I/O 扫描器：可将系列 90-70 的机架与 GENIUS 网络相连，构成系列 90-70 的远程节点。

Field Control I/O 站：它由总线接口单元和多达 8 个 Field Control 块组成，不但提供输入输出的能力，也提供智能处理和 I/O 扫描。

总线控制器：它可安装在系列 90-70、系列 90-30 或者个人计算机上，以便提供这些 CPU 与 GENIUS 网络之间进行数据传输。

手持式监视器：这是一种很方便的操作员接口，可进行各种设定，数据监视和诊断。

7.3.3　GENIUS 网络的特性

GENIUS 总线特性：

（1）Peer to Peer 网络；

（2）高速（网络吞吐率）；

（3）抗干扰能力好，采用频移键控调制技术（FSK），频率范围从 0 到 460.8kHz；

（4）实时性好；

（5）远距离传输，信号衰减小，采用屏蔽双绞线，最远距离可达 2300m；

（6）支持广播方式和报文方式通讯；

（7）灵活，该网络既可以用于 PLC 之间通讯，也可以用于 PLC 和 I/O 之间通讯，还可以混合应用——既用于 PLC 之间通讯，又用于 I/O 之间通讯；

（8）简单易用，由于该网络支持广播方式通讯，所以组态通讯非常简单；

（9）可组态成双网冗余。

GENIUS 总线是一个对等、令牌网络，一条网络最多可有 32 个站点，如果需要更多的站点，可以再增加 GENIUS 总线控制器（GBC）来解决。该网络具有很高的网络吞吐率，衡量一个网络，最终是以网络的吞吐率来决定数据的更新率的，而不是简单地以网络的速率来决定，由于 GENIUS 采用频移键控调制技术（FSK），可以有效地防止工业现场的各种干扰。

GENIUS 网络具有良好的实时性，可以用于控制大量的现场 I/O 设备，GENIUS 网络支持广播方式通讯，广播方式通讯的效率要远高于报文方式通讯，同时，使用广播方式通讯在组态时更简单，无需编程。该网络具有极大的灵活性，同时支持控制器之间以及控制器和过程 I/O 之间的通讯。GENIUS 网络的传输介质可以采用屏蔽双绞线，光纤或Modem。网络拓扑结构是总线型拓扑结构。控制器和节点设备以菊花链的形式连接起来，在网络的两端有终端电阻。终端电阻的选择取决于所采用的电缆，分为 75Ω、100Ω、120Ω 和 150Ω。

GE Fanuc 系列 PACSystems、90-70、90-30、GMR、OP 等均支持 GENIUS 总线。GE Fanuc 也支持基于 GENIUS 网通讯功能的远程 I/O。

Field Control I/O 系统是一种低成本的分布式 I/O，可以大范围使用并配接多种总线，如 GENIUS 总线、World FIP、Profibus DP、InterBus-S。另外 Field Control 也可通过 RS-485 和 RTU 网络通讯。Field Control 站由三部分构成：总线接口单元（BIU），输入输出模块和端子基座。若加上微现场处理器（MFP），Field Control 站可实现本站控制功能。I/O 模块可由本站的现场处理器 MFP 控制（用梯形图编程），也可以通过现场总线网络控制。每个站可以支持多达 128 个点。

Field Control 的优点：

（1）内置端子或接线插座且能固定在 DIN 导轨之上；

（2）超过 30 种不同类型的 I/O 模块；

（3）微现场处理器提供真正的分布式控制功能；

（4）坚固的铝外壳；

（5）可与众多的 PLC 和个人计算机连接；

（6）每个分布式 I/O 点成本甚低；

（7）由于尺寸小且内置端子可节省 30% 空间；

（8）带电插拔功能；

（9）支持多种现场总线。

GENIUS 网通过 GBC 模块（GENIUS BUS CONTROLLER）与其他系统相互通讯。其有以下特点：

（1）IEEE802.4 令牌总线访问方式，物理层技术协议规范；

（2）最高有效数据通讯率为 153.6kbps；

（3）通讯介质为屏蔽双绞线（也可采用光纤）；

（4）最大通讯距离 2280m（采用双绞线）；

（5）最多支持 32 个设备。

GBC 连接各 PLC 和现场操作点（远程输入/输出，如 CS1、CS2 等），实现 CPU 与远程输入/输出信息的快速交换。GBC 有很强的故障自诊断功能，且组态十分灵活。

7.3.4 棒线材 GENIUS 网系统的应用

PLC1、PLC2、PLC3、主操作台、6 号台、终端箱的远程 I/O 站经 GENIUS 网进行数据传输及通讯。GE90-70 在对 GBC 模块配置时，给连在 GENIUS 网中的各个设备配置唯一的地址，地址为 31、30 的 PLC（一般为主 PLC），可控制远程 I/O。GE90-30 也可用计算机直接配置模块，远程 I/O 用手持编程器将地址配成与主 PLC 的 GBC 相对应的地址。为了使 PLC 的数据能互相调用，在配置地址时，也要配置每个设备相应的全局变量。

7.4　PROFIBUS 网

7.4.1　PROFIBUS 网简介

PROFIBUS 是一种国际化、开放式、不依赖于设备生产商的现场总线标准，广泛适用于制造业自动化、流程工业自动化和楼宇、交通电力等其他领域自动化。

PROFIBUS 由三个兼容部分组成，即 PROFIBUS-DP（Decentralized Periphery）、ROFIBUS-PA（Process Automation）、PROFIBUS-FMS（Fieldbus Message Specification）。

PROFIBUS-DP：是一种高速低成本通信，用于设备级控制系统与分散式 I/O 的通信。使用 PROFIBUS-DP 可取代 24VDC 或 4～20mA 信号传输。

PROFIBUS-PA：专为过程自动化设计，可使传感器和执行机构连在一根总线上，并有本征安全规范。

PROFIBUS-FMS：用于车间级监控网络，是一个令牌结构、实时多主网络。

PROFIBUS 是一种用于工厂自动化车间级监控和现场设备层数据通信与控制的现场总线技术，可实现现场设备层到车间级监控的分散式数字控制和现场通信网络，从而为实现工厂综合自动化和现场设备智能化提供了可行的解决方案。与其他现场总线系统相比，PROFIBUS 的最大优点在于具有稳定的国际标准 EN50170 作保证，并经实际应用验证具有普遍性。目前已应用的领域包括加工制造、过程控制和自动化等。棒线材生产线都采用了 PROFIBUS-DP 型。

7.4.2　PROFIBUS-DP 网的通讯协议

PROFIBUS 协议结构是根据 ISO 7498 国际标准，以开放式系统互联网络（Open System Interconnection-SIO）作为参考模型的。该模型共有七层，如图 7-10 所示。

PROFIBUS-DP：定义了第一、二层和用户接口，第三到七层未加描述。用户接口规定了用户及系统以及不同设备可调用的应用功能，并详细说明了各种不同 PROFIBUS-DP 设备的设备行为。

第一层：定义物理的传输技术。

现场总线系统的应用在较大程度上取决于选择哪种传输技术，既要考虑简便和经济的因素，在流程自动化的应用场合，数据和电源还必须在同一根电缆上传送，以达到本质安全的要求等。因此，单一的传输技术不可能满足所有要求。为此，PROFIBUS 提供可选的三种传输技术：

（1）用于 DP 和 FMS 的 RS485 传输；

（2）用于 PA 的 IEC1158-2 传输；

（3）光纤。

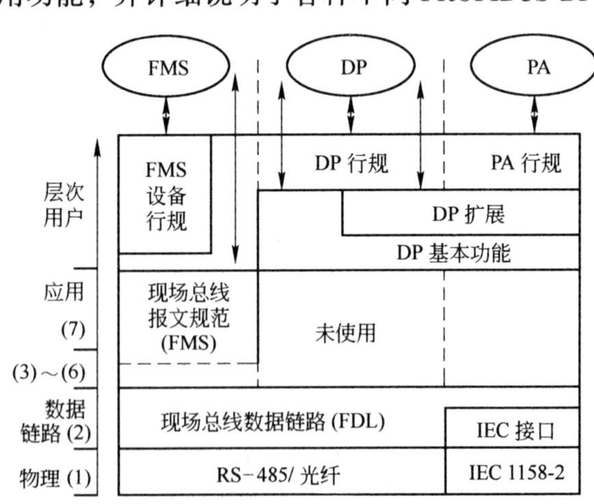

图 7-10　PROFIBUS 参考模型体系结构图
（第一层为物理层，第二层为数据链路层，
第三～六层未使用，第七层为应用层）

第二层：定义总线存取协议。

PROFIBUS-DP/-PA/-FMS 均使用一致的总线存取协议。该协议是通过 OSI 参考模型的第二层来实现的，它还包括数据的可靠性、传输协议和报文处理等。在 PROFIBUS 中，第二层称为现场总线数据链路层 FDL（Fieldbus Data Link）。

（1）为了满足工业自动化应用领域对通信方式的各种需求（如集中式、分散式和集中与分散混合式），PROFIBUS 总线存取协议提供两种方式：从站之间的令牌（Token）传递存取方式和主站与从站之间的轮询（Polling）存取方式。图 7-11 是一个由 3 个主站、7 个从站构成的 PROFIBUS 系统。3 个主站之间构成令牌逻辑环。当某主站得到令牌报文后，该主站可在一定时间内执行主站工作。在这段时间内，它可依照主-从通讯关系表与所有从站通信，也可依照主-从通讯关系表与所有主站通信。

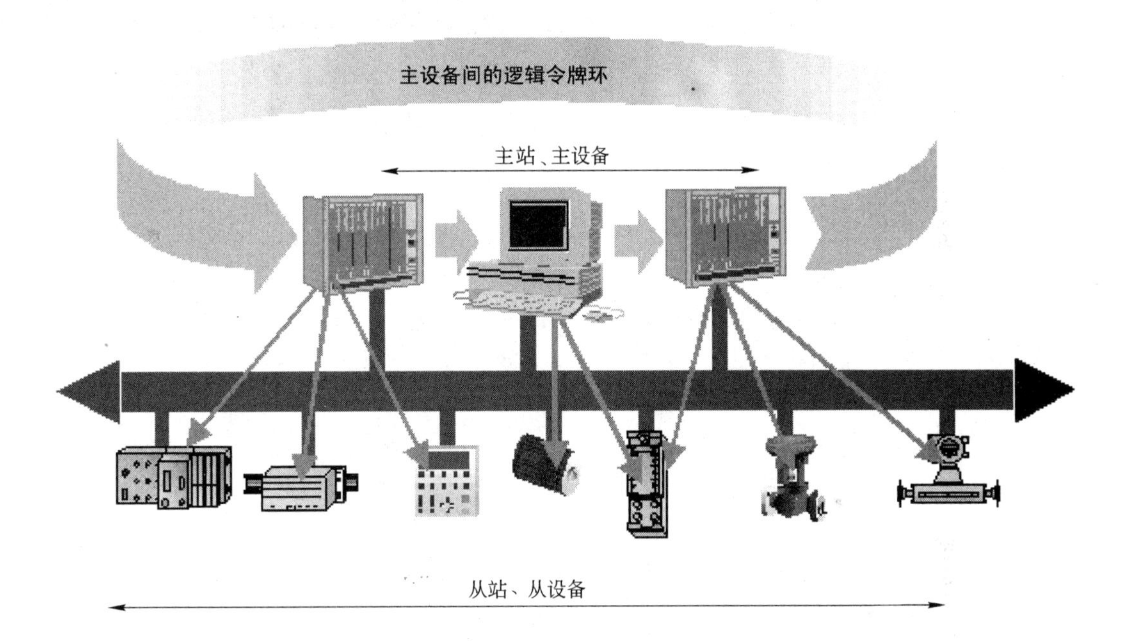

图 7-11　PROFIBUS 总线存取协议

由于这种总线存取方式，可以实现三种系统配置：主-主系统，主-从系统和混合系统，从而能满足工业自动化各应用领域的需求。

（2）数据传输程序的控制由介质存取控制 MAC（Medium Access COME01）来实现，在总线系统建立初期，MAC 的任务是检查总线上的站点地址并建立逻辑令牌环。令牌环是所有主站的组织链，按主站地址升序构成，在总线运行期间，断电或损坏的主站必须从环中排除，新接入的主站必须加入令牌环。MAC 确保在任一时刻只有一个主站具有令牌（总线存取权），令牌在所有主站间循环一周的时间和各主站持有令牌的时间，根据应用系统的要求，经计算后在系统组态时设定。MAC 还有监测、检查传输介质及收发器故障、站地址错和令牌错误等功能。

（3）数据传输的完整性和可靠性，依靠所有报文的海明距离 HD = 4（Hamming Distance），符合国际标准 IEC 870-5-1 制定的要求。

（4）PROFIBUS 第二层按非连接的模式操作，提供三种通信方式：

1）点对点通信；

2）广播通信，即主站向所有其他站（包括主和从）发送信息，不要求回答；

3）有选择的广播通信，即主站向一组站（主和从）发送信息，不要求回答。

（5）在 PROFIBUS-DP/-PA/-FMS 中，分别使用了第二层服务的不同子集。这些服务通过第二层的服务存取点 SAP（Service Access Point）由上一层调用。在 FMS 中，这些服务存取点是用来建立逻辑通信系统表，而在 DP/PA 中，对每个服务存取点都赋予一个不同的、定义明确的功能。

PROFIBUS-DP 是一种主/从方式的现场总线。

主设备：控制总线上的数据通讯，当主设备拥有总线访问权时，可以不待外部请求发送信息。主设备也可以访问其他激活的站点。

从设备：包括运动控制器、驱动器、I/O 设备、智能仪表、传感器、变频器等。从设备不拥有总线的访问权限。当主设备要求数据时，它才能接收或发送信息给主设备，从设备是被动的站点。

7.4.3　PROFIBUS-DP 的传输技术

由于 DP 与 FMS 系统使用了同样的传输技术和统一的总线访问协议，因而，这两套系统可在同一根电缆上同时操作。RS-485 传输是 PROFIBUS 最常用的一种传输技术。这种技术通常称为 H2。采用的电缆是屏蔽双绞铜线。

RS-485 传输技术基本特征：

（1）网络拓扑：线性总线，两端有有源的总线终端电阻。

（2）传输速率：9.6K bit/s ~ 12M bit/s。

（3）介质：屏蔽双绞电缆，也可取消屏蔽，取决于环境条件（EMC）。

（4）站点数：每分段 32 个站（不带中继），可多到 127 个站（带中继）。

（5）插头连接：最好使用 9 针 D 型插头。

RS-485 传输设备安装要点：

（1）全部设备均与总线连接。

（2）每个分段上最多可接 32 个站（主站或从站）。

（3）每段的头和尾各有一个总线终端电阻，确保操作运行不发生误差。两个总线终端电阻必须永远有电源，如图 7-12 所示。

（4）当分段站超过 32 个时，必须使用中继器用以连接各总线段，如图 7-13 所示。串联的中继器一般不超过 3 个。

（5）电缆最大长度取决于传输速率。如使用 A 型电缆，则传输速率与长度如表 7-1。

表 7-1　A 型电缆的传输速率与长度

波特率/$Kbit \cdot s^{-1}$	9.6	19.2	93.75	187.5	500	1500	12000
距离/段/m	1200	1200	1200	1000	400	200	100

（6）A 型电缆参数：

阻　抗　　　　135 ~ 165W；

电　容　　　　< 30pF/m；

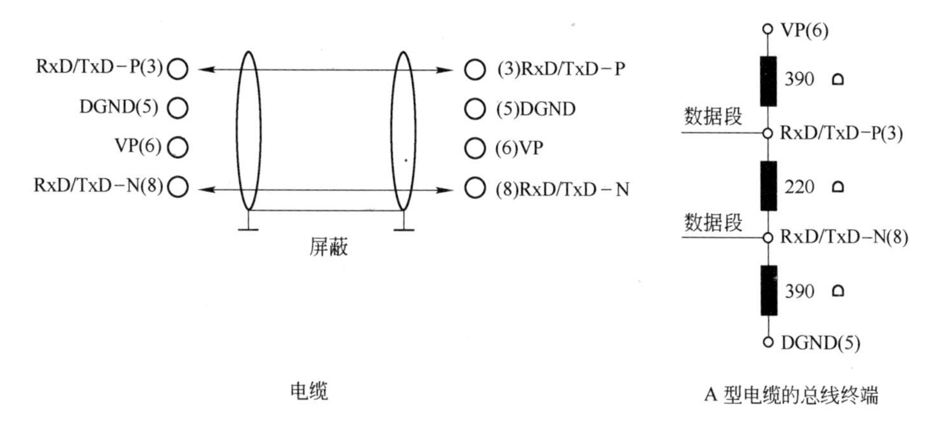

图 7-12 PROFIBUD-DP 的电缆接线和总线终端电阻

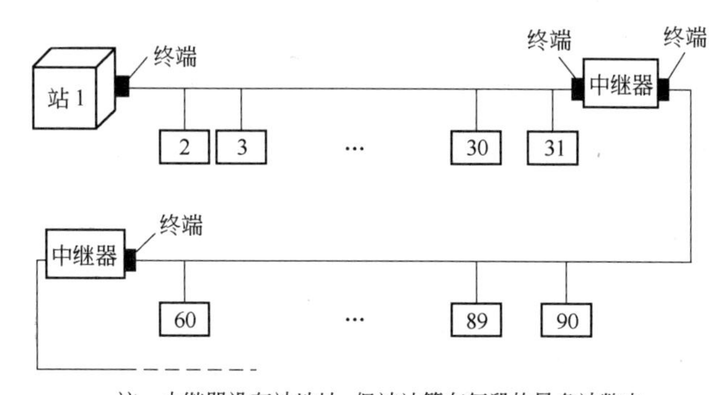

图 7-13 每个分段上最多可接 32 个站（主站或从站）

回路电阻	110W；
线　规	0.64mm；
导线面积	$>0.34\text{mm}^2$。

（7）RS-485 的传输技术的 PROFIBUS 网络最好使用 9 针 D 型插头，插头针脚定义和接线见图 7-12 中电缆所示。

（8）当连接各站时，应确保数据线不要拧绞，系统在高电磁发射环境（如汽车制造业）下运行应使用带屏蔽的电缆，屏蔽可提高电磁兼容性（EMC）。

（9）如用屏蔽编织线和屏蔽箔，应在两端与保护接地连接，并通过尽可能的大面积屏蔽接线来覆盖，以保持良好的传导性。另外，建议数据线必须与高压线隔离。

（10）超过 500Kbit/s 的数据传输速率时应避免使用短截线段，应使用市场上现有的插头可使数据输入和输出电缆直接与插头连接，而且总线插头可在任何时候接通或断开而并不中断其他站的数据通信。

光纤传输技术：

（1）PROFIBUS 系统在电磁干扰很大的环境下应用时，可使用光纤导体，以增加高速传输的距离。

（2）可使用两种光纤导体：一是价格低廉的塑料纤维导体，供距离小于 50m 情况下使用；另一种是玻璃纤维导体，供距离大于 1km 情况下使用。

（3）许多厂商提供专用总线插头可将 RS-485 信号转换成光纤导体信号或将光纤导体信号转换成 RS-485 信号。

7.4.4　PROFIBUS-DP 的基本功能

（1）传输技术：RS-485 双绞线、双线电缆或光缆；波特率从 9.6Kbit/s 到 12Mbit/s。

（2）总线存取：各主站间令牌传递，主站与从站间为主-从传送；支持单主或多主系统；总线上最多站点（主-从设备）数为 126。

（3）通信：点对点（用户数据传送）或广播（控制指令）；循环主-从用户数据传送和非循环主-主数据传送。

（4）运行模式：运行、清除、停止。

（5）同步：控制指令允许输入同步和输出同步。同步模式：输出同步；锁定模式：输入同步。

（6）功能：DP 主站和 DP 从站间的循环用户数据传送；各 DP 从站的动态激活和可激活；DP 从站组态的检查；强大的诊断功能，三级诊断信息；输入或输出的同步；通过总线给 DP 从站赋予地址；通过总线对 DP 主站（DPM1）进行配置；每 DP 从站的输入和输出数据最大为 246 字节。

（7）可靠性和保护机制：所有信息的传输按海明距离 HD =4 进行；DP 从站带看门狗定时器（Watchdog Timer）；对 DP 从站的输入/输出进行存取保护；DP 主站上带可变定时器的用户数据传送监视。

（8）设备类型：第二类 DP 主站（DPM2）是可进行编程、组态、诊断的设备。第一类 DP 主站（DPM1）是中央可编程序控制器，如 PLC、PC 等。DP 从站是带二进制值或模拟量输入输出的驱动器、阀门等。

7.4.5　PROFIBUS-DP 基本特征

速率：在一个有着 32 个站点的分布系统中，PROFIBUS-DP 对所有站点传送 512bit/s 输入和 512bit/s 输出，在 12M bit/s 时只需 1ms。

诊断功能：经过扩展的 PROFIBUS-DP 诊断能对故障进行快速定位。诊断信息在总线上传输并由主站采集。诊断信息分三级：

（1）本站诊断操作：本站设备的一般操作状态，如温度过高、压力过低。

（2）模块诊断操作：一个站点的某具体 I/O 模块故障。

（3）通道诊断操作：一个单独输入/输出位的故障。

7.4.6　棒线材传动网的应用

棒材生产线的 18 架轧机的主传动控制采用全数字调速系统美国 GE-DV300 系列全数字可控硅变流装置，所有的控制、调节、监控及附加功能都由微处理器来实现。该装置通过 6KCV300PDP 通讯接口卡连接 PROFIBUS 传动网，通过 PROFIBUS 实现与 PLC 的通讯，每个 DV300 对应一个唯一的地址。PLC 将各装置速度给定、转矩给定、控制字、自由控制字、套高差值给定、DV-300 控制字等控制量作为过程数据传给调速装置，而直流调速装置则通过通讯板将速度实际值、电流实际值、转矩实际值、调速装置的状态字、套高实际值、DV-300状态字等过程数据传送到PLC。通过PROFIBUS-DP网能够及时准确地传送上位机控制信息及各从站反馈的状态信息，以实现各机架间秒流量相等的匹配关系。

7.5　MPI网

高速线材生产线主要使用西门子设备，不使用GENIUS网，主要使用西门子的MPI接口组网，MPI网为多点接口通讯，其通讯口集成在CPU上，可同时连接编程器和PC机（例HMI），联网的CPU可以利用全局数据服务（GD），周期性地相互进行数据交换（每个程序周期允许16个GD包，每包可达64字节），CPU的MPI直接与S7的K总线相连。

MPI的基本数据如下：

数据传输速率　187.5Kbps；

网上工作站数　最多32个；

传输介质　双绞屏蔽电缆；

传输距离　50m不带中继器；9100m带10个中继器；1100m带2个中继器。

8　产品质量控制

8.1　产品缺陷及质量控制

8.1.1　螺纹钢使用的质量要求

随着国民经济的高速发展，作为螺纹钢主要用户的工业及民用建筑、水利工程、道路桥梁的建设对螺纹钢的品种及质量要求越来越严格，特别是对强度级别、综合性能的要求越来越高，较高强度级别螺纹钢（HRB400）的消费比例逐年提高。这种趋势促进了螺纹钢生产技术的发展，HRB500 甚至更高级别的螺纹钢生产已列入生产企业的发展规划。

螺纹钢产品按国家标准分为两类：

（1）钢筋混凝土用热轧带肋钢筋，系指经热轧成形并自然冷却的横截面通常为圆形，且表面通常带有两条纵肋和沿长度方向均匀分布的横肋的钢筋。其横肋的纵截面呈月牙形，且与纵肋不相交。产品规格通常为 ϕ6～50mm，牌号为 HRB335、HRB400、HRB500。

（2）钢筋混凝土用余热处理钢筋，系指经热轧成形并余热处理的带肋钢筋，其外形与热轧带肋钢筋相同。产品规格通常为 ϕ8～40mm，牌号为 KL400。

由于生产工艺及用户使用的需要，螺纹钢产品 ϕ6～10mm 规格一般以盘条状态交货，ϕ12～50mm 规格的则以直条状态交货。

对螺纹钢质量的要求是必须保证建筑构件的安全性能，其使用性能要求主要为：

（1）疲劳强度。显示较低载荷反复作用下的疲劳强度是钢筋研发阶段和制订设计规范前必须考核并做出评价的性能之一，影响疲劳强度的主要因素有应力集中、组织不均匀性以及环境条件，表面平滑的钢筋抗疲劳性能较好，表面形状变化较大的钢筋易在形状突变处应力集中而诱发疲劳破坏。

（2）应力松弛性能。钢筋在长时受力下应力松弛的现象，将增大结构变形、降低结构耐久性，本质上是由于钢材内部位错的消散和间隙原子的脱溶引起的。

（3）低温性能。随着环境温度下降，钢筋的拉伸性能、冲击韧性的变化，尤其是对焊接的适应性及焊接接头性能的变坏，将严重影响钢筋混凝土结构的稳定性和耐久性。

（4）耐蚀性。因混凝土掺水而引起钢筋的锈蚀，最终将导致结构的损毁。对于特殊环境下的结构，如码头、桥墩、海底建筑等，设计部门的主导意见是对钢筋进行镀锌处理，或采用不锈钢钢筋，设计寿命则由 30 年延至 100 年。

（5）耐久性。耐久性影响结构的工作寿命，直径较细的钢筋对锈蚀比较敏感。影响锈蚀的主要因素是环境、混凝土保护层和钢筋表面状态（是否有防护层）。港工、水工、化工、市政工程对耐久性有较高要求。

（6）交货状态。交货状态对施工影响很大。ϕ12mm 及以上的钢筋以直条交货，在结构配筋中形成许多接头。细钢筋一般以盘条交货，减少了接头，但使用前须增加调直工序，对强度有一定影响。

为保证使用性能，螺纹钢必须具备的基本性能是：

（1）强度是钢筋最基本的性能。一般受力钢筋强度越高，性能就越好，但也有一定限度。由于钢材弹性模量基本为一常值（$E = 2.0 \times 10^5$MPa），强度过高时高应力引起的大变形（伸长）将影响正常使用（挠度、裂缝）。因此，混凝土结构中钢筋设计强度限为360MPa，太高的强度没有意义。提高强度主要靠材质改进（合金化）；也可通过热处理和冷加工提高强度，但延性损失太大；变形钢筋的基圆面积率（扣除间断横肋后承载截面积与公称面积之比）对强度也有一定影响。

（2）延性是钢筋的变形能力，通常用拉伸试验测得的伸长率来表达，屈强比也反映了其延性。但目前通用的伸长率指标（A_5、A_{10}、A_{100}）因标距不同，只反映颈缩区域的局部残余变形，且断口拼接测量误差较大，难以真正反映钢筋的延性。目前，国际上已开始用最大拉力下的总伸长率（均匀伸长率 A_{gt}。）来描述钢筋的延性，是比较科学的指标，如表8-1所示。影响钢筋延性的因素是材质，碳当量加大虽能提高强度，但延性降低。钢筋冷加工后 A_{gt} 值呈数量级减小（A_{gt} 由加工前超过20%降到加工后的2%左右），而且随时效仍有发展，面缩率较大时尤具脆性。抗震结构对受力钢筋有明确的延性要求。

表8-1 国外对钢筋的延性要求分级

指 标	R_m/R_e	A_{gt}/%	钢 筋 类 型
中等延性钢	1.05	2.5	冷加工钢筋
高延性钢	1.08	5.0	热轧钢筋（热处理、微合金化钢筋）
抗震钢	1.15	8.0	热轧钢筋（热处理、微合金化钢筋）
	$R_{e.act}/R_{e.c} < 1.3$		

（3）冷弯性能是为满足钢筋加工的要求。在弯折、弯钩或反复弯曲时，钢筋应避免裂缝和折断。延性好的钢筋弯弧内径小，施工适应性强。

（4）焊接性能是钢筋应用时应考虑的问题。碳当量较高时焊接性能变差，超过0.55%时不可焊。通过热处理、冷加工而强化的钢筋，焊接会引起焊接区钢筋强度的降低，使用时应予以注意。

（5）锚固性能及锚固延性（大滑移时仍维持锚固）是钢筋在结构中与混凝土共受力的基础。光面钢筋靠胶结及摩擦，受力性能较差；变形钢筋以咬合作用受力，与其外形有关，取决于钢筋的横肋高度、肋面积比（横肋投影面积与表面积之比）以及混凝土咬合齿的形态。

（6）质量的稳定性对受力钢筋十分重要。规模生产的钢筋产品一般均质性好，质量稳定。小规模作坊式生产的冷加工钢筋一般离散度大，力学性能不稳定，不合格率高。在母材不稳定和缺乏管理和检验的情况下将十分严重，往往影响结构的安全可靠性。

我国国家标准为保证螺纹钢的基本性能，在其交货技术条件中规定的主要质量内容为：化学成分、力学性能、工艺性能、外形尺寸及表面质量等。

8.1.1.1 化学成分、力学性能及工艺性能

钢的化学成分直接影响着钢材的力学及工艺性能，是螺纹钢质量控制的重点。化学成分、成分偏析、表面缺陷、内部缺陷、非金属夹杂是螺纹钢生产检验炼钢、连铸工序产品

质量的主要内容。其中，炼钢工序的成分控制尤为重要，为保证钢材在使用中的均质性，一般都要求同一批次的化学成分波动控制在很小的范围内。我国标准规定的化学成分允许范围比较大，随着炼钢技术的不断进步，目前规模生产的螺纹钢化学成分都能控制在预期的范围内。特别是对由于我国螺纹钢成分体系缺陷而产生的螺纹钢直径效应，生产企业大都采用将成分控制范围细分，以不同成分范围的坯料生产不同规格的螺纹钢的方法来保证螺纹钢的使用性能。

力学性能是螺纹钢使用最重要的质量指标，其内容主要包括屈服强度、抗拉强度、伸长率及面缩率等，特殊用户还会要求屈强比等内容。

工艺性能是保证螺纹钢在用户加工过程中不被破坏的质量指标，主要内容就是弯曲性能、反弯性能。

对于力学性能和工艺性能在满足有关标准或用户要求的前提下，还要满足均匀性要求，同一批次的钢筋性能差越小越好。

8.1.1.2　外形尺寸及表面质量

螺纹钢筋的外形尺寸主要是为满足力学性能和锚固性能提供保证，国家标准对螺纹钢外形各部位尺寸及其偏差都有详细要求，特别对各规格公称截面面积、理论重量、重量偏差做了严格的规定。

为保证螺纹钢筋的力学性能，钢筋表面不得有裂纹、结疤和折叠，但允许有不超过横肋高度的凸块及深度和高度不大于所在部位尺寸允许偏差的其他缺陷存在。

8.1.2　螺纹钢的生产特点及质量控制

8.1.2.1　螺纹钢的生产特点

螺纹钢在使用过程中重点要求的力学性能和工艺性能取决于化学成分，而锚固性能是由其外形来保证。在生产过程中，严格按国家标准规定的范围进行控制，产品质量基本都可满足使用要求。由于我国标准规定的成分控制范围都比较大，在冶炼过程中可通过调整各元素含量组合，来确保最终产品的力学性能，另外在轧制过程中还可采用低温轧制、控轧控冷等技术来进一步改善其综合性能。螺纹钢属于简单断面型钢，外形尺寸取决于孔型设计，虽然尺寸偏差控制严格，但轧制工艺比较简单，先进的生产线作业效率非常高，现代化的生产车间其日历作业率一般都可达85%以上，成材率、定尺率也都接近100%，年产量最高已达120万t。由此可看出，螺纹钢的生产特点是：工艺简单、调整灵活、控制严格、生产效率较高。

8.1.2.2　炼钢过程中的质量控制

坯料的冶金质量对最终产品的质量起决定性的作用，产品的许多内部和外部缺陷究其原因是由于坯料的冶金质量不良所致。如最终的力学性能不合格，多是由于坯料的化学成分不合格、偏析严重、夹杂物过多或形态不均所引起的；如发生在钢材表面的裂纹、发裂、麻点等，大多数是由连铸坯的皮下气泡或重皮造成的。这些缺陷除影响产品的外观和内在质量外，还会使轧制过程产生事故，如劈头、撕裂等会在轧制过程中引起堵钢、缠辊等事故。因此，为保证坯料的冶金质量，对炼钢工序全过程的质量控制显得尤为重要。

冶炼过程的质量控制包括：

（1）精确控制钢水成分。钢液中碳、锰、硅及主要合金元素含量波动要小，硫、磷、氧、氢、氮等有害杂质要尽量少。我国标准规定：碳含量允许波动范围为0.08%，而国外产品碳含量的波动量仅为0.02%。尽管转炉有一定的脱硫能力，为控制硫含量还是要控制投入铁水的硫含量，一般不超过标准规定的50%，实物含量常在标准规定的1/3左右。

(2) 保持高的纯净度。冶炼后的钢水必须与钢渣分离，要挡渣出钢或扒渣出钢，不允许钢水和渣同时倒入钢包中，钢渣相混会造成夹杂。

(3) 温度波动范围要小，过热度要控制在15℃。

连铸过程中的质量控制包括：

(1) 挡渣出钢和保护浇铸。钢水在浇铸过程中采用保护渣、长水口、惰性气体保护等，使钢水在成坯的过程中完全避免和空气接触而产生二次氧化，以减少铸坯内部的氧化物夹杂。

(2) 液面控制。使钢液在结晶器内保持恒定的高度，以控制所要求的浇铸速度。

(3) 浇铸温度控制。为保证正常的浇铸和铸坯质量，要保持钢液在中间包中的适当过热度，通常过热度控制在30℃左右。

(4) 铸坯表面质量控制。采用气雾冷却和多点矫直技术，控制坯料表面温度波动和分散表面变形率，减少连铸坯表面由于热应力和变形应力而造成的裂纹。

8.1.2.3 轧钢过程中的质量控制

轧钢工序是螺纹钢生产的最后也是最重要的工序，对工序全过程的控制水平直接影响着产品最终的力学性能、几何尺寸和表面质量。严格的温度控制、轧制过程控制和冷却控制，是产品最终质量的保证。

A 温度控制

加热温度控制：钢坯的加热温度实际上包括表面温度和沿断面上的温度差，有时还包括沿坯料长度方向上的温度差。钢坯在炉内的最终加热温度是考虑了轧制工艺、轧机的结构特点以及炉子的结构特点等实际情况后确定的。加热到规定的温度和断面温差所需的时间，取决于坯料的尺寸、钢种、加热方式、采用的温度制度以及一些其他条件。在螺纹钢生产过程中，钢坯的加热通常采用三段连续式加热炉，均热段温度一般控制在1200～1250℃，上加热段温度控制在1250～1300℃，下加热段温度控制在1280～1350℃。为保证钢坯加热温度均匀，要严格控制加热速度，防止速度过快造成坯料内外温差过大；正确调整炉内温度使沿炉宽各点的温度保持均匀，在加热段确保下加热温度高于上加热温度20～30℃，尽量减少坯料长度上和钢坯上下面的温度差；在均热段还要有足够的保温时间，以利于进一步提高钢坯加热温度的均匀性。

轧制温度的控制：轧制温度控制包括开轧温度控制和终轧温度控制，轧件温度的变化受加热炉的加热质量、轧制工艺、轧机布置方式等的制约，因此，不同形式的生产线应结合各自的实际情况确定其轧制温度。为保证轧制过程和轧件尺寸的稳定，开轧温度通常控制在1050～1150℃，终轧温度则控制在850℃以上；在比较先进的全连轧生产线上，由于轧制速度较快，轧制过程的温升大于温降，为达到改善产品性能和节能的目的，可将开轧温度控制在900～950℃。

B 轧制过程控制

轧制是保证产品尺寸精度的关键工序，轧制过程中的温度、张力、轧槽及导卫的磨损、轧机的调整、轧辊及导卫的加工和安装都直接影响着产品的尺寸精度。

轧件的温度波动直接影响其变形状态和变形抗力的大小，从而造成轧件尺寸的波动。所以在轧制过程中要严格控制轧制温度，使轧制温度尽可能保持一致。

在连轧生产中，张力是不可避免的，特别在粗中轧机组由于轧件断面较大且机架间距较短，只能采用张力轧制。而张力的波动又是影响尺寸精度的最关键因素，因此在轧制过程中，应通过电传系统的精确调整，严格控制张力波动，在实现微张力轧制的前提下，确保张力的恒定。

轧机、轧辊、导卫等工艺装备的加工、安装、调整以及在使用过程中的磨损直接影响着轧件的尺寸精度，因此，要严格按工艺设计的要求来进行工艺装备的加工和安装，在轧制过程中，严格执行工艺规程，及时调整或更换磨损的工艺装备。

C　冷却过程控制

螺纹钢的轧后冷却，一般采用自然空冷和控制冷却两种方式，由于冷却速度直接影响钢筋性能，不均匀冷却必然造成性能的不均，因此，不管采用何种冷却方法，均应保证冷却的均匀性，在生产过程中保持头尾以及每支钢之间冷却速度的一致。

8.2　产品质量的检查、检验

GB 1499—1998 标准的检验规则中将螺纹钢的检验分为特性值检验和交货检验。特性值检验适用于：（1）第三方检验；（2）供方对产品质量控制的检验；（3）需方提出要求，经供需双方协议一致的检验。交货检验适用于钢筋验收批的检验。对于组批规则、不同检验项目的测量方法及位置、取样数目、取样方法及部位、试样检验试验方法等，标准中都做了详细的规定。此外，对复验与判定，标准做出了“钢筋的复验与判定应符合 GB/T 17505 的规定”的要求。

8.2.1　常规检验

在螺纹钢生产线上，为及时发现废品，减少质量损失，通常把质量的常规检验设置在成品包装前的输送台架上。因此，大多数厂家把包装前输送台架称为检验台架，质检人员在此完成螺纹钢的外形尺寸及表面质量的检验和其他检验项目的取样工作。

8.2.1.1　外形尺寸

钢筋的外形尺寸要求逐支测量，主要测量钢筋的内径、纵横肋高度、横肋间距及横肋末端最大间隙、定尺长度及弯曲度等。测量工具为游标卡尺、直尺、钢卷尺等。

带肋钢筋横肋高度的测量采用测量同一截面两侧横肋中心高度平均值的方法，即测取钢筋最大外径，减去该处内径，所得数值的一半为该处肋高，应精确到 0.1mm。当需要计算相对肋面积时，应增加测量横肋四分之一处高度。

带肋钢筋横肋间距采用测量平均肋距的方法进行测量。即测取钢筋一面上第 1 个与第 11 个横肋的中心距离，该数值除以 10 即为横肋间距，应精确到 0.1mm。

长度测量一般采用抽检的方法，按一定的时间间隔进行测量，其长度偏差按定尺交货时的长度允许偏差为 ±25mm，当要求最小长度时，其偏差为 +50，当要求最大长度时，其偏差为 -50。

弯曲度也采用定时抽检的方法进行测量，一般用拉线的方法测量中弯曲度，弯曲度应不影响正常使用，总弯曲度不大于钢筋总长度的 0.4%。当发现有明显弯曲现象时应逐支测量。

8.2.1.2　*表面质量*

钢筋的表面质量应逐支检查。通常采用目视、放大镜低倍观察和工具测量相结合的方法来进行。其要求是钢筋端部应剪切正直，局部变形应不影响使用。钢筋表面不得有影响使用性能的缺陷，表面凸块不得超过横肋的高度。

8.2.1.3　*取样*

GB 1499—1998 要求每批次钢筋应做两个拉伸、两个弯曲和一个反弯试验以检验钢筋的力学性能和工艺性能。这些检验的样品通常也在检验台架上采集，在台架上任选两支钢筋，在其上各取一个拉伸和一个弯曲试样，再在任一支钢筋上取一反弯试样，同一批次不同检验项目的试样分别捆扎牢固，贴上注明批次、生产序号的标签送试验室进行检验。

若需对钢筋的化学成分进行检验时，可在上述试样做完力学性能检验后，任选其一送去进行化学成分检验。

8.2.2　质量异议处理

由于螺纹钢筋在用户使用前都要由工程监理进行最后的质量检验，所以其质量异议也都产生在最终使用之前。螺纹钢筋的质量异议一般可分为三类：

（1）不影响使用性能的质量异议。这类异议大多是由于对钢筋生产标准、钢筋使用性能及使用方法的认识差异所造成，可通过和用户的直接沟通，帮助用户解决使用中的问题，这类异议一般不会造成质量损失。

（2）不影响使用性能，但可造成用户使用成本增加的质量异议。如钢筋在生产、储存、运输过程中产生的弯曲、锈蚀、油污等，可通过让步的方法来处理，对用户给予一定的经济补偿或替用户进行使用前的预处理，降低用户的使用成本，达到使用户满意的目的，这类异议会造成不同程度的经济损失。

（3）严重影响钢筋使用性能的质量异议。由于在生产过程中对质量控制、检验的缺失使不合格品流入到用户手中而产生的质量异议，可通过退货、换货的方法来处理，如果延误了用户的工期，还要对用户进行误工补偿。这类异议一旦发生，可能会造成生产者的重大经济损失。

（4）检验方法、检验设备造成的质量异议。由于螺纹钢筋的生产者和使用者在对钢筋质量进行检验时所使用的方法、设备不可能完全一致，不可避免地会造成检验结果的差异，双方应及时沟通，找出差异产生的原因，若达不成共识，可提请双方一致认可的质量检测机构重新进行检测。

8.3　产品缺陷分类和原因

在螺纹钢筋的整个生产过程中，由于生产设备、生产环境、工艺参数处于不断的变化之中，从冶炼、连铸到轧制各工序都会产生一些质量缺陷，这些缺陷会不同程度的对最终的螺纹钢筋产品质量产生影响，本节重点对影响最终产品质量的主要铸坯和轧钢缺陷进行分类和分析，以期在螺纹钢的生产中，尽量减少产品缺陷，降低生产过程中的质量损失。

8.3.1　铸坯缺陷

8.3.1.1　偏析

偏析是连铸坯的一个重要的质量问题，连铸坯断面越小偏析越严重。其产生的原因是由于结晶器内钢液凝固时间不一致，柱状晶生长不均衡，使得碳等合金元素及硫、磷等富集于凝固最晚的部分，形成化学成分的偏析。这种偏析通常会伴生着疏松甚至出现缩孔。连铸坯的偏析降低了金属的强度和塑性，严重地影响着钢筋的力学和工艺性能。扩大连铸坯断面尺寸、严格控制钢水过热度、降低磷、硫、锰的含量及采用电磁搅拌可有效地减少偏析缺陷。

8.3.1.2　中心疏松

在连铸坯结晶过程中，由于各枝晶间互相穿插和互相封锁作用，是富集着低熔点组元的液体被孤立于各枝晶之间。这部分液体在冷凝后，由于没有其他液体的补充，会在枝晶间形成许多分散的小缩孔，从而形成连铸坯的中心疏松。如果疏松严重，会影响成品钢筋的力学性能。

8.3.1.3　缩孔

连铸时金属由四周向心部凝固，心部液体凝固最晚，会在心部形成封闭的缩孔。如果仅四周及底部的金属先凝固，则在铸坯的上部形成开口的缩孔。封闭的缩孔在轧制时如不与空气接触可以焊合，较大的缩孔，再轧制时可能造成轧卡事故。开口缩孔往往会造成劈头、堆钢事故。

8.3.1.4　裂纹

连铸坯的裂纹可分为角部裂纹、边部裂纹、中间裂纹和中心裂纹。角部裂纹在铸坯的角部，距表面有一定的深度，并与表面垂直，严重时沿对角线向铸坯内扩展。角部裂纹是由于铸坯角部的侧面凹陷及严重脱方，使局部金属间产生的拉应力大于晶间结合力所造成的。边部裂纹分布在铸坯四周的等轴晶和柱状晶交界处，沿柱状晶向内部扩展，是由鼓肚的铸坯通过导辊矫直时变形引起的。中间裂纹在柱状晶区域产生并沿柱状晶扩展，一般垂直于铸坯的两个侧面，严重时铸坯中心的四周也同时存在，是由铸坯被强制冷却时，产生的热应力造成的。中心裂纹在靠近中心部位的柱状晶区域产生并垂直于铸坯表面，严重时可穿过中心。是由于铸速过高，铸坯在液心状态下通过导辊矫直，所承受的压力过大所致。凡是不暴露的内部裂纹，只要再轧制时不与空气直接接触可以焊合，不影响产品质量，但焊合不了的裂纹影响钢筋的力学性能。

8.3.2　轧钢缺陷

8.3.2.1　结疤

结疤呈舌状、块状、鱼鳞状嵌在钢筋表面上。其大小厚度不一，外形有闭合或不闭合、与主体相连或不相连、翘起或不翘起、单个或多个成片状。铸钢造成的结疤分布不规则，下面有夹杂物。

产生原因：（1）铸锭（坯）表面有残余的结疤、气泡或表面清理深宽比不合理。（2）轧槽刻痕不良，成品孔前某一轧槽掉肉或粘结金属。（3）轧件在孔型内打滑造成金属堆积或外来金属随轧件带入槽孔。（4）槽孔严重磨损或外物刮伤槽孔。

8.3.2.2 裂纹

裂纹一般呈直线状、有时呈“Y”状。其方向多与轧制方向一致，缝隙一般与钢材表面相垂。

产生原因：(1) 铸锭（坯）皮下气泡、非金属夹杂物经轧制破裂后暴露或铸锭（坯）本身的裂缝、拉裂未清除。(2) 加热不均、温度过低、孔型设计不良、加工不精或轧后钢材冷却不当。(3) 粗轧孔槽磨损严重。

8.3.2.3 折叠

折叠是沿轧制方向，外形与裂缝相似，与钢筋表面呈一定斜角的缺陷。一般呈直线状，也有锯齿状，通长或断续出现在钢筋表面上。

产生原因：(1) 成品孔前某道轧件出耳子。(2) 孔型设计不当，槽孔磨损严重，导卫装置设计、安装不良等，使轧件产生“台阶”或轧件调整不当或轧件打滑产生金属堆积，再轧时造成折叠。

8.3.2.4 凹坑

凹坑是表面条状或块状的凹陷，周期性或无规律地分布在钢筋表面上。

产生原因：(1) 轧槽、滚动导板、矫直辊工作面上有凸出物，轧件通过后产生周期性凹坑。(2) 轧制过程中，外来的硬质金属压入轧件表面，脱落后形成。(3) 铸锭（坯）在炉内停留时间过长，造成氧化铁皮过厚，轧制时压入轧件表面，脱落后形成。(4) 粗轧孔磨损严重，啃下轧件表面金属，再轧时又压入轧件表面，脱落后形成。(5) 铸锭（坯）结疤脱落。(6) 轧件与硬物相碰或钢材堆放不平整压成。

8.3.2.5 凸块

凸块是钢筋除横肋外表面上周期性的凸起。

产生原因：成品孔或成品前孔轧槽有砂眼、掉块或龟裂。

8.3.2.6 表面夹杂

表面夹杂一般呈点状、块状或条状机械粘结在钢筋表面上，具有一定深度，大小形状无规律。炼钢带来的夹杂物一般呈白色、灰色或灰白色；在轧制中产生的夹杂物一般呈红色或褐色，有时也呈灰白色，但深度一般很浅。

产生原因：(1) 铸坯带来的表面非金属夹杂物。(2) 在加热轧制过程中偶然有非金属夹杂物（如加热炉耐火材料、炉底炉渣、燃料的灰烬）粘在轧件表面。

8.3.2.7 发纹（又称发裂）

发纹是在型钢表面上分散成簇断续分布的细纹，一般与轧制方向一致，其长度、深度比裂纹轻微。

产生原因：(1) 铸锭（坯）皮下气泡或非金属夹杂物轧后暴露。(2) 加热不均、温度过低或轧件冷却不当。(3) 粗轧孔槽磨损严重。

8.3.2.8 尺寸超差

尺寸超差指钢筋各部位尺寸超过标准规定的偏差范围。

产生原因：(1) 孔型设计不合理。(2) 轧机调整操作不当。(3) 轴瓦、轧槽或导卫装置安装不当，磨损严重。(4) 加热温度不均造成局部尺寸超差。(5) 张力及活套存在拉钢。

8.3.2.9 横肋尺寸超差

横肋尺寸超差（横肋瘦）是指横肋高度及体积均小于标准要求的偏差值。

产生原因：(1) 孔型设计不合理，成品前的红坯尺寸偏小。(2) 张力及活套存在拉钢。

8.3.2.10　*扭转*

扭转是指钢筋绕其纵轴扭成螺旋状。

产生原因：(1) 轧辊中心线相交且不在同一垂直平面内，中心线不平行或轴向错动。(2) 导卫装置安装不当或磨损严重。(3) 轧机调整不当。

8.3.2.11　*弯曲*

弯曲是指钢筋沿垂直方向或水平方向不平直现象。一般为波浪弯，有时也出现反复的水波浪弯或仅在端部出现弯曲。

产生原因：(1) 成品孔导卫装置安装不良。(2) 轧制温度不均、孔型设计不当或轧机操作不当。(3) 冷床不平、移钢齿条不齐、成品冷却不均。(4) 热状态下成品吊运或堆放不平整，造成吊弯、压弯等。(5) 成品孔出口导板过短或轧件运行速度过快，撞挡板后容易出现端部弯曲。(6) 冷剪机剪刃间隙过大或剪切枝数过多，造成头部弯曲。

8.3.2.12　*切头变形*

切头变形是指经冷剪剪切后钢筋头部呈马蹄形或三角形，常与头部弯曲伴生。

产生原因：(1) 剪刃间隙过大。(2) 剪刃磨钝。(3) 剪切量过大。

8.3.2.13　*重量超差*

重量超差是指螺纹钢筋每米重量低于标准规定的下限值，常与尺寸超差伴生。

产生原因：(1) 孔型设计不合理。(2) 负公差轧制过程中，当成品孔换新槽时，负差率过大。(3) 轧钢调整不当。(4) 成品前拉钢。

8.4　产品性能检测

GB 1499 对螺纹钢筋的性能检测也做了详细的规定，力学性能检验和弯曲及反向弯曲检验也是产品质量检验的常规检验项目，并且是螺纹钢筋出厂检验最重要的项目。

8.4.1　力学性能检测

力学性能试验通常在企业质检中心的试验室进行，钢筋的力学性能试验试样不允许进行车削加工，钢筋的屈服强度 R_{el}、抗拉强度 R_m、断后伸长率 A、最大力总伸长率 A_{gt} 等力学性能特性值，在 GB 1499 均规定了交货检验的最小保证值。力学性能特性值的检验结果均应符合 GB 1499 的要求。

牌号带 E（例如 HRB400E、HRBF400E）的钢筋，尚应满足下列要求：

(1) 钢筋实测抗拉强度与实测屈服强度之比 R_m^o/R_{el}^o 不小于 1.25。

(2) 钢筋实测屈服强度与 GB 1499 规定的屈服强度特性值之比 R_{el}/R_e 不大于 1.30。

对于没有明显屈服强度的钢，屈服强度特性值 R_{el} 应采用规定非比例伸长应力 R_{P02}。

根据供需双方协议，伸长率类型可从 A 或 A_{gt} 中选定。如伸长率类型未经协议确定，则伸长率采用 A_{gt}。

计算钢筋强度用截面面积采用 GB 1499 规定的公称横截面面积。

最大力下的总伸长率 A_{gt} 的检验，除按 GB/T 228 的有关试验方法外，也可采用 GB 1499附录 A 的方法。

对检验不合格的批次，可重新取样进行复验，复验样的采集仍按标准规定进行。复验仍不合格的批次，应按废品处理。

8.4.2 工艺性能检测

在工艺性能检验项目中，弯曲和反弯试验的要求和力学性能试验要求相同。

弯曲性能检测：弯曲性按 GB 1499 规定的弯芯直径弯曲 180°后，钢筋受弯曲部位表面不得产生裂纹。

反向弯曲性能检测：反向弯曲试验的弯芯直径比弯曲试验相应增加一个钢筋直径。先正向弯曲 90°后再反向弯曲 20°。经反向弯曲试验后，钢筋受弯曲部位表面不得产生裂纹。

反向弯曲试验时，经正向弯曲后的试样，应在 100℃温度下保温不少于 30min，经自然冷却后再反向弯曲。当供方能保证钢筋经人工时效后的反向弯曲性能时，正向弯曲后的试样也可在室温下直接进行反向弯曲。

疲劳性能试验是应需方要求，经供需双方协议来进行的，其技术要求和试验方法由供需双方协商确定。

焊接性能试验通常在钢筋产品的试生产阶段进行，其目的是确定该产品的焊接工艺，在正常生产中一般不进行焊接性能检验，当采用特殊的钢筋生产工艺（成分体系改变、冷却工艺变化）时，应重新进行焊接性能试验。

由于大多数螺纹钢筋生产企业不具备疲劳性能试验和焊接性能试验的能力，这两项试验一般都委托有能力的试验室来进行。

8.5 螺纹钢标准发展

我国最早制定的《钢筋混凝土结构用热轧螺纹钢筋》（重 111—55）沿用 A3 钢，品种单一，无等级，至 YB 171—1963 列入 16Mn 钢筋，由于强度不足，后调整为 20MnSi 钢。至 YB 171—1969，形成了由屈服强度 235MPa 的Ⅰ级钢筋至屈服强度 590MPa 的Ⅳ级钢筋，还包括屈服强度 1420MPa 的预应力混凝土用热处理钢筋的系列。GB 1499—1991 将Ⅲ级带肋钢筋的屈服强度由 370MPa 调至 400MPa。

20 世纪 60 年代末至 70 年代初，是我国钢筋新品种开发的高峰期，除 Si-Mn 外，研制了 Si-V、Si-Ti、Si-Nb、Mn-Si-V、Mn-Si-Nb 等五个钢种系列近 20 个牌号。具有中国特色的是对硅元素的情有独钟，微合金化元素开始应用于钢筋生产。在以后的三十多年的一段时期内，20MnSi 钢筋几乎一统天下，固步不前。

进入改革开放阶段，钢筋生产开始导入微合金化技术，并试生产调质型钢筋和轧后余热处理钢筋，GB 1499—1998 基本上与国际相接轨。但之后的若干年内生产与应用 335MPa 级钢筋的习惯倾向十分强烈，400MPaⅢ级钢筋的比例仅数十万吨，示范工程的推广阻力极大。在将 400MPaⅢ级钢筋纳入国家标准《混凝土结构设计规范》，并编制相应的设计手册后，我国钢筋生产的更新换代跨出了极其重要的一步，以不同工艺生产的 400MPaⅢ级钢筋年增长率达 85%。400MPa 热轧钢筋不同生产工艺情况如表 8-2 所示。

表 8-2　400MPa 热轧钢筋不同生产工艺情况

工艺方法	牌　号	使　用　情　况
微合金化	20MnSiV	已在绝大多数企业生产，产品已得到市场认可
微合金化	20MnSiNb	目前仅有少数钢厂生产，产品已得到市场认可
微合金化	20MnTi	尚没有企业生产
余热处理	20MnSi	许多企业可以生产，并出口国外，但国内市场尚不认可
超细晶粒碳素钢轧制	Q235	目前尚在进一步试验中

近年来，由于微合金化元素价格的急剧上涨，用微合金化方法生产螺纹钢筋的成本压力越来越大，采用超细晶粒轧制来生产螺纹钢筋的工艺方法也日趋成熟，GB 1499—2007 的实施，无疑为这种新的资源节约型工艺方法的推广提供了强有力的保证。GB 1499—2007 与 GB 1499—1998 相比，适用范围增加了控轧细晶粒钢筋；增加了控轧细晶粒钢筋 HRBF335、HRBF400、HRBF500 三种牌号；取消内径偏差规定。对力学性能各指标进行调整，提高延性指标，强度指标更趋合理。完善了检验规则，增加了特性值检验及其适用条件和特性值检验规则。

新标准在原有热轧钢筋的基础上，增加了控轧细晶粒钢筋，控轧细晶粒钢筋是在热轧过程中，通过控制轧制和控制冷却工艺，细化晶粒而形成的细晶粒钢筋，其生产工艺仍属热轧范畴，故新标准仍称《钢筋混凝土用热轧带肋钢筋》。

新标准中钢筋按强度等级仍分为 335MPa、400MPa、500MPa，与原标准一致。上述强度等级，能满足近期及相当长时间的设计和使用要求。

钢筋按生产控制状态分为热轧钢筋和控轧细晶粒钢筋两个牌号系列。热轧钢筋即原标准中牌号为 HRB 系列钢筋。控轧细晶粒钢筋新设的牌号系列为 HRBF。生产企业应根据本企业设备和工艺条件，制定相应的生产工艺措施达到其晶粒度一般不大于 9 的要求，以区别于热轧钢筋。

按三个强度等级、两个牌号系列划分，新标准共有 HRB335、HRB400、HRB500 以及 HRBF335、HRBF400、HRBF500 共六个钢筋牌号。新标准还对适用抗震结构的钢筋牌号进行了规定，对抗震等级较高的混凝土结构用钢筋，除满足已有牌号（例如 HRB400、HRBF400）的各项性能外，按结构设计要求，尚需满足新标准的性能要求，即：（1）钢筋实测抗拉强度与实测屈服强度之比 R_{m}^{o}/R_{el}^{o} 不小于 1.25。（2）钢筋实测屈服强度与 GB 1499规定的屈服强度特性值之比 R_{el}/R_{e} 不大于 1.30。为表明其与已有牌号钢筋的不同，又避免钢筋牌号过多对生产和使用带来不利影响，新标准规定，在满足原有牌号钢筋性能基础上，又能满足抗震性能的钢筋，其牌号采用在已有牌号后加 E 来表示（例如 HRB400E、HRBF400E）。

新标准结合螺纹钢筋的生产和使用情况对一些检验项目的修改与调整，既提高了钢筋的使用性能，满足近期及相当长时间的设计和使用要求，又可使生产企业降低生产过程中的质量成本，进一步推动螺纹钢生产向又好又快的方向发展。

9 螺纹钢生产管理及技术经济指标

9.1 生产组织管理

高速线材生产线生产组织的指导思想是：优化产品订单计划的品种规格，安排适合高线工艺特点的日计划、周计划和月计划，中间安排合理的换辊槽和设备检修时间，实现均衡高效生产。

高线的生产组织因工艺装备水平不同和生产品种不同，生产组织模式可做灵活调整，以提高设备作业率和生产效率。一般来说，对于品种规格的生产批量和顺序的安排应按照孔型系统设计特点和轧槽过钢量来考虑，应尽量减少换辊时间和满足轧辊辊环使用周期。应该注意的是，因螺纹钢孔型系统与其他光面盘条孔型系统不是一个系列，在螺纹钢与光面盘条互换的时间会更长些，在编制月计划时，一般将螺纹钢批量集中生产。

常规的生产组织管理方案：每天上午白班换辊槽定修 40 ~ 60min，中班停车 15 ~ 20min 用于更换精轧成品和成品前辊环，根据盘条成品表面质量可能需要提前更换，需要增加 1 到 2 次更换时间。在换槽时，可同时进行全线工艺检查和设备隐患处理。每月安排 2 ~4 次累计时间 8 ~16h 的粗中轧集中换辊和设备检修，以保障高效稳定生产。

对于棒材螺纹钢生产线来讲，主要生产建筑用材，市场用量大，生产组织以大批量生产组织为原则，通过订单优化，每月按工艺特点，安排各规格生产顺序，中间合理安排换辊和检修，以达到生产效率最大化。

9.2 技术经济指标

轧钢生产中，要使用各种轧钢设备、钢坯、燃料、人员等各种要素，表示轧钢生产中各种设备、原材料、燃料、动力、劳动力和资金等利用程度的指标，称为技术经济指标。这些指标反映了企业的生产技术水平和综合管理水平，是衡量轧钢生产管理和工艺技术是否先进合理的重要标准，是评定考核轧钢生产线各项工作的主要依据。通过对同类型的生产线技术经济指标进行对比，可以分析找到产生差距的原因，从而进一步改进工作。因此，研究分析技术经济指标对轧钢生产非常重要，对促进轧钢生产和管理水平提高具有重要指导意义。

轧钢生产技术经济指标包括综合技术经济指标、各项材料消耗指标、劳动定员及生产率指标、成本指标等。其中主要有产品产量、成材率、质量、作业率、材料备件消耗等指标。

轧钢生产中的主要材料和动力消耗有：金属、燃料、电力、轧辊、水、油、压缩空气、氧气、蒸汽等。由于工艺装备水平不同、操作管理水平差别，不同的轧钢机组消耗指标会有较大差别，对某一生产线来说，不同时期因条件变化消耗指标也会有较大变化，因此，我们需要随时掌握各项技术经济指标，发现问题，及时改进。

9.2.1　消耗指标

9.2.1.1　金属消耗

金属消耗是轧钢生产中最重要的消耗指标，占轧钢成本的重要部分，金属消耗指标通常以金属消耗系数表示，指生产1t合格钢材需要的钢坯量。计算公式如下：

$$k = \frac{G}{Q}$$

式中　k——金属消耗系数；

G——消耗钢坯重量，t；

Q——合格钢材重量，t。

轧钢生产中金属消耗主要包括烧损、热切头和冷切头、切尾、中间废、检验废等。

烧损与加热时间、温度、炉内气氛、钢种等因素有关，加热温度越高，高温下停留时间越长，炉内氧化性气氛越强，钢坯的金属烧损就越多。螺纹钢生产根据加热炉型不同和加热温度要求差别，一般金属烧损量在0.5%～0.8%。

热切头和冷切头的影响因素主要有钢材品种、料型控制精度、头尾缺陷长度控制和未穿水冷却长度等。在热轧过程的热切头是为了保证轧顺利而剪切的，根据实际控制情况可现场进行调整，料型控制精度越好，剪切量就越少；冷切头长度根据头部尺寸控制情况而定，对于棒材机组来说，还取决于冷床下线后的头部对齐精度，对线材机组来说，还取决于线材的头部未穿水长度。螺纹钢一般热切头比例在0.5%～0.8%，冷切头比例在0.4%～0.7%。

中间废是指轧制过程中出现的堆钢等事故废品，与工艺装备水平和工人操作水平有关，一般在0.1%～0.5%之间。

检验废是指成品钢材检验后因表面质量和性能不合标准要求的不合格品，与生产品种和工艺控制水平有关，螺纹钢应控制在0.5%以下。

9.2.1.2　电耗

轧制1t合格产品所消耗的电量叫做电耗。电耗的计算公式如下：

$$k = \frac{N}{Q}$$

式中　k——单位产品的电能消耗，kW · h/t；

N——轧钢过程中的全部用电量，kW · h。

轧钢车间耗用的电量主要用于驱动主电机、车间内各类辅助设备。电能消耗的高低主要取决于生产的钢材品种、轧制道次的多少、轧制温度的高低。轧制机械化及自动化程度的高低等因素。在同样的设备条件下，轧制道次愈多，总延伸系数愈大，电能消耗就愈高。轧制合金钢比轧制碳钢电能消耗高。

高线轧机电耗根据装备水平和轧制产品不同，一般在90～140kW · h/t。

9.2.1.3　燃料消耗

轧钢车间的燃料主要用于坯料的加热或预热。常用的燃料有煤气、重油等。把生产1t合格产品消耗的燃料叫做单位燃料消耗。由于燃料种类不同，其发热值也不同，所以用燃料实物量计算出来的燃耗量没有可比性。为了便于比较和考核，通常把燃料消耗折合成发热值为29.29MJ/kg(7000kcal/kg)的标准燃料消耗量，以(标准煤)kg/t为单位进行考核，其计算公式为：

$$k = \frac{G_{燃}}{Q}$$

式中　k——单位产品的标准煤消耗量，kg/t；

$G_{燃}$——标准煤耗用总量，kg；

Q——轧制合格产品数量，t。

折算标准煤的方法是以燃料的理论发热量（一般指低值发热量）与标准煤的发热值（为29.29MJ/kg）进行对比，例如某厂用重油做燃料，1kg重油的发热值为41.84MJ，如果折合成标准煤则为：

$$41.84/29.29 = 1.43(\mathrm{kg})$$

也就是说，耗用1kg重油相当于耗用1.43kg标准煤。

钢材的燃料消耗取决于加热时间、加热制度、加热炉的结构、产量、坯料的断面尺寸、钢种、坯料的入炉温度等。若采用热装热送，可以大大节省燃料。

9.2.1.4　水耗

轧钢车间生产用水主要用于加热炉冷却、轧辊导卫冷却、控制冷却、设备冷却用水等。轧钢车间的耗水量在经济指标中常用吨钢耗水量来表示，计算公式如下：

$$k_{水} = \frac{V_{水}}{Q}$$

式中　$k_{水}$——单位总量产品的水耗，m^3/t；

$V_{水}$——总耗水量，m^3；

Q——轧制合格产品产量，t。

棒线材车间用水量主要取决于车间规模的大小、工艺装备情况等。目前轧钢车间用水均采用循环使用，吨钢耗新水量约在$0.4 \sim 0.8m^3/t$。

9.2.1.5　工序能耗

轧钢车间生产1t合格产品所消耗的一次能源和二次能源的全部能量，称为工序能耗（标准煤），用kg/t表示。包括了燃耗、电耗、水、气等各种介质消耗等。计算公式为：

$$k = \frac{G - G_s}{Q}$$

式中　k——单位产品的工序能耗；

G——一次能源消耗总量（标准煤），kg；

G_s——商品能源（标准煤），kg；

Q——轧制合格产品产量，t。

9.2.2　作业率

9.2.2.1　日历作业率

对于一个轧钢机组，在生产过程中都存在一定的停机时间，如故障处理时间、定期检修时间、换辊换槽和导卫更换时间等，这样轧机的实际工作时间要小于日历时间。实际工作时间是指轧机实际运转时间，其中包括轧制时间和生产过程中轧机空转时间。以实际工作时间为分子，以日历时间减去计划大修时间为分母求得的百分数叫做轧机的日历作业率，即：

$$\eta = \frac{T_s}{T - T_x}$$

式中　η——轧机日历作业率，%；

T——日历时间，h；

T_s——实际生产作业时间，h；

T_x——计划大修时间，h。

计划大修时间一年规定6～9天。在各种不同类型的轧机上，由于操作技术水平与生产管理水平不同，日历作业率相差是很大的。

轧机日历作业率是国家考核轧钢企业的日历时间利用程度的指标。由计算公式不难看出，轧机的日历作业率越高，轧机的年产量就越高。

9.2.2.2　轧机的有效作业率

各企业的轧机工作制度不同，有节假日不休息的连续工作制和节假日休息的间断工作制。在作业班次上也有三班工作制、两班工作制和一班工作制之分。按日历作业率考核不能充分说明轧机的有效作业情况。为了便于分析研究轧机的生产效率，可按照轧机有效作业率来衡量生产作业水平。即：

$$\eta' = \frac{T_s}{T_j}$$

式中　η'——轧机有效作业率，%；

T_s——实际生产作业时间，h；

T_j——计划工作时间，h。

计划工作时间根据企业的轧机工作制度来决定，如计划的大中修、定期小修、计划换辊、交接班停机时间等都要扣除掉。计划工作时间是最大可能的工作小时数，但由于设备事故、断辊、换导卫等非计划停机管理和技术上的原因，造成实际工作时间的减少，通常用时间利用系数来表示。即：

$$T_s = kT_j$$

式中　T_s——实际工作时间，h；

k——轧机时间利用系数。一般为0.8～0.95。

提高轧机作业率的途径有以下几个方面：

（1）减少设备的检修时间。如加强维护延长零件寿命；在保证设备能够安全运转的情况下，减少检修次数；在检修时，实行成套更换零件的检修方法节约时间。

（2）减少换辊和导卫时间。如提高轧辊和导卫使用寿命；提高生产的专业化程度，正确制定生产计划，减少换辊次数，做好换辊准备以缩短换辊时间等。

（3）减少机械电气设备故障、减少操作事故等。

（4）不断加强生产管理与优化技术管理，减少停机时间。

9.2.3 成材率

成材率是指1t原料能够轧制出的合格成品重量的百分比，反映了金属的收得率情况。其计算公式为：

$$L = \frac{Q}{G} \times 100\%$$

式中 L——成材率；

Q——合格产品重量，t；

G——原料重量，t。

由上式可以看出，成材率的主要影响因素是生产过程中造成烧损、热剪切头尾、冷切头尾、中间废品和检验废品。各种损失越低，成材率就越高，轧机的合格产量就越高。对于不同的规格和钢种，各种金属损失有差别，成材率也就不同，对于生产螺纹钢等建材生产线来讲，轧机的成材率一般在97.5%～98.5%之间。

提高成材率的途径有以下几个方面：

（1）采用先进的工艺技术，如采用连轧工艺、增大坯料断面、低温轧制工艺、无头轧制技术等；

（2）精细化管理和标准化操作，减少中间过程废品、切头尾量等；

（3）在理论交货时按负偏差轧制，螺纹钢根据规格不同负偏差率可控制在2%～5%。

9.2.4 合格率

合格率是指合格的轧制产品总量占产品总检验量与中间废品量总和的百分比。其计算公式如下：

$$M = \frac{Q}{J + F} \times 100\%$$

式中 M——合格率，%；

Q——合格品量，t；

J——总检验量，t；

F——中间废品总量，t。

合格品量是指计算周期内轧制产品经检验物理性能和表面质量合格的产品总量。

中间废品是指加热、轧制、精整中间过程中所造成废品，包括堆钢废品、中间甩废等。

总检验量是指轧制后产品经过检验站（台）的总检验量，不包括责任属于炼钢原因的一切废品。

合格率指标反映了轧钢车间质量控制水平和工人操作技术水平。通过原料检查、严格工艺操作控制及降低各种事故率等，可提高轧钢合格率。

9.2.5 生产率

轧钢机组的产量是轧钢车间的主要经济技术指标，单位时间内的产量称为轧钢生产率。分别以小时、班、日、年为时间单位进行计算。其中小时产量是常用的生产率指标。

在不考虑任何时间损失的情况下的理论小时产量用下式计算：

$$A = \frac{3600}{T}G$$

式中　A——轧机理论小时产量，t/h；

T——轧制节奏，一根钢坯的纯轧时间加上间隙时间，s；

G——钢坯单重，t。

上式中轧机的理论小时产量是理论上可能达到的小时产量，常用来作为设计和计算使用的数据，实际上轧机的小时产量计划检修、事故等原因要小于理论小时产量，可用下式计算：

$$A_s = \frac{3600}{T}KGL$$

式中　A_s——轧机理论小时产量，t/h；

T——轧制节奏，一根钢坯的纯轧时间加上间隙时间，s；

G——钢坯单重，t；

K——轧机有效作业率，实际工作时间与计划工作时间的比值；

L——成材率,%。

影响轧机小时产量的因素有：轧机节奏、原料重量、成材率和轧机利用系数。为了提高轧机小时产量也就是生产率，由公式可得出以下结论：

（1）适当增加原料单重。增加原料单重，小时产量提高。但应注意，当坯料重量增加后，轧制节奏也会延长，只有当坯料单重增加率大于轧制节奏增加率时，才会提高轧机小时产量。增加坯料单重可以通过加大原料断面和增加坯料长度来实施。

（2）通过提高成材率提高小时产量。由公式可知，提高成材率可提高小时产量，减少影响成材率的因素如烧损、切头尾、中间废、精整废、检验废等，是需要认真研究的课题。对于各项金属损失，要分别制定具体的改进措施，研究加热技术以降低烧损；加强工艺技术管理以降低中间废；完善设备提高控制精度减少切头损失；

（3）缩短轧制节奏，提高生产率。轧制节奏是指从开始轧制第一根钢坯到轧制第二根钢坯的间隔时间。不同的轧机类型和工艺布置，轧制节奏也不同。对于连续轧机，轧制前一根轧件完毕后，才开始轧制下一根轧件，轧制节奏就是一支钢坯纯轧时间加上间隙时间。因此，轧制节奏的控制取决于轧钢车间的自动化控制水平或工人的操作熟练程度：好的完善的自动化控制系统可使轧制节奏降至最低，对于靠人工操作的轧钢车间来讲，工人的熟练程度高低就决定了轧制节奏的长短。

每个轧钢机组一般要生产许多规格产品，不同的产品，生产率也不同。为了对比不同轧机的生产水平，需要计算出轧机的平均小时产量（轧机生产率）。即：

$$A = \frac{100}{\frac{a_1}{A_1} + \frac{a_2}{A_2} + \frac{a_3}{A_3} + \cdots + \frac{a_n}{A_n}}$$

式中　A——轧机平均生产率，t/h；

a_1，a_2，a_3，…，a_n——各规格产量占总产量的百分数；

A_1，A_2，A_3，…，A_n——各规格轧机生产率，t/h。

轧钢车间年产量是指一年内所生产的各种产品的总产量。计算公式如下：

$$A_{年} = AT_jK$$

式中 $A_{年}$——轧机年产量，t/a；

A——平均小时产量，t/h；

T_j——轧机年计划工作小时数；

K——轧机有效作业率。

9.2.6 劳动生产率

劳动者在一定时间里平均每人生产合格产品的数量称为劳动生产率。劳动生产率的高低反映了劳动者在一定时间里生产产品的多少。劳动生产率的高低反映了劳动者的技术水平、生产设备的先进程度，工艺装备水平越高，工人技术素质越高，劳动生产率就越高。因此，劳动生产率是考核和反映劳动效果的重要指标。

劳动生产率有实物劳动生产率和产值劳动生产率之分：

(1) 全员劳动生产率。全员劳动生产率也叫全员实物劳动生产率，它是企业平均每个职工在一定时间里生产的产品实物量。计算公式为：

$$L_q = \frac{Q}{M}$$

式中 L_q——全员劳动生产率，%；

Q——考核时间内合格产品总量，t；

M——考核时间内全部职工人数。

螺纹钢棒材轧钢车间全员年劳动生产率一般在500～2000t/(人·a)。

(2) 工人实物劳动生产率和产值劳动生产率。工人实物劳动生产率就是企业平均每个工人在一定时间内生产的产品的实物量。计算公式如下：

$$L_s = \frac{Q}{M}$$

式中 L_s——工人实物劳动生产率，%；

Q——考核时间内合格产品总量，t；

M——考核时间内全部职工人数。

工人产值劳动生产率就是工人在一定时间内生产的合格产品的总产值。计算公式如下：

$$L_v = \frac{V}{M}$$

式中 L_v——工人产值劳动生产率，%；

V——考核时间内合格产品总量的产值，元；

M——考核时间内全部职工人数。

10 螺纹钢生产新技术

10.1 轧后余热处理工艺

10.1.1 轧后余热处理工艺的原理

轧件离开终轧机后进入冷却水箱，利用轧件的余热通过快速冷却进行淬火，使钢筋表面层形成具有一定厚度的淬火马氏体，而心部仍为奥氏体。当钢筋离开水箱后，心部的余热向表面层扩散，使表层的马氏体自回火。当钢筋在冷床上缓慢地自然冷却时，心部的奥氏体发生相变，形成铁素体和珠光体或奥氏体铁素体加珠光体。

10.1.2 轧后余热处理工艺的效果

经余热淬火处理的钢筋其屈服强度可提高150～230MPa。采用这种工艺还有很大的灵活性，用同一成分的钢通过改变冷却强度，可获得不同级别的钢筋（3～4级），并且淬火温度与屈服强度之间存在某种固定的关系，只要控制一定的淬水时间和水流量，就可得到预定的屈服强度。并且，这种工艺适用于各种直径的钢筋。碳当量较小的余热淬火钢筋，在具有良好屈服强度的同时，还具有良好的焊接性能和好的延展性。

10.1.3 轧后余热处理工艺的意义

与采取添加合金元素这一强化措施生产的钢筋相比，余热淬火钢筋的合金元素含量极少，生产成本可降低8%～10%，并可减少不合格品2%～5%，而且不合格的产品还可通过调节冷却强度进行挽救。由于这项技术投资很少获益很大，在国际上已成为钢筋生产的标准工艺，在新建和改建的小型棒材轧机上普遍采用。但在国内由于受建筑规范的制约，用轧后余热处理工艺生产的螺纹钢筋，还不能为市场所接受。

10.2 细晶粒钢筋生产技术

我国钢产量的迅速增加，导致了资源不足；原料价格上涨，导致钢材价格激烈上扬。用户为减少钢材使用量，对高强度带肋钢筋的需求日益加大。2005年国家出台的《钢铁产业发展政策》的第八条也要求着力提高钢材使用效率，高强度带肋钢筋的使用已经成为国家目标。

我国目前生产高强度带肋钢筋的常见工艺是采用微合金化。由于产量迅速增加，钒，铌资源出现了严重短缺，2005年与2002年相比较，FeV和VN合金价格涨了8～10倍，并且难以采购。从世界范围钒的总储量和总产量看，如果我国的高强带肋钢筋继续采用钒微合金化工艺，全世界的钒都供不应求。铌资源我国要依赖国外。我国高强带肋钢筋的发展遭遇了资源瓶颈。近年来，开发各种低成本、高强度热轧带肋钢筋生产新技术成为螺纹钢筋生产企业竞相追求的目标。

10.2.1 细晶粒钢筋生产技术要达到的目的

利用现有的设备，采用低档原料，顺利生产性能全面满足用户要求的高级别产品。其工艺思路是在不改造设备、不降低产量和不低温轧制的前提下，利用棒线轧机高速连续大变形产生的应变积累，在较高温度条件下实现控制轧制，通过超快速冷却使轧件冷却至最佳终冷温度范围，抑制硬化奥氏体的再结晶，保持变形奥氏体的硬化状态，获得较细和强烈硬化的形变奥氏体晶粒。该技术突破了常规低温控制轧制的观念，避免了产品内部出现淬火组织，使传统余热淬火工艺生产的钢筋遇到的塑性、韧性、焊接性能下降及应力时效严重等难题得到解决。

10.2.2 细晶粒钢筋生产技术的特点

(1) 贴近现有生产过程，对现有 K_1 孔以前的轧制操作不作要求，对产量无影响。

(2) 可以不使用任何微合金元素，生产出各项性能指标全面提高的 HRB400 带肋钢筋，降低成本。

(3) 对现有设备的电机功率和轧机强度无高要求，可以在现有的轧机上完成生产过程。

(4) 冷却强度大，冷却时间短，控制冷却线的总长度小于 13m，控制冷却设备的投资小。

(5) 生产过程的控制条件比较宽松，生产过程稳定。该工艺的特点是：1) 不改造轧机；2) 不降低产量；3) 不低温轧制；4) 不余热淬火；5) 生产过程的控制条件比较宽松，生产过程稳定。

(6) 产品的表面质量得到了明显提高。

(7) 提高冷床产量。

(8) 需在成品轧机后增设超快速冷却装置及配套的供水系统。

10.2.3 细晶粒钢筋生产技术的意义

(1) 不同于按常规理论制定的控制轧制和控制冷却技术，不需低温轧制，有利于提高轧制节奏，提高设备和导卫的寿命，大幅度提高劳动生产率。

(2) 对设备要求不高，适合国内大多数厂家，只要用 20MnSi 能生产 HRB335 的连轧机或精轧半连轧，就能推广，具有很高的应用价值。

(3) 不余热淬火，要求轧件上冷床的温度高于再结晶，在冷床上的冷却为自然冷却。材料为铁素体 + 珠光体组织，无淬火回火组织，不存在明显应力时效性。

(4) 由于在冷床上的冷却过程为自然冷却，可以保证晶粒适度细化，保证了在常用建筑焊接条件下材料的焊接性能。

10.3 切分轧制技术

切分轧制是指在型钢热轧机上利用特殊轧辊孔型和导卫装置将一根轧件沿纵向切成两

根（或多根）轧件，进而轧出两根（或多根）成品轧材的轧制工艺。

10.3.1　切分轧制技术的发展及目前应用情况

切分轧制技术一般可分为“一切二”、“一切三”和“一切四”等不同类型。

在20世纪70年代初，加拿大拉斯科（Lasc）公司的鲍曼工程师发明了在棒材轧机的精轧机组上采用特殊的孔型和导卫装置，先将轧件一分为二或一分为三，然后再经两个以上（含两个）的道次轧制成材的棒材切分轧制技术（见图10-1和图10-2），同时在美国申请并获得了专利权。

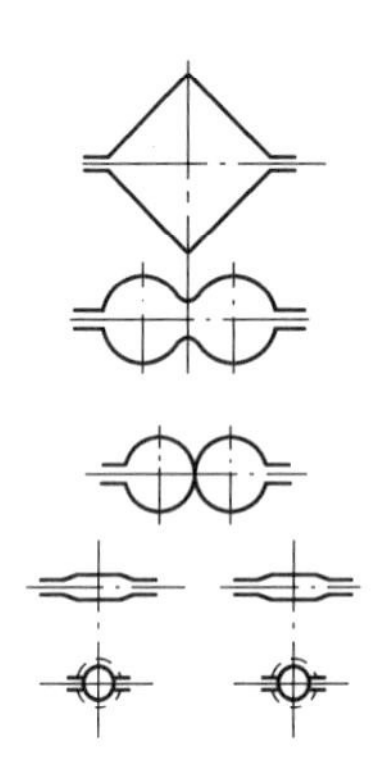

图10-1　切分孔型系统

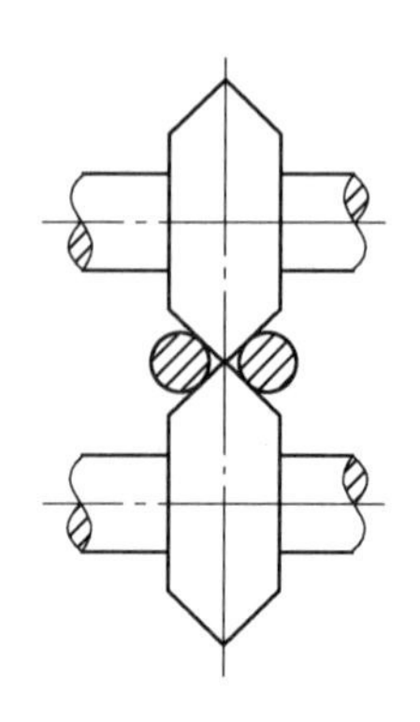

图10-2　切分轮工作原理

到了70年代末期，加拿大、美国和日本的一些厂家，已经熟练掌握这项专利技术并成功地应用在钢筋生产当中，取得了显著的经济效益。加拿大的拉斯科公司还在生产当中巧妙地连续重复使用“一切二”的切分轧制技术，首次实现了钢筋的四线切分轧制（见图10-3）。

进入80年代后，世界很多国家的钢铁企业纷纷在钢筋生产中采用了切分轧制技术。1983年，我国首钢公司从加拿大引进切分轧制技术，并成功地应用在首钢小型厂的300mm小型连续式轧机上，成为我国在大生产当中应用切分轧制技术最早、采用切分轧制的规格最多、用切分工艺生产的钢材产量最大的企业，并将经过消化吸收后的切分轧制技术，向国外的印尼玛士达钢厂和国内的承德钢铁公司进行了技术转让。

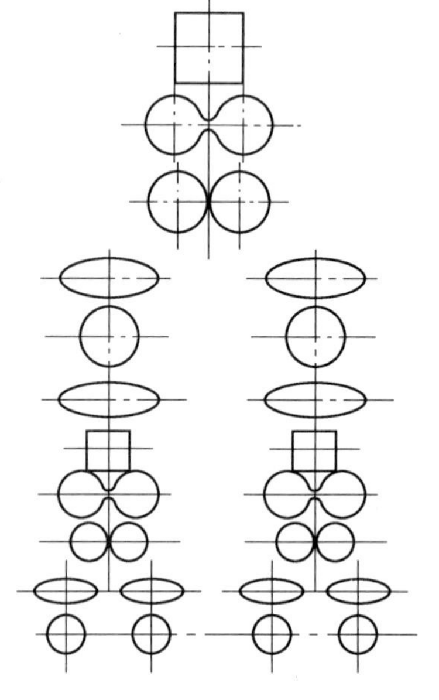

图10-3　重复使用“一切”实现四线切分

目前切分轧制技术在国内外已得到广泛应用，在新建的棒材厂当中，小规格钢筋的生产均以切分轧制的形式生产，最高终轧速度已经达到24m/s。

当切分轧制技术逐步被人们接受并得到广泛应用的同时，一些厂家为了使切分轧制的特点能充分地表现出来，开始了“一切四”的试验研究。80年代末90年代初，日、美联合进行工业性试验，成功地完成了一次切三线、一次切四线的技术开发（见图10-4）。到目前为止，采用“一切四”方法生产ϕ10mm螺纹时的终轧速度已达14.2m/s，对应的小时产量为100t。

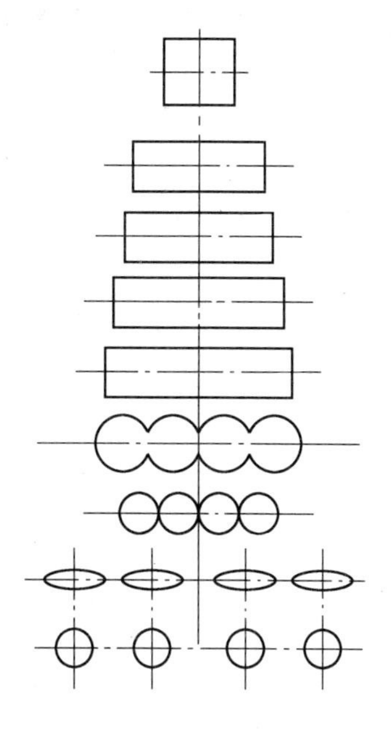

图10-4 一步四线切分

10.3.2 采用切分轧制技术所需要的条件

10.3.2.1 表面质量和尺寸精度

适合采用切分轧制的钢材品种切分轧制将钢材纵向分成多线，如果切分连接带控制不好会在成品钢材表面留下折叠痕迹。所以一般地讲，切分轧制不适宜用以生产表面质量要求高的品种。此外，由于在切分轧制时同时轧制出的几根钢材之间在尺寸和横截面积上始终存在差异，有时还差别较大，所以尺寸精度要求较高的品种不适合切分轧制。因此，最适合于切分轧制的钢材品种是热轧带肋普通低合金建筑钢筋。

10.3.2.2 轧机布置及轧机传动方式和控制水平

在对老厂进行挖潜改造时，切分轧制在全水平排列或立/平交替排列的连续式轧机上均可实施。但是当设计建造新的棒材连轧机时，应结合其投资规模和产品结构，根据以下原则合理确定轧机的排列形式：

（1）产品结构比较单一基本全是钢筋的专业轧钢厂，轧机以全水平排列为好，这样可使设备和工艺达到了最佳组合，而且相对于立/平交替排列的轧机而言，建厂投资可大幅度减少，从而得到较高的投入产出比。

（2）产品结构比较复杂，不仅有钢筋、圆钢等简单断面产品，而且还有扁钢、角钢等需要加工侧边限制宽度尺寸的型钢品种，同时建厂资金比较充裕时，精轧机组应配备平/立可转换轧机。当生产型钢产品时可转换轧机作为立式轧机使用，保证产品质量；当采用切分工艺生产钢筋时可转换轧机作为水平轧机使用，确保切分工艺稳定。

（3）产品结构也比较复杂，按照理想的排列方式也应该采用平/立可转换轧机。但是由于资金比较紧张，只好采用正统的立/平交替排列的轧机，以保证型钢产品的生产和质量；而对于钢筋的切分轧制，只能通过采用立体交叉导槽精确导向，完成双线轧件从水平轧机进入立式轧机，再从立式轧机进入水平轧机，最终轧制成材的工艺过程。

由于连轧过程中机架间的张力对切分轧制的均匀性有着直接的影响，所以轧机应采用单独传动的可调速电机驱动，以便准确、灵活地设定和调整各架轧机的轧制速度，满足连轧生产工艺的基本需要。对于控制水平提出以下两点要求：

（1）中、精轧机组要配备三台以上的轧机活套自动调节器。

（2）连轧机组的级联调速比例精度要在±0.5%之内。

10.3.2.3 辅助设备

A 飞剪

在切分轧制过程中，飞剪数量最低限度是两台，其中切头/事故剪一台，成品分段剪一台。切头剪的主要作用是将轧件在粗、中轧机组轧制过程中产生的黑头、劈头切除，以避免其损坏切分孔型、阻塞切分导卫装置。成品分段飞剪是为了按照冷床长度和接受能力将成品钢材分成尽量长的倍尺段而设立的。由于切分后的两根、三根甚至四根钢材要同时在高速运行中被切断，因此将钢材引入和导出飞剪的导向装置和飞剪剪刃宽度必须予以认真考虑。

B　轧后控制冷却

轧后控制冷却是在连轧生产中提高钢材综合力学性能的有效手段，对于采用切分轧制技术后，如何确定合理的控制冷却工艺是需要考虑的中心议题。根据生产现场实际情况，有两种控制冷却工艺可供选择：

（1）先控制冷却后飞剪分段（见图 10-5）。

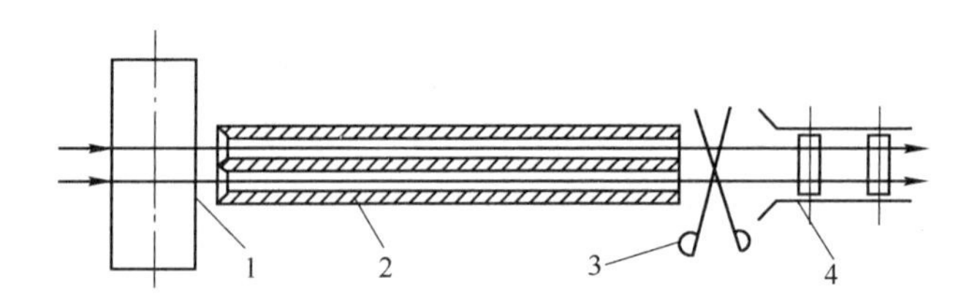

图 10-5　先冷却后分段

1—成品轧机；2—控冷水箱；3—飞剪；4—辊道

工艺过程为：从成品轧机出来的双线钢材，分别进入各自单独的水冷器，在适宜的水冷参数条件下，完成控制冷却过程，接着被成品飞剪同时剪切分段后进入飞剪后辊道。

工艺特点为：

1）控制冷却的强制水冷过程在成品轧机和成品飞剪之间完成，此时钢材在成品轧机的作用下运行速度相对稳定，钢材沿长度方向所承受的冷却强度基本一致，因此性能波动小、条形平直、质量稳定。

2）由于钢材运行速度相对稳定，而且飞剪分段后面对着的是对导向精度要求不高的剪后辊道，可以减少钢材堵水冷器和窜出等工艺故障。

3）成品轧机至成品飞剪之间需要足够的空间以安装控制冷却装置，成品飞剪要有充足的剪切力以剪切低温钢材，这是实施本工艺的必要条件。对已有轧机而言，有的条件难以保证，故此工艺比较适合于新建的连轧生产线，但由于飞剪剪切吨位的增加，建厂投资要略有升高。

（2）先飞剪分段后控制冷却（见图 10-6）。

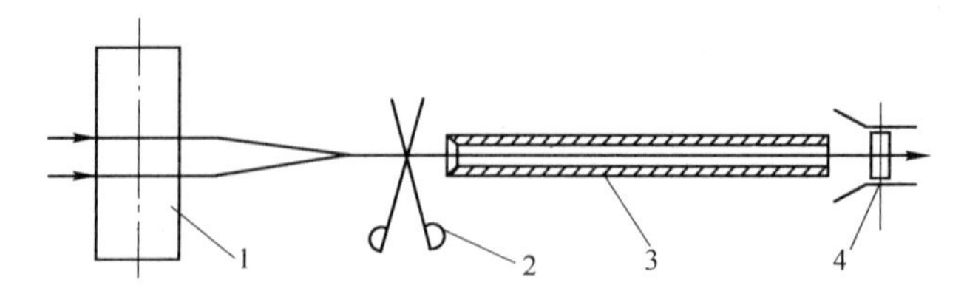

图 10-6　先分段后冷却

1—成品轧机；2—飞剪；3—控冷水箱；4—辊道

工艺过程为：双线钢材从成品轧机出来后，先同时被成品飞剪剪切分段，然后双线钢材同时进入同一水冷器完成控制冷却过程，接着进入输送辊道。

工艺特点为：

1）对成品飞剪的安装位置和剪切吨位无特殊要求，适合于老厂改造时使用。

2）采用合理设计的控冷穿水器，可使双线钢材同时在同一穿水器内完成控制冷却过程，减少了穿水器数量，简化了钢材导向装置结构。

3）由于钢材在完成控制冷却之前已被飞剪切断因此分段前后钢材运行速度上的差异，导致沿钢材长度方向上性能指标不如采用“先控制冷却，后飞剪分段”工艺的稳定。另外，由于相对于穿水器而言，钢头部通过的次数增加了好几倍，发生工艺故障的几率也随之升高。

C　冷床

在一般的小型连轧车间中，大部分冷床都是步进齿条式冷床，且在冷床输出侧配有对齐钢材头部的齐头辊，基本可以满足接受切分轧制后的两根或三根、四根钢材的需要。这是因为不论冷床输入辊道同时输送到冷床来的钢材是两根还是四根，冷床的卸料装置都将它们作为一根钢材处理，同时卸到同一个齿间隙中。

此外，对于切分轧制最好选用单侧冷床，以避免多线切分轧制时发生分拨故障。

10.3.3　切分轧制技术的意义

切分轧制技术的意义是：

（1）提高了小规格产品的产量，主要是小规格螺纹钢筋的产量。

（2）在不增加轧机数量的前提下，生产小规格与生产大规格采用相同断面的钢坯，可以减少原料的种类，简化粗、中轧孔型系统。

（3）提高产量的同时，终轧速度并不随之提高，有的规格采用切分轧制后轧速还要有所降低。

（4）无论是在现有连轧机上还是在新建连轧机上采用切分轧制技术，由于生产工艺仅局部变动，而且对主要工艺设备并无特殊要求，因此具有投入少、产出高、见效快的特点。切分轧制对于以生产热轧带肋钢筋为主的车间，尤其是小规格占较大比重的车间是必不可少的先进工艺措施，对提高产量、降低成本是极为有效的措施。

10.4　无孔型轧制技术

常规的轧制方法是通过各种孔型对轧件的各个方向进行加工的（见图10-7），在轧制过程中存在着严重的不均匀变形，而无孔型轧制又称平辊轧制（见图10-8），即将有轧槽

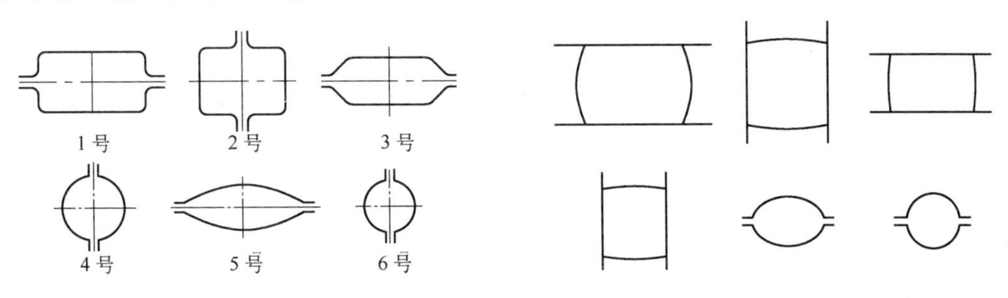

图10-7　孔型轧制示意图

图10-8　无孔型轧制示意图

的轧辊改为平辊，轧件不与孔型侧壁接触，具有轧制负荷小、通用性强、轧辊车削简易等优点。

10.4.1　无孔型轧制技术的发展及现状

无孔型轧制技术最初应用于开坯机组或半连轧机组的粗轧机架，通过机前翻钢装置实现轧件道次间的翻转。在水平布置的全连轧机组，由于矩形轧件在机架间扭转翻钢困难，无孔型轧制技术仅在少数企业进行了研究和试验，未见投入大规模生产应用。随着平立交替布置连轧机组及无扭转轧制技术的出现和普及，无孔型轧制技术得到了快速的发展，在一些大规模的棒材生产企业，无孔型轧制技术已从粗轧机组推广到中轧机组及精轧机组的前两个道次，而在螺纹钢生产中，则实现了除 K_1、K_2孔外的全线无孔型轧制。

10.4.2　无孔型轧制技术应用中的技术难点及对策

无孔型轧制过程中轧件的稳定性问题：无孔型轧制由于轧件在变形区没有孔型侧壁的限制而易产生脱方，降低了下一道次轧制时轧件的稳定性，变形量越大，轧件越不稳定，以致难以继续轧制。早期的无孔型轧制通常使用贯通型导板，即将进出口导板在轧机辊缝间用钢板连成整体，以防止轧件在辊缝处脱方、扭转。但这种导板更换困难，连接钢板及出口导板磨损快，更换频繁，轧件尺寸也不易控制。现在大多采用新型分体导板，在轧件高宽比较小的道次，进口导板前段设计成与轧辊间隙较小且加长了的直线段，以减少轧件进入变形区时偏移及扭转的空间，并且在导板与轧件接触部分镶嵌耐磨合金，以增加其耐磨性，对于轧件宽高比较大的道次，在轧机入口处安装使用双列滚动导板或前端加装较长耐磨块的单列滚动导板，而出口导板则在接近变形区部分设计成较大的扩张角，在轧制过程中可对发生偏移的轧件进行矫正。这种分体式导板更换和换槽非常方便，耐磨合金的使用大幅度地提高了其使用寿命，可防止轧件偏转、扭转和脱方。另外，也可在第一架轧机使用带槽轧辊，使轧件的第一道次轧制时保持稳定，从而促使整个轧制过程的稳定。

无孔型轧制过程中轧件角部缺陷问题：早期的研究认为，在无孔型轧制过程中轧件棱角反复受平辊轧制，棱角处变尖且温降快，此部位容易产生折叠和裂纹缺陷。在实践过程中，通过对宽展变形的理论分析，认为在平辊轧制时轧件的宽展主要由滑动宽展、翻平宽展和鼓形宽展三部分组成，如图 10-9 所示。滑动宽展是被变形金属在轧辊的接触面上，因产生相对滑动而使轧件变宽的宽度增加量；翻平宽展是因接触摩擦力而使轧件侧面金属在变形过程中翻转至接触表面，使轧件宽度增加的量；鼓形宽展是轧件侧面变成鼓形造成的宽展量。显然，轧件的总宽展量为上述三种宽展量之和。由于无孔型轧制时翻平宽展的存在，轧件 4 个棱角的位置每道次都在变化；又由于翻平宽展和鼓形宽展的作用，经过平辊轧制的轧件，角部形成圆边钝角，压下量越大作用越明显，形成圆边钝角也越大，这种圆角可有效避免应力集中和裂纹的产生。而大规模棒材轧机的道次压下量都比较大，在

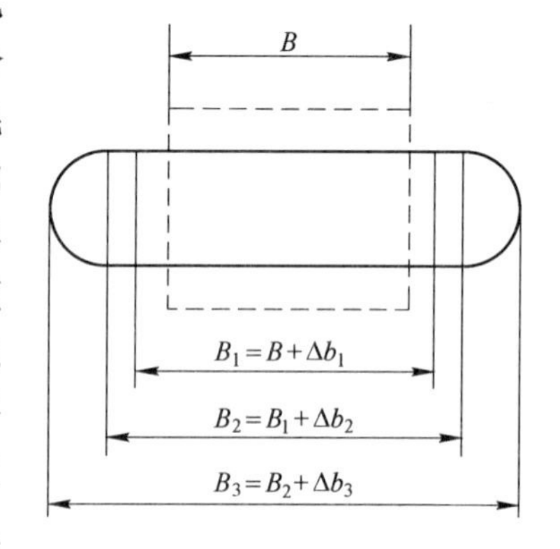

图 10-9　平辊轧制宽展构成示意图

Δb_1—滑动宽展量；Δb_2—翻平宽展量；Δb_3—鼓形宽展量

无孔型轧制过程中每道次的轧件都形成一定的单鼓形，也就自然地消除了轧件棱角处的缺陷。所以在螺纹钢生产中应用无孔型轧制技术，不会因轧件角部缺陷造成产品的质量问题。同时由于无孔型轧制时轧件的表面层变化比孔型轧制更为均匀，表面层厚度分布均匀有利于减少表面裂纹的形成。此外，无孔型轧制没有孔型侧壁的限制，氧化铁皮更易脱落，在提高钢材表面质量方面无孔型轧制优势更加明显。

10.4.3 无孔型轧制技术的意义

无孔型轧制只需改变辊缝即可调整轧件的断面尺寸，使轧件受力简化，变形均匀，并可改善轧材的表面质量，对不同坯料和轧制程序的适应性很强，尤其是棒材生产存在产品规格多、坯料不统一问题，可获得明显的经济效益，与孔型轧制相比，采用无孔型轧制具有以下明显特点：

（1）轧制压力减小。在轧件断面积相同，变形量也相同的情况下，由于无孔型轧制变形均匀，可大幅度降低轧制压力，减少能源消耗。

（2）扩大轧辊直径的使用范围。由于轧制压力的降低，轧辊的实际直径可使用到很小，提高了轧辊的利用率。

（3）轧辊储备量减少。由于是平辊轧制，轧件变形及轧辊磨损均匀，所以轧辊车削简单，重车量小，轧辊辊身利用充分，轧辊共用性强，可使备用轧辊的储备降至最低。

（4）导卫装置形状简单，共用性强，加工容易，储备量少。

（5）产品质量易于控制。由于无孔型轧制有效的减少了不均匀变形及孔型侧壁对轧件的影响，加之轧辊磨损均匀，使得料型尺寸控制更加简单容易，为进一步改善产品质量提供了可靠的保证。

（6）成材率高。由于均匀的变形减少了轧件的表面缺陷，可进一步降低生产过程中的切损，提高成材率。

（7）轧机作业率高。由于换辊槽次数的减少和轧辊使用寿命的延长，无孔型轧制技术可大幅度提高轧机的作业率。

参考文献

1 倪满森．我国连铸技术的进步及连铸技术发展动向．连铸，2002，(1)：1～4
2 蔡开科．连铸技术进展（一）．炼钢，2001，17（1)：7～12
3 蔡开科．连铸技术进展（三）．炼钢，2001，17（3)：6～14
4 陈家祥．连续铸钢手册．北京：冶金工业出版社，1990
5 杨吉春，蔡开科．连铸二冷区喷雾冷却特性研究．钢铁，1990，25（2)：9～12
6 光华，唐萍．喷嘴在连铸坯二次冷却过程中的应用和发展．炼钢，1998，(5)：94
7 徐灏．机械设计手册 第6卷．北京：机械工业出版社，1991
8 蔡开科，等．连续铸钢原理及工艺．北京：冶金工业出版社，1994
9 北京钢铁研究总院．小方坯连铸．北京：冶金工业出版社，1985
10 史宸兴．连铸钢坯质量．北京：冶金工业出版社，1980
11 史宸兴．实用连铸冶金技术．北京：冶金工业出版社，1998
12 乔德庸，李曼云，等．高速轧机线材生产．北京：冶金工业出版社，1995
13 雍岐龙．钢铁材料中的第二相．北京：冶金工业出版社，2006：145～146
14 翁宇庆，等．超细晶钢-钢的组织细化理论与控制技术．北京：冶金工业出版社，2003
15 李曼云，等．小型型钢生产工艺与设备．北京：冶金工业出版社，1999
16 刘京华，等．小型连轧机的工艺与电器控制．北京：冶金工业出版社，2003
17 赵松筠，等．型钢孔型设计．2版．北京：冶金工业出版社，2000
18 翁宇庆，等．轧钢新技术3000问（上）（型材分册）．北京：中国科学技术出版社，2006
19 王有铭，等．钢材的控制轧制和控制冷却．北京：冶金工业出版社，2005
20 刘文，等．轧钢生产基础知识问答．2版．北京：冶金工业出版社，2005
21 肖国栋，等．棒材粗轧机组无孔型轧制技术的开发与应用．轧钢，2005，(3)：15～17